"十四五"普通高等教育本科部委级规划教材

江苏省高端纺织产教融合教材

非织造用纤维材料

任 煜 张 瑜◎主 编

张 伟 尤祥银 宋卫民◎副主编

中国纺织出版社有限公司

内 容 提 要

本书从非织造材料的特点入手，系统阐述了纤维与非织造材料性能的内在联系及非织用纤维的选用原则。在此基础上，全面系统地介绍了各类非织造用纤维材料，涵盖天然纤维、再生纤维、合成纤维、特种纤维、高性能纤维、功能性纤维、生物质资源纤维的组成结构、制备工艺、性能特点及其在各领域的应用情况。

本书可用作高等院校非织造材料与工程、纺织工程等专业的教材，也可供纺织、染整、化纤、材料等相关领域从事研究、生产、管理和产品开发的技术人员参考。

图书在版编目（CIP）数据

非织造用纤维材料 / 任煜，张瑜主编；张伟，尤祥银，宋卫民副主编. -- 北京：中国纺织出版社有限公司，2025. 5. --（"十四五"普通高等教育本科部委级规划教材）. -- ISBN 978-7-5229-2733-6

Ⅰ. TS102

中国国家版本馆 CIP 数据核字第 2025QB9189 号

责任编辑：朱利锋　范雨昕　　责任校对：高　涵
责任印制：王艳丽

中国纺织出版社有限公司出版发行
地址：北京市朝阳区百子湾东里 A407 号楼　邮政编码：100124
销售电话：010—67004422　传真：010—87155801
http://www.c-textilep.com
中国纺织出版社天猫旗舰店
官方微博 http://weibo.com/2119887771
三河市宏盛印务有限公司印刷　各地新华书店经销
2025 年 5 月第 1 版第 1 次印刷
开本：787×1092　1/16　印张：18.5
字数：415 千字　定价：68.00 元

凡购本书，如有缺页、倒页、脱页，由本社图书营销中心调换在纺织科技的浩瀚星空中，非织造材料以其独特的工艺优势、广泛的应用领域和不断创新的技术内涵，如同一颗璀璨的星辰，闪烁着耀眼的光芒。作为纺织工业的一个重要分支，非织造材料不仅在传统产业，如医疗卫生、服装服饰、家居装饰等领域发挥着不可替代的作用，更在新兴领域，如航空航天、新能源、环保等领域展现出巨大的发展潜力。因此，深入研究和系统了解非织造纤维材料的特性、结构与性能的关系，对于推动纺织科技的进步、拓展非织造材料的应用领域具有重要意义。

《非织造用纤维材料》一书正是在这样的背景下应运而生。本书旨在为读者提供一本全面、系统、实用的非织造用纤维材料知识手册，帮助读者深入了解各类非织造用纤维材料的特性、结构与性能的关系，以及它们在不同应用领域中的表现。

在内容编排上，本书遵循由易到难、由浅入深的原则，首先从非织造材料的特点切入，阐述纤维在其中的关键作用，解析纤维与非织造材料性能的内在联系，明确非织造用纤维的选用标准，为读者打下坚实的理论基础。其次，本书详细阐述了天然纤维、再生纤维、合成纤维、特种纤维、高性能纤维、功能性纤维及生物质资源纤维等各类非织造用纤维材料的特性。在介绍每种纤维时，本书不仅详细描述了其化学组成、物理性能、力学性能等基本属性，还深入探讨了这些属性与纤维结构之间的关系，以及它们如何影响纤维在非织造材料中的应用表现。

此外，本书还紧密结合非织造材料的发展趋势和市场需求，介绍了各类非织造用纤维材料在医疗卫生、过滤材料、土工布、建筑用布、汽车内饰、包装材料等方面的应用情况。这些实例不仅展示了非织造用纤维材料的广泛应用前景，也为读者提供了宝贵的实践经验和启示。

作为一本面向高等院校非织造材料与工程、纺织工程等专业学生的教材，本书在内容设计上充分考虑了教学的需要。通过丰富的图表、案例和思考题，激发学生的学习兴趣，培养他们的创新思维和实践能力。同时，本书也可作为纺织、染整、化纤、材料等相关领域从事研究、生产、管理和产品开发的技术人员的参考书，为他们提供一本全面、实用的工具书，助力他们在工作中不断取得新的突破和进展。

本书由南通大学任煜和张瑜统稿。编写人员及其分工如下：第一章和第二章第一节由张瑜编写；第二章第二、第三节由张瑜和任煜编写；第三章第一节至第三节由任煜编写；第三章第四节由任煜和武汉纺织大学涂虎编写；第三章第五节至第七节由任煜和苏州多璨新材料科技有限公司宋卫民编写；第四章第一节至第三节由南通大学臧传锋编写；第四章第四节由臧传锋和宋卫民编写；第五章第一节至第三节、第六节由南通大学张伟编写；第五章第四节至第五节由张伟和江苏丽洋新材料股份有限公司尤祥银编写；第六章由中原工学院张恒编写；第七章由苏州大学徐玉康编写；第八章第一节至第四节由天津工业大学封严编写；第八章第五节至第八节由封严和尤祥银编写；第九章由涂虎编写。本书在编写过程中得到了江苏省高端纺织产教融合重点基地项目的资助，同时得到了天津工业大学、苏州大学、武汉纺织大学、中原工学院等兄弟院校以及江苏丽洋新材料股份有限公司、苏州多琛新材料科技有限公司等企业的大力支持，在此表示真诚的谢意！

在本书的编写过程中，我们借鉴了众多学者的研究成果。这些珍贵的文献不仅为我们提供了丰富的知识和数据支持，也极大地拓宽了我们的研究视野和思路。在此，我们衷心地向所有参考文献的作者表示最诚挚的感谢！同时，我们也感谢那些虽然未能在本书中直接引用，但对我们研究思路和方法产生重要影响的学者和专家。他们的学术精神和研究成果，同样对我们的工作产生了深远的影响。

由于作者水平有限，疏漏之处在所难免，欢迎广大读者及专家批评指正。

作者

2024 年 11 月

目 录

第一章　非织造用纤维材料概述

思维导图

第一章PPT

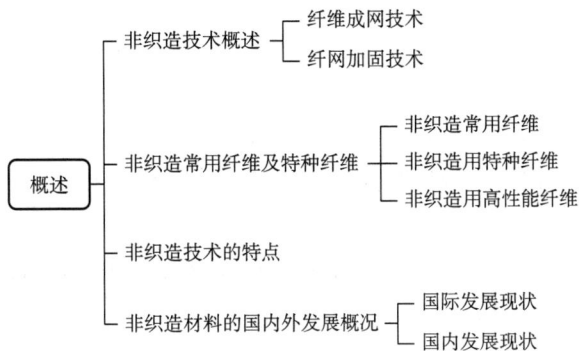

知识点

1. 非织造技术的分类。

2. 非织造用纤维材料的分类。

3. 非织造材料的国内外发展概况。

课程思政目标

1. 培养学生的家国情怀。

2. 激发学生的专业热情和专业认同感。

3. 培养学生的科学思维和创新意识。

　　非织造材料又称非织造布、无纺布、非织布、不织布及非织造物，真正内涵是不经纺纱和织造而制成的纤维结构材料。非织造材料中纤维呈单纤维（定向或随机）分布的网状形态，是通过纤维间摩擦力或黏合力等方式加固形成的新型纤维制品。非织造材料区别于传统纺织品和纸，具有轻质、高比表面积和多孔等特性，其主体纤维可以为短纤维、长丝、短绒、纳米纤维及各种纤维状材料，充分发挥出纤维材料的特性优势。

第一节　非织造技术概述

　　多学科交叉非织造材料加工技术，基于纤维成网技术和纤网加固技术支撑，给不同形态、不同功能的纤维材料更多的组合和应用空间，突破了传统纺织的纤维成形技术瓶颈。

一、纤维成网技术

非织造成网技术的多样性，大大拓展了非织造材料的适用纤维范围，并构建了非织造材料的单纤维主体结构。加工方法分为干法成网、湿法成网和聚合物直接成网法。

1. 干法成网

通过机械将短纤维原料开松、梳理纤维成网或通过气流形成纤维网状态，获得具有一定定量、均匀度要求的纤维网，再对纤网进行加固制成的纤维结构材料。干法成网可分为机械成网和气流成网。

2. 湿法成网

湿法成网也称水力成网，以水为介质，使短纤维均匀悬浮于水中，并借水流作用使纤维沉积在透水帘带或多孔滚筒上，最后脱水形成纤网。其成网方法与造纸类似。

3. 聚合物直接成网

采用高聚合物切片作为原料，通过熔融纺丝或溶液纺丝直接成网，然后对纤网加固。包括纺丝成网法（纺粘法）、熔喷法、静电纺丝法和闪蒸法等。

二、纤网加固技术

纤网加固是非织造材料生产过程中，使纤网具有稳定结构和较高强度的关键工序。纤网加固方式分为机械加固、热黏合加固和化学黏合加固。

1. 机械加固

采用物理方法，实现纤网中纤维相互约束、缠结。包括针刺法加固、水刺法加固和缝编法加固。

2. 热黏合加固

利用热塑性纤维或热熔粉末软化熔融，让纤维网中纤维间产生黏结。包括热轧黏合加固、热熔（热风）黏合加固及超声波黏合加固。

3. 化学黏合加固

将化学黏合剂施加到纤网中，经热处理后达到固网作用。包括浸渍法加固、喷洒法加固、泡沫浸渍法加固及印花法加固。

第二节　非织造常用及特种纤维

一、非织造常用纤维

非织造常用纤维可分为天然纤维和化学纤维两大类。

1. 天然纤维

非织造用天然纤维不仅包括传统纺织用棉、毛、麻、丝等纤维材料外，还有木浆纤维、竹（原）纤维、木棉纤维、香蒲绒纤维、椰壳纤维以及可回收纤维等。

2. 化学纤维

非织造常用化学纤维包括聚丙烯纤维、聚酯纤维、聚酰胺纤维、聚丙烯腈纤维、聚乙烯醇纤维、聚氨酯纤维、聚甲醛纤维等合成纤维，黏胶纤维、Taly 纤维、竹浆纤维、Loycell 纤维、大豆蛋白纤维等再生纤维。其中包括：强度大、弹性模量高、耐高温、热稳定性强的芳纶、聚对苯二甲酰对苯二胺纤维（PPTA）、聚苯硫醚（PPS）、聚四氟乙烯纤维（PTFE）等高性能纤维，还有耐强酸、耐强碱、耐有机溶剂、抗静电、导电、抗紫外线、抗菌除臭、光导、离子交换、蓄热、相变、吸附、生物降解、易溶易吸收、易升华、香味、变色纤维及防辐射等功能性纤维。

二、非织造用特种纤维

随着高分子材料及纺丝技术的不断进步，针对非织造材料的生产工艺和产品性能要求，开发了非织造用特种纤维，极大地丰富了非织造材料的应用领域和市场价值。

1. 可溶性黏结纤维

可溶性黏结纤维在热水或水蒸气中产生软化、熔融现象，干燥后使纤网内纤维之间黏合。该类纤维通常由多种聚合物共聚而成，如日本开发的 Efpakal L90 纤维为 50%聚氯乙烯与 50%聚乙烯醇共聚，在 90℃热水中聚乙烯醇部分溶解，而聚氯乙烯部分软化、黏合。德国 Enka 公司的 N40 纤维为共聚酰胺，在过热蒸汽或 190℃干燥热风中可熔融。

2. 热熔性黏结纤维

低熔点熔融纺丝制成的合成纤维软化温度范围大、热收缩小，均可作为热熔黏结纤维用于热黏合法非织造材料的生产。

3. 复合纤维

复合纤维又称双组分纤维，采用两种聚合物同时通过复合纺丝孔成形。常见结构形式有并列式、芯壳式、非连续纤维芯壳式、长丝芯壳式 4 种。非织造工艺中使用的双组分纤维有 ES 纤维、海岛型纤维和橘瓣型纤维。ES 纤维是一种性能优异的热熔黏结纤维，在纤网中既作主体纤维，又作黏合纤维。海岛型纤维和橘瓣型纤维经化学或机械的方法可形成超细纤维。

4. 卷曲中空纤维

轴向有管状空腔的化学纤维称为中空纤维。按卷曲特征分为二维卷曲和三维卷曲。按组分多少分为单一型中空纤维，如涤纶中空纤维和双组分复合型中空纤维，如涤纶/丙纶复合中空纤维，将多孔和三维卷曲两项技术合二为一，具有中空度高，蓬松性能优异、回弹性好、保暖性强、手感滑爽等诸多优良特性。按其孔数的多少分为单孔和多孔纤维，如 4 孔、7 孔和 9 孔中空纤维。中空纤维的中空度越大，材料滞留的空气量越大，使非织造产品更轻便、更保暖。

5. 异形纤维

异形纤维是相对于圆形纤维而言的，是在纺丝成形加工中经一定的几何形状（非圆形）喷丝孔纺制的具有特殊横截面形状的化学纤维。也称"异形截面纤维"，呈现三角形、星形、多叶形等，可以是异形截面纤维，也可以是异形中空纤维，或者是复合异形纤维。异形纤维大大增加了纤维材料的表面积，使非织造产品的吸附能力更强，提高纤维间的抱合力，改善产品的蓬松性和透气性。

6. 超细纤维

超细纤维通常是指纤维细度在 0.44dtex（0.4D）以下的纤维。常规超细纤维主要分长丝与短丝两种类型，纤维类型不同，纺丝形式也有所区别。非织造常规超细短纤维的纺丝方法主要有熔喷法、闪蒸法、离心纺丝法和熔融静电纺丝法等。超细长丝的纺丝方法主要有纺粘直接纺丝法，还有通过物理或化学方法对海岛纤维、橘瓣纤维进行开纤的复合纺丝法。

7. 纳米纤维

传统熔体纺丝效率高，但很难直接获得纳米纤维。采用溶液静电纺丝法，通过高压电场的静电力作用，容易制备直径为数百纳米的纤维，但纤维容易出现不连续、断裂的情况，因此难以直接纺制出纳米级非织造布及微孔聚合物薄膜。闪蒸纺丝法则是将聚合物溶解于低沸点的溶剂，加热、加压从喷丝板瞬间气化喷出制成纤维，喷丝速度每分钟可达到 1 万米，形成的纤维直径一般在 0.1~10μm 间，可得到 0.01dtex 的纳米级超细纤维。

三、非织造用高性能纤维

1. 芳纶

芳纶的大分子主链由芳香环和酰胺键构成，其中至少 85% 的酰胺基直接与芳香环共价键合，且每个重复单元的酰胺基中 N 原子和羰基均直接与芳香环上 C 原子相连接、置换其中一个 H 原子的聚合物纤维称为芳香族聚酰胺纤维。芳纶的耐热性、阻燃性和化学稳定性使其成为高温恶劣环境下的理想过滤材料。其非织造布产品，如间位芳纶，在高温过滤方面表现出色，甚至优于涤纶和腈纶。此外，芳纶滤袋在袋式除尘领域也具有优异的表现，使用寿命长达两年以上。

2. 碳纤维

碳纤维不能用熔融法或溶液法直接纺丝，只能以有机纤维为原料，主要采用间接方法来制造，如聚丙烯腈基（PAN）碳纤维、沥青基碳纤维、黏胶基碳纤维。非织造碳纤维产品制备的关键步骤主要包括：基纤维非织造成型、预氧化、碳化和活化，非织造材料既保持了碳纤维材料的特殊性能，又具有了多孔三维结构性能。

3. 玻璃纤维

玻璃纤维是一种性能优异的无机材料，采用其中高性能玻璃纤维制品属于定长纤维的非织造产品，气流成网、湿法成网成功解决了玻璃短纤维加工成型技术，制品形态有毡、板、管、絮、纸状等，具有更高效的隔热、隔音、过滤等功能。

4. 陶瓷纤维

陶瓷纤维是一种结构含有陶瓷化学成分的纤维状材料，可分为玻璃态纤维和多晶纤维，具有很多优异性能，如质量轻、耐高温、热导率低、耐机械振动等。非织造制备技术的发展，多种新型陶瓷纤维不断出现，产生各种相对应的成型方法，如喷吹法、静电纺丝法、溶胶-凝胶法等，进一步提高陶瓷纤维的性能和拓宽应用领域。

5. 金属纤维

金属纤维既具备金属材料的高抗拉强度、高延伸率、导电性能、耐高温、耐腐蚀、高弹性模量的特性，又具备非金属材料的可纺织、柔韧性特点，主要有不锈钢纤维、银纤维、铜纤维、铝纤维等。金属纤维非织造成网方法包括湿网法、梳理成网法、气流成网法，再通过针刺成毡，保持了金属纤维良好的功能性。

第三节　非织造技术的特点

现代非织造技术通过多个学科交叉，综合纺织、塑料、造纸、印刷、化工等工程技术与装备，并充分结合和运用了诸多现代高新技术，且非织造材料的应用领域广泛，也进一步促进了纤维材料品种和应用的创新。具体来说，非织造技术具有以下特点。

一、多样性和灵活性

非织造技术可以使用多种原料，包括天然纤维、合成纤维和再生纤维，能够满足不同应用领域的需求。这种灵活性使得非织造材料在医疗、过滤、建筑、汽车等多个行业中得到了广泛应用。

二、生产效率高

与传统的织造和针织工艺相比，非织造技术通常具有更高的生产效率。它可以在较短的时间内生产出大面积的材料，降低了生产成本，并提高了产量。

三、优良的性能

非织造材料通常具有良好的透气性、吸湿性、强度和耐用性。这些性能使得非织造材料在许多应用中表现出色，例如在医疗领域的手术衣、口罩和敷料中。

四、环保和可持续性

随着对环保和可持续发展的关注增加，非织造技术可以利用可再生资源和生物基材料，减少对环境的影响。此外，非织造材料的回收和再利用也在不断发展。

五、创新性

非织造技术的不断创新推动了新型纤维材料的研发。例如，纳米纤维的制备技术使得材料在过滤、催化和传感等领域展现出新的应用潜力。

六、定制化和功能化

非织造材料可以通过不同的工艺和后处理方法实现功能化，如抗菌、阻燃、导电等特性，满足特定行业的需求。

第四节　非织造材料的国内外发展概况

一、国际发展现状

非织造材料属于产业用纺织品的主要组成部分，技术含量高，应用范围广，市场潜力大，其发展水平是衡量一个国家纺织工业综合竞争力的重要标志之一。正是如此，在目前国际经济大形势下，全球非织造行业强劲增长，具有传统技术优势的欧洲、北美依然保持稳定增速，而以中国、中东、非洲、南美地区的非织造材料生产规模更是发展迅速。

非织造材料生产工艺朝着多种工艺复合的方向发展，如双组分、异形截面纺粘技术，复合纺粘非织造布技术及其与后道工序集成。非织造设备的发展趋势是大型、高产和高速，单线产量不断提高，逐步走向智能化；设备更加节能节水，废弃物的回收和再利用比例逐步提升。非织造材料生产线朝着组合式、多功能性、差别化的方向发展，较多采用模块化设计来满足生产线灵活组合的要求。

二、国内发展现状

非织造材料产业在我国的发展历史不长，但我国纤维使用量及非织造产品生产能力发展较快，已超过日本、北美与欧洲，位列世界第一，且在水刺、针刺、纺粘、熔喷、化学黏合、热黏合、气流成网、湿法等多领域均有高速发展，我国已具备完整的非织造产业链，成为名副其实的非织造材料生产大国。按地区看，我国非织造布生产集中在山东、浙江、江苏、福建、广东、安徽、江西等东部沿海地区，并保持了稳定增长；在湖北、河南、四川等中、西部地区的产能也正在迅速增长。非织造产品已广泛应用于医疗卫生、环境保护、土工及建筑、过滤与分离、交通运输、航空航天、新能源、安全防护、农林渔业等领域，并已成为相关领域最新技术成果集成创新的重要支撑材料，特别是在国家重点基础工程、环境污染治理、新冠疫情防控中的突出贡献，确立了非织造材料产业的重要地位。

随着产业用纺织先进基础材料市场需求的稳步增长，非织造材料的应用领域越来越广泛，非织造产品的功能化和高性能化、绿色化、高品质化不断提升，更需要现代纤维材料的支撑和非织造制备技术的融合创新。相信，通过非织造材料产业链、技术链、人才链的紧密结合，紧抓创新机遇，加快实现高水平科技自立自强，非织造行业将从高速发展真正转化为高质量发展，为加快建设纺织科技强国做出新的更大贡献。

思考题

1. 什么是非织造材料？为什么非织造技术适用纤维范围更广泛？
2. 非织造常用纤维和特种纤维主要有哪些？

第一章思考题

参考答案

3. 怎样理解非织造技术也是制备新型纤维材料的重要手段?

4. 从国内外非织造材料的发展情况,请结合自己专业谈一谈应该如何增强纺织强国的信心?

参考文献

[1] 柯勤飞,靳向煜.非织造学 [M].上海:东华大学出版社,2016.

[2] 郭秉臣.非织造材料与工程学 [M].北京:中国纺织出版社,2010.

[3] 姚穆,孙润军.纺织材料学 [M].5 版.北京:中国纺织出版社,2019.

[4] 于伟东.纺织材料学 [M].2 版.北京:中国纺织出版社,2018.

[5] 蒋金华,陈南梁,钱晓明,等.产业用纺织先进基础材料进展与对策 [J].中国工程科学,2020,22
(5):51−59.

[6] 张文馨,田光亮,靳向煜,等.非织造材料用纤维的研究进展及发展趋势 [J].产业用纺织品,2019,
09:1−6.

第二章 非织造材料中纤维的作用与选择

思维导图

第二章PPT

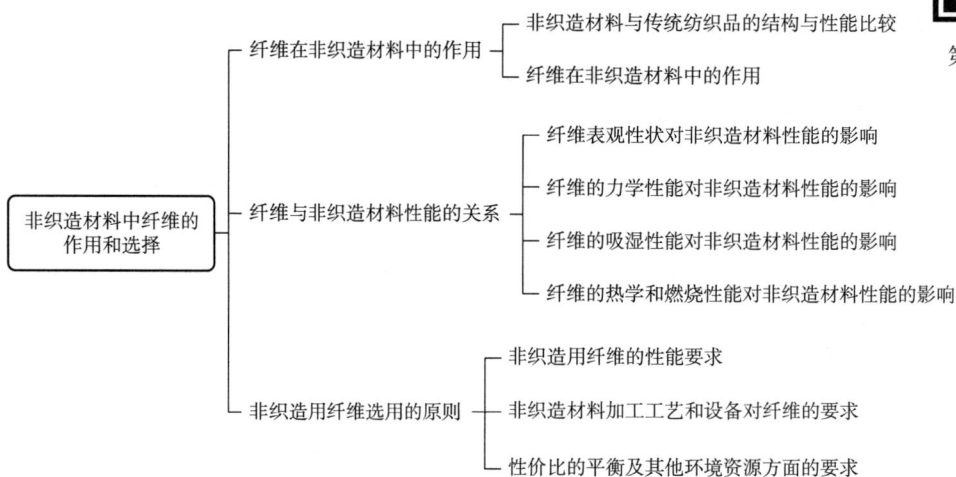

知识点

1. 纤维在非织造材料中的作用。

2. 纤维与非织造材料性能的关系。

3. 非织造用纤维选用的原则。

课程思政目标

1. 以工程伦理引领人才培养，践行社会主义核心价值观。

2. 激发学生的专业兴趣和专业自信。

3. 培养学生社会责任感和团队合作精神。

    纤维是构成非织造材料最基本的原料，由于非织造材料不同于传统纺织品以纱线的排列组合形成织物，而是纤维原料直接构成的纤网结构材料，因此纤维原料的性能对非织造材料的性能有着更为直接的影响。非织造技术应用的纤维原料非常广泛，要生产性能价格比合理的非织造产品，必须首先弄清纤维在非织造材料中的作用，掌握纤维的基本性能，并根据非织造加工工艺、后处理工艺及设备，恰当地选择纤维原料。非织造材料的性能与许多因素有关，其中最主要的因素是纤维的特性。纤维对非织造材料性能的影响归结起来主要反映在两个方面：一方面是纤维通过不同的非织造结构直接表现出来的非织造材料性能；另一方面是纤维在非织造加工中的加工适应性，它也影响到非织造材料的最终性能。

第一节　纤维在非织造材料中的作用

一、非织造材料与传统纺织品的结构与性能比较

非织造材料与传统的纱线、织物（机织物、针织物）都是以纤维为主要原料的纤维结构材料。传统纺织技术主要有纺纱和织造两大部分，首先将纺织短纤维加工成纱线，再通过机织或针织工艺将纱线织造成布（机织物、针织物）。非织造材料是以纤维为主体，纤维按照不同的排列方式制成一定结构的纤维网，再通过机械、热力或化学方法将纤维纠缠或黏结加固而成。可见，非织造材料与传统纺织品由于结构的不同，产品性能与应用各有差异。非织造材料产品制备中，也常采用纱线、织物作为增强材料与纤维网交织、复合。

（一）机织物、针织物等传统纺织品结构特征

传统纺织的织物结构一般指织物的几何结构，是纱线在织物中相互之间稳定的空间关系。纱线通过交叉和绕结使织物保持稳定的形态和特定力学性能。织物中的纱线有各自的运行方向、运行规律，形成了不同的组织结构，对织物的外观和力学性能均有较大影响。机织物和针织物各有不同的结构特点，而他们具有两个共同的结构特征：一是构成织物的主体是纱线（或长丝）；二是织物结构通过纱线交织或针织形成规则的几何结构。图 2-1 所示为机织物和针织物结构。

| (a) 机织物 | (b) 针织物 |

图 2-1　机织物和针织物结构

1. 机织物

由经、纬两个方向的纱线或长丝交织，并按一定的规律交织而形成的织物为机织物。其基本组织有平纹［图 2-2（a）］、斜纹［图 2-2（b）］、缎纹。梭织面料即是由这三种基本组织及其复合或变化的组织构成。机织物的整体结构特点是外表呈平面型板状，经、纬两向结构重复，垂直方向一般结构单一，但也可以是几层。经纬纱线交织成网状，既有覆盖，又有空隙，并有一定厚度，组织结构比较稳定，力学性能较好。

三向织物则是由相互相交角度为 60° 的三系统纱线织成的织物（图 2-3）。它具有较好的结构稳定性和各向相同的力学性质。织物中三个方向的纱线，可以采用不同纱支、原料，以

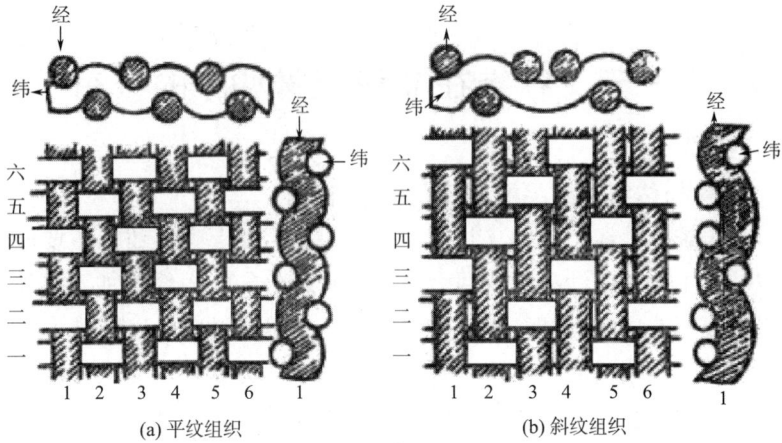

(a) 平纹组织   (b) 斜纹组织

图 2-2   机织物的平纹组织和斜纹组织结构示意图

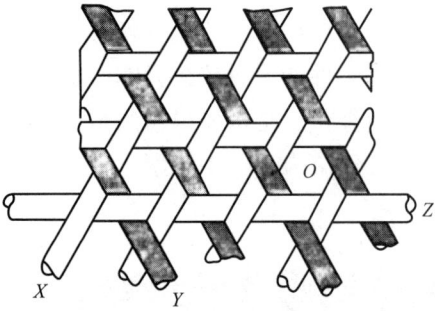

图 2-3   三向织物结构示意图

适应各种需要。三向织物可以采用机织方法进行生产。

2. 针织物

针织物（经编，纬编）主要由纵向或横向一个系统串联起来的纱圈联结而成。由同根纱线的横向线圈串套形成纬编织物；由平行排列的经纱所形成的横向线圈串套而成经编织物。针织物的结构单元是线圈，线圈形成弯曲的三维空间曲线。主要的几何结构参数为纱线直径、线圈的高度和长度，以及圈间距离。由于针织物的线圈结构特征，单位长度内储纱量较多，因此大多有很好的弹性。线圈是针织物最基本的组成单元。线圈的结构不同，线圈的组合方式不同，构成了各种不同的针织物组织，包括基本组织、变化组织和花色组织三大类。图 2-4 所示为针织物的经编和纬编结构示意图。

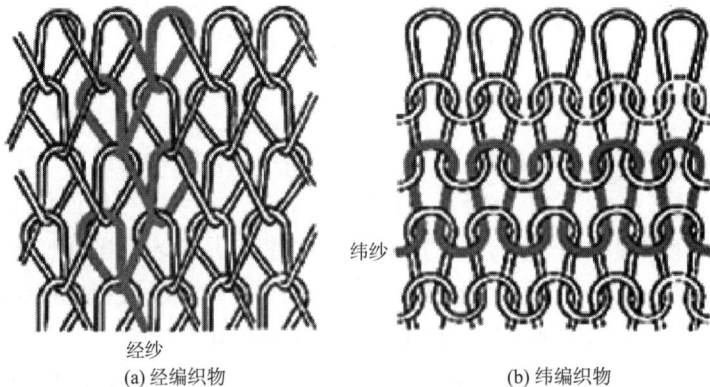

(a) 经编织物   (b) 纬编织物

图 2-4   针织物的经编和纬编结构示意图

（二）非织造材料结构特征

与传统的纺织品不同，非织造材料具有独特的结构特征：一是构成非织造材料的主体是呈单纤维状态的纤维材料；二是非织造材料具有由纤维组成网络状结构；三是必须通过化学、机械、热学等加固手段使非织造材料结构稳定和完整。

1. 非织造材料的主体结构

非织造材料的主体结构是纤维网状结构，即纤维排列、集合的结构。取决于纤维集聚成网的方式，分为有序排列结构和无序排列结构。

（1）纤维单向排列。采用平行式铺叠成网方式，纤维网中的纤维沿加工方向（纵向）排列，平行纤网外观平坦均匀，纤维的取向排列使纤维网具有各向异性。

（2）纤维交叉排列。采用交叉铺叠成网的方式，使纤维网中的纤维以一定的角度排列铺叠成网，可减少纤维网纵向取向性，使横向取向增大。

（3）纤维随机排列。纤维随机杂乱式的成网可形成随机排列纤维网。气流成网、毡化、高聚物挤出式成网、湿法成网，都具有纤维随机排列的特征。

2. 非织造材料的加固结构

非织造材料的加固结构，是在纤维固着、纠缠中产生的，是局部附加性结构。纤维网主结构是松散无强度的，而添加结构给予纤维网稳定的结构和使用性能，故而称加固结构。辅结构取决于纤维网加固的方法，有机械加固、热黏合、化学黏合剂等方法。

（1）机械加固。纤维缠结加固结构：针刺法和水刺法固结。添加物加固结构：外加纺纱线加固结构，如缝编法。机械加固结构不影响纤维原有特征，具有较好的尺寸稳定性、通透性和弹性，易可回收利用。

（2）热黏合加固。热黏合加固是利用热塑性纤维或热熔粉末软化熔融，让纤维网中纤维间产生黏结。热轧黏合加固是利用一对或两对钢辊对纤网进行加热加压，形成布状和纸状非织造材料。可分为：面黏合结构、点黏合结构和表面黏合结构。热熔黏合加固是利用烘房对混有热熔纤维或热熔粉末的纤网进行加热，成为手感柔软、弹性好、蓬松性好的海绵状、絮状非织造材料。

（3）化学黏合加固。非织造化学黏合加固是将化学黏合剂施加到纤网中，经热处理后达到固网作用。化学黏合加固非织造材料的结构形态，整体仍然保持纤维网状，其柔软、硬挺及透气性与黏合剂的性能及含固量有关。

二、纤维在非织造材料中的作用

（一）纤维作为非织造材料的主体成分

纤维以网状构成非织造材料的主体成分，为保证非织造材料中的纤维结构及充分体现纤维相关性能，纤维在非织造材料中的比重应该都在50%以上。而针刺法、水刺法等物理加固的非织造材料纤维含量为100%，此类非织造材料保持了主体纤维的原生态性能。图2-5～图2-8所示为各类方法制造的非织造材料。

图 2-5 热黏合法非织造材料

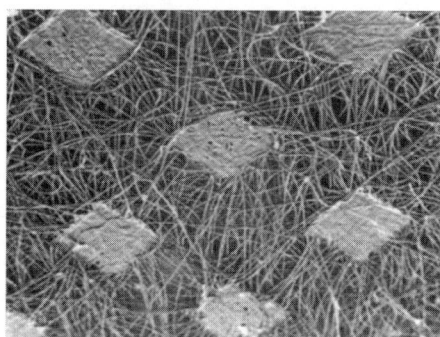

图 2-6 纺丝成网法非织造材料

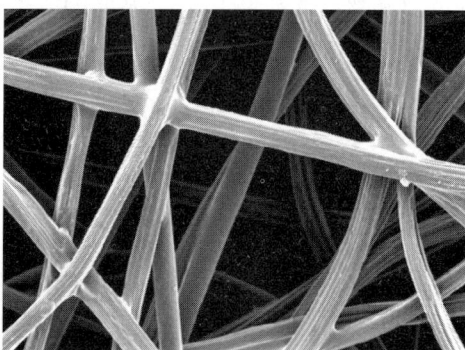

图 2-7 化学黏合法非织造材料

图 2-8 熔喷非织造材料

（二）纤维作为非织造材料的缠结成分

在针刺法非织造材料（图 2-9）、水刺法非织造材料（图 2-10）以及无纱线纤网型缝编法非织造材料中，部分纤维以纤维束锲柱形式或线圈状结构起加固纤网的作用。

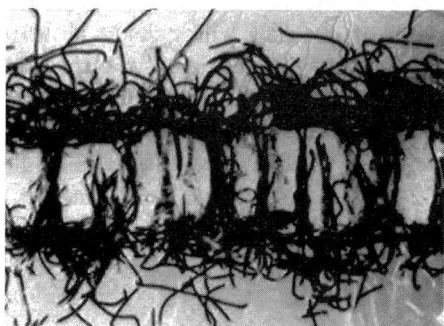

图 2-9 针刺法非织造材料截面

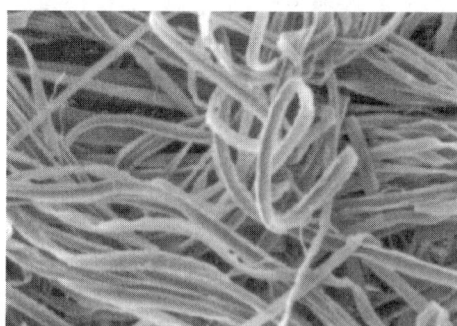

图 2-10 水刺法非织造材料截面

（三）纤维作为非织造材料的黏合成分

在大多数热黏合非织造材料中，加入纤网的热熔性纤维在热黏合时全部或部分熔融，形成纤网中的热熔黏合加固成分。

在溶剂黏合法非织造材料中，部分纤维在溶剂作用下溶解或膨润，起到与其他纤维相互黏合的作用。

可溶性黏结纤维是指在热水或水蒸气中产生软化、熔融现象，干燥后使纤网内纤维之间黏合。热熔黏结纤维是通过低熔点熔融纺丝制成的合成纤维，软化温度范围大。可作为热熔黏结纤维用于热黏合法非织造材料的生产。

（四）纤维既作非织造材料的主体又作热熔黏合成分

在热熔性黏合非织造材料加工中，采用双组分皮芯结构复合纤维，皮层组织熔点低且柔软性好，芯层组织则熔点高、强度高。这种纤维经过热处理后，皮层一部分熔融而起黏结作用，其余仍保留纤维状态，同时具有热收缩率小的特征，双组分纤维既作非织造材料的主体，又作非织造材料的热熔黏合成分。

第二节　纤维与非织造材料性能的关系

纤维在形态和占比上构成了非织造材料的主体成分，且同时在针刺法、水刺法以及缝编法非织造材料中纤维起到自身相互缠结的加固作用，而热熔性纤维在热黏合非织造材料中又是黏合成分。可见，非织造材料所采用的纤维原料性状，最终决定了非织造材料的结构和性能。

一、纤维表观性状对非织造材料性能的影响

纤维的表观性状主要包括细度（线密度）、长度、卷曲度、截面形状及表面光滑程度等，这些性状对非织造材料的纤维选用、加工工艺及应用性能有着重要影响。

（一）纤维细度

纤维细度是指纤维的粗细程度。纤维细度的指标有直接指标和间接指标两种。直接指标主要指直径、截面积及宽度等纤维的几何尺寸来表达。间接指标主要指线密度、纤度、公制支数等。

纤维细度直接影响非织造材料的性能。在其他条件相同的情况下，纤维越细，其比表面积和接触面积增加，摩擦力增大，从而提高纤维的缠结度。同时，细纤维在相同定量下的数量增多，增加了接触点，进而提升了非织造材料的强度。纤维的细度及其离散程度决定了成网方法和质量。较细的纤维有利于低定量非织造材料的均匀分布，但过细的纤维在开松和梳理过程中易断裂，影响成网均匀性。细纤维制成的非织造材料体积密度大，强度高且手感柔软。对于过滤材料，通常需要多种线密度规格的纤维混合或梯度分布，以增强过滤性能。

（二）纤维长度

纤维在充分伸直状态下两端之间的距离称为伸直长度，即纤维伸直但不伸长时的长度，也即一般所指的纤维长度。非织造纤维原料可以是天然的或者是化学加工的，从长度角度可以分为短纤维、长丝和短绒纤维。天然纤维的长度根据其种类的不同，具有各自的长度分布；化学纤维的长度可以人为控制，而化纤长丝则不进行切断。

纤维长度长，对提高非织造材料的强度有利，这主要是纤维之间的抱合力增大，缠结点增多，缠结效果增强，纤维强度的利用程度提高。在黏合法生产中，纤维长度长，还表现为黏合点增加，黏合力增强，非织造材料强度增加。

（三）纤维卷曲度

卷曲度也称卷曲率、卷曲指数，以单位长度上的卷曲数来表示，是纤维卷曲程度的指标之一。纤维的卷曲形貌参数，如卷曲数和卷曲半径，能够直观反映其卷曲形态及卷曲弹性。天然纤维如棉纤维和羊毛纤维具有自然卷曲，而合成纤维通常表面光滑，摩擦力小，需通过机械、化学或物理方法后加工以增加卷曲度。

纤维卷曲度对非织造材料的性能影响显著。较高的卷曲度增强了纤维间的抱合力，提升了成网均匀度，便于输送和加工。然而，过高的卷曲度可能导致纤维间摩擦系数增加，影响梳理成网的难度。在黏结加固工艺中，高卷曲度使纤维保持弹性，提升产品的柔软性和弹性。在针刺加固和缝编法中，卷曲度的增加提高了纤维间的滑移阻力，从而增强了非织造材料的强度和弹性。此外，三维卷曲纤维和中空纤维具有良好的蓬松性和保暖性。

（四）纤维横截面形状

天然纤维都有各自的天然形成的横截面形状，如棉纤维为腰圆形，有中腔；蚕丝为不规则三角形；化学纤维的截面形状是根据纺丝孔的形状决定的，有三角形、星形、中空形等。

纤维的横截面形状显著影响非织造材料的性能。三角形截面纤维的硬挺度高于圆形，而椭圆形截面则较低。中空纤维具备优良的刚性、保暖性和蓬松性。在化学黏合法中，纤维横截面的形状与黏合剂接触面积密切相关，星形截面纤维的表面积比圆形纤维大约50%，从而提高黏合力。多叶形截面纤维在针刺非织造材料中形成三维结构，减小孔径并增加比表面积，显著提升材料强度和过滤效率。扁平截面纤维则通过降低弯曲刚度，改善水刺缠结效果，增强力学性能。

（五）纤维表面光滑程度

纤维表面光滑程度决定了纤维摩擦系数的大小。表面粗糙的纤维与其他物体接触时，摩擦力会增大，摩擦系数也会相应增大。

纤维表面光滑程度不但影响产品性能，还影响加工工艺。对于针刺法、缝编法等机械加固的非织造材料来说，纤维表面摩擦系数大，纤维滑脱阻力也大，有利于产品强度提高。但是摩擦系数过大，会加大针刺阻力，造成穿刺困难，引起断针等故障。此外，合成纤维摩擦系数大，易引起静电产生和积聚，影响梳理成网的正常进行，可以采用加油加湿抗静电处理。

二、纤维的力学性能对非织造材料性能的影响

纤维材料在非织造材料加工和使用过程中要受到各种类型的外力作用，同时，纤维材料

的力学性能对非织造材料的性能有很大影响。在纤维的各项力学性能中，断裂强度、断裂伸长率、初始模量、弹性恢复性和耐磨性等对非织造材料的使用性能的影响尤为显著，以下重点介绍这几项性能。

（一）纤维的强度

纤维的强度是其抵抗外力破坏的能力，通常用断裂强力表示，即拉伸至断裂所需的力，单位为牛顿、厘牛。由于纤维强度与粗细有关，常用相对强度来表示，即单位细度纤维的强力，单位为牛/特、厘牛/分特。纤维的强度受内部结构影响：大分子聚合度和结晶度越高，强度越大；大分子取向度高时，纤维的轴向分力增大，强度也随之增加。

（二）纤维的伸长率

纤维拉伸时产生的伸长占原来长度的百分率称为伸长率，它表示纤维承受拉伸变形的能力。纤维受外力作用至拉断时，拉伸后的伸长长度与拉伸前长度的比值称断裂伸长率，用百分率表示。

断裂伸长率大的纤维手感比较柔软，在开松、梳理、针刺等非织造加工时，具有较高的韧性和抗冲击性能，以保证在受到冲击和振动时不会发生纤维的受损、断裂；但断裂伸长率也不宜过大，否则非织造材料结构容易变形。一般普通非织造纤维的断裂伸长率在10%～30%范围内比较合适。

（三）纤维的弹性

纤维的弹性就是指纤维变形的恢复能力。表示纤维弹性大小的常用指标是纤维的弹性回复率或称回弹率。它是指急弹性变形和一定时间的缓弹性变形之和占总变形的百分率。纤维的弹性回复率高，则纤维的弹性好，变形恢复的能力强。用弹性好的纤维制成的非织造材料尺寸稳定性好，较为耐磨。

（四）纤维的耐磨性

纤维及其制品在加工和实际使用过程中，由于不断经受摩擦而引起磨损。纤维的耐磨性就是指纤维耐受外力磨损的性能。纤维的耐磨性与其纺织制品的坚牢度密切相关。耐磨性的优劣是衣着用织物服用性能的一项重要指标。纤维的耐磨性与纤维的大分子结构、超分子结构、断裂伸长率、弹性等因素有关。常见纤维耐磨性高低的顺序如下：

锦纶>丙纶>维纶>乙纶>涤纶>腈纶>氯纶>毛>丝>棉>麻>富强纤维>铜氨纤维>黏胶纤维>醋酯纤维>玻璃纤维。

（五）纤维的弹性模量

纤维的弹性模量也称"初始模量"，指纤维材料负荷—伸长曲线上初始一段直线部分的应力—应变比值。在实际计算中，一般可取负荷伸长曲线上伸长率为1%时的一点来求得纤维的弹性模量，反映了纤维在受拉伸力很小时抵抗变形的能力。纤维弹性模量的大小表示纤维在小负荷作用下的难易程度，它反映了纤维的刚性，并与非织造材料的性能关系密切。当其他条件相同时，纤维的弹性模量大，则非织造材料硬挺；反之，弹性模量小，则柔软。

纤维的弹性模量最大主要取决于其材料的结构和化学成分。碳纤维的弹性模量相对较高，可以达到350～550GPa。与之相比，玻璃纤维和聚酰亚胺纤维的弹性模量较低，分别为70～

90GPa 和 50~80GPa。在工程领域中，选择适合的纤维材料来制造非织造复合材料，以达到预期的力学性能要求，同时有利于减轻结构自身的重量、提高结构强度和耐久性。

三、纤维的吸湿性能对非织造材料性能的影响

通常将纤维材料从气态环境中吸收水分的性能称为纤维的吸湿性，常用回潮率表示。回潮率影响纤维的自重，以及强度、导电性能等。天然纤维的吸湿性较好，而大多数合成纤维的吸湿性较差。纤维吸湿性的大小对纺织纤维的形态尺寸、重量、物理力学性能都有一定的影响，从而也影响其加工和使用性能。影响纤维回潮率的因素有内因和外因两方面，而外因也是通过内因起作用的。

（一）影响纺织纤维回潮率的内在因素

1. 亲水基团的作用

纤维大分子中，亲水基团的数量越多，极性越强，纤维的吸湿能力越高。如羟基、酰胺基、羧基、氨基等都是较强的亲水基团，它们与水分子的亲和力很大，能与水分子形成化学结合水（吸收水）。这类基团越多，纤维的吸湿能力越高。

纤维素纤维：如棉、黏胶纤维、铜氨等纤维，大分子中的每个葡萄糖残基含有 3 个羟基，在水分子和羟基之间可形成氢键，所以吸湿性较大。醋酯纤维中大部分羟基都被乙酰基取代，而乙酰基对水的吸引力又不强，因此醋酯纤维的吸湿性较低。

蛋白质纤维：主链上含有亲水性的酰胺基、氨基、羧基等亲水性基团，因此吸湿性很好，尤其是羊毛，侧链中亲水基团较蚕丝更多，故其吸湿性优于蚕丝。

合成纤维：含有亲水基团不多，故吸湿性都较差。如涤纶、丙纶、腈纶等中因缺少亲水性基团，故吸湿能力极差，尤其是丙纶基本不吸湿。但维纶的大分子中含有羟基，经缩醛化后一部分羟基被封闭，吸湿性减小，在合纤中其吸湿能力最好；锦纶6、锦纶66的大分子中，每6个碳原子上含有一个酰胺基，所以也具有一定的吸湿能力。

2. 纤维的结晶度及内部空隙

纤维的结晶度较高，在结晶区内，分子有规则地紧密排列，水分子不易渗入。同时，纤维的内部空隙也是影响水分吸收的重要因素，但这些空隙吸收的水分一般不能进入结晶区。因而纤维的吸湿作用主要是发生在无定形区。纤维的结晶度越低，吸湿能力就越强。如：棉和黏胶纤维的每一个葡萄糖残基上都有 3 个羟基，但棉纤维的结晶度为 70% 左右，而黏胶纤维仅 30% 左右，所以黏胶纤维的吸湿能力比棉纤维高得多。在同样的结晶度下，微晶体的大小对吸湿性也有影响。一般来说，晶体小的吸湿性较大。

纤维无定形区内缝隙孔洞越多越大，水分子越容易进入，毛细管凝结水可增加，纤维吸湿能力越强。如：黏胶纤维结构比棉纤维疏松，缝隙孔洞多，是其吸湿能力远高于棉的原因之一；合成纤维结构一般比较致密，而天然纤维组织中有微隙，天然纤维的吸湿能力远大于合成纤维。

3. 纤维的比表面积

纤维的表面具有吸附功能。纤维的比表面越大，表面能也越多，表面吸附能力越强，纤

维表面吸附的水分子数也越多，吸湿性越好。比表面积大的细纤维比粗纤维的吸湿性好些，成熟度差的棉吸湿性也较高。

4. 纤维内的伴生物和杂质

纤维中的杂质对吸湿能力有显著影响。棉纤维含有氮物质、棉蜡、果胶和脂肪，其中氮物质和果胶更易吸湿，而蜡质和脂肪则不易吸湿。因此，棉纤维脱脂程度越高，吸湿能力越强。羊毛表面的油脂降低了其吸湿性，而麻纤维的果胶和蚕丝中的丝胶则有助于吸湿。此外，天然纤维在采集和初步加工中常残留杂质，这些杂质通常具有较强的吸湿能力。化学纤维表面的油剂也会影响吸湿性，当油剂的亲水基团朝向空气排列时，纤维的吸湿量会增加。

（二）影响纺织纤维回潮率的外界因素

在温度和相对湿度这两个影响因素中，对亲水性纤维来说，相对湿度对回潮率的影响是主要的。而对疏水性的合成纤维来说，温度对回潮率的影响也很明显。在一般的情况下，随着空气和纤维材料温度的提高，纤维的平衡回潮率将会下降。在一定温度条件下，相对湿度越高，空气中水汽分压力越大，单位体积空气内的水分子数目越多，水分子到达纤维表面的机会越多，纤维的吸湿也就越多。

（三）纤维吸湿性对非织造材料性能的影响

1. 对重量的影响

虽然纤维吸湿性能不同，但绝大多数纤维在常态下是吸收一定水分的，因此纤维的重量实际上都是一定回潮率下的重量，而不是干重。例如，国际通用的纤维线密度计量就是采用纤维在公定回潮率时的重量与单位长度的关系来表示。

2. 对长度和横截面积的影响

纤维吸湿后体积膨胀，其长度和横截面积都发生膨胀，而且这种膨胀表现了明显的各向异性。纤维吸湿后在长度方向的膨胀很小，而在直径方向膨胀很多。在非织造材料在湿态环境应用中，由于纤维吸湿后的膨胀，特别是横向膨胀，不仅使产品变厚、变硬，造成收缩（缩水）现象，使非织造材料整体的紧密度提升。

3. 对密度的影响

纤维吸湿后，开始回潮率小时，吸附的水分子与纤维呈氢键结合，而氢键长度短于范德瓦耳斯力结合的长度，纤维吸附水分子后增加的体积比原来水分子体积小，故密度有所增加。但是随着水分子的大量进入，纤维的体积膨胀，密度反而降低。

4. 对力学性能的影响

纤维吸湿情况对其力学性能存在较大影响。绝大多数纤维随着回潮率的增加而强力下降，如黏胶纤维尤为突出。但是棉、麻等天然纤维素纤维的强力则随着回潮率的上升而上升。所有纤维的断裂伸长率都是随着回潮率的升高而增大的。随着回潮率的增加，纤维的塑性变形增加，并且变得柔软容易变形，纤维的表面摩擦系数也会变大。

5. 对热学性质的影响

空气中的水分子被纤维大分子的极性基团所吸引而与之结合，使分子的动能降低，必然伴随能量的转换，用热的形式释放出来。在一定的温度下，质量为1g的纤维从某给定回潮率开始吸湿到完全润湿时所放出的热量，称为吸湿积分热（或润湿热），单位为J/g。吸湿能力强的纤维，吸湿积分热大。纤维在给定回潮率条件下吸着1g水放出的热量，称为吸湿微分热（吸湿热），单位为J/g。回潮率状态不同，吸湿微分热不同。各种干燥纤维的吸湿微分热大致接近，为837~1256J/g。但随着回潮率的增加，纤维的吸湿微分热会以不同的速率减小。

6. 对电学性质的影响

干燥纤维具有高电阻，质量比电阻在10^{11}~$10^{18}\Omega\cdot g/cm^2$范围内，是优良的绝缘体。吸湿会增强纤维的导电性和介电常数，改善抗静电性，便利纺织加工。然而，过度吸湿会导致绕皮辊、难以开松和梳理、增加烘干能耗，并可能损伤纤维，影响穿着舒适度。在相同湿度下，纤维素类纤维的质量比电阻相近，蛋白质纤维的电阻较大，而蚕丝的电阻高于羊毛。合成纤维如涤纶、氯纶、丙纶因吸湿性差，电阻大且与湿度关系不显著。

7. 对光学性质的影响

纤维的光学性质中，与回潮率密切相关的是折射率。当纤维的回潮率升高时，纤维的折射率、透射率和光泽会下降，光吸收会增加，颜色会变深，光降解和光老化会加剧等。这也是由于水分子进入纤维后，引起分子结构作某些改变造成的。

纤维的吸湿性对非织造材料的加工工艺影响显著，尤其在化学黏合法和水刺法中。吸湿性好的纤维有助于黏合剂均匀分散，提升黏合效果，并在水刺过程中易于缠结，从而提高力学性能。然而，干法成网和针刺加固时，吸湿过低会导致纤维断裂和静电，吸湿过高则易缠绕机械。此外，纤维的吸水性与非织造材料的应用性能密切相关。

四、纤维的热学和燃烧性能对非织造材料性能的影响

（一）纤维热学性质

纤维材料的热学主要包括热传导性质和热力学性质两大类。

传热是热量从高温区域向低温区域传播的过程，通常由三种基本方式进行：传导、对流和辐射。由于纤维集合体是纤维与空气的复合体，当其两侧存在温差时，热量会以传导、对流和辐射三种方式从高温端向低温端传递。如果纤维含有水分，还可能包括水分蒸发的潜热交换。和纤维的热传导有关的物理量主要包括比热容及热导率。

纤维的比热容（specific heat capacity）是指单位质量的纤维，温度升高（或降低）1℃所需要吸收（或放出）的热量。比热容的单位是J/(g·℃)，曾用单位cal/(g·℃)。纤维比热容是反映纤维材料温度变化难易程度的指标。比热容较大的纤维，纤维的温度变化相对困难。不同的纤维通常具有不同的比热容，部分干燥纺织纤维的比热容见表2-1。

静止干空气的比热容为1.01J/(g·℃)，水蒸气的比热容为1.85J/(g·℃)。水的比热容为4.18J/(g·℃)，为一般干燥纺织纤维比热容的2~3倍。在涉及快速热加工的非织造工艺中，纤维的比热容对工艺参数的制定有重要影响。在供热量恒定的条件下，不同的纤维比热容会导致不同的升温速度。

表 2-1　常见干燥纺织纤维的比热容（测定温度为 20℃）　　　单位：J/（g·℃）

纤维种类	比热容	纤维种类	比热容	纤维种类	比热容
棉	1.21~1.34	锦纶 6	1.84	羽绒	1.10~1.20
羊毛	1.36	锦纶 66	2.05	芳香族聚酰胺纤维	1.21
桑蚕丝	1.38~1.39	涤纶	1.34	醋酯纤维	1.46
亚麻	1.34	腈纶	1.51	玻璃纤维	0.60~0.80
汉（大）麻	1.35	丙纶（50℃）	1.80	石棉	0.85~1.05
黄麻	1.36	乙纶（LDPE）	2.10	木棉	1.20~1.30
黏胶纤维	1.26~1.36	乙纶（HDPE）	2.30	水	4.18

热导率 λ 是材料传热的本征参数。定义是当材料的厚度为 1m，两表面的温度差为 1℃时，1h 内通过截面 1m 材料传导的热量千卡数，也称为传热系数，用 λ 表示，单位是 W/（m·℃）。为表达简化与方便，将纤维集合体看成一个均匀介质的固体材料，也采用热导率表示其导热性能。常见纺织纤维及静止空气、水的热导率见表 2-2。

表 2-2　常见纺织纤维及静止空气、水的热导率（测定温度为 20℃）

单位：W/（m·℃）

纤维制品	热导率 λ
棉纤维	0.071~0.073
羊毛纤维	0.052~0.055
蚕丝纤维	0.05~0.055
黏胶纤维	0.055~0.071
醋酯纤维	0.05
玻璃（玻璃纤维）	0.78~1.09（0.038~0.46）
羽绒	0.024
木棉	0.32
苎麻	0.074~0.078
涤纶	0.084
腈纶	0.051
锦纶	0.244~0.337
丙纶	0.221~0.302
氯纶	0.042
干燥静止空气	0.026
纯水	0.697

一般测得的纺织材料的热导率，是纤维、空气和水分这个混合体的热导率。从表 2-2 可见，静止空气的热导率最小，是优良的热绝缘体。因此，纺织材料的保温性能主要依赖于纤维中夹持的静止空气的数量。静止空气越多，纤维层的绝热性越好。相比之下，水的热导率

是静止空气的十几倍，因此纺织材料中的水分会显著影响其保暖性能。此外，空气的流动会显著降低纤维层的保温性。纤维层的体积质量在 $0.03 \sim 0.06 \mathrm{g/m^3}$ 范围内时，热导率达到最小值，即保温性最佳。

纤维的热力学性质随温度变化，主要表现为玻璃态、高弹态和黏流态三种状态。在低温下，非晶区的分子链被冻结，呈现坚硬的玻璃态；随着温度升高，分子链可旋转，转变为类似橡胶的高弹态；在更高温度下，分子可互相位移，表现为黏流态，类似黏性流体。玻璃化温度是高聚物从玻璃态转为高弹态的特征温度，而黏流转变温度则是高弹态与黏流态之间的特征温度。大多数纺织纤维的玻璃化温度高于室温，使衣物在室温下保持一定的抗拉伸能力。例如，氨纶的玻璃化温度在 $-40℃$ 以下，聚醚型在 $-70 \sim -50℃$，常温下具有良好的弹性。此外，纤维材料的玻璃化温度和流动化温度会因吸附的塑化剂（如水）数量而显著变化，棉纤维和毛纤维在饱和吸湿时的玻璃化温度比绝对干态时低约 $160℃$。

在非织造材料的加工和使用过程中会遇到不同的温度环境，而且温度范围较广。在化学黏合过程中，纤网经过烘燥、焙烘工艺时的热作用，纤维高分子的柔性、聚集态结构、宏观形态都会发生不同程度的变化，从而影响非织造加工和产品使用性能。对热黏合工艺而言，纤维的熔点、玻璃化温度、软化点、分解点、热收缩性及耐热性都必须考虑。通过了解纤维原料对非织造材料的影响因素，还要根据最终制品使用工况选择合适的纤维、合适的工艺和合适的后处理方法，从而制备出具有优良性能的非织造产品。

（二）纤维的燃烧性能

1. 纤维燃烧性能的指标

纤维的可燃性：如纤维开始燃烧的点燃温度和开始冒烟的发火点温度。点燃温度和发火点低，说明纤维容易燃烧。

纤维的阻燃性：如极限氧指数（limiting oxygen index，LOI），表示纤维材料在氧-氮混合气体中点燃后，维持燃烧状态所需的最低含氧量的体积分数。极限氧指数低，表示该纤维越容易在点燃后继续燃烧。极限氧指数大，说明材料难燃；指数小，说明易燃。

2. 纤维燃烧性分类

各种纤维的化学组成、结构是不相同的，因此它们的燃烧性能也各不相同。纤维的燃烧性能是指纤维在空气中燃烧的难易程度。根据纤维燃烧时引燃的难易程度、燃烧速度、离开火焰后的续燃性等特征，可以将纺织纤维分为易燃纤维、可燃纤维、难燃纤维、不燃纤维（表2-3）。

表2-3　纤维燃烧性能的分类

分类	燃烧特征	极限氧指数	常见纤维品种
不燃纤维	不能点燃	>35%	玻璃纤维、金属纤维、硼纤维、石棉纤维、碳纤维
难燃纤维	接触火焰能燃烧或炭化，离开火源后自熄	26%~34%	氟纶、氯纶、偏氯纶、改性腈纶、芳纶、酚醛纤维等

分类	燃烧特征	极限氧指数	常见纤维品种
可燃纤维	容易点燃。会延燃，但燃烧速度较慢	20% ~ 26%	涤纶、锦纶、维纶、蚕丝、羊毛、醋酯纤维
易燃纤维	容易点燃，燃烧速度很快，并蔓延迅速	<20%	棉、麻、黏胶纤维、丙纶、腈纶

3. 影响纤维燃烧性能的因素

（1）化学组成（氢、氮及阻燃元素）。纤维大分子中含氢量在很大程度上决定了纤维材料的可燃性，含氢量越高，纤维材料的可燃性越强。

（2）纤维结构。纤维大分子链是刚性链，形态规整，微观缺陷少，大分子链排列有序，结晶度高，则热稳定性好，可燃性低。

（3）炭化倾向。纤维材料在高温作用下裂解出的可燃性气体越少，固体炭化残渣越多，其阻燃性越好。氢含量低、芳香度高的纤维材料裂解时炭化程度高。

（4）制品结构和质量。非织造材料组织结构紧密，透气性小，不易与周围空气充分接触，氧气的可及性低，燃烧就较困难。

（5）环境因素。如空气、压强、湿度、温度、辐照等对燃烧性有一定影响。

4. 阻燃纤维

阻燃性是指降低材料在火焰中的可燃性，减缓火焰蔓延速度，并能在火焰移去后迅速自熄。阻燃纤维在火焰中仅阴燃，不产生明火，离开火焰后能自行熄灭。与普通纤维相比，阻燃纤维的可燃性显著降低，其阻燃机制包括阻碍热分解、抑制可燃气体生成、稀释可燃气体以及隔离空气和热源。

阻燃纤维的制造通过提高成纤高聚物的热稳定性来抑制可燃性气体的产生，增加炭化程度，从而提高阻燃性能。可以通过在大分子链上引入芳环或芳杂环，增强链的密集度和内聚力；通过交联反应形成三维交联结构，防止碳链断裂，确保纤维不收缩不熔融；利用大分子中的氧、氮原子与金属离子螯合，形成立体网状结构，促进炭化；最后，将纤维在 200 ~ 300℃的空气氧化炉中处理，使其大分子发生氧化、环化和碳化反应，形成耐高温的多共轭梯形结构。

阻燃纤维的改性方法包括共聚法、共混法和后处理法。通过在聚合过程中引入含磷、硫、卤素等阻燃元素的化合物作为共聚单体，制成阻燃纤维；或将阻燃剂添加到纺丝熔体中进行纺丝；此外，还可以在高聚物成纤后，利用高能射线或引发剂使纤维与阻燃单体接枝共聚，或在湿法纺丝过程中用含阻燃剂的溶液处理初生纤维，使其获得持久的阻燃性能。

第三节　非织造用纤维选用的原则

由于原料和加工技术的多样性，非织造材料的性能也各不相同。有的材料柔软，有的则较硬；有的材料强度高，而有的则较低；有的材料密实，有的则蓬松；有的材料中纤维较粗，有的则很细。因此，应根据非织造材料的具体用途来设计其性能，并选择适当的工艺技术和原料。作为非织造材料的主要成分，选择合适性能的纤维原料是实现材料设计与开发，满足最终产品使用要求的关键。

一、非织造用纤维的性能要求

（一）医卫非织造材料

医用卫生材料包括：妇女卫生巾、婴儿与成人尿片的包覆布、手术衣、隔离服、保护服、医院病床用品、医疗用材料（绷带、药棉、纱布、手术衣、橡皮膏基布、伤口软垫、止血棉、人造血管、心脏修补材料等）、血液过滤材料、口罩、面罩等。医卫非织造材料用纤维的主要性能要求是无毒，即不会引起发热，无过敏反应，不致癌；可以经受消毒处理，如辐射、环氧乙烷气体、干热和蒸煮消毒；物理力学性能好，如应有一定的拉伸强力、弹性、伸长率；阻隔性、吸湿性好以及具有生物学相容性、生物学惰性（或生物学活性）。

（二）非织造过滤材料

非织造过滤材料的性能受多种因素影响。纤维细度越小，比表面积增大，过滤效率提高，常用细度为 1.5~3dtex；长度越长，增加颗粒捕获，但过长会降低均匀性。卷曲度大可提升摩擦力和致密性，增强过滤效果。面积密度和厚度增加时，单位面积纤维数量增多，流体通道减少，过滤性能提高，但同时也增加过滤阻力。纤维表面形态影响流体阻力，光滑表面降低阻力，粗糙表面则提高颗粒捕获效率。

（三）家用装饰非织造材料

1. 非织造地毯与铺地材料

非织造地毯大多数用针刺法加工而成，少数用缝编法或其他方法。家居针刺地毯所用原料一般为 16.5~33.3dtex（15~30D）、51~90mm 的丙纶，也可混入锦纶等其他纤维。产品定量一般在 600g/m² 左右。用于户外的针刺铺地材料，采用极粗的丙纶纤维制成，纤维粗达 33~110dtex（30~100D），长度 60~100mm，可作为人造屋顶以及花园、网球场、高尔夫球场等场所的人造草坪。为提高地毯的强度并减少伸长，针刺毯坯必须经过浸胶，甚至涂层。对于毛圈地毯只进行背面浸胶，所用胶乳大多为丁苯胶乳，浸渍量占成品总重的 25%~30%，浸渍深度可达到整个产品厚度的 2/3。

2. 非织造贴墙布

非织造贴墙布是一种室内装饰材料，由天然纤维（如棉、麻）和合成纤维（如丙纶、涤纶、腈纶）制成，经过针刺或水刺工艺处理，并涂覆树脂和印制花纹。其特点包括挺括、有弹性、不易折断、耐老化、对皮肤无刺激，且色彩鲜艳、粘贴方便，具备透气性和防潮性，能够擦洗而不褪色。

水刺非织造贴墙布的优势在于其柔性缠结，保持了纤维的原有特性，外观接近传统纺织品，具有高强度、低起毛性、高吸湿性和良好的透气性，手感柔软且悬垂性佳，花样多样。

中厚型针刺非织造墙布不仅美观，还具备良好的隔音和吸音性能，特别适合用于电影院和歌剧院的内墙装饰，能有效减少回声，改善室内音响效果。

3. 非织造窗帘与帷幕

非织造窗帘布具有重量轻、耐磨损、透气、隔音等特性，生产成本较低，而且具有一定的环保性和易回收性。因此在家居、医疗、农业等领域都得到了广泛应用。

缝编非织造窗帘布，主要为纱线层缝编布、纤网型缝编布及毛圈型缝编布，经过染色、印花、烂花、轧花等后整理加工，可制成漂亮的窗帘、帷幕及其他非织造材料。也可将此类非织造材料经浸渍加工后，可用于垂直帘。还可以将非织造材料的一面经防水整理，用作卷帘或淋浴帘。

水刺法非织造窗帘布，大多采用黏胶纤维和聚酯纤维，最好用3%~5%丙烯酸酯黏合剂黏合再印花整理。

4. 非织造台布

非织造台布可按"一次性"和日常使用的产品，采用多种非织造工艺制备而成。如，"一次性"产品非织造台布可采用黏胶短纤维经湿法制成非织造材料。可多次使用的台布是经过热黏合的、染色或印花的丙纶纺黏非织造布，或者用聚氯乙烯涂层并经印花的针刺法或缝编法制成非织造布。而使用黏胶纤维或聚酯纤维作原料，具有易洗、快干、免烫、不沾油污等优点。由双组分纤维或其他热熔纤维所制的热黏合非织造布经过印花、染色也可用作台布。

（四）服装用非织造材料

1. 非织造黏合衬

非织造黏合衬又称热熔衬，使服装面料更加柔软、更薄、更轻、更加功能化，品质更加稳定，由底布和热熔胶组成。底布一般通过PET、PA、黏胶或棉等短纤维干法成网，采用热轧法、水刺法或泡沫上浆法等加固成形，然后在底布上涂覆热熔胶，可分别通过撒粉、浆点、粉点和圆网等工艺。热熔胶的种类有聚乙烯、共聚酰胺、共聚酯、乙烯—醋酸乙烯共聚物等。非织造黏合衬价格较低，缩率较小，使用方便。

非织造黏合衬按使用时间可分为：永久黏合衬和暂时黏合衬。永久型黏合衬主要使用聚酰胺系、聚酯系。黏合强度高，耐洗，应用在前身等大面积部位，与面料复合时，应采用熨烫机。暂时型黏合衬：主要使用聚乙烯系，黏合强度低，耐洗性差，但能使用一般熨斗进行黏合。

2. 非织造保暖材料

非织造保暖材料，用于服装、被褥、睡袋等的一类保暖非织造材料。纤维原料中常含有立体卷曲的中空纤维，采用干法成网，经喷洒固网或热熔黏合固网制成。非织造保暖材料种类很多，如喷胶棉、定型棉、无胶棉、仿羽绒、复合保暖材料，特点是质轻，蓬松性、弹性好，保暖效果佳，可湿洗或干洗，成本低。

3. 非织造防护服

防护服种类按防护功能分健康型防护服，如防辐射服、防寒服、隔热服及抗菌服等；安全型防护服，如阻燃服、阻燃防护服、电弧防护服、防静电服、防弹服、防刺服、宇航服、潜水服、防酸服及防虫服等；为保持穿着者卫生的工作服，如防油服、防尘服及拒水服等。

非织造防护服材料主要为一次性使用，常见类型包括纺粘非织造布、水刺非织造布、SMS复合非织造布等。这些材料相较于传统产品，提供更好的防护性和舒适性。非织造防护服具备抗渗透、良好透气性、高强度和高耐静水压等特点，满足高强度和耐磨要求。其材料选择多样，从天然纤维（如棉、毛、丝、麻）到合成纤维（如涤纶、丙纶、锦纶、腈纶），以及高性能纤维（如聚酰胺、聚乙烯）和复合材料，满足不同防护需求。

4. 非织造内衣

非织造内衣主要为采用水刺、纺粘非织造布加工成形的一次性内衣裤。

（1）水刺全棉非织造材料。全棉水刺非织造布制成的一次性纯棉内裤可以帮助治疗女性妇科疾病，透气性和舒适性比较好，还可以避免局部炎症反应，可以长期使用。纯棉水刺婴儿服穿着透气舒适，无骨缝制，亲肤柔软，可以很好地保护婴幼儿娇嫩的肌肤。

（2）纺粘非织造材料。纺粘非织造材料是以合成高分子为原料，通过纺丝成网后黏合而成，具有优异的力学性能，如拉伸强度和撕裂强度，同时在价格和生产成本上也具优势。然而，聚丙烯等合成纤维制成的一次性内裤透气性较差，长时间穿着可能导致闷热潮湿，进而滋生细菌，对身体健康不利。

（五）非织造仿皮革材料

非织造仿皮革材料也称"非织造合成革"。大多采用针刺法、水刺法加工成一定密度的三维结构非织造材料用作合成革基布。合成革基布原料多数采用聚酯纤维，也有采用聚酰胺纤维或一些双组分纤维。根据合成革的基本要求，其所用非织造材料以超纤合成革和聚氨酯合成革为代表的环保型、功能型合成革。

1. 人造麂皮

采用原纤化的超细复合纤维（0.4D以下）为原料，并结合应用聚氨基甲酸酯黏合剂浸渍和其他化学与机械处理等整理工艺而制成，这种产品被称为人造麂皮。

聚氨酯（PU）合成革属于聚氨酯弹性体的一类，光泽柔和自然，手感柔软，外观真皮感强。具有与基材黏结性能优异、抗磨损、耐挠曲、抗老化等优异的性能，同时还具备耐寒性好、透气、可洗涤、加工方便、价格优廉等优点，是天然皮革和PVC人造革的理想替代品。

2. 高密度合成革基布

高密度产品在PU浸渍过程中可节约大量成本，同时又保证最终产品优良的力学性能。普通针刺产品在手感和密度上不能满足高档人造革的要求，通过增加针刺密度和轧光整理也可使密度增加，但存在纤维损伤、特性指标下降、手感变硬等缺陷。

以锦纶和高收缩涤纶为原料开发高密度合成革基布。主要采用锦纶作为收缩载体，混合高收缩涤纶成网，经水刺加固及热风穿透处理，高收缩纤维在湿热状态下沿纤维的长度方向急剧缩短，从而使基布获得收缩致密的效果。

3. 超纤合成革材料

采用分裂型双组分纤维通过针刺加固，再水刺工艺开纤成超细纤维结构，或形成仿真皮的胶原纤维组织，称为超纤合成革材料。由于基布采用超细纤维，弹性好，强度高，手感柔软，透气性好，超纤合成革的许多物理性能已超过天然皮革，外观已具有天然皮革的特征。

（六）土工建筑用非织造材料

高性能非织造材料由于其成本及产品特性的优势，广泛应用于各类土工建筑及其附属设施等诸多领域，被称为继钢材、水泥、木材之后的第四种新型工程材料。

1. 非织造土工合成材料

土工合成材料包括土工布、土工栅和土工膜等，非织造材料因其三维结构和多孔特性，具备优异的排水、过滤、隔离和防渗功能。非织造土工布是主要产品，类型有纺粘法土工布、短纤维针刺土工布等。它们通常以聚丙烯、聚乙烯等合成纤维为原料，具有耐酸碱、抗氧化、不腐蚀和不虫蛀的特性，广泛应用于土工工程领域。

短纤针刺土工布采用独特的垂直纤维结构，具备良好的透气性和透水性，有效截留砂土流失。其导水性能可在土体内部形成排水通道，排出多余液体和气体。同时，具备优良的抗拉强度和抗变形能力，能有效扩散和传递集中应力，防止土体因外力破坏。针刺土工材料幅宽可达 6m，减少了接头或接缝，提高了使用效率。

长丝土工布是一种非织造土工材料，由高强度聚酯和聚丙烯长丝通过针刺和热黏合工艺制成。它具有高强度、刚度、良好的防渗、过滤、抗冲击和抗侵蚀性能，广泛应用于加固、防渗、过滤和护坡工程中，显著提高工程的安全性、稳定性和质量效益。

复合土工膜是由短纤、长丝针刺非织造材料与低熔点膜材热压黏合而成，具备优良的平面排水和防渗特性。分为一布一膜和两布一膜，具有高抗拉、抗撕裂和顶破性能，强度高、延伸性好、耐酸碱、抗腐蚀、耐老化。广泛应用于堤坝、排水沟渠的防渗处理及废料场的防污处理，提升工程的安全性和稳定性。

2. 建筑用非织造材料

非织造材料在建筑领域的应用主要可分为三类：建筑防水非织造材料、建筑覆盖非织造材料和其他建筑结构材料。产品有油毡（沥青涂层）基布、屋面防水涂层基布、墙壁的防水透气材料、隔热保温材料、贴墙布、灰泥基布、水泥增强材料、地面铺覆材料、房屋管道内衬、水泥浇灌模袋、空气过覆材料、地基稳定材料等。

沥青基防水卷材是一种非织造材料增强复合材料，一般以针刺或纺粘非织造材料作为改性沥青防水卷材的骨架材料。主要原料采用聚酯、聚乙烯等合成纤维以及玻璃纤维等，纤维材料赋予改性沥青防水卷材优异的拉伸性能、更好的柔韧性，适应热膨胀和冷缩性能，大大降低漏水的可能性，从而延长使用寿命。

防风膜是由聚丙烯纺粘热轧非织造材料夹在一层防水薄膜复合材料之间制成的空气分离膜，可以增强建筑物气密性和水密性，减缓混凝土结构中的水蒸气速率和室内水分到绝缘层，防止冷凝形成，保护绝缘材料的热性能和结构，降低建筑能耗。建筑物外部使用的非织造材料需要具有抗紫外线能力。

防水透气膜是一种透气阻隔材料，铺设在墙壁和外部覆盖层之间，阻止雨水和其他液体水通过，但允许水蒸气和空气通过，具有防水、防潮、防霉、隔音、害虫防治等功能。防水透气薄膜主要采用纺粘非织造布和微孔薄膜复合而成。非织造材料的主要功能是抗撕裂性、耐磨性和穿刺性。

用于高分子防水卷材的主要是聚酯短纤维热轧非织造布，主要功能是便于施工，在黏合剂的作用下使聚合物轧制材料与混凝土基层紧密结合。纤维原料可以使用回收的聚酯材料，具有可回收、环保和稳定的吸音和隔热性能。

（七）汽车用非织造材料

汽车用非织造材料是通过非织造加工制成的内饰、功能性和结构性材料，具有成本低、适应性强、重量轻、隔音、保暖和防震等优点。添加阻燃和抗静电纤维可增强其性能。应用包括座套、遮阳板、车门衬垫、车顶衬垫、安全带支座等，平均每辆车使用 10~15kg 非织造材料，且用量持续增加。

1. 非织造车内饰材料

车内饰材料需满足环保、轻量化和高强度要求，通常采用中厚型针刺非织造材料，强调强度、耐磨性和尺寸稳定性，以提升通透性和回弹性。纤维是主要成分，需具备阻燃安全性、良好的加工性和功能互补，同时考虑生产成本。可选用芳纶、PPS、P84、PTFE、阻燃超细纤维、玻璃纤维和碳纤维等高性能纤维作为原料。

2. 非织造车用复合材料

通过热压成型技术将针刺毡与热塑性树脂复合，制成具有阻燃、电磁防护、隔音、减振等特殊功能的非织造复合材料。为实现环保低碳要求，目前主要采用功能性纤维与低熔点纤维均匀混配（如麻纤维/聚丙烯纤维等），制成具有良好的耐剪切性能的非织造针刺毡，再通过热压成型技术，制备车用非织造功能复合板材、异型件等刚性材料系列产品。高端汽车也采用了碳纤维、硼纤维、芳香族聚酰胺纤维等。

3. 隔音保温非织造材料

隔音保温非织造材料用于车内和发动机罩的衬垫，采用再生纤维通过气流成网和热黏合法固网，再模压成形。这些材料的隔音板具备良好的吸音和减振性能，能有效阻隔噪声，提高乘坐舒适度。麻纤维和木质纤维在高频范围表现优异，麻纤维板在 2000Hz 时的吸声系数为 0.49，甘蔗纤维在 250Hz 时达到 0.98，玻璃纤维在 2000Hz 时则为 0.99。

4. 非织造车用覆盖材料

非织造车用覆盖材料主要包括车顶呢和地毯，通常采用干法成网和针刺法固网。汽车地毯提升豪华感，具备隔音、防潮、减震、抗污、抗霉和阻燃等功能，通常由 3~4 层不同材料模压成型，表面经过阻燃和抗静电处理。主要使用簇绒和针刺地毯，原料为弹性聚酯或聚丙烯纤维。门窗密封条则采用聚酯非织造布和聚酰胺短纤复合材料，替代传统塑料。

5. 非织造车用过滤材料

非织造车用过滤材料主要有空气过滤器和机油过滤器。空气过滤器一般可用聚酯或聚丙烯短纤非织造材料，车外空气经过滤、净化后进入发动机，防止堵塞汽化器和灰尘进入气缸内。机油过滤可采用薄型熔喷非织造材料。

6. 电池非织造材料

非织造蓄电池隔板的主要功能是防止正负极短路，同时保持电池内阻不显著增加。其需具备多孔结构，以便电解液自由扩散和离子迁移，且孔径小、孔数多、孔隙率大，确保机械强度、耐腐蚀和耐氧化。常用材料包括聚丙烯、聚乙烯和玻璃纤维，制造工艺有熔喷法、纺粘法和热轧法。随着电动汽车和氢燃料电池汽车的增长，新能源电池非织造材料需求上升。这些材料轻便、强度高、柔性好，且可回收利用，非织造气体扩散层在燃料电池中支撑催化层、收集电流、传导气体和排出水。常用纤维原料有碳纤维、玻璃纤维及聚丙烯、聚酯等。

（八）针刺造纸毛毯

造纸毛毯在造纸过程中起着重要作用，包括传递湿纸页、保持纸面平整、压榨脱水和带动纸机导辊转动。其要求包括良好的脱水性、平滑性、耐污性、耐磨损性、尺寸稳定性、耐药品性、抗菌性、耐热性和耐水解性。非织造造纸毛毯主要分为底网针刺毡毯（BOM 毡毯）和底布针刺毡毯（BOB 毡毯）。针刺毛毯具有良好的滤水性、耐磨性和长使用寿命。底网针刺毡毯由长丝织成的单层或多层机织环形织物为底网，采用耐磨的 PA 或 PET 短纤维固定，抗压缩性和抗紧实性优于底布针刺毡毯。

（九）智能可穿戴非织造材料

1. 非织造电气绝缘材料

非织造电气绝缘材料，主要是用于电机槽和电缆绝缘的非织造包覆材料。采用聚酯纤维、芳香族聚酰胺纤维等作原料，干法成网，再经浸渍固网或热轧黏合固网，制成厚度薄、强度高、绝缘性能好的非织造材料，并与绝缘树脂和绝缘清漆有良好的相容性。

2. 非织造微电极材料

微流体纺丝技术制备的微纳复合纤维非织造电极材料，能够为智能可穿戴产品提供优质供电选择。该技术结合了传统湿法纺丝和微流体技术，具有节能、安全和操作简便的特点。所制备的电极材料具备高导电性和能量密度，构筑的柔性超级电容器具有良好的柔性和变形能力，适合集成于可穿戴设备中，已成功应用于 LED、智能手表等电子产品。

3. 非织造材料传感器

非织造化学气体传感器采用静电纺丝非织造材料，主要由热塑性纤维、木浆纤维和纤维素纤维构成，结合能够吸收挥发性有机物（VOC）的气敏纤维和导电纤维。气敏纤维与导电纤维混合形成导电网络，当 VOC 与气敏纤维相互作用时，导致物理形态变化，干扰导电网络的介电性质，从而构建化学电阻式或电容式传感器。

压阻式压力传感器使用弹性三维聚酯非织造布作为基材，结合还原氧化石墨烯和聚二甲基硅氧烷，具备良好的感应特性，成本低、灵敏度高，适合穿戴智能设备。

柔性应变传感器则采用熔喷非织造材料为基底，负载还原氧化石墨烯和碳纳米管，因其柔性佳、舒适性好且价格低廉，成为理想的人体运动监测传感器材料。

4. 石墨烯智能口罩

石墨烯口罩是基于石墨烯涂层解决了实时无线监测人体呼吸的智能口罩。石墨烯具有独特的纳米级二维结构，能形成世界上最锋利的比细菌还小的"纳米刀"，可以将细菌直接切割和杀死。将石墨烯材料与熔喷非织造材料复合制备的石墨烯熔喷抗菌口罩，不仅抗菌抗病毒、透气性和舒适性好，而且具有生物相容性和快速响应性，可以无创和实时跟踪呼吸信号。

通过移动应用程序以无线方式监控口罩佩戴者的呼吸模式，可在不影响用户舒适度的情况下提供警报。

（十）农用非织造材料

农业用非织造材料主要有两类：一类作为覆盖层、隔离层使用，采用纺丝成网法制成，强度高、透湿、透光、保湿，可用于遮阳、调节小环境气候，防病虫害；另一类作为栽培基质用，采用干法成网，针刺固网或化学固网，可用于育苗，如植生带。农用非织造材料所用的合成纤维主要有涤纶、丙纶、维纶等，其中涤纶和丙纶（最好经抗紫外线整理）应用最广。

1. 非织造保暖覆盖材料

薄型非织造材料具有透光性、透明性以及对空气和水的渗透性，是植物理想的覆盖材料。使用非织造覆盖材料，可以使地面温度和作物温度增高 2~4℃，从而保护作物不受春秋霜冻影响。与聚乙烯膜相比，非织造保暖覆盖材料对水和化学处理剂渗透性好、抗红外线辐射好，保证暖春期适宜通风，从而避免温度太高导致植物叶片被烤焦、枯死的现象。将非织造布进行化学处理后，覆盖在蔬菜上，既杀虫灭菌，又防止动物、鸟类、昆虫等对农作物的侵害，同时也避免了因农药而污染作物和周围环境。

2. 非织造隔热遮光材料

非织造材料可在玻璃温室中，取代用于隔热的其他材料，由于农用非织造布的纤维网特殊结构，可防止有损作物生长的"冷凝"作用、改善风的均匀渗透。还可以将其镀铝等以增强其反射性能，可以折叠，占空间小，防止了温室中光的损失、防护诸如昆虫等寄生物的入侵。农用非织造布可作为各种惧光植物的遮光屏。可根据植物的不同特性，选用不同克重、颜色的非织造布。如，通常用黑色非织造材料作苗圃的光屏；利用绿色非织造布为阔叶蔬菜遮光，选用灰色为人参遮光。

3. 农用非织造基质材料

在水稻生长和斜坡绿化方面，非织造材料可以做种子基质。使用过程中，可以预先把种子播在非织造材料上，并直接添加各种肥料和杀虫剂，不但使种子发芽率提高，幼苗生长好，同时也简化了播种操作和程序，减轻了劳动强度。

在纯营养液培养法中，非织造材料可用作极薄层的灌溉布，用来改善养分液的分配。还可以用较厚的片材作为生长基质，将花盆或容器放在其上，利用非织造布基质的吸水性，促使水分得到均匀分配。

（十一）纸状非织造材料

纸状非织造材料属于特种纸范畴，将比传统造纸的木浆纤维更长的植物纤维或化学纤维、玻璃纤维、陶瓷纤维、碳素纤维和金属纤维为原料，采用非织造湿法成网工艺或气流成网工艺，再通过热处理成形为功能性纸，也称长纤维纸。使用的纤维长度通常为 4~6mm，最长可达 20~30mm。目前几乎所有的纤维均可以用于造纸，根据最终产品的性能和使用要求，采用不同的原料，不同的配比，可以衍生出不同性能的非织造纸状材料。

1. 湿法非织造纸

湿法非织造纸是指采用或掺用合成纤维、玻璃纤维等原料，用类似于传统造纸成网原理的织造湿法成网工艺方法制造的产品。但由于纤维的特性和传统的纸浆有较大区别，因此赋予湿法非织造纸不同的功能及用途。

根据不同电池系列、品种及不同的使用环境，对电池隔膜纸提出特殊的性能要求。如有的要求隔膜纸具有良好的透气性，有的则要求隔膜纸具备阻止胶体氧化银迁移的能力。随着系列化学电源不断开发成功，性能也不断提高，因而对配套的隔膜材料品种和性能提出了新的要求。纤维原料可采用木浆与一种或多种化纤、无机纤维混合，或纯化纤、纯矿物纤维、纯无机纤维等。

纸钢是将极细的金属丝和纤维混合在纸浆中，用湿法成网方法制成的新型非织造纸状材料，又称金属纤维纸。薄型金属纤维纸仅零点几毫米厚，如纸一样薄，但强度与钢材相当；厚型金属纤维纸可由几层薄型金属纤维纸用合成树脂黏合而成，厚度达 2~3cm。纸钢可制成板材，亦可冲压轧制成槽型、波型和各种异形材。

真空吸尘袋纸是选用化纤和木浆混合的湿法工艺制备的非织造纸状材料。一次性纸质滤尘袋，不仅具有极好的透气性能，保证吸尘器真空度，还具有较强的强度和很高的灰尘收集率，解决了在清除灰尘时费力费时以及可能造成灰尘的二次污染问题。

其他产品还有热封型茶叶袋纸、干燥剂纸，大多采用热塑性合成纤维和植物纤维混合湿法成网，再通过热压黏合制成。玻璃纤维空气过滤纸具有过滤效率高、阻隔毒烟和毒雾、细菌能力强、防水性好以及耐折度高等特点。

2. 非织造干法造纸

干法造纸是采用气流成网工艺制备非织造纸状材料。干法造纸非织造材料具有独特的物理性能，表现为高弹力、柔软、手感、垂感极佳，具有极高的吸水性和良好的保水性能，被广泛应用于卫生护理用品，特种医用用品、工业擦拭用品等领域。干法造纸非织造布生产主要采用化学黏合和热黏合两种方法。根据其加固工艺不同，其原料和用途有所不同。

（1）化学黏合法。化学黏合法用 100% 木浆纤维为原料，开松成单纤维状态的纤维经气流成网后，以喷洒方法将水溶性黏合剂喷到纤网表面，再进行烘焙加固成布。产品的主要用途为工业用擦布、妇女卫生用品、婴儿擦布、台布、湿面巾及烹调用布等。

（2）热黏合法。热黏合法是在木浆纤维中混入热熔纤维，混入比例一般不小于 15%，经气流成网后，通过热风或热轧使纤网中的低熔点纤维熔融而将纤网加固成布。热黏合法非织造布因为不含化学黏合剂，产品蓬松性、吸湿性更好，主要用作高吸收性卫生产品的吸收芯、薄型妇女卫生巾等。基于此种用途，有的生产线上配置了高吸收树脂（SAP）粉的施加装置。由于加入了高分子吸水树脂，吸水后能将水变成固状物，极大地提高了其吸水能力。

（3）综合黏合法。综合黏合法则介于两者之间，既有热熔纤维的黏结，也有少量的胶乳黏结。如热合无尘擦拭纸也必须经过表面发泡处理（类似于表面施胶），以整饰表面。无尘纸在膨松度、干湿抗张强度、柔软性以及吸液性能方面具有更加优异的性能。可应用于半导体生产线芯片、微处理器、半导体装配生产线、碟盘驱动器、复合材料、LCD 显示类产品、线路板生产线、精密仪器、光学产品、航空工业、PCB 产品、医疗设备、实验室、无尘车间和生产线等高精制造业。

结合其他新技术，如覆膜技术等，可加工成热合无尘纸+覆膜+覆非织造布+SAP 的复合纸，这种复合纸只需经过简单的裁切和压纹处理就可作为超薄卫生巾、卫生护垫等产品直接面对消费者。

二、非织造材料加工工艺和设备对纤维的要求

非织造材料因其加工工艺简单、生产速度快而广泛应用于多个领域。不同的非织造工艺如针刺法、水刺法等，虽然原理相似，但各具特色，主要围绕原料纤维的成网和加固成形展开。纤维以网状结构为主体，通过物理纠缠或热熔黏合加固。加工过程中，纤维的性状和分布直接影响材料的结构与性能。因此，为开发新型非织造材料，需根据生产设备与工艺要求进行整体设计与控制，以满足生产加工需求。

（一）纤维对成网工艺与设备的适应性

成网技术是非织造材料生产技术中的关键，纤维成网的单位面积质量偏差、不匀率、纤维的排列方向、纤维的配比、配色等直接影响非织造材料的外观和性能。而由于非织造加工工艺简短，使纤网缺陷在后加工过程中无法加以弥补，有时甚至会扩大和暴露。

1. 干法成网前准备

干法成网的准备工序主要包括纤维的混合、开清和施加油剂。

针对不同用途的非织造材料，可以选择多种纤维原料进行混合成网。首先需确定混合比例，并考虑纤维的长度整齐度和性能差异，以确保纤网的强度和均匀性，避免下坠或破洞。例如，将回弹性较好的纤维与抱合性能较差的纤维混合，采用小量抓取混合技术，可以改善纤网的张力，提升成网质量。此外，对于吸湿性能较低的合成纤维，可选用静电电位差别大的纤维进行混合，以减少静电问题。

2. 干法成网

干法成网是相对于湿法成网，在干态下使短纤维形成纤网的工艺。主要有机械成网和气流成网。

（1）梳理成网。梳理成网又称机械成网。将经过开松混和的纤维送入梳理机，然后由梳理机针布间的相互作用分梳成单纤维状态，同时实现纤维的均匀混合组成网状纤维薄层。由于纤维的种类和工艺要求不同，梳理机也有各种不同的结构，大多数化学纤维都采用罗拉式梳理机，而棉纤维采用盖板式梳理机，主要梳理细度 1.1dtex 以下的纤维。直接输出的纤网中纤维呈纵向排列，定向性最好；可采用杂乱梳理或交叉铺网后使纤维呈二维排列。在梳理过程中尽量减小纤维损伤，保护纤维长度，提高产品质量，需要考虑梳理机结构、气流控制、原料特性、工艺参数等因素。

①梳理机结构。梳理机结构是决定纤维损伤程度的重要因素。纤维梳理是一个循序渐进的过程，设计和选择梳理机时要考虑其结构配置，采取合理速比，逐渐加快；其针布齿高的选择由高到低，密度配置逐渐加密，从而实现缓慢的柔性开松，对纤维损伤较小。

②气流控制。梳理机上的气流控制同样非常重要，梳理过程中气流紊乱使得纤维紊乱，导致纤维损伤严重。良好的气流控制可使纤维平行顺直，得到良好有序地转移和梳理，从而减小损伤。

③纤维性能。原料不同，采取的梳理工艺不同。如羊绒、羊毛或兔毛原料要求慢速，从而降低产量、提高质量；粗旦化纤可采用高速大定量，以提高产量；玻璃纤维易滑则采用混纺效果较好；由于陶瓷纤维脆性大、易损伤，不易过分梳理和剧烈分梳，所以在罗拉梳理机的主锡林上采用弹性针布；某些原料在梳理前要适当进行表面处理。

④针布选型配置。针布又是梳理机的心脏。不同的梳理机、不同原料选择不同型号的针布，目的是使纤维梳理充分且损伤小。非织造梳理机全部选择金属针布，有利于高速高产。另外，合理选择针布的齿高、工作角、齿密等参数，或选择抛光针布等都会减小纤维损伤。特别是抛光针布可使纤维损伤进一步减小，但成本增高。

⑤梳理隔距选择。一般工艺设计都强调"紧隔距、强分梳"，但紧隔距对纤维的握持力大，纤维损伤大；若无除短绒措施，后道工序的断头率将增大，甚至使最终产品掉毛起球问题严重。所以，隔距应根据原料的长度和线密度决定；隔距稍大时纤维损伤较轻，特别是梳棉机活动盖板与锡林部分，而顺向转移则影响不大。

（2）气流成网。气流成网是利用气流使经过梳理的单纤维脱离梳理部件而形成纤网的工艺。气流成网的特点是纤网中纤维呈三维随机排列，机器方向（MD）：垂直于机器方向（CD）＝1.1~1.5，纤网非定向性良好，各方向的力学性能较为接近，且纤网的厚薄调节方便。可加工原料种类多，气流成网通常要求纤维长度不大于80mm，纤维过长会破坏纤网外观和均匀度。气流成网可有效地处理短纤维，如长度小于20mm的棉短绒、木浆纤维、金属纤维、玻璃纤维、鸭绒、鹅绒等。

气流成网工艺能够一次成型，且通常不配置后道铺网系统，因此控制成网均匀度至关重要。在气流成网中，纤维通过短管道以高速度输送，逗留时间极短，气流主要起到输送和扩散作用，难以有效调节纤维均匀分布。因此，喂入气流成网机的纤维长度一致性、整齐度及单纤维梳理程度直接影响纤网的均匀度，确保成网质量的关键在于优化这些纤维特性。

3. 湿法成网

湿法成网是以水为介质将纤维及化学助剂制成悬浮浆，再用造纸技术由水槽悬浮的纤维沉积而制成的纤维网，最后经物理、化学方法固网后所获得纸状非织造材料。湿法非织造工艺适合长度20mm以下短纤维成网，不同品质纤维相混几乎无限制，纤网中纤维杂乱排列，湿法非织造材料几乎各向同性。湿法非织造材料产品蓬松性、纤网均匀性较好，生产成本较低。

悬浮浆制备湿法非织造工艺的关键。悬浮浆的组成成分主要包括纤维、分散剂、黏合剂（或黏合纤维）、湿增强剂等。通过悬浮浆的疏解、水化、帚化、混合作用，在水介质中使纤维分散成单纤维，吸水后润胀、表面起毛，使浆粕形成胶体状，在不产生纤维团块的条件下，不同纤维和黏合剂、化学助剂充分混合。纤维比表面增加，有利于纤维间的缠结。

用于湿法成网的纤维，要求在水中的分散性较好。纤维如果在制浆过程中形成扭结，就不易被水力再打散成单纤维。纤维扭结的形成主要与纤维性质和悬浮浆过度搅拌相关，通常纤维分布密度范围为 $0.05 \sim 0.5 g/cm^3$。一般情况下，纤维的长径比小、湿模量高、卷曲度低、吸湿性好和切断质量（长度一致性）好，其在水中的分散性就好。对吸湿性差的合成纤维，要进行表面亲水处理，或水中加助剂，以利于纤维分散。相比非连续式制浆，连续式制浆由于稀释比大，所需料桶体积小，可适应较长的纤维，但不适应在制浆中易扭结、易结团块的纤维。

4. 纺丝成网法工艺

纺丝成网法又称为聚合物直接成网法。其原理是利用化纤纺丝的方法，将成纤聚合物纺丝、牵伸、铺叠成网，最后经针刺、热轧或自身黏合等方法加固形成非织造材料。与干法成网技术相比，省去了纤维卷曲、切断、打包、运送、混合、梳理等一系列烦琐的中间过程，纺粘法产品成本降低、品质稳定。另外，纺粘法非织造材料力学性能优良，其抗拉强力、断裂伸长、撕裂强度等指标均优于干法、湿法、熔喷法非织造产品。

纺丝成网非织造技术是传统纺丝工艺的延续，因此，从理论上讲，任何成纤聚合物均可用于纺丝成网工艺。但纺粘法生产过程与化纤纺丝最大的不同是采用气流牵伸与直接成网，考虑到纺丝性能、生产成本以及产品性能等因素，目前较多采用聚丙烯、聚酯、聚乙烯和聚酰胺。

（二）纤维对加固工艺与设备的适应性

非织造加固工艺包括物理加固（针刺法、水刺法等）、化学加固（化学黏合法、溶剂黏合法等）和热黏合加固。

1. 针刺法加固纤网

针刺法是利用三角截面（或其他截面）棱边带倒钩的刺针对纤网进行反复穿刺。倒钩穿过纤网时，将纤网表面和局部里层纤维强迫刺入纤网形成垂直纤维束，纤网内部水平纤维之间及水平纤维与垂直纤维之间产生相互缠结，蓬松的纤网被压缩，从而形成具有一定强力和厚度的针刺法非织造材料。

针刺法非织造工艺是一种物理加固技术，适合各种纤维，机械缠结后不影响纤维原有特征；纤维之间柔性缠结，具有较好的尺寸稳定性和弹性；边料可回收利用。针刺非织造材料通常为中厚型，纤网由三维排列并相互缠结的纤维构成，特别是垂直纤维束的存在，其内部孔隙呈弯曲状，具有良好的通透性。

（1）纤维原料增强针刺非织造材料性能。混入高收缩纤维：纤网中混入高收缩纤维，如聚氯乙烯纤维，针刺后经热空气、水蒸气或热水处理，可提高针刺非织造材料的密度。根据产品密度要求，纤网中高收缩纤维的含量发生很大变化。如纤网中高收缩纤维的含量为80%，热处理后收缩率可达到50%。该方法可提高针刺非织造材料的密度，减轻表面针刺痕迹，耐多次弯曲性好，耐起层性好，适合于加工合成革基布。但由于热处理时高收缩纤维因结构变化失去大部分强力，因而产品强度和尺寸的稳定性不足。

混入热黏结纤维：纤网中混入热黏结纤维，针刺后经热轧处理，可改善针刺非织造材料的强度和尺寸稳定性，但非织造材料的硬度增加，耐多次弯曲性能下降。该方法通常不能独立用作针刺非织造材料的增强，只能对铺设基布的针刺非织造材料进行附加增强。纤网中不混入热黏结纤维，针刺后经热轧处理，可烫平并黏结纤维毛羽，改善针刺非织造材料的表面质量，用作涂层基布时，可减少涂层量。

（2）纤维性能与刺针的选用。针刺工艺选刺针类型主要根据纤维细度选择刺针号数，纤维较细时，选大号刺针；纤维较粗时，选小号刺针，如：棉纤维 30～46 号、黏胶纤维 30～46号、细化纤 25～40 号、粗化纤 16～25 号、玻璃纤维 14～20 号等。

（3）纤维性能与针刺工艺参数。

①针刺深度。针刺深度的选择必须针对纤维原料种类来确定，粗长纤维组成的纤网，针刺深度可深些，反之则浅些。单纤强度较高纤维组成的纤网，针刺深度可深些，反之则浅些。卷曲度高的纤维，纤网较蓬松，针刺深度可深些，反之则浅些。如：1.5D×38mm 的棉纤维选7mm，4D×51mm 的合成纤维选 10mm，芳纶选 11～14mm。

②针刺密度。纤维长度长、细度细、摩擦系数大、断裂强度高，针刺过程中刺针对纤维的转移效果和损伤程度，针刺密度可以选择大一些，纤维缠结好，从而能提高针刺非织造材料强度。

2. 水刺法加固纤网

水刺法加固工艺与针刺工艺相似，但不用刺针，而是采用高压产生的多股微细水射流喷射纤网。水射流穿过纤网后，受托持网帘的反弹，再次穿插纤网，由此，纤网中纤维在不同方向高速水射流穿插的水力作用下，产生位移、穿插、缠结和抱合，从而使纤网得到加固。

水刺法非织造工艺同样是一种物理加固技术，水射流穿刺实现柔性缠结，不影响纤维原有特征，不损伤纤维。水刺法非织造材料高吸湿性、快速吸湿、透气性好、手感柔软、悬垂性好、耐洗，外观接近于传统纺织品。水刺加固技术对纤维原料具有良好的适应性。水刺法非织造工艺常用纤维原料主要有黏胶纤维、聚酯纤维、聚丙烯纤维、棉纤维、木浆纤维等。

（1）纤维性能与水刺工艺。在水刺法非织造加工工艺中，纤维的吸湿性显得尤为重要。一般来说，吸湿性好的纤维在水刺过程中易于缠结，可提高最终非织造材料的力学性能。纤维原料细度细、长度长、强度高有利于纤维缠结，扁平截面比圆形截面有更好的纤维缠结效果。而纤维弯曲模量高、纤维卷曲度高则使纤维缠结能力下降。纤维表面的油剂不利于水过滤。

（2）全棉水刺非织造工艺。全棉水刺非织造工艺一般分前漂工艺和后漂工艺。后漂工艺相比水刺前漂工序，在水刺工序前使用的原棉是未经脱脂和漂白的纯天然棉花，经水刺工序，棉网中的细小杂质可被除去，然后再脱脂，避免了细小杂质被吸附而不易除去的问题。而未经脱脂和漂白的纯天然棉花经水刺成布后，再进行脱漂处理，杂质、细菌会在脱漂过程统一被除去，保证了成品的高洁净度及低含菌数，更适用于医疗卫生以及个人护理等诸多领域。在水刺前没有脱漂工序，棉纤维不会受到损伤，能够被充分利用，具有原料浪费低的优点。

（3）纤维种类与水刺工艺水过滤。满足水刺工艺条件，所加工的原料不同，对水过滤系统的要求不同。选配水过滤系统，一类是合成纤维包括黏胶纤维水刺的水过滤系统，另一类是棉纤维和浆粕纤维水刺的水过滤系统。

棉纤维和浆粕纤维水刺的水过滤系统往往增加砂过滤装置，并采用絮凝气浮的技术。该类装置和技术是专为过滤天然纤维短绒、杂质而设计的。

疏水性纤维不易被水润湿，易附着于气泡上，容易气浮。而亲水性较强的颗粒其表面被水润湿，在水中不易黏附到气泡上。要使这些颗粒附着在气泡上，常进行疏水化处理，即加入浮选剂。

3. 化学黏合法加固纤网

非织造化学黏合法工艺通过将化学黏合剂的乳液或溶液施加到纤网中，再经热处理实现加固。黏合强度取决于黏合剂与纤维分子及其自身分子之间的结合强度，受纤维长度、细度、截面形状和表面性能影响。黏合剂与纤维的接触界面中，聚合物大分子链段可相互扩散并形成化学键。黏合力的形成涉及润湿、吸附、扩散、化学键合和机械嵌合等机制。因此，选择合适的纤维和黏合剂对提高材料性能至关重要。

（1）润湿吸附。黏结力的形成始于高分子溶液中黏合剂分子的布朗运动，使其迁移到被粘物表面，完成润湿过程。纤维表面与黏合剂的接触角越小，润湿程度越好，润湿角受表面张力影响。黏合效果取决于浸润性，浸润性好时，黏合剂与被黏物体紧密接触并吸附，形成强大的分子间作用力，排除气体，减少空隙率，从而提高黏合强度。

（2）扩散作用。由于润湿作用的存在，使被黏纤维在溶液中产生溶胀或混溶，界面两相大分子能相互渗透扩散。扩散程度影响着黏合强度，因为扩散程度决定了界面区的结构、可运动链段的多少和界面自由能的大小。若扩散不良，界面分子易在外力作用下产生滑动，黏合强度就很低。纤维材料的分子量、聚合物类型等是黏合强度的主要影响因素。但扩散理论不适用于金属、玻璃、陶瓷等纤维材料的黏合过程。

（3）化学键合。反应性黏合剂和被黏纤维之间存在化学键，界面间可能产生化学反应而得到牢固的化学结合力，即使没有很好的扩散，也能产生很强的黏合力。

（4）机械结合作用。机械结合作用是指黏合剂渗入被黏合纤维材料的孔隙内部或其表面之间，固化后，被黏合纤维表面就被固化的黏合剂通过锚钩或包覆作用结合起来而产生黏合强度。

4. 溶剂黏合法加固纤网

溶剂黏合法是采用溶剂或溶剂蒸汽处理纤网，利用可溶性纤维的膨润、溶解或部分溶解的特性，进行纤维之间的黏合。也可以将一些合成纤维经过改性处理，例如使聚酰胺纤维的大分子主链上带有羟基，可溶于甲酸、苯酚，用以制成非织造布，此种加工方法常用于湿法生产，制造高级化纤纸。溶剂黏合法最有代表性的产品为水溶性维纶纤维非织造材料，用来做"非织造布绣花衬布"。

不同纤维必须采用针对性的溶剂黏合剂。例如，聚酯纤维采用硫氰化镁或硫氰化钙5%~10%水溶液；聚丙烯腈纤维可用硫氰化镁或硫氰化钙水溶液、溴化钙、溴化锌、溴化锂丙烯、碳酸酯或盐等；聚酰胺纤维使用碳酸溶液、N-羟基甲基聚酰胺的甲醇溶液、苯酚、丙酮、甲乙酮等。

5. 热黏合法加固纤网

热黏合非织造工艺就是利用热塑性高分子聚合物材料热塑性，使纤网受热后部分纤维或热熔粉末软化熔融，纤维间产生粘连，冷却后纤网得到加固的非织造材料。热黏合加固纤网利用高分子聚合物材料的熔融特性黏结纤网，取代了化学黏合剂，产品更加符合卫生要求。热黏合专用纤维的开发及无须蒸发黏合剂的水分，使热黏合非织造材料性能提高、能耗降低。

熔融纺丝制成的合成纤维均可作为热熔黏结纤维用于热黏合法非织造材料的生产。但某些纤维的熔点较高，生产能耗大，热收缩大，不适合作热熔黏结纤维。由此热黏合一般采用的是软化温度范围大、热收缩小的低熔点热熔黏结纤维。双组分ES纤维是一种非织造专用的热熔黏结纤维，在纤网中既作主体纤维，又作黏合纤维，其显著的特征是产品膨松、柔软、渗透性好、强度好。

（1）热轧黏合工艺。热轧黏合非织造工艺是利用一对或两对钢辊或包有其他材料的钢辊对纤网进行加热加压，导致纤网中部分纤维熔融而产生黏结，冷却后，纤网得到加固而成为热轧法非织造材料。

热轧黏合是一个非常复杂的工艺过程，在该工艺过程中，发生了一系列的变化，包括纤网被压紧加热，纤网产生形变，纤网中部分纤维产生熔融，熔融的高分子聚合物的流动以及冷却成形等。由于克拉佩龙（Clapeyron）效应，高聚物分子受压时熔融所需的热量远比常压下多。对聚丙烯纤维来说，压力使其熔融温度提高的范围约为38℃/kbar（$1bar=10^5Pa$）。热轧黏合过程中，由于纤网中纤维受到热和机械作用，因此纤维的微观结构将发生一定的变化，纤维的性能也必然会产生一定程度的变化。加快热轧黏合后纤网的冷却速度，有利于改善产品的强度和手感。

（2）热熔黏合工艺。热熔黏合工艺是利用烘房对混有热熔纤维或热熔粉末的纤网进行加热，使纤网中的热熔纤维表面或热熔粉末受热熔融，熔融的聚合物流动并凝聚在纤维交叉点上，冷却后纤网得到黏合加固而成为非织造材料。热熔黏合非织造产品的纤网结构稳定，手感柔软、弹性好，生产过程中无"三废"现象。纤维特性以及热熔纤维与主体纤维的配比是影响热熔黏合工艺与产品性能的主要因素。

单组分热熔纤维热收缩较大，通常形成团块状黏合结构，导致黏合成分利用率低，无法充分发挥作用，且由于低熔点高聚物分子量较低，黏结区强度较弱，影响非织造材料的整体强度。双组分热熔纤维（如芯壳式ES纤维）则通过聚乙烯壳的熔融流动，在冷却后形成理想的点黏合结构，聚丙烯芯层保持原特性。此结构提高了热熔成分的利用率，减少热收缩，使非织造材料具备更高的强度、良好的弹性和蓬松性。

随着黏结纤维含量的增加，非织造布的强度有所增大，但非织造布的强度也受到黏结纤维与主体纤维相对力学性能差异的影响。如果黏结纤维强力低于主体纤维，那么黏结纤维含量有一最佳值，过分增加黏结纤维含量，强力反而下降。热熔黏合纤维的混合比通常为10%~50%，薄型产品通常采用100%的热熔黏合纤维。

三、性价比的平衡及其他环境资源方面的要求

非织造材料加工技术是一门多学科交叉技术，成为制备现代纤维结构材料的一种必不可

少的重要手段。随着现代纤维技术的发展和高新技术向非织造行业的渗透，非织造材料品种、功能不断增加和应用领域不断扩大。

非织造产品研发生产中，必须根据产品使用功能要求和市场状况，综合应用非织造技术，从纤维原料、产品结构、生产工艺等方面开展产品设计构思，并能兼顾产品形成技术链、产业链的全过程，采用价值工程原理，以最小的成本实现产品的功能，从而满足非织造最终产品性价比的平衡及其他环境资源方面的要求。

（一）非织造材料纤维原料成本

1. 纤维原料市场价格

非织造材料由纤维原料制成，其市场价格波动直接影响产品成本。纤维种类和性能显著影响最终产品质量与成本。原材料在生产成本中占比大，价格高位或波动会不利于盈利；价格下降则有助于降低成本，提升竞争力。因此，非织造材料的设计与开发需精细管理原材料供应链，确保优质供应商和稳定价格。为应对国际贸易摩擦，企业可调整原材料供应结构，合理使用进口原材料，降低关税风险。然而，进口纤维的结算货币与人民币汇率波动，增加了原料成本的不确定性。

2. 精准选用纤维原料

非织造材料广泛应用于多个领域，许多产品只需强调特定功能，其他性能要求相对较低。因此，在选择原料时，可以优先考虑价格适中但性能突出的纤维。例如，汽车内饰可使用麻纤维，而耐高温过滤材料则可选用玻璃纤维。选择合适的原料是实现最佳性能的关键。

（二）生产工艺成本

1. 纤维原料选配

纤维原料的选配是根据非织造材料最终产品性能和实际生产工艺要求，合理选择多种不同性能纤维原料搭配使用，充分发挥不同纤维的特点，相互取长补短，又满足不同品种、不同用途非织造材料结构与性能要求，达到提高非织造产品质量、体现功能性和针对性。

高性能和特种纤维虽然具备优越性能，但价格较高，且并非所有指标都出色。相对便宜的普通纤维在某些方面也有优势。例如，将弹性较高的聚酯纤维与抗弯强度较差的碳纤维混合，不仅有助于非织造材料的成网工艺，还能显著降低成本。高端汽车内饰材料需具备耐磨、吸声、减振等综合性能，单一纤维难以满足。因此，采用芳纶、三维中空涤纶、聚丙烯腈预氧化纤维和 ES 纤维等多种纤维均匀混合，是优化性能的有效方法。

2. 坚持技术创新为导向

我国非织造行业快速发展，已成为全球最大的生产国，但纤维原料价格波动严重影响整体发展，导致激烈的价格竞争和同质化、低端产品过剩。这些因素对行业运营产生不利影响。为应对挑战，企业应坚持创新，避免低价竞争，专注于差异化、高附加值及低碳环保产品的开发。高端化、智能化和绿色化将成为非织造产品研发的主要方向，以提升市场竞争力和可持续发展。

3. 生产效率和管理成本

非织造材料的生产工艺包括纤维成网、加固成型和后整理等步骤，这些步骤需要专业技术和设备支持，并消耗大量能源和辅助材料。因此，合理的生产工艺成本对非织造成本影响显著。为降低成本，提高生产效率和管理水平至关重要。

通过高端非织造材料的数字化车间，信息流、生产流和物料流深度融合，实现智能"感知"、精准"互联"和高效"执行"，最终达到"互联、可控、透明、精益、智能"的数字化生产运营。数字化精准管理纤维原料的采购、仓储、配比和运输，能够快速下达投料、生产及工艺质量分析预警，有效降低停工待料时间，并精准监控半制品废料回收利用效果。此外，实现原料订单成本精细化核算、自动入库和智能仓储贯通，形成全程少人化管理。

（三）环境资源方面的要求

1. 产品市场与应用环境资源

随着环境保护意识的增强，非织造材料在医疗卫生、土工建筑、安全防护和新能源等领域的应用不断扩大。市场需求和应用环境的变化直接影响非织造材料的销售价格和成本。新兴市场对非织造材料的质量和性能要求日益提高，强调高性价比、绿色低碳、智能制造和便捷使用。因此，制定相关产品标准和技术指导，促进产业用纺织品和先进工程材料市场的协同发展，实现非织造产品的最佳应用效果至关重要。

消费升级推动了非织造产业结构的优化，应用领域持续增加，需求量快速提升。近年来，非织造材料作为高技术含量、性能多样且附加值高的产业用纺织品，得到了迅速发展。随着我国经济水平的提升，未来纤维加工量和人均消费量有望增加，这要求非织造行业进行技术突破。特别是在医疗与卫生护理领域，随着生活质量的提高和人口老龄化加剧，非织造产品的需求将进一步增长。高端医疗防护用品、成人失禁用品和个人卫生护理产品等市场仍处于发展初期，展现出广阔的市场潜力。

2. 上下游全产业链的环境资源

非织造行业是一个自动化程度高、增长性和盈利水平良好的新兴产业。我国已形成较为完整的产业链，从专用纤维原料、设备制造到卷材生产、后处理及市场销售，各环节通过价值创造相互连接，逐步形成产业聚集效应。因此，产品研发和生产需依托整个产业的价值创造过程，识别产业优势与劣势，结合国家政策和发展指南，研究产业链上下游的价值关系，关注行业整体发展趋势。同时，供应链管理强调企业各环节的协调，提升运营效果，使核心产品引领产业发展。

非织造产业与化纤产业紧密相连，高分子材料和高性能纤维的快速发展为非织造技术提供了丰富原料，拓宽了产品开发空间。新型汽车市场的增长，尤其是电动汽车和氢动力汽车，使得轻量化、设计要求高且可回收的单纤维非织造材料得到广泛应用，显著减轻汽车重量，提高舒适性、安全性和可持续性。同时，纳米技术、微胶囊技术和电子信息技术的兴起推动了智能纤维的发展，赋予传统纤维新功能，拓展了非织造材料在太阳能电池、航空航天和生物医学等高科技领域的应用。

3. 纤维的回收和利用

随着人们对环境保护意识的提高，以及现在新型纤维的开发现状，我们不难看出新型纤维开发趋势现在是向多元化、新颖化和环保型方向发展。新型纤维材料必须符合环保、生态、人体健康要求，已成为全世界关注的发展方向。采用绿色原料开发生态纤维，利用生物技术发展可降解纤维，选择节约资源、可回收利用纤维原料已成为目前纺织材料新型化发展的趋势。

推动节能减排，注重资源循环。非织造材料由于以单纤维为主体以及特殊的纤网结构和加固成形方法，特别是采用针刺法、水刺法、缝编法等纤维物理缠结技术。本身就更容易实现制品、半制品、边角料的可回收利用。另外在传统纺织品纤维回收技术的开发及其应用方面，非织造加工技术优势明显，经过非织造加工的废旧纤维毡、絮，已广泛应用于汽车材料、建筑材料领域，制成复合材料、吸音材料、保温材料和填充材料。

再生纤维代替原生纤维作为非织造布产品原料所占的比重已越来越高，部分医用水刺非织造布已经开始使用再生涤纶短纤维；用再生涤纶短纤维制作的缝编非织造布被广泛应用于购物袋、窗帘、床上纺织用品、建筑防水材料及鞋材等的制作；利用再生涤纶短纤维和一些低熔点纤维混纺制备的热轧非织造材料，已经被广泛应用于医用材料、护理卫生、服装辅料、制鞋衬料、家用装饰、汽车工业、航空、旅游等领域。

思考题

1. 与传统纺织品相比，非织造材料有哪些结构特征？
2. 试述纤维在非织造材料中所起的作用以及对非织造材料性能的影响。
3. 请结合非织造材料应用案例，说明非织造用纤维选用的原则。
4. 干法成网主要有哪些成网方式？试比较说明它们所成纤维网中的纤维状态和纤网结构性能。
5. 湿法成网技术主要适用于什么样的纤维？
6. 为了降低非织造生产成本，纤维原料该如何选配？
7. 简述非织造技术在纤维回收利用中的优势。

第二章思考题
参考答案

参考文献

[1] 柯勤飞，靳向煜. 非织造学 [M]. 上海：东华大学出版社，2016.

[2] 郭秉臣. 非织造材料与工程学 [M]. 北京：中国纺织出版社，2010.

[3] 姚穆，孙润军. 纺织材料学 [M]. 5 版. 北京：中国纺织出版社，2019.

[4] 于伟东. 纺织材料学 [M]. 2 版. 北京：中国纺织出版社，2018.

[5] 李素英，张瑜. 非织造材料性能评价与分析 [M]. 北京：中国纺织出版社，2022.

[6] 晏雄. 产业用纤维制品学 [M]. 北京：中国纺织出版社，2010.

[7] 王洪，靳向煜，吴海波. 非织造材料及其应用 [M]. 北京：中国纺织出版社，2020.

[8] 何建新. 新型纤维材料学 [M]. 上海：东华大学出版社，2023.

[9] 肖长发，尹翠玉. 化学纤维概论 [M]. 北京：中国纺织出版社，2015.

[10] 尤鑫鑫，吴海波，朱宏伟，等. 双组分纺粘非织造材料结构与性能研究综述 [J]. 产业用纺织品，

2022，40（10）：11-16.

［11］张文馨，田光亮，赵奕，等.非织造材料成网技术与加固技术的发展现状与趋势［J］.产业用纺织品，2020，2：1-8.

［12］刘欢，封严，钱晓明，等.聚乙烯/聚酯纤维卷曲对热风非织造材料性能的影响［J］.毛纺科技，2020，48（3）：1-6.

［13］王慧云，王萍，李媛媛，等.中空多孔异形聚丙烯腈纤维的制备及其性能［J］.纺织学报，2021，42（3）：50-55.

［14］张笑笑，赵立环，牟红瑛.超细纤维的发展现状及展望［J］.山东纺织科技，2017，58（3）：44-47.

［15］彭孟娜，马建伟.静电纺纳米纤维材料的发展现状与应用［J］.产业用纺织品，2018，36（1）：1-5.

第三章　非织造用天然纤维

第三章PPT

思维导图

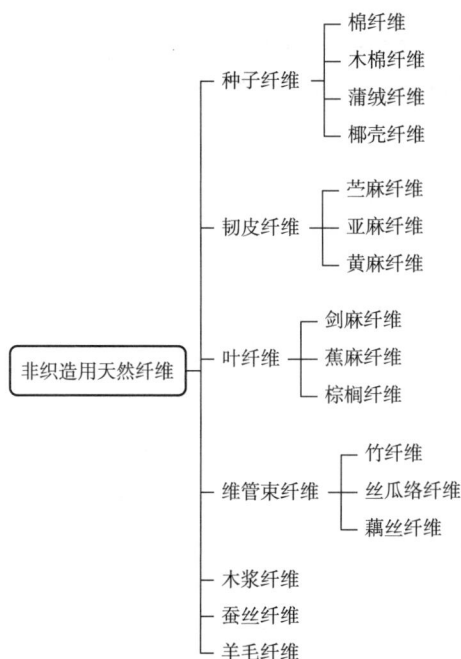

知识点

1. 非织造用天然纤维的分类。
2. 各类非织造用天然纤维的形态结构及化学成分。
3. 各类非织造用天然纤维的性能。
4. 各类非织造用天然纤维的非织造应用实例。

课程思政目标

1. 培养学生的科学素养和爱国情怀。
2. 培养学生的环保意识和可持续发展理念。
3. 培养学生的工匠精神。
4. 培养学生的创新和开拓精神。

　　由于非织造工艺对纤维原料适用性强的特点，非织造用天然纤维几乎囊括了所有常用的植物纤维和动物纤维。植物纤维包括种子纤维、韧皮纤维和叶纤维等；动物纤维主要包括蚕丝和各种动物毛。目前全球非织造工业所用纤维原料中，化学纤维约占85%，天然纤维约占

15%。随着石油资源的日益短缺、人类对环境问题的持续关注以及对生态纺织品的呼吁，天然纤维因其对环境无污染及对人体的亲和性而越来越受到重视，以其为原料生产的非织造产品正在各个领域受到青睐。

第一节　种子纤维

种子纤维是一种由植物种子表皮细胞生长成的单细胞纤维，例如棉花、木棉、椰壳纤维等。棉纤维具有悠久的发展历史，是非织造用天然纤维中最重要的原料。木棉性能独特，具有羊绒般柔软、滑糯的手感，被誉为"软黄金"和"树上羊绒"。椰壳纤维具有较高的强度和耐用性，满足环境友好和可持续发展的需求。种子纤维是自然界中取之不尽用之不竭的可再生资源，对其研究开发既可充分利用纤维资源又可保护环境，维护生态平衡，具有深远的社会意义和经济效益。

一、棉纤维

（一）棉纤维概述

棉花的种植历史悠久，早在公元前7000年，人类便发现了其应用价值，并在公元前3000年开始在印度种植棉花用于制作衣物。在中国，棉花的种植同样有着悠久的历史，南北朝时期传入边疆，宋末元初时期大量传入内地。明初朱元璋强制农民种植，棉花开始广泛种植。棉花属于锦葵科棉属，分为一年生草本棉和多年生灌木棉。全球主要棉花生产国包括中国、美国、印度、巴基斯坦和巴西等，其中中国是世界最大的棉花生产国之一，产量占全球总产量的1/3以上。我国的三大棉花产区为新疆、黄河流域和长江流域。其中新疆棉区得益于其得天独厚的气候条件，日照充足，昼夜温差大，为棉花生长提供了良好的环境，使其能够出产高品质的长绒棉。2024年新疆棉花总产量568.6万吨，占全国棉花总产量的92.2%。（图3-1）。

(a) 棉花花朵　　　　　　　　　　　　　(b) 棉铃成熟裂开

图 3-1　棉花及棉铃照片

(二) 棉纤维的种类

1. 按品种进行分类

棉纤维种类繁多，经过数千年人类的筛选培育出现了三大主要品种，分别是细绒棉（又称陆地棉）、长绒棉（又称海岛棉）和粗绒棉（又称亚洲棉或非洲棉）。

细绒棉属陆地栽培棉种。适于在亚热带、温带地区种植，是世界上分布最广泛的棉种，基本属一年生草本植物。棉色洁白或乳白，带有丝光。细绒棉占世界棉花总产量中的85%左右，也是目前我国最主要的栽培棉种。细绒棉细度较细，一般线密度为1.67~2.00dtex（5000~6000公支），纤维长度一般为25~31mm。细绒棉一般能纺10tex以上的纯棉纱，也能和各种棉型化纤混纺。

长绒棉纤维细长，线密度一般为1.18~1.54dtex（6500~8500公支），长度一般为60~70mm。长绒棉生长周期约在200天，比细绒棉长10~15天。长绒棉强度高，光泽好，色乳白或淡黄，品质优良，适宜纺制10tex以下的高档棉纱或特种工业纱。新疆是我国最主要的长绒棉产地，在每年的4月到9月棉花主要生长季，当地日照时数可达1460~1980h，日照百分率60%~80%，高于长江、黄河流域10%~20%，特别是秋季以晴好天气为主，有利于棉花进行光合作用。所产棉纤维以长度长、色泽好、品质高而受到国内外用户的青睐。

粗绒棉纤维长度短、纤维粗硬，色白或呆白，少丝光，使用价值和单位产量较低，仅适宜做起绒织物或絮片，在国内已基本淘汰，世界上也没有产品棉生产。

2. 按色泽分类

可分为白色棉和彩色棉。正常成熟的棉花，色泽呈洁白、乳白或淡黄色。称为白棉，是棉纺厂的主要生产原料。在棉花生长晚期，棉铃经霜冻伤后枯死，铃壳上的色素染到纤维上，使棉纤维呈黄色，称为黄棉。黄棉属于低级棉，棉纺厂用量很少。棉纤维在生长发育过程中或吐絮后，由于阴雨天较多，日照不足，气温偏低，使棉纤维的成熟度受到影响，棉纤维的颜色呈灰白或灰色，这种棉称为灰棉，纤维品质差。

彩色棉是指天然生长的非白色棉花，又称为有色棉，主要属粗绒棉品种。彩色棉是纤维细胞发育过程中色素沉积的结果，白色棉纤维色素基因变异的类型。彩色棉与白色棉相比，纺织品不用染色，生产过程无污染。彩色棉的抗虫害、耐旱性好。但是彩色棉产量低，衣分率较低，纤维素含量少于白棉。彩色棉纤维长度偏短，强度偏低，可纺性差。彩色棉色素不稳定，在加工和使用中会产生色泽变化。

3. 按棉花的初步加工分

棉花的初加工机械有皮辊轧花机和锯齿轧花机两种。用皮辊轧花机加工的原棉称为皮辊棉，用锯齿轧花机加工的原棉称为锯齿棉。

皮辊轧花机的工作过程是由皮辊表面牵引棉纤维，然后依靠冲击刀的冲击力，使棉籽和纤维分离。皮辊棉外观呈片状，由于皮辊的转速较低，对纤维作用缓和，纤维长度损伤少，但由于没有除杂、除短绒的措施，因而纤维长度整齐度较差，含杂率较高，黄根多，但疵点少。由于皮棉产量低，一般用于加工长绒棉和低级棉。

锯齿轧花机是借助高速回转的锯齿片勾拉纤维，使纤维与棉籽分离。锯齿棉呈松散状，锯齿轧花机对纤维作用剧烈，一般附有排杂装置，故原棉长度偏短，但长度整齐度好，短绒和杂质少，疵点、棉结和索丝多，因此，锯齿的成纱强度和条干均匀度较皮辊棉好，但棉纱中的棉结杂质较皮棉多。由于锯齿轧花机产量高，细绒棉大多采用它来加工。

（三）棉纤维的形态结构及化学成分

棉花开花后花瓣逐渐凋谢，最后留下一个绿色的果实，即为棉铃；棉铃为蒴果，里面长着棉籽；棉纤维由棉籽表皮细胞经过伸长和加厚两个阶段发育而成。伸长期为16~25天，这一阶段中细胞长度及外直径增加形成充满原生质的薄壁细胞。加厚期历时35~55天，细胞基本停止伸长后纤维素开始沉积在纤维内壁。这时棉纤维成为含有许多水分的管状细胞，截面为圆形。棉铃开裂后，纤维细胞死亡，棉纤维与空气接触，纤维水分蒸发收缩，薄壁产生扭转，形成天然转曲。

棉纤维的截面结构是由许多同心圆柱组成，由外到内依次为表皮层、初生层、次生层和中腔。正常成熟的棉纤维横截面为腰圆形，中腔干瘪。纵向呈扁平带状，纤维表面有许多螺旋形的扭曲，其纵向和横截面形态如图3-2所示。天然转曲一般以单位长度（1cm）中扭转180°的个数表示。不同品种的棉花，转曲数也有差异，一般长绒棉的转曲较细绒棉多。细绒棉的转曲数为39~65个/cm。天然转曲使棉纤维具有良好的抱合性能与可加工性能。

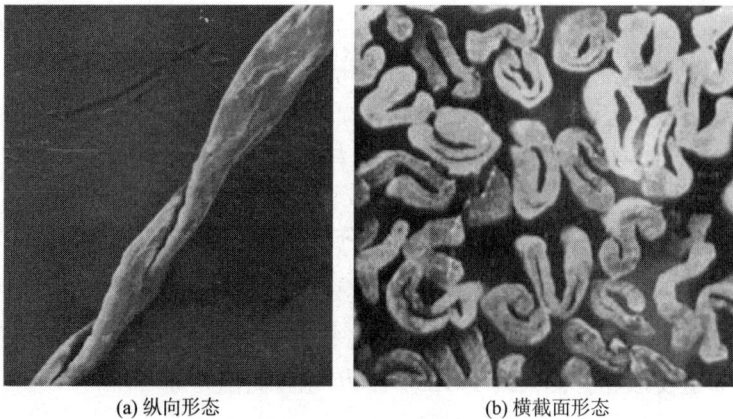

(a) 纵向形态　　　　　　　(b) 横截面形态

图3-2　棉纤维的形态特征

棉纤维是单细胞植物纤维，主要由纤维素组成，占93%~95%。除纤维素外，还含有5.5%左右的伴生物。其中果胶质1.2%，蜡质0.5%~0.6%，蛋白质1%~1.2%，灰分1.14%，其他物质约1.36%，彩色棉还含有色素。纤维素是一种天然多糖类高分子化合物，其单基是葡萄糖残基，其分子式为 $(C_6H_{10}O_5)_n$，化学结构式如图3-3所

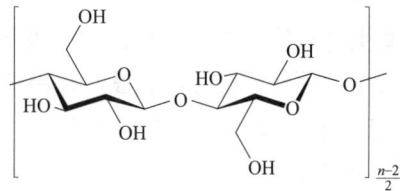

图3-3　纤维素的结构式（n 为聚合度）

示。聚合度一般可达 10000~15000。单基呈六环形排列，在 2、3、6 位碳原子上各有一个羟基，在 1、4 碳原子上有苷键，将葡萄糖基联结成线型高分子（图 3-3）。棉纤维中纤维素大分子间主要依靠范德瓦耳斯力和氢键相互联结形成各种凝聚态，采用 X 射线衍射法可测得棉纤维结晶度为 65%~72%。

（四）棉纤维的性能

1. 成熟度

棉纤维的成熟度是指纤维细胞壁的加厚程度，即棉纤维生长成熟的程度，它与纤维的各项物理性能密切相关。正常成熟的棉纤维，截面粗、强度高、转曲多、弹性好、有丝光、纤维间抱合力大、成纱强力也高。所以，可以将成熟度看成棉纤维内在质量的一个综合性指标。

2. 强度和弹性

细绒棉的断裂比强度为 2.6~3.1cN/dtex，断裂长度为 21~25km；长绒棉的断裂比强度为 3.3~5.5cN，断裂长度为 30km。棉纤维的断裂伸长率为 3%~7%，弹性较差。

3. 吸湿性

棉纤维的主要成分是纤维素，纤维素大分子上存在许多亲水性基团（—OH）；棉纤维内部有空腔，又有很多孔隙，因此其吸湿性较好，棉纤维的公定回潮率为 8.5%。

4. 化学稳定性

棉纤维较耐碱而不耐酸。纤维素对无机酸非常敏感，酸可以使纤维素大分子中的苷键水解，使棉纤维强度变差，尤其是强酸浓酸应忌用，它可溶于 70% 以上浓硫酸中，浓盐酸、浓硝酸对其强度也有严重影响。有机酸对棉的作用比较缓和。纤维素在浓碱和高温作用下会发生碱性降解。稀碱溶液在常温下处理棉纤维不会产生破坏作用，并可使棉纤维产生膨化。利用 18%~25% 的 NaOH 溶液浸泡棉织物，纤维直径变粗，长度缩短。此时，若施加张力，限制其收缩，棉纤维截面变圆、天然转曲消失，光泽改善显著，因此称为丝光处理；若不加张力任其收缩，称为碱缩。针织物经碱缩后会变得紧密而富有弹性，而且保形性好。

5. 耐光性及耐热性

棉纤维耐光性、耐热性一般。在阳光与大气中棉布会缓慢地被氧化，使强力下降。长期高温作用会使棉布遭受破坏，但其耐受 125~150℃ 短暂高温处理。

6. 保暖性能

棉纤维保暖性能优良，其热导率为 0.071~0.073W/(m·℃)，仅次于羊毛，优于化学纤维。

7. 耐微生物性

微生物对棉纤维有破坏作用，破坏棉纤维的微生物种类很多，其中以霉菌作用较剧烈。遭受微生物损伤后棉纤维表面产生黑斑，品级下降。

（五）棉纤维的非织造应用实例

棉花拥有几千年的悠久历史，并始终保持着旺盛的生命力。纯棉制品通常在弃用几个月后即可自然降解，具有良好的循环利用和可持续性。作为传统纺织工业中的关键原料，棉纤维在非织造材料的生产中也扮演着重要角色，广泛应用于擦拭材料、医疗卫生用品、保暖絮片、吸油材料及智能纺织材料等新兴领域。此外，得益于其独特的天然色彩和性能，转基因棉在非织造工业中也有一定的应用。

1. 环保型擦拭材料

全棉水刺非织造材料是一种环保、节能的擦拭材料，通过高压水流将纤维缠结在一起，形成具有一定强度的织物。这种材料手感柔软、蓬松，吸湿性强，对油污有良好的吸收效果。与传统织造布相比，它省略了纺纱和织布环节，显著节约了能耗和成本，符合低碳环保理念。全棉水刺工艺制成的纯棉柔巾柔软亲肤，干湿两用，耐用性强，广泛应用于柔巾、餐巾纸、毛巾、化妆棉和婴儿擦巾等产品（图3-4）。

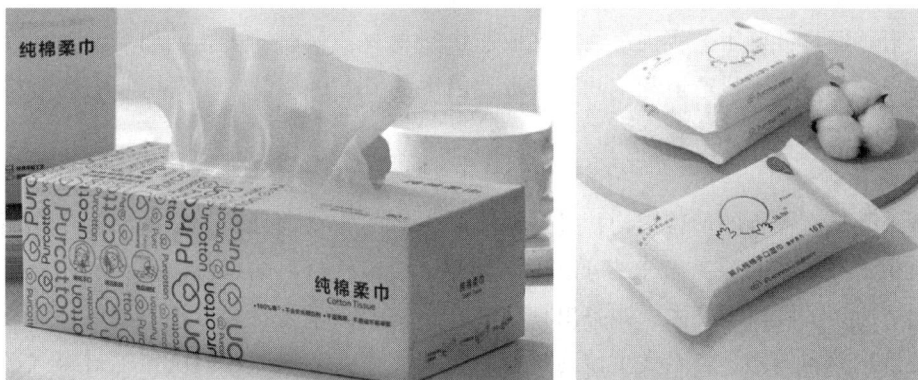

图3-4　纯棉柔巾和湿巾

2. 医疗卫生用品

棉纤维是一种高吸湿纤维，且具有柔软舒适、透气性好、致敏性低的特点，在医疗卫生领域应用广泛，可用于加工手术衣、手术巾、手术罩布、伤口敷料、绷带和止血带等医疗制品，以及卫生巾、婴儿纸尿裤、成人失禁垫、湿巾擦布等卫生用品。特别是全棉水刺非织造材料生产过程无污染，非织造材料表面不掉毛、无灰尘，非常适合制作上述医卫用品。

由于棉纤维表面附着有脂肪、蜡质、果胶、蛋白质和糖类等物质，未脱脂漂白的全棉水刺非织造布需经脱脂漂白工艺后才能满足卫生材料的使用要求。未经脱脂的棉纤维吸水量仅为其自身质量的1/4，而脱脂棉纤维的吸水量可达自身质量的8倍。医卫用全棉水刺非织造材料主要有两种脱脂漂白工艺：一种是先漂后刺，即先对原棉散纤维进行脱脂漂白，再梳理和水刺得到全棉非织造材料；另一种是先刺后漂，即先梳理和水刺原棉散纤维，成布后再进行脱脂漂白，得到最终的水刺全棉非织造材料。

（1）前漂工艺。纤维开松除杂→煮炼→清水冲洗→漂白→清水冲洗→后整理→烘干→开松打包→梳理→铺网→水刺固网→成卷。

（2）后漂工艺。清花→梳理→铺网→水刺固网→煮炼→清水冲洗→漂白→清水冲洗→切割成卷。

与水刺前漂工艺相比，后漂工艺使用未经脱脂和漂白的天然棉花，经过水刺后有效去除细小杂质，再进行脱脂处理。这一流程确保了成品的高洁净度和低含菌数，特别适合医疗卫生和个人护理领域。同时，由于不在水刺前进行脱漂，棉纤维得以充分利用，减少了原料浪费。

另外，还可以从棉纤维中提取纤维素制成高孔隙率、强吸收性以及低导热性的气凝胶，该气凝胶被注射到伤口之后会迅速吸收血液并不断膨胀，然后从内部对伤口施加压力达到止血的目的。

3. 吸油材料

棉纤维对油剂的吸附作用是由棉纤维特殊的形态结构以及毛细管效应的综合作用。棉纤维表皮层含有蜡质，具有天然的亲油性能；棉纤维特殊的中腔结构和天然转曲结构，能促进油剂的吸附。通过针刺工艺将棉短绒加工成非织造材料，材料的多孔结构为油液在纤维集合体内部的浸润和传递提供通道和空间，其吸油倍率为 $9 \sim 20g/g$，优于丙纶非织造布材料（吸油倍率为 $3 \sim 7g/g$），保油率在 80% 以上。

4. 气敏传感材料

棉纤维既具有一维的形貌结构，又是天然可再生的生物大分子，在高温氧化作用下易分解成二氧化碳和水。因此，棉纤维可以用作合成气敏传感材料的绿色模板。利用棉纤维作为模板，通过简单的浸渍煅烧法，制备出具有多孔结构的微米管状气敏传感材料，能有效阻止纳米尺度传感材料的团聚，增大了传感材料的比表面积，实现了对传统传感材料气敏性能的有效调控和优异的检测效果。

5. 可穿戴电子产品

由于其天然柔软和良好的透气性，棉纤维提供了舒适的穿着体验，适合长时间佩戴。此外，棉纤维的生物相容性降低了皮肤过敏的风险，使其成为贴合皮肤设备的理想材料。棉纤维还可以与导电材料结合，实现在健康监测中的传感功能，例如心率和温度监测，广泛应用于运动监测和睡眠分析等多个领域。

二、木棉纤维

（一）木棉纤维概述

木棉又叫作红棉、攀枝花等，属于锦葵目木棉科。木棉是落叶大乔木，花大而美，树姿巍峨，是传统的观赏树木。花期 3~4 月，果夏季成熟。木棉树耐瘠薄土地，可以利用荒漠化土地种植。木棉纤维是木棉树的果实纤维，开发利用木棉，使其成为继棉、毛、丝、麻四大天然纤维后的第 5 类纺织用天然纤维具有重大意义。木棉蒴果为长圆形，内壁附着灰白色细长柔软纤维，可作枕、褥、救生圈等填充材料。木棉花朵及蒴果照片如图 3-5 所示。

木棉原产于中国，其应用于纺织品的最早记载可追溯至西汉，比棉花还要早。木棉性能独特，是自然界中相对密度最小、中空度最高、支数最细、保暖性最好的天然纤维，其纤维具有羊绒般柔软、滑糯的手感。因此，木棉纤维被冠以"软黄金"和"树上羊绒"的美称。我国的木棉主要生长和种植地区为广东、广西、福建、云南、海南、台湾等地。

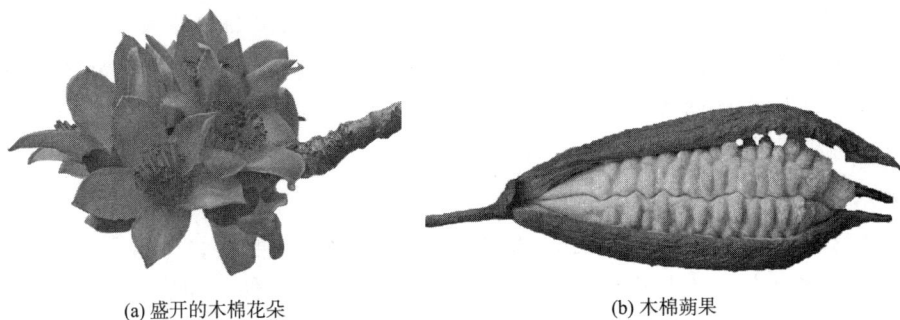

(a) 盛开的木棉花朵　　　　　　　　　　　　(b) 木棉蒴果

图 3-5　木棉花朵及蒴果照片

（二）木棉纤维的形态结构及化学成分

木棉纤维长 8~32mm，直径 20~45μm，有白、黄和黄棕色 3 类色泽，纵向外观呈圆柱形，表面光滑，无转曲。截面为圆形或椭圆形，中段较粗，根端钝圆，梢端较细，两端封闭。木棉纤维具有巨大的中腔，中腔中充满空气，中空度高达 80%~90%，胞壁薄接近透明。木棉纤维的纵截面和横截面形貌如图 3-6 所示。

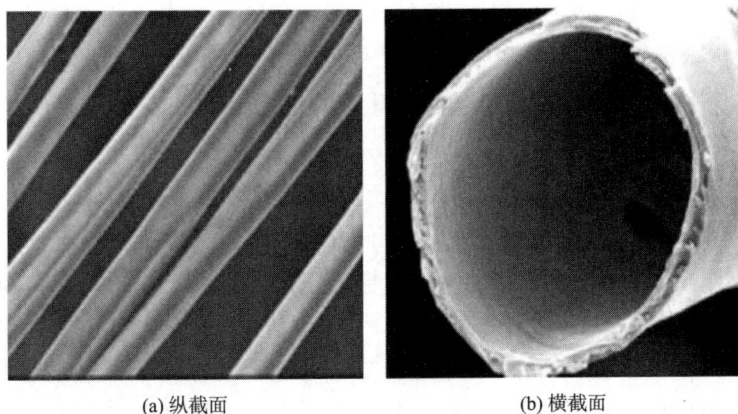

(a) 纵截面　　　　　　　　　　　　　　　(b) 横截面

图 3-6　木棉纤维的纵截面和横截面形貌

木棉纤维含有约 64% 的纤维素，约 13% 的木质素。此外还含有 8.6% 的水分、1.4%~3.5% 的灰分、4.7%~9.7% 的水溶性物质和 2.3%~2.5% 的木聚糖以及 0.8% 的蜡质。木质素的存在提高了木棉纤维的耐热性能，其耐热性能好于棉纤维。采用 X 射线衍射法测得木棉纤维的结晶度为 30%。

（三）木棉纤维的性能

木棉纤维是天然纤维中最细、最轻、中空度最高、保暖性最突出的纤维，中空率高达 94%~95%，纤维细胞壁密度约为 1.33g/cm³，单纤维外形密度仅有 0.05~0.06g/cm³。木棉纤维细度为 0.9~3.2dtex，长度为 8~34mm，断裂长度 8~13km，断裂伸长率为 1.5%~3.0%。木棉纤维具有较好的抗弯和抗压性能，絮状集合体在 10kPa 压强下压缩模量为 43.63kPa。木棉纤维的薄壁、大中空结构和纤维细胞未破裂时的气囊结构使木棉纤维具有较高的抗扭刚度，其相对扭转刚度为 $71.5 \times 10^{-4} cN \cdot cm^2 / tex^2$。木棉纤维表面较多的蜡质使纤维光滑、不易吸水、不易缠结而且具有一定的防虫蛀和霉变的效果。木棉纤维耐酸碱性能好，常温下弱酸和强碱对其均没有影响。

（四）木棉纤维的非织造应用实例

由于木棉纤维长度偏短，强度较低，表面较光滑，抱合力较差，所以纺纱价值较差。同时由于传统纺织加工技术工艺流程长，对纤维破坏大，高倍牵伸、加捻、上浆等过程中，木棉纤维的极薄胞壁、高中空原生态结构遭到不同程度的破坏，纤维空腔被压扁，因此自身的优越性难以发挥。

非织造加工技术工艺流程短，可以较好地保持木棉纤维的原生态结构，可以根据产品不同的应用需求和工艺要求选择使用适合的非织造加工技术。通过使用特殊的针刺设备将木棉纤维层进行穿刺，梳理机锡林针针齿齿高为 2.3~2.8mm，针刺角为 16°~20°，针刺密度为 450~650 齿/英寸（1 英寸=2.54cm），使纤维层交缠并形成三维结构，增强木棉纤维层的连通性和稳定性。

还可以将木棉纤维与热塑性低熔点纤维混合，然后通过热压或热风处理来提高材料的强度和耐久性。另外，还可以通过水刺技术通过高压水流进行冲击，使木棉纤维层内的纤维相互交织并形成结构紧密的纺织物。它们可以使木棉纤维具备更多的功能性，如提高强度、改善过滤性能、提高吸湿性等，从而扩展木棉纤维的应用范围。木棉纤维主要用于以下几个方面。

1. 被褥、枕头的絮填料

木棉纤维具有较高的空隙率，能够有效地储存空气，形成良好的保温层。同时，木棉纤维具有良好的透气和透湿性，可以帮助调节体温、吸湿排汗，提供舒适的睡眠环境。在枕头的絮填料中，木棉纤维可以提供柔软的支撑和适度的弹性。木棉纤维的纤维结构细长而柔软，能够根据头部的形状和压力分布进行自适应，提供舒适的支撑力，并且不易变形。此外，木棉纤维还具有抗菌防螨等优异性能。研究表明木棉纤维对大肠杆菌和金黄色葡萄球菌都有一定程度的抑制作用，对大肠杆菌、金黄色葡萄球菌的抗菌率都在50%以上。

2. 吸声和隔热材料

木棉纤维是多孔材料，可以有效地保留空气，可用于房屋的隔热层和吸声层。木棉纤维具有较大的表面积和多孔结构，可增加声波在材料内部的传播路径。当声波进入木棉纤维内部时，导致纤维振动，产生多次反射和折射，从而将声波的能量转化为微小的摩擦热量，实现声能到热能的转换，达到吸声的效果。空气是一种很好的隔热介质，通过纤维内部保留的空气层，木棉纤维可以有效阻止热量的传播。

3. 水上救生用品

木棉纤维呈气囊状形态，中空度极高，且具有优良的抗压性和压缩弹性恢复性能，进行块体压缩时，单位质量的体积高达 $56cm^3 / g$ 左右。它在水中的浮力很大，能承受相当于自身 20~36 倍的负载质量而不致下沉。木棉集合体浮囊具有良好的浮力保持性，即使包装材料略有破损，在水中浸泡30天其浮力仅下降10%，且干燥后木棉集合体将恢复其浮力。

4. 轻质衣物用原料

木棉纤维相对密度较小，质地柔软，具有良好的透气性和吸湿排汗性能。但木棉纤维由于抱合力差、加捻困难、强度低，很少进行单一纤维纺纱，一般与棉、黏胶或涤纶、锦纶等合成纤维混纺，可以加工T恤衫、袜子、保暖内衣等针织面料，也可以应用于生产牛仔布、毛巾等机织面料。

5. 吸油材料

木棉纤维是可再生天然纤维，材料来源广，可回收利用，可生物降解；其内部中空度高，为吸附油液提供了较大的比表面积和储存空间；其表面的蜡质具有疏水—亲油的物理化学特性。因此，木棉纤维具有良好的拒水吸油性，可制备性能优良的环保吸油材料。

三、蒲绒纤维

（一）蒲绒纤维概述

香蒲又名蒲草、蒲菜、水烛，为香蒲科，香蒲属多年生宿根性沼泽草本植物，也称蒲绒。香蒲分布于欧洲、北美、西伯利亚、印度和澳大利亚等地，香蒲的用途广泛，其植株可以用作园林美化；嫩茎叶可以食用；花粉可入药，俗称蒲黄；叶可以用作编织工艺品；茎叶纤维素含量高可以作为优良的造纸原料。香蒲棒还可以用来燃烧、照明、驱虫。如图3-7所示，香蒲雌花序上的毛称为香蒲绒。香蒲绒纤维轻柔细滑，与蒲公英有点类似随风极易飞散。由于其特殊的性质，香蒲绒在废水处理中获得广泛应用，对富营养水体中氮、磷具有良好的去除效果。

图3-7　香蒲棒和香蒲绒

（二）蒲绒纤维的形态结构及化学构成

蒲绒纤维以朵状形式存在，纤维呈巨大的树枝状结构，主要包括蒲绒种子、单纤和蒲绒主干三部分。如图3-8所示，蒲绒单纤呈放射状，每根蒲绒纤维有50~180个节点。节点在单纤表面比较突出，造成了单纤外观上比较粗糙以及直径的不均匀性。蒲绒纤维的束节与羽绒的绒核相似，沿束节30°~90°的方向集中生长。单纤直径为9~14μm，长度为4~9mm。蒲绒单纤横截面呈不规则圆形，纤维具有较大的中空度，与木棉纤维结构相似。纤维中腔被若干个"隔板"封闭为若干个小的中腔，可保持大量静止的空气。

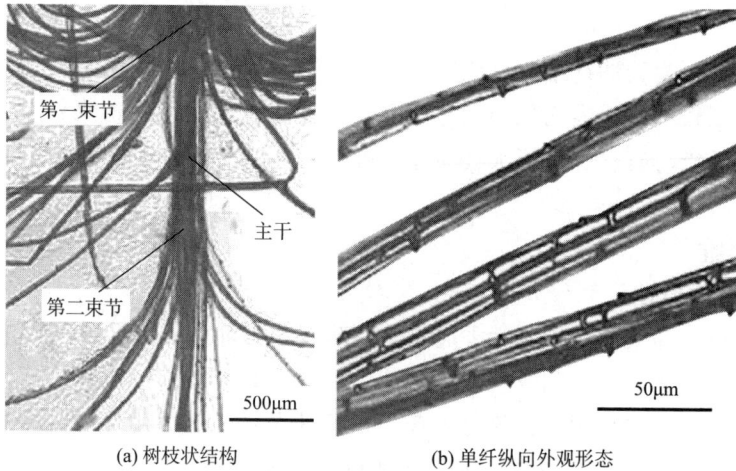

(a) 树枝状结构　　　　　(b) 单纤纵向外观形态

图3-8　蒲绒树枝状结构和单纤的纵向外观形态

蒲绒纤维的蜡质含量相当高，平均含量为10.69%，与亚麻（2.26%）、棉（0.6%）和木棉（0.8%）相比，蒲绒的蜡质含量最高。这种高蜡质含量使纤维具有良好的吸油性能。纤维表面的蜡质可使纤维柔软光滑，但不利于纤维的染色和吸湿。蒲绒的结晶度为39.6%，大于木棉而小于棉和亚麻纤维，为结晶度较低的天然纤维。经红外光谱分析可知，蒲绒纤维与木棉的特征吸收谱带非常相似，蒲绒纤维所含的成分类型和木棉接近，但蒲绒纤维的纤维素纯度不如木棉。

（三）蒲绒纤维的性能

蒲绒单根纤维强力非常小，约0.1cN，标准大气条件下回潮率为7.6%。香蒲绒纤维耐酸浓度高于耐碱浓度。蒲绒纤维特殊的截面结构大大扩展了纤维的比表面积，使纤维与油有更大的接触面积。而且每根单纤上都有类似竹节状的节点。这种结构使纤维能捕获更多的油，并且纤维集合体间容易形成比较封闭的空间，从而大大提高了纤维对油的保持性能。

（四）蒲绒纤维的非织造应用实例

香蒲绒纤维作为一种保暖保健天然材料，其应用研究由服装被褥逐渐扩展到医院宾馆的毛毯、窗帘布等制品、医用材料如绷带纱布等。目前香蒲绒纤维还没有成熟的脱胶工艺，可借鉴植物纤维尤其是麻类纤维脱胶方法。香蒲绒纤维长度短，中空度大，易脆折，强力低，使之后续纺纱加工困难，限制了其推广应用。香蒲绒作为一种天然植物纤维，资源丰富，性能优良，开发潜力大，主要应用如下所述。

1. 填絮材料

作为传统的填絮材料，香蒲绒枕头不仅柔软舒适，同时承托力较好，可用于呵护颈椎。据《本草纲目》记载，香蒲绒安神镇惊，清热凉血效果佳，对老人和孩童都非常合适。此外，研究表明，香蒲绒还具有防潮防虫、冬暖夏凉的优点，可与木棉相媲美。

2. 保暖隔热材料

作为一种天然纤维，蒲绒纤维截面不规则，纤维集合体之间容易形成相对密闭的空隙，在寒冷气候条件下，作为填充材料可积聚相当多的静止空气，从而起到保暖隔热的作用。蒲绒纤维可作为保暖隔热材料应用于寒冷冬季中农业大棚的保暖，以及作为低温条件下管道的包覆材料，同时随着房屋建筑业使用的隔热保暖吸声材料要满足生态环保和经济实用等方面的要求，对自然环境友好的蒲绒纤维因良好的隔热保暖效果将会更加受到重视。

3. 浮力材料

蒲绒纤维表面被蜡质包覆，具有天然的拒水性能，加之纤维较轻，有较好的压缩回弹性，浮力损失小，可以利用香蒲绒制造浮力垫等产品用于水上漂流、水上救生等。蒲绒纤维能够提供大于自身质量 5 倍的浮力，但随着纤维集合体的浸没时间的增加，浮力下降。24h 浮力降为 12% 左右，72h 浮力降为 20% 左右。

4. 吸油材料

蒲绒纤维特殊的截面结构以及纤维表面的蜡质，为纤维在吸油领域的应用创造了条件。蒲绒能吸收海上船只泄漏的石油，吸油的速度是吸水的 3 倍。此外，研究表明蒲绒纤维对机油和植物油也有很好的吸附能力，1g 香蒲绒纤维分别能吸收 24.7g 纯机油和 27.8g 纯植物油。香蒲绒纤维价格低廉，成本低，且对环境友好，在含油废水的过滤方面有广阔的应用前景。

5. 吸声材料

蒲绒针刺毡是一种优良的吸声材料。在声波频率为 630~1600Hz 的中频范围时，纯蒲绒吸声材料的吸声系数为 0.31~0.86；在声波频率为 2000~6300Hz 的高频范围时，纯蒲绒吸声材料的吸声系数为 0.66~0.90。在蒲绒纤维原料中，加入质量 2.5% ES 纤维，用气流成网方式得到均匀的纤维网，采用针刺和热熔加固的方法可制备吸声性能良好的非织造材料，在声波频率为 500~1600Hz 的中频范围时，吸声系数为 0.33~0.89。

四、椰壳纤维

(一) 椰壳纤维概述

椰子是一种用途极广的作物，长期以来椰子被人们用于制作食品、饮料、油料、乳制品等。椰壳纤维是椰子果实的副产品，是从椰子果实外壳中提取出来的丝状纤维物质。椰壳纤维是一种具有多细胞结构的长纤维，除具有优良的力学性能外，同时具备优异的耐湿性、耐热性和隔音性能。但是迄今为止椰纤维的利用率并不高，除小部分用作绳索和燃料外，大部分被遗弃，造成了资源的浪费。斯里兰卡和印度是最大的椰纤维出口国，其次是泰国。椰壳纤维制品可以用于防止水土流失及保持土壤水；可用于生产隔音材料、安全带等；还可以作为增强体替代或部分替代合成纤维用于复合材料中（图 3-9）。

图 3-9　椰子果实和椰壳纤维

（二）椰壳纤维的形态结构及化学构成

椰壳纤维的外观呈淡黄色，直径为 100~450μm，长度 10~25cm，密度 1.12g/cm³，是一种具有多细胞附聚结构的长纤维。图 3-10 是椰壳纤维的截面结构的 SEM 照片。从图中可以看出，椰壳纤维包含 30~300 根甚至更多的纤维细胞，纤维具有中空多孔结构，横截面呈圆形。

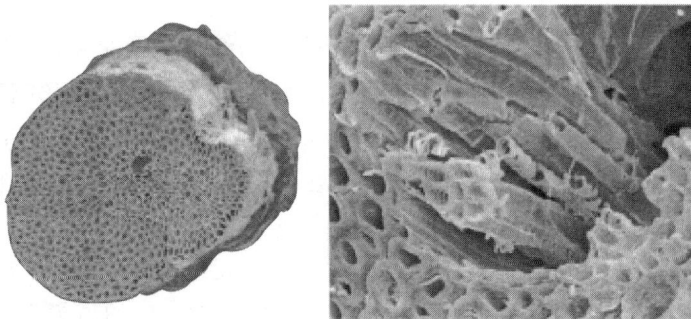

图 3-10　椰壳纤维横截面形态

椰壳纤维主要化学构成为：41%~45%纤维素，36%~43%木质素，0.2%~0.3%半纤维素以及 3%~4%果胶及矿物质等。从聚集态结构看，椰纤维中结晶化的纤维素呈螺旋状嵌在不定形的木质素和半纤维素中。椰壳纤维中纤维素含量远低于其他的植物纤维，而木质素的含量却远远高于棉、麻等其他的植物纤维。

（三）椰壳纤维的性能

1. 强度

椰壳纤维在天然植物纤维中较粗，由于纤维粗细不匀，纤维之间的强力差异较大。椰壳纤维弹性模量和拉伸强度反比于纤维直径，纤维直径从 0.04mm 增加到 0.4mm 时，拉伸强度从 275MPa 降低到 50MPa，弹性模量从 3.6GPa 降低到 1.2GPa。另外，单根纤维越长其力学性能越差。当纤维有效受力长度从 5mm 增加到 25mm，拉伸强度从 142.6MPa 降低到 118.3MPa，断裂应变从 23.8%降低到 12.5%。

2. 耐腐蚀性

椰壳纤维对一些常见的化学物质和腐蚀介质相对稳定。它在某种程度上能够抵抗酸碱腐蚀，并且对一些常见的腐蚀介质如水、油、盐等表现出较好的稳定性。然而，椰壳纤维在强酸、强碱、高温和湿度条件下的耐腐蚀性能相对较差。

3. 吸湿性和透气性

椰壳纤维具有良好的吸湿性和透气性。由于品种的差异，椰壳纤维的公定回潮率通常在10%~15%之间，同时椰壳纤维能够迅速释放湿气，保持干爽和舒适的环境。

4. 隔热和隔音性能

椰壳纤维具有良好的保温特性，其内部的细小孔隙可以降低热传导，从而提供一定的隔热效果。椰壳纤维的纤维束结构和多孔性能使其能够吸收声波，减少噪声的反射和传播，起到一定的隔音效果，因此常被用于制作隔音板、吸音材料等。

（四）椰壳纤维的非织造应用实例

椰壳纤维具有防潮、透气、防腐、防虫蛀、防霉点等优点，同时具有纯天然、可再生的特点，对环境友好并且可降解。椰壳纤维的主要应用领域如下所述。

1. 填充材料

椰壳纤维的坚韧性和透气性有助于提供稳定支撑和有效的空气循环，增加舒适度和睡眠质量。此外，它还具有良好的防虫和防霉能力，有助于保持填充物的卫生和耐久性。椰壳纤维可以用于填充沙发、床垫、椅子和其他家具，提供柔软的座椅感觉和良好的支撑力。它比传统的泡沫填充材料更环保，对身体健康更友好。椰壳纤维也被应用于汽车座椅的填充中，提供舒适的座椅感觉和支撑力。它的透气性和耐久性使得座椅可以在长时间使用后仍然保持舒适。

2. 植被护坡材料

椰壳纤维植被毯结合植被，构建可持续防护系统，广泛用于高速公路、河流岸坡、沙漠化地区、海滩沙地、抗盐碱地、矿山修复、城市绿化等。其推广有效减少水土流失，改善植被生长环境。

3. 纤维增强复合材料

椰壳纤维拉伸强度和模量高，是优秀增强材料，用于汽车、建筑、船舶等领域。研究转向其与可降解聚合物（如聚羟基丁酸酯共聚物）组合，碱处理后冲击强度和韧性显著提升。硅烷偶联剂处理的椰壳纤维韧性和断裂应变显著改善。微孔注射成形法显示其增强韧性潜力，推动全降解复合材料技术发展，为绿色材料应用开辟新可能。

4. 建筑和装饰材料

椰壳纤维具有良好的强度和耐用性，可以用于制作建筑和装饰材料，如绳索、缆绳、织物、隔断、墙板等，被广泛应用于建筑和室内装饰领域。椰壳纤维板材常用于制作隔断墙体和室内装饰板，不但具有天然美观的纹理和舒适触感，而且具有较好的隔音和保温性能。但是由于椰壳纤维具有较高的吸湿性，因此在使用时需要考虑防潮和防腐处理，以确保其持久和稳定的性能。

5. 农业用途

椰壳纤维是一种天然、可再生的材料，对环境友好，可以用于制作可降解的包装材料、土壤保护覆盖物和生态园艺产品，有助于减少对塑料和化学材料的依赖。椰壳纤维还可以用作植物的生长介质，尤其适合于种植蘑菇、花卉和其他特殊植物。它具有良好的保水性和透气性，有助于维持植物根系的健康生长。椰壳纤维可以作为优质的耕作衬垫和土壤改良剂，帮助提升土壤的通气性和保水性，促进作物生长。此外，椰壳纤维的生物降解性使其成为有机肥料的理想来源，可提供植物所需的营养，并改善土壤质量。

第二节 韧皮纤维

韧皮纤维是从某些双子叶植物茎周围的韧皮部分收集的植物纤维，纤维束相对柔软，被称为软质纤维。常见的韧皮纤维主要包括苎麻、亚麻、黄麻、汉麻、红麻和罗布麻等。亚麻纤维是人类最早发现并利用的天然纤维之一，苎麻和亚麻纤维具有高强度和韧性，柔软、吸湿性强和透气性好等特点，在工业和纺织领域有广泛应用。其在非织造材料领域也具有多样化的应用价值，被广泛应用于医疗、卫生、家居、汽车和建筑等领域。

一、苎麻纤维

（一）苎麻纤维概述

苎麻 [图 3-11（a）]，俗称白苎、线麻、紫麻等，为我国特产，被誉为"中国草"。其可分为白叶种和绿叶种。白叶种苎麻叶正面呈绿色，叶背面长满白色绒毛，纤维品质好，主要种植地在我国两湖、四川一带。绿叶种苎麻纤维的品质略差，主要种植地区在南洋群岛等少数地区。苎麻一般一年可以收割三次，是一种优质高产的纤维作物。

苎麻纤维中有较多的沟状空腔，管壁多孔隙，能快速吸湿吸热和散热，透气性能非常强，产品穿着凉爽舒适 [图 3-11（b）]。苎麻纤维结晶度和取向度较高，力学性能优越。苎麻纤维抑菌防霉，具有卫生保健功能。苎麻纤维可以通过和其他纤维进行混合，从而充分改善其

(a) 苎麻作物　　　　　　　　　　　　　　　(b) 苎麻精干麻

图 3-11 苎麻

各项性能，在当前崇尚健康与绿色环保消费理念引领下，苎麻因其优良特性而受到人们的青睐。

（二）苎麻纤维的形态结构及化学构成

苎麻纤维在麻类纤维中最长，但其纤维长度不匀率较大，纤维的纵向宽度变化也较大。苎麻纤维的长度一般可达20~250mm，最长为600mm。纤维宽度为20~80μm，传统品种线密度为6.5~7.5dtex，细纤维品种的线密度有4.6~5.5dtex，最细品种的线密度可达3.0dtex。苎麻纤维在韧皮层中呈单纤状，没有明显的扭转与弯曲现象，其表观形态呈扁平椭圆状。如图3-12所示，纤维纵向有杂乱无章的横节与条纹，其横截面形态常表现为椭圆形或腰圆形，大部分纤维内部存在空腔结构，腔壁上的纹路常呈现为放射状，胞壁厚度均匀，纤维细胞未发育完成时的横断面呈带状。苎麻纤维一般中间较粗，而两头略细。这种微观结构构造，有助于自动调节纤维自身的微气候。

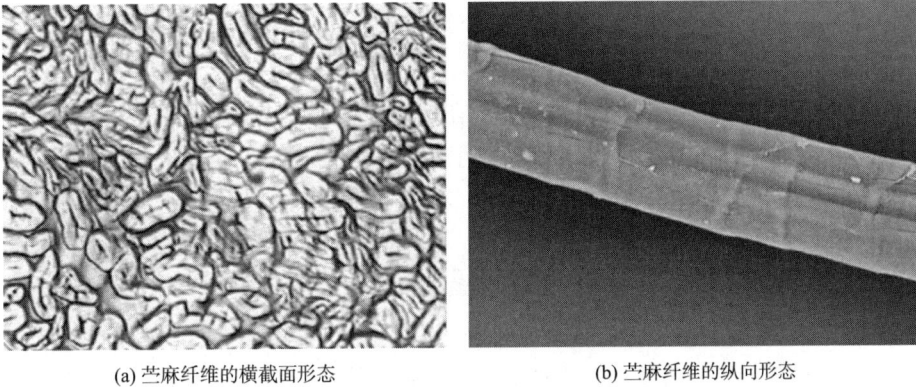

(a) 苎麻纤维的横截面形态　　　　　　　　(b) 苎麻纤维的纵向形态

图3-12　苎麻纤维的形态特征

麻类纤维与棉的化学组成见表3-1。与其他种类的韧皮纤维类似，苎麻纤维主要含有纤维素、半纤维素、木质素、果胶质和脂蜡质等成分。苎麻纤维与棉纤维化学成分的区别主要在于纤维素、半纤维素、木质素与果胶等物质的含量存在差异。棉纤维中的纤维素含量明显高于苎麻纤维，且棉纤维中的胶质种类与含量更少，这使得两者在结构与性能方面差别较大。

表3-1　麻类纤维与棉的化学组成

名称	化学成分/%					纤维长度/mm
	纤维素	半纤维素	果胶	木质素	其他	
棉	93~95	—	0.4~1.2	—	3.8~6.6	15~45
苎麻	65~75	14~16	4~5	0.8~1.5	6.5~14	20~250
亚麻	70~80	12~15	1.4~5.7	2.5~5	5.5~9	17~25
黄麻	57~60	14~17	1.0~1.2	10~13	1.4~3.5	1.5~5
汉麻	67~78	5.5~16.1	0.8~2.5	2.9~3.3	5.4	15~25
罗布麻	40~50	14.5~16.4	11.2~14.8	11~14	4.8~23.2	20~25

（三）苎麻纤维的性能

1. 力学性能

苎麻纤维的强度是天然纤维中最高的，但其伸长率较低。苎麻纤维平均强度为 6.73cN/dtex，平均断裂伸长率为 3.77%。苎麻纤维硬挺，刚性大，具有较高的初始模量，其初始模量为 170~210cN/dtex。苎麻纤维伸长率低，断裂功小，弹性回复性较差，因此苎麻织物抗皱性和耐磨性较差。苎麻纤维在 1% 定伸长拉伸时的平均弹性回复率为 60%，伸长 2% 时的平均弹性回复率为 48%。

2. 光泽

苎麻纤维具有较强的光泽。原麻呈白、青、黄、绿等深浅不同的颜色，脱胶后的精干麻色白且光泽好。

3. 密度

苎麻纤维胞壁密度与棉相近，为 1.54~1.55g/cm³。

4. 吸湿性

苎麻纤维具有非常好的吸湿、放湿性能，在标准状态下的纤维回潮率为 12%。放湿速度快，润湿的苎麻织物在标准状态下 3.5h 即可阴干。

5. 耐酸碱性

苎麻与其他纤维素纤维相似，耐碱不耐酸。苎麻在稀碱液下极稳定，但在浓碱液中，纤维膨润，生成碱纤维素。苎麻可在强无机酸中溶解。

6. 耐热性

苎麻纤维的耐热性好于棉纤维，当达到 200℃ 时，其纤维开始分解。

7. 染色性

苎麻纤维染色性能好，可以采用直接染料、还原染料、活性染料、碱性染料等染色。

（四）苎麻纤维的非织造应用实例

苎麻纤维具有优良的吸湿、透气和抑菌等性能，可以通过针刺、热压和热风等工艺进行成型，制备出不同形状和结构的产品。下面介绍几种苎麻纤维在非织造领域的应用实例。

1. 农用用途

苎麻纤维的独特特性，如抗微生物攻击、高强度、耐久性、吸水性和优异的光泽，使其适用于制造各种新型农业用非织造产品，在农用地膜、温室遮阳布、杂草防护布、植物防寒覆盖被、幼苗培育膜、水果套袋、育秧膜、无土栽培基质、植保袋等材料中得到广泛应用。

2. 汽车内饰材料

苎麻纤维具有优异的吸声隔声性能、出色的强度和绿色环保等特点，广泛应用于汽车内饰材料领域。苎麻纤维非织造材料能提高机械强度和声学性能，减少材料重量和加工时间，降低生产成本，提高乘客的安全性和在极端温度变化下的防碎性能，并提高汽车内部部件的生物降解性。

3. 土工材料

苎麻纤维是一种天然植物纤维，具有生物降解性和可再生性，与传统的合成土工材料相比更环保。苎麻纤维具有良好的力学性能，如较高的拉伸强度，在土壤中形成稳定的结构，提供有效的土体加固效果。同时，苎麻纤维具有抗生物侵蚀的特性，能减少土工材料在潮湿环境下的生物侵蚀问题。此外，苎麻纤维土工材料具有良好的透水性和透气性，有利于土壤的排水和通气，提高土壤的质地和排水性能，广泛应用于河堤防护、道路基础加固、土壤固结等领域。

4. 纤维增强复合材料

苎麻纤维具有优异的力学性能，如高强度和高模量，同时具备较低的密度和良好的耐腐蚀性，这使其成为一种理想的增强材料。苎麻纤维增强复合材料是由苎麻纤维为增强材料，热塑性或热固性聚合物为基体，经不同成型工艺制备而成的复合材料。资源丰富的苎麻纤维是获得高性能天然纤维增强聚合物的必备材料之一，苎麻纤维增强复合材料已经被应用在汽车材料、包装材料及防弹材料等领域。

二、亚麻纤维

（一）亚麻纤维概述

亚麻是一种被誉为"麻中皇后"的一年生草本植物，原产于欧洲地中海地区，现广泛种植于中国西南和北方，尤其以黑龙江省为主。其种子和茎部均可利用，主要用于榨油和纤维生产。亚麻纤维源自其韧皮部分，是人类最早开发的天然纤维之一，早在公元前7000年的瑞士遗址中就发现了亚麻种子和麻绳，埃及人于公元前5000年开始使用亚麻纤维包裹木乃伊。如今，亚麻因其抗菌、吸湿快、抗静电、低成本和可再生等特点，在多个行业中得到广泛应用，包括纺织、包装材料、塑料和混凝土增强材料、汽车内饰、替代玻璃纤维及绝缘材料等，展现出巨大的开发潜力。

（二）亚麻的形态结构和化学构成

亚麻纤维的多尺度结构如图3-13所示。亚麻的茎从外层向内层依次由表皮、韧皮部、木质部以及中间空隙组成。单纤维间存在胶质，束纤维是单纤维通过胶质粘连而形成的。在扫描电镜下观察可知，纤维径向有很多不规则条纹和沟痕，纤维中间有空腔，为纤维提供了良好的吸湿性和透气性。

亚麻及其他麻纤维与棉的化学组成见表3-1，亚麻的纤维素含量仅次于棉，在麻类纤维中是最高的。亚麻长度较短（17～25mm），很难达到纺纱的要求，因此常采用工艺纤维进行纺纱。工艺纤维是指由多个单细胞纤维通过细胞间质黏合而成的纤维束，通常用于处理纤维短、难以直接纺织的材料。典型的工艺纤维制备过程包括浸泡、脱胶和梳理等步骤，这些步骤有助于去除杂质、调节纤维长度并使纤维成束，以便于后续的纺纱操作。非织造工艺在处理短纤维方面具有相当的适应性。从亚麻、汉麻、黄麻等植物提取的不含果胶的单独化韧皮纤维，其平均长度小于10mm，可将纤维切割至更小的长度（小于6mm），并通过干法成网、气流成网、针刺工艺、水刺工艺及热风等工艺结合形成织物。

（三）亚麻的性能

1. 强度

亚麻纤维的强度较高，而伸长较小，其断裂强度为2.4～3.2cN/dtex，平均断裂伸长率为

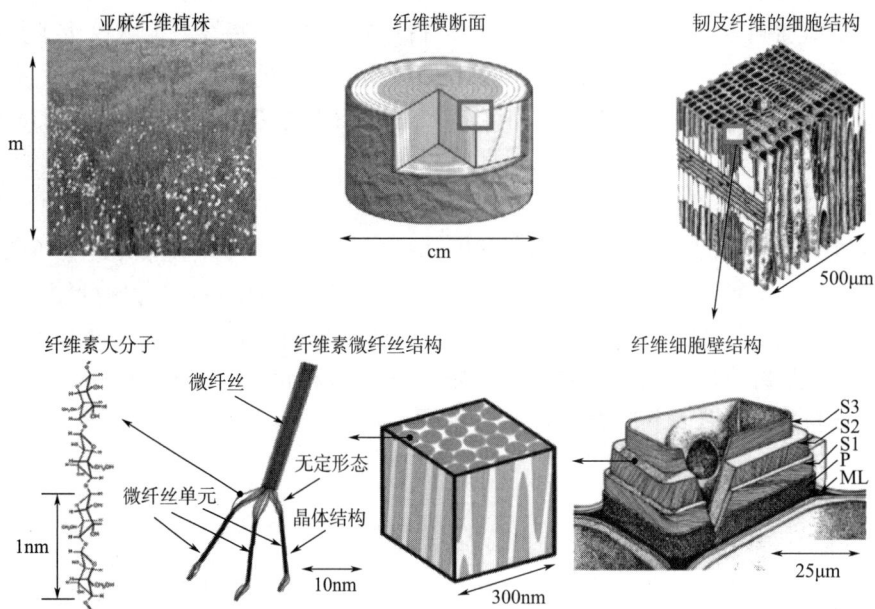

图 3-13　亚麻的多尺度结构示意图

2.3%~2.6%。亚麻拥有良好的湿强，其强度在潮湿时会增加20%。亚麻纤维的强度与纤维形态及长度密切相关，脱胶等工艺处理过程中所用到的试剂种类与其酸碱度均会对亚麻纤维的强度产生影响。

2. 吸湿性

亚麻纤维特殊的天然结构使其具有优异的吸湿放湿性能和透气性能。亚麻不仅吸湿快，且其吸收的水分最高可达其自重的20%以上，是同等密度的纤维材料中最高的。同时亚麻织物有助于皮肤快速排汗，具有优异的穿着舒适性。

3. 抗菌抑菌性

亚麻纤维具有天然的抗菌性。古埃及人用亚麻包裹实体制成木乃伊便是利用了亚麻的抗菌性能。二战期间资源匮乏，人们蒸煮剪碎的亚麻织物，用蒸煮出的液体为伤者的伤口消毒也是利用了其抑菌性。

4. 防静电性能

合成纤维如涤纶、锦纶等抗静电性很差，摩擦时极易产生静电。天然纤维与合成纤维相比，抗静电性能较好，亚麻纤维的抗静电性尤其好，因为亚麻纤维携带的正负电荷接近于平衡，这使得静电现象在亚麻纤维上几乎不产生。

（四）亚麻纤维的非织造应用实例

亚麻纤维因其具有良好的吸湿透气性，常被用于服装面料领域，更多被用于制作夏季衣物。随着科技的发展以及人们环保意识的逐渐增强，亚麻纤维在汽车内饰、土木工程、军用、消防、燃料、宇航、医疗卫生等领域也崭露头角。

1. 汽车内饰材料

亚麻的独特抗菌性以及透气性，极大提高了汽车内饰材料的安全性以及舒适性。亚麻纤维与高分子材料（如聚丙烯）共混铺网后针刺得到的非织造材料作为汽车内饰，通过压缩率控制孔隙率比，使复合材料达到合适的吸声降噪效果，并且亚麻的加入可以有效减弱材料的紫外老化现象，提高汽车内饰产品的耐用性。

2. 土工材料

作为一种天然纤维，亚麻纤维具有良好的生物降解性和环境友好性，在土工材料领域有着广泛的应用。将亚麻纤维与土壤混合可以提高土壤的抗拉强度和抗剪强度，从而改善土体的力学性能，减少土体的裂缝和变形，增加土体的稳定性。这种加固效果对于土壤基础加固、边坡稳定和道路铺设等方面具有重要意义。亚麻纤维还可以应用于土壤改良和植被恢复。将亚麻纤维与土壤混合可以改善土壤的通气性和保水性，有利于植物生长和土壤的生态恢复，同时也有助于减少土壤侵蚀和水土流失。

3. 帆布材料

亚麻帆布具有很高的耐磨性和强度，同时也非常耐久。它吸湿性强，能够快速吸收水分并迅速蒸发，因此在潮湿环境下也能保持干燥舒适。亚麻帆布常被用于制作帆布包、油画布、家居布艺、园艺用品等。此外，亚麻帆布还具有良好的防紫外线性能，适合户外使用。亚麻帆布也常用于帆船帆布、遮阳篷、露营帐篷等产品中，其耐用性和透气性使其成为户外用品的理想选择。

4. 医疗卫生材料

亚麻纤维因其独特的天然抗菌性以及优异的生物相容性和抗静电性，在医疗卫生防护品中扮演着重要角色。亚麻纤维还具有止血和预防褥疮的作用，这使得它在医疗卫生用品中备受青睐。在外科手术中，亚麻纤维制成的手术衣和医疗器械覆盖布能够提供良好的防护和舒适性。

三、黄麻纤维

（一）黄麻纤维概述

黄麻是属椴树科黄麻属的亚热带和热带植物，1年生草本，有热湿舒适、染色性好、抑菌、力学性能好、廉价、可生物降解等特性。种植和产量仅次于棉花，被称为"黄金纤维"。主要生产国为印度和孟加拉国，中国是圆果种黄麻起源地之一，原麻产量居世界前列。黄麻多用于可持续包装，如咖啡袋等。近几十年因塑料包装主导市场，产量下降，但随各国限塑，这一趋势开始逆转。黄麻纤维富有光泽，吸湿放湿性能好，但传统纺织中多用于制作低档产品。通过非织造工艺开发黄麻纤维产品，可促其在纺织产业中扮演更重要的角色（图3-14）。

（二）黄麻纤维的形态结构及化学构成

黄麻属于纤维素纤维，主要成分为纤维素，另含有半纤维素、木质素、果胶等物质（表3-1）。在几种常见的麻类纤维中，黄麻纤维的木质素含量最高，刚性较大导致其织物硬挺并易产生刺痒感。黄麻茎与苎麻和亚麻相似，分皮层和芯层。皮层中初生韧皮细胞和次生

图 3-14　黄麻作物和黄麻可降解非织造材料

韧皮细胞发育成黄麻纤维。在麻茎皮层分为多层分布，每层中的纤维细胞大都聚集成束，每束截面中有 5~30 根纤维。

黄麻纤维纵向呈竹节状，光滑无转曲，纤维细胞厚度整齐，呈圆筒状，两端渐细，顶端偶呈钝角形，富有光泽。单纤维截面呈带有圆形中腔的多角形，横截面一般为五角形或六角形，中间有圆形或椭圆形大小不一的空腔，并以细胞间质相黏结，断面有倾斜龟裂条痕（图 3-15）。黄麻纤维的结晶度约为 62%，取向因子为 0.906。黄麻单纤维宽度 10~20μm，单纤维长度很短，一般为 1.5~5mm，一般以成束的工艺纤维应用。

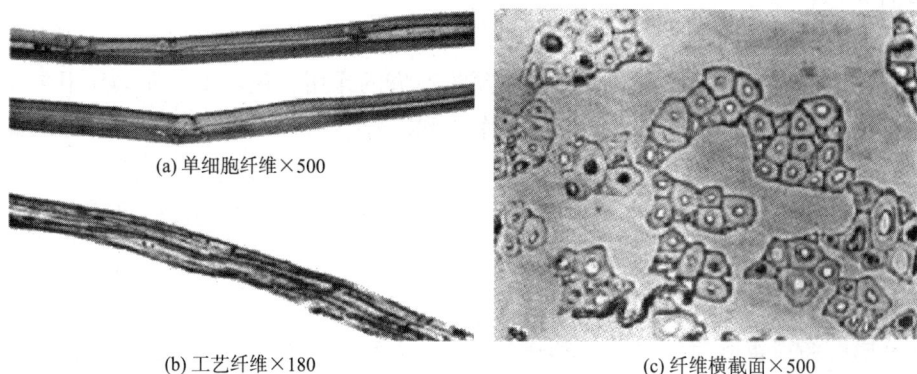

(a) 单细胞纤维×500

(b) 工艺纤维×180

(c) 纤维横截面×500

图 3-15　黄麻纤维的纵向与截面图

（三）黄麻纤维的性能

1. 力学性能

黄麻纤维具有优异的力学性能。经过处理后的黄麻工艺纤维的比强度甚至接近 E-玻璃纤维。黄麻纤维的抗冲击性能也优于普通的天然纤维，黄麻工艺纤维平均断裂强度为 2.8cN/dtex，断裂伸长率为 2.2%~3.6%。胞壁密度为 1.22g/cm^3。

2. 色泽

黄麻纤维富有光泽，且纤维色泽与其纤维本身的颜色和脱胶质量有密切关系。黄麻长果种纤维本色为乳黄色或淡金黄色，圆果种为乳白色或淡乳黄色。脱胶时水质混杂，可以使黄麻纤维变成深浅不同的黄、棕、灰、褐等色；麻皮组织中的单宁质溶于水，与浸麻中的铁元素化合，会使黄麻纤维呈现暗黑色。

3. 吸湿排汗性

黄麻纤维的吸湿、导湿性很强，黄麻的公定回潮率为 14%。此外，黄麻纤维吸放湿的速度很快，具有导湿快干的特点，可快速地排出人体产生的汗液，调节人体与外界环境之间的微气候。

4. 耐热性

黄麻纤维燃点低，易燃。加热至 150℃ 以上时，纤维将失去水分变为焦黄色，如果温度继续升高，纤维会逐步分解而炭化，第一失重阶段为 250～380℃，第二失重阶段为 400～480℃。

5. 吸音性

黄麻纤维具有较好的吸音性能。由于黄麻纤维的单纤维细胞具有中腔结构，且整体纤维也具有多尺度结构。因此，其吸音系数在天然纤维中是较高的。

6. 抗菌性

黄麻纤维具有优良的天然抗菌性能，采用吸收法对乙醇提取处理前后的黄麻纤维进行抗菌性能检测，发现乙醇提取处理前后的黄麻纤维对大肠杆菌的抑菌率分别约为 75% 和 55%，对金黄色葡萄球菌的抑菌率分别约为 83% 和 78%，并对乙醇提取液的浓缩物进行红外分析，推测出黄麻纤维中抗菌性化学物质可能是甾醇类物质。

（四）黄麻纤维的非织造应用实例

黄麻纤维短硬，传统用于低档纺织品。因强度高、吸湿好、导湿快、耐腐蚀，近年用新型复合脱胶工艺生产精细工艺纤维，开发高档服装等。改性后可用于高端复合材料。随非织造技术发展，其非织造产品应用广泛，效益显著，主要应用领域包括以下几个方面。

1. 包装材料

黄麻纤维具有较高的强度和耐磨性，常用于各种包装材料，不但可以减少合成高分子包装材料造成的环境污染，还可以让人感受到返璞归真的纯朴气息。另外，黄麻纤维优异的抗菌、抑菌性能，使其可以作为食品的外包装材料。

2. 复合材料

在天然纤维中，麻纤维来源丰富，重量轻，加工方便，可回收利用，不会对资源造成掠夺性开发，产品废弃后能在自然界中降解，不会污染环境，符合环境保护和生态指标要求。麻类纤维比玻璃纤维等一般的增强材料价格低、重量轻，而且能改善材料的加工性和表面外观，广泛应用于轻质建筑板材、汽车内饰材料和复合材料及地毯及家庭装饰用品。

3. 土工材料

黄麻针刺土工材料独特的网孔结构可使坡面流水流速变慢，推迟初始产流时间，增加土壤入渗量，减少径流量，降低坡面流速，防止沟蚀产生，保土效益高。黄麻土工材料与营造植物结合，可进一步提高水土保持的持续效果，并广泛应用于多个领域，包括控制水土流失、加固水库和堤坝以及高速公路等的边坡；此外，它还能在防止土壤沙化方面发挥作用，并可用于环境装饰等方面。

4. 农用地膜材料

黄麻农用地膜是一种新型的农业覆盖材料，由天然的黄麻纤维制成，在使用结束后可以自然降解，不会对土壤造成污染，符合现代农业可持续发展的要求。对环境的影响较小。黄麻农用地膜具有良好的透气性和透水性，可以有效抑制杂草生长，减少除草次数，同时可以保持土壤湿润，有利于土壤的通气和排水，有利于作物的生长。

5. 建筑用隔热和隔音材料

黄麻纤维是一种天然植物纤维，因其优良的隔热和隔音性能，逐渐被广泛应用于建筑材料中。它的独特结构形成了许多微小的空气孔，这些空气孔能够有效减少热能的传导，从而保持建筑内部温度的稳定，提升居住舒适度并降低能源消耗。此外，黄麻纤维的吸声特性也非常出色，能够有效减少空气中声音的传播，降低噪声污染。

第三节　叶纤维

叶纤维是从单子叶植物的叶片中获取的一种纤维，其特点是叶脉呈现平行排列特征。在叶片的维管束外围，通常可以找到束鞘纤维，这部分纤维可以进行有效利用。叶纤维因其木化程度高、质地坚硬，因而被称为硬纤维，适用于需要耐磨和耐久性的产品制造。主要的叶纤维来源包括剑麻、蕉麻、棕榈叶纤维等。剑麻是一种主要用于纺织和工业用途的叶纤维，其纤维结构坚硬而耐磨。蕉麻则常用于编织和制作特定纤维制品，其纤维有较好的柔软性和耐用性。棕榈叶纤维通常从棕榈树的叶片中提取，用于制作绳索、垫子和纺织品等。

一、剑麻纤维

（一）剑麻纤维概述

剑麻（sisal hemp）是一种热带多年生草本植物，属于单子叶植物龙舌兰科、龙舌兰属，也被称为西沙尔麻或龙舌兰麻（图3-16）。剑麻叶片呈剑形，硬而狭长，可用作硬质纤维。其叶片长100~140cm，宽13~15cm，呈灰绿至蓝绿色。剑麻纤维具有坚韧的质地、耐摩擦、强大的拉力和耐海水腐蚀等特性，广泛应用于纺织、航运、电梯、汽车制造和造纸等领域。剑麻喜温耐旱，适合在热带和亚热带广大地区种植。主要产地包括墨西哥、巴西、坦桑尼亚等国家。世界上最大的剑麻生产国是巴西，年产剑麻纤维量为12.5万吨，占全世界总产量的45%。国内剑麻主要分布在广东和广西地区。据相关报道，2024年广西剑麻种植面积达21.2万亩，占全国种植面积的约78%；全年纤维总产量超6.3万吨，占全国剑麻纤维产量约91.6%。

（二）剑麻纤维的形态结构及化学构成

剑麻纤维从叶片中提取，为多细胞纤维，具有纤维长、色泽洁白的特点。剑麻工艺纤维的平均长度为78cm，重量加权平均长度为91cm，工艺纤维平均细度为169dex，密度为

(a) 剑麻作物

(b) 脱胶处理后的剑麻纤维

图 3-16 剑麻

1.45g/cm³，结晶度 62.5%。剑麻纤维由纤维素、半纤维素、木质素、果胶等组成，其中纤维素 50%~65%，半纤维素 12%~20%，木质素 8%~10%，果胶 5% 等。

图 3-17 (a) 为未脱胶剑麻纤维纵面扫描电镜照片，单纤维细胞呈长条形结构，细胞腔大而长，壁厚，表面粗糙。单纤维长度 2.7~4.4mm，宽度 20~32μm。相邻纤维横向由木质素黏结，耐细菌和酶的作用及耐化学药品作用，不易分离成单纤维。图 3-17 (b) 为脱胶后剑麻纤维纵面扫描电镜照片，脱胶后纤维表面较光滑。图 3-17 (c) 为剑麻纤维横截面照片。每一根束纤维横向由 100~200 根的单纤维组成。单纤维横截面为多角形或卵圆形，多数为不规则六角形，有明显的中腔，中腔呈卵圆形或较圆的多边形，细胞具有狭的节结和明显的细孔。

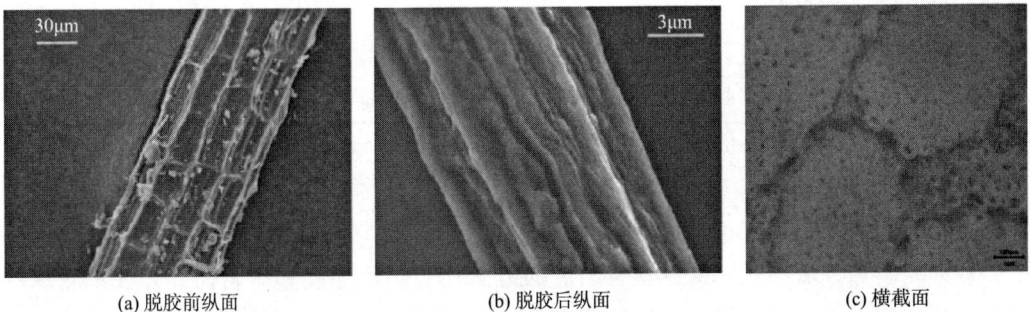

(a) 脱胶前纵面

(b) 脱胶后纵面

(c) 横截面

图 3-17 剑麻纤维形貌

(三) 剑麻纤维的性能

1. 强度

剑麻纤维拉伸强度 468~640MPa，拉伸强度高，比黄麻和红麻高一倍以上，湿强比干强高 10%~15%。其弹性模量为 9.4~22GPa，断裂伸长率较低为 3%~7%。剑麻纤维的力学性能受植物的年龄影响较大，一般植物生长时间越长，纤维的极限拉伸强度、模量、伸长率和韧性均越高。

2. 吸湿和透气性

剑麻纤维具有良好的吸湿性和透气性，剑麻纤维的回潮率在 10%~13%。良好的吸湿性和透气性可以起到迅速吸收水分和释放湿气，散发热量的效果，保持干爽和舒适的环境。

3. 耐磨性

剑麻纤维由纤维束组成，每个纤维束由细长而坚韧的单纤维构成。这种结构使得剑麻纤维在受到外力时能够分散和承担载荷，从而减少纤维的损伤和磨损。剑麻纤维具有较高的结晶度，纤维内部排列有序。这种高度结晶的结构使得纤维更加坚硬和耐磨，能够抵御外部物体的摩擦和磨损。

4. 耐腐蚀性

剑麻纤维具有较好的化学稳定性，耐盐碱、耐腐蚀、耐海水浸泡，但不耐酸。

（四）剑麻纤维的非织造应用实例

剑麻是一种世界上用量最大、使用范围最广的硬质纤维之一。它具有优异的机械强度和耐用性，因此在多个领域广泛应用。

1. 生活和环保用品

剑麻地毯因其优良的性能而广受欢迎。它具有耐腐蚀、耐酸碱的特点，不易产生静电，并且具备抗压性强、使用寿命长的优点。剑麻纤维与其他可降解材料复合后，可以用于制造环保的包装材料。这些复合材料不仅具有耐用的特性，还能在使用后进行有效的生物降解，减少对环境的负面影响，符合现代社会对可持续发展的要求。

2. 吸声材料

剑麻纤维天然可降解，具有良好的力学性能，强度高、抗冲击、耐磨性好，易加工，有望替代传统玻璃纤维用作吸声材料。剑麻纤维可通过与其他聚合物材料混合后经过热压工艺，制得性能良好的吸声材料。

3. 隔热材料

将剑麻纤维直接制成针刺非织造布或与其他聚合物材料复合后再经针刺工艺制得非织造材料，可制备出具有良好性能的隔热材料。

4. 土工材料

近年来，非织造材料在土工织物领域发挥了重要作用，应用涵盖道路铺设、大坝和水库护岸、侵蚀控制等领域。剑麻纤维具有出色的力学性能、耐磨性和耐腐蚀性，在聚丙烯纤维中掺入适量剑麻纤维，不仅能确保针刺非织造土工布的强度，还有效降低生产成本。

5. 耐腐蚀材料

剑麻纤维因其优异的耐海水腐蚀性能和高强度特点，广泛应用于海洋产品制备。剑麻纤维满足了高强度、柔软性和耐磨性的要求，同时具备轻量化优势，有利于船舶的操作和携带。

二、蕉麻纤维

（一）蕉麻纤维概述

蕉麻是多年生草本宿根植物，也是热带硬质纤维作物。形似香蕉，但略瘦小，叶略小而狭，果也略小。原产于菲律宾群岛，因主要集散地是马尼拉，又名马尼拉麻。蕉麻纤维是从蕉麻的叶柄中提取的纤维，被认为是最强的天然纤维的来源，是制绳的主要原料。蕉麻单纤维细胞长 3~12mm，平均为 6~7mm；纤维的宽度 12~40μm，平均为 24~25μm，须工艺纤维纺纱。蕉麻具有很好的强度和柔软度，有浮力，耐海水腐蚀性好（图 3-18）。

图 3-18　蕉麻及蕉麻纤维消声材料

（二）蕉麻纤维的形态结构和化学结构

蕉麻纤维的截面呈椭圆和多边形，与剑麻细胞形状类似，中腔圆大、细胞壁较薄。纵向粗细均匀，呈圆管状，表面光滑（图 3-19）。

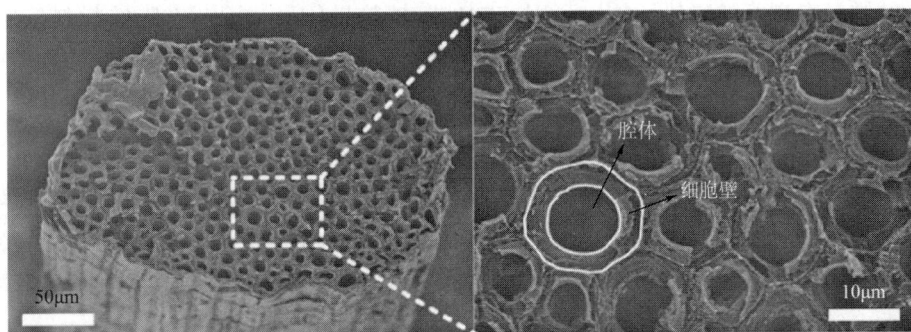

图 3-19　蕉麻纤维的横截面扫描电镜照片

蕉麻纤维单细胞由胶质聚合成束状。蕉麻纤维约含纤维素 63.2%，半纤维素约 19.6%，木质素约 5.1%，果胶 0.5%，水溶物 1.4%，脂蜡质 0.2%，含水率 10%。单纤维细胞长 3~12mm，宽 12~40μm。

（三）蕉麻纤维的性能

1. 色泽和密度

纤维呈乳黄色或淡黄白色，有光泽，密度为 1.45g/cm³。

2. 力学性能

蕉麻纤维粗硬，非常坚韧，为硬质纤维麻类中强度最大者。蕉麻纤维的抗拉强度为 980MPa，弹性模量为 41GPa，断裂伸长率为 2%~4%。

3. 回潮率

蕉麻纤维孔隙率高，吸湿性好，公定回潮率为12%。

4. 热稳定性

蕉麻纤维热稳定性优异，在250℃以下保持良好的热稳定性。

5. 耐腐蚀性

蕉麻纤维具有极良好的抗海水腐蚀、抗霉性。

（四）蕉麻纤维的非织造应用实例

蕉麻纤维强度高、耐海水，曾是船用索具颇受欢迎的材料来源。蕉麻粗纤维的一个传统用途是绳索，特别是船用索具。也可用来编织帽子、织造硬衬以及用作填充料。蕉麻纤维也因其高强度和耐海水腐蚀性可应用于非织造材料领域，例如航空航天、针刺地毯、建筑材料等。

1. 船用索具

蕉麻纤维具有较高的强度、耐磨性、耐海水腐蚀和抗紫外线能力，常用于船用索具和渔网的制造。同时其具有良好的生物降解性，对海洋生态环境友好。

2. 服饰材料

麻纤维具有吸湿排汗、透气性好的特点，使其在夏季服饰中表现出色。轻盈透气的特性使蕉麻纤维成为炎热季节的理想选择，能够带来舒适的穿着感受。

3. 隔热材料

蕉麻纤维具有良好的隔热性能，可以有效地阻挡热量传导，因此在隔热材料领域得到广泛应用。蕉麻纤维可以用于制造隔热垫、隔热衣、隔热窗帘等产品，用于保持温度稳定或防止热量传递，适用于建筑、汽车、航空航天等领域。

4. 消声材料

蕉麻纤维的纤维结构和吸音性能使其成为一种理想的消声材料。在消声材料领域，蕉麻纤维可以用于制造吸音板、隔音垫、隔音罩等产品，用于降低噪声传播和提升环境舒适性。在航空航天领域，蕉麻纤维消声材料可以应用于飞机内部的隔音装置、发动机舱壁隔音等部位，提高乘坐舒适性和降低噪声影响。

5. 建筑装饰材料

蕉麻纤维可以制成各种风格的墙面装饰板，如蕉麻纤维壁纸、墙面拼贴板等。蕉麻纤维还可以制成地板材料，如蕉麻纤维地毯、复合地板材料等。其耐磨、防水、易清洁的特点使其成为一种理想的地板装饰材料，适用于家庭、商业场所等多种环境。

三、棕榈纤维

（一）棕榈纤维概述

棕榈树为棕榈科棕榈属植物，属于常绿乔木，高可达7m，树干圆柱形，呈褐色。棕榈树具有浓厚的热带风情，不仅是一种美观的城市园林绿化树种，也是重要的经济作物。马来西亚是世界上最大的棕榈油生产国和出口国。在中国，棕榈树主要分布于秦岭以南和长江中下游的温暖、湿润、多雨地区。

棕榈纤维通常指棕榈叶鞘纤维，也称作棕皮，是从 7~8 年生棕榈树包裹树干的棕片中抽拔出来的。其纤维环形交叉网状排列，表面粗糙，呈柱状结构。叶鞘从叶基部到顶部逐渐失活，颜色变深，木素含量增加。棕榈纤维被用来制作蓑衣、编织井绳、地毯以及床垫、坐垫等垫材，在渔业中用于制造缆绳和渔网（图 3-20）。随着环境友好材料需求增加，棕榈纤维因天然、可再生和性能优越备受关注。未来，其在纺织品、建筑材料和汽车内饰等领域的应用将进一步拓展，为可持续发展做出更大贡献。

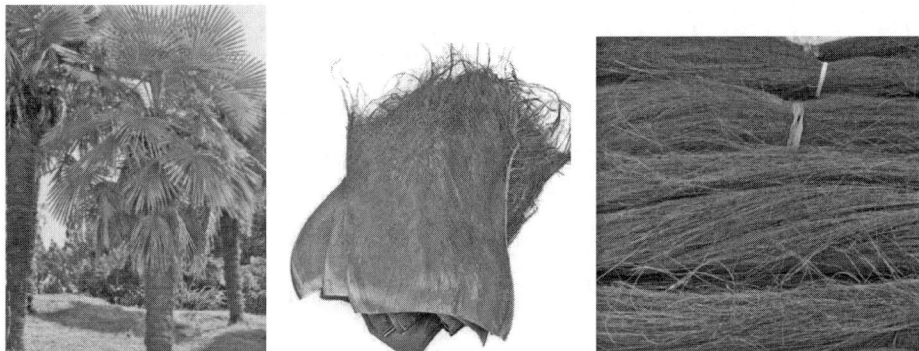

图 3-20　棕榈树、棕片和棕榈纤维

（二）棕榈纤维的形态及化学结构

棕榈纤维纵向整体呈锐端圆柱状，表面有明显的凹凸不平，呈链状分布着大量刺球形的硅石。棕榈纤维的横截面呈蜂窝状，是不规则圆形，在近中心处有一个较大的空腔，其余部分为大量紧密排列的棕榈单纤维。每根单纤维横截面大小不一，呈类椭圆形，有较大的中腔，中空度达 47.21%（图 3-21）。

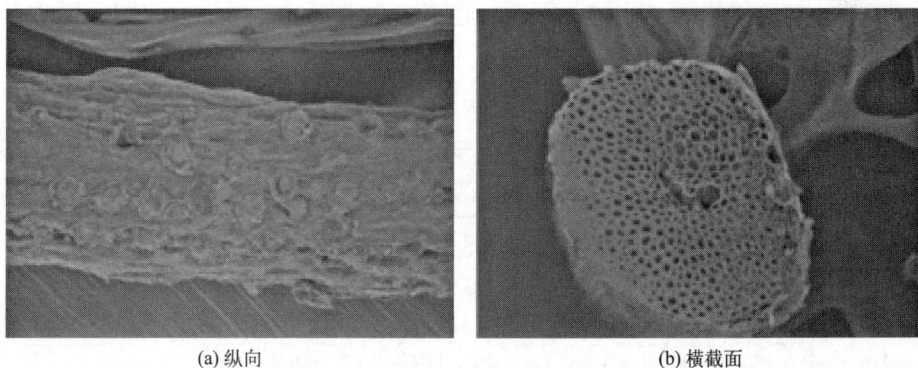

(a) 纵向　　　　　　　　　　(b) 横截面

图 3-21　棕榈纤维的扫描电镜图

棕榈纤维中含有大量木质素和半纤维素，纤维素含量仅为 28.16%，通过脱胶去除单纤维间大量胶质得到棕榈单纤维。单纤维外形细长，表面不光滑，锐端封闭，纵向无转曲，单纤维的平均长度为 640.80μm，直径为 7.33~10.35μm。棕榈纤维与几种天然纤维化学组分含量见表 3-2。

表 3-2　棕榈纤维与几种天然纤维化学组分含量（%）

纤维种类	木质素	纤维素	半纤维素	果胶	脂蜡质	水溶物
棕榈纤维	44.07	28.16	20.60	0.60	3.77	2.80
椰纤维	41~45	36~43	0.2~0.3	3.0~4.0	0.3~0.7	—
竹纤维	20~30	45~55	20~25	0.5~1.5	—	7.5~12.5
黄麻纤维	11~15	64~67	16~19	1.1~1.3	0.3~0.7	1.5~2.5

棕榈纤维的结晶度约为 38%，显著低于其他常见天然纤维如棉、麻的结晶度。因此纤维大分子发生化学反应更加容易，同时具有较好的染色与吸湿性。

（三）棕榈纤维的性能

1. 力学性能

棕榈纤维的弹性模量、断裂伸长率和拉伸强度范围分别为 0.44~1.09GPa、14.68%~23.45% 和 89~222MPa，属于中强高伸纤维。

2. 抗菌性

棕榈纤维具有天然的抗菌性，对金黄色葡萄球菌的抗菌率可达 80% 以上，而对大肠杆菌的抗菌率可达 70% 以上。

3. 吸湿性

棕榈纤维具有优良的吸湿性能，吸、放湿平衡回潮率分别为 16.65% 和 23.83%，远高于亚麻纤维和棉纤维。

4. 紫外线吸收性能

棕榈纤维因其高含量的木质素而具有出色的紫外线吸收性能。此外，棕榈纤维黑色素提取物也具有较好的紫外吸收性能，这是因为黑色素包含芳环和酚类物质，这些物质具有较强的自由基清除的能力。

5. 其他性能

棕榈纤维还具有优异的抗老化性能、抗虫蛀、透气性好、抗腐蚀及良好的回弹性和耐久性能。

（四）棕榈纤维的非织造应用实例

棕榈纤维早期常被用作纺织制品，如蓑衣、地毯、床垫、坐垫、井绳等，现在被广泛应用于建筑材料、环保产品、废水处理等领域。其高木质素含量赋予其优异的紫外线吸收性能和良好的强度与耐久性，使其成为环保材料和可持续发展的重要选择。

1. 装饰和家具制品

棕榈纤维可以制成各种装饰材料，如地板、墙板和天花板等。由于其独特的纹理和颜色，可以为室内装饰增添自然的美感。棕榈纤维还可以制成家具制品，如床垫、沙发和椅子等。由于其材质舒适、环保，因此受到越来越多消费者的欢迎。

2. 环保材料

利用棕榈纤维涵养水分功能优良、不易腐蚀霉变的特点，通过特殊工艺将其编制成纤维垫。棕榈纤维垫对岸边植物群落的恢复与重建非常有利，进而对改善水体生态状况，防止岸边侵蚀有着重大作用。将扦插柳枝、芦苇等各种生活习性的植物种植在铺盖的棕榈纤维垫上，可成功地恢复库边植物。

3. 建筑材料

棕榈纤维是质轻且较柔软的材料，力学性能较好，长度适中易与水泥混合。水泥基棕榈纤维复合材料，与水泥相比，其抗折、抗压强度显著提高，表面开裂减少，抗震性也得到了明显的提升。棕榈纤维还可以用于生产环保装饰阻燃板等建筑材料。棕榈纤维与硅藻矿物土等原材料结合，可以制成具有防火、防水、质轻高强等特性的装饰板材，广泛应用于内墙装饰，如隧道、地铁、机场、商场、医院、办公室、实验室等场合。

4. 废水处理

棕榈纤维具有优秀的吸附和过滤的能力，可以有效地去除废水中的污染物和有害物质，如重金属离子、染料、有机化合物等。棕榈纤维的大孔结构和丰富的羟基功能团使其成为优良的吸附剂，能够有效地吸附和捕集废水中的污染物。此外，棕榈纤维具有生物可降解性和环境友好性，使得棕榈纤维成为一种可持续且有效的选择，用于各种废水处理应用中。

5. 弹性材料

通过蒸煮或碱水处理棕榈叶鞘纤维片，打散梳理成单丝，卷曲定型后形成卷曲棕榈纤维。这些纤维在气流作用下三维均匀分布，交叠成网状，清除杂质后与天然橡胶黏合。黏合后的纤维网在交点处形成弹性结点，组成片状弹性材料。可根据需求叠合多层，制成不同厚度的材料。这种材料纯天然、环保、成本低、工艺简单，生产过程绿色环保，符合节约型社会经济发展趋势。其密度均匀，弹性优良，广泛应用于床垫、坐垫制造，以及建筑隔音、防潮、包装材料等领域。

第四节　维管束纤维

一、竹纤维

（一）竹纤维概述

竹子是一种多年生禾本科植物，竹纤维（bamboo fiber），又称竹原纤维、天然竹纤维或原生竹纤维。其茎干木质部的结构由维管束组织和基本组织构成。维管束组织分布在基本组织中，由纤维细胞和导管细胞聚集而成，存在于纤维细胞、导管细胞间的木素将其黏结在一起。通过采用机械物理分丝、化学或生物脱胶、开松梳理相结合的方法，去除竹子中的木质素、多戊糖、竹粉、果胶等杂质，可直接从竹材分离制取的天然纤维。竹纤维是一种绿色环保的生物材料，其竹质的天然物理性能和生化特性得到有效保持，因其特性和品质与竹浆纤维（再生纤维）有很大区别。我国竹产业资源极为丰富，竹原纤维作为一种绿色环保的可再生材料，具有原材富足的优势（图3-22）。

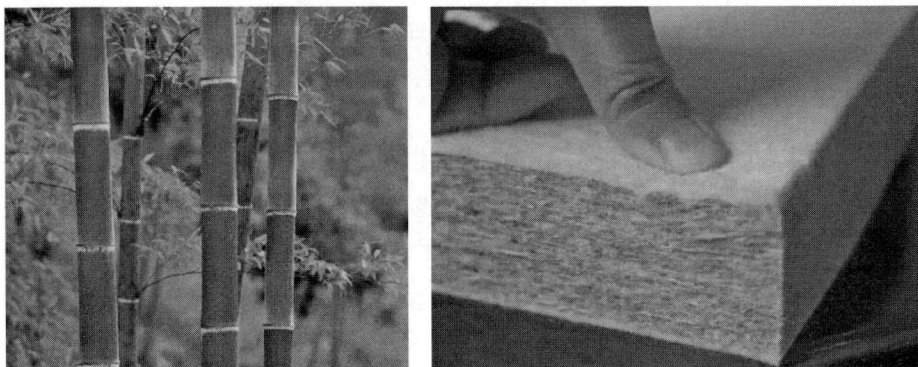

图3-22　竹子和竹纤维床垫

（二）竹纤维的形态结构和化学构成

单根竹纤维细长，呈纺锤状、两端尖，直径为0.04~0.5mm，长度为10~200mm。竹纤维纵向表面具有光滑、均一的特征，同时纵向表面有多条较浅的沟槽，横截面接近椭圆形，边沿不规则。如图3-23所示，其次生内层由宽窄层交替组成，而次生外层的微纤维几乎与纤维轴平行。这种结构形成了竹纤维的同心层结构。其横截面显示出天然的中空形态，中部充满各种大小的空隙，边缘常常出现裂纹，大部分空隙呈不规则的椭圆形。竹纤维具有显著的毛细管效应，能够快速吸收和释放水分，因此被称为"会呼吸的纤维"。相比其他纤维材料，竹纤维的密度较低，其多环形网状中空结构使其具备轻量化的特点。此外，竹纤维内部带有中腔，进一步增强了织物的吸湿排汗功能。因此，由竹纤维制成的服装在夏季穿着时非常干爽舒适。

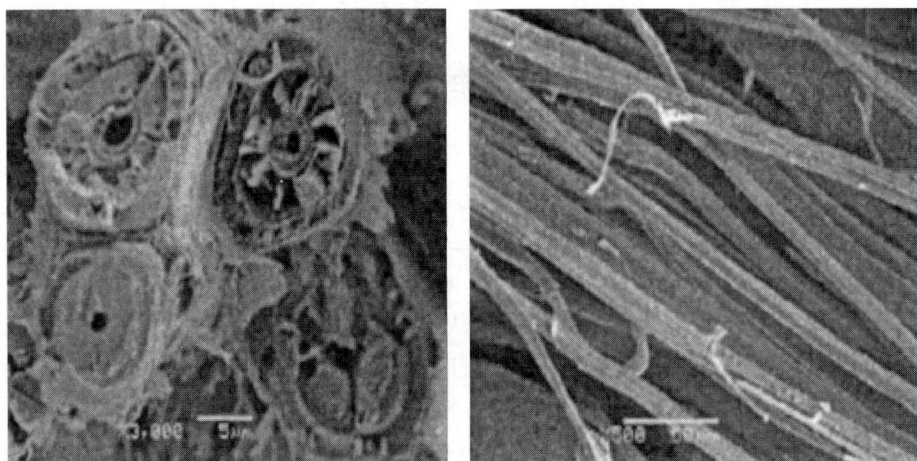

图3-23　竹纤维截面形态及纵向外观

竹纤维的化学成分主要为纤维素、半纤维素和木质素，其总量占纤维干质量的90%以上，其次是蛋白质、脂肪、果胶、单宁、色素、灰分等。由于制备过程中化学作用比较温和，与竹浆纤维相比竹原纤维保留了更多的天然组分，如具有抗菌作用的"竹醌"、吸收紫外线的"叶绿素铜钠"等。

（三）竹纤维的性能

1. 力学性能

在干态条件下，竹纤维的断裂强度平均值可以达到6.71cN/dtex，与苎麻纤维的断裂强度接近，大大超过棉、天丝和黏胶纤维。湿态条件下，竹纤维的断裂强度为7.58cN/dtex，高于干态时的强度。竹纤维的断裂伸长率较小，初始模量大，纤维刚性较好，在小负荷作用下不易产生变形，属于高强低伸型纤维。

2. 吸湿导湿性

竹纤维中含有大量中腔和空隙，使得竹纤维的比表面积大大增加，对水蒸气具有很强的物理吸附作用。竹纤维在标准状态下的回潮率可达12%，当温度为20℃、相对湿度为95%时，竹纤维的回潮率为45%。同时，竹纤维的中腔和空隙也使竹原纤维具有很强的毛细管效应，能将吸附的水蒸气迅速传递到织物的另一面并快速蒸发，使得织物对水汽具有持续的吸附传递和快速蒸发能力，达到散失水分和热量的作用。

3. 抗菌性能

竹纤维优良的抗菌性能来源于纤维细胞壁上的抗菌、抑菌物质"竹醌"，其对大肠杆菌具有抑制作用，因而对人体具有保健作用。

4. 除臭性能

竹纤维中含有叶绿素铜钠，使其具有了良好的除臭性能，而且对酸臭和氨气的除臭效果优于棉纤维。实验表明，竹纤维织物对酸臭的除臭率能够达到94%，对氨气的除臭率达到71%。

5. 防紫外线性能

竹纤维中含有的叶绿素铜钠也是安全、优良的紫外线吸收剂，相对麻、棉等纤维材料，竹纤维材料可在一定程度上减少紫外线对人体的伤害。

（四）竹纤维的非织造应用实例

竹纤维是一种天然纤维，可再生、易降解，是一种真正意义上的环保材料。竹纤维具有优良的吸湿导湿、抗菌抑菌、易染色、吸收紫外线、吸收噪声和机械强度高等性能，可通过非织造、复合技术方法制成多种产品。

1. 包装、装饰材料

利用竹纤维为主要原料，根据需要添加部分热熔纤维，采用非织造热黏合技术制成竹纤维垫层材料，其厚度可从几毫米到几十厘米不等，这种层状材料可用于包装、装饰、家具等许多领域。通过模压技术，还可生产出具有特殊形状的型材，用于家居装饰、床垫、汽车装饰、箱包垫层等产品，这些产品具有良好的吸汗、抗菌、除臭、耐磨等性能。

2. 纤维增强复合材料

将竹纤维与树脂材料，如聚氨酯、聚己内酯、环氧树脂、聚丙烯等，进行复合制成竹原纤维树脂复合材料，可用于建筑、装饰、隔热、吸声等材料，与常用的玻璃纤维相比，竹原纤维具有质量轻、弹性好以及绿色环保等优点。

3. 水泥基复合材料

水泥基材料在应用过程中，环境影响和载荷变化，使材料的抗折强度、抗张强度降低，甚至逐渐产生裂纹缺陷，最终导致脆性断裂。为了提高水泥基材料的强度，防止事故发生，可在其中添加玻璃纤维、碳纤维、合成纤维等。竹纤维的长径比大、强度高、比表面积大、质量轻、来源广泛，将更多地取代其他纤维，用作水泥基材料的增强纤维，以改善产品的性能。

4. 风机叶片材料

竹基复合材料风力发电机叶片具有强度高、韧性好、质量轻及使用寿命长等特点，而且废弃后可自然降解，绿色环保性能突出，竹纤维在风电复合材料的应用方面将具有很大的提升空间。

二、丝瓜络纤维

（一）丝瓜络纤维概述

络用丝瓜是一种新兴的经济作物，为葫芦科一年生攀缘性草本植物，在国内外热带、亚热带地区均有广泛种植。丝瓜老熟后去皮和种子的丝瓜果实维管束，呈网络状，称丝瓜络（luffa sponge），国外叫植物海绵（plant sponge）。丝瓜络是由多层丝状纤维纵横交织而成的立体多孔网状物，主要呈长圆筒形和长棱形。表面黄白色，经过处理的会变白，粗糙，有数条浅纵沟，有时可见残存的果皮和膜质状果肉。近年来，丝瓜络作为一种天然可降解高分子材料被广泛研究，因其质轻高强、透气导湿、柔韧耐磨、过滤性能好等优异性能，在生物吸附材料和环境领域受到广泛关注。

（二）丝瓜络纤维的形态结构及化学构成

丝瓜络是丝瓜果实成熟后经干燥脱水等工序，去除表皮和种子所得到的维管束，这些纤维之间相互交织连接，构成一种特殊的立体网状结构（天然的非织造结构材料）。其外形通常为圆柱状或者长棱状，外观呈现出白色或者黄白色。

丝瓜络纤维的密度为 $0.82 \sim 1.02 \mathrm{g/cm^3}$，其主要化学成分是纤维素（60%~66%）、半纤维素（17%~23%）和木质素（9%~15%），还含有少量果胶、蜡质、蛋白质、氨基酸、多肽、糖苷和其他无机化合物。如图 3-24（a）所示，丝瓜络纤维可分为外表层、中间层、内表层与中心区四个部分。图 3-24（b）为丝瓜络外表层纤维，主要沿环向方向排列组成；图 3-24（c）为丝瓜络内表层纤维，主要沿纵向方向排列组成，而中间层的纤维将外表层与内表层连接起来；图 3-24（d）中丝瓜络中心区的纤维无规排列成三维网结构，并将圆柱内部分成了三个空腔。丝瓜络独特的天然立体网状结构赋予了其优异的物理化学性能，如较低的密度、较高的强度，优良的缓冲性能、较强的吸附能力。

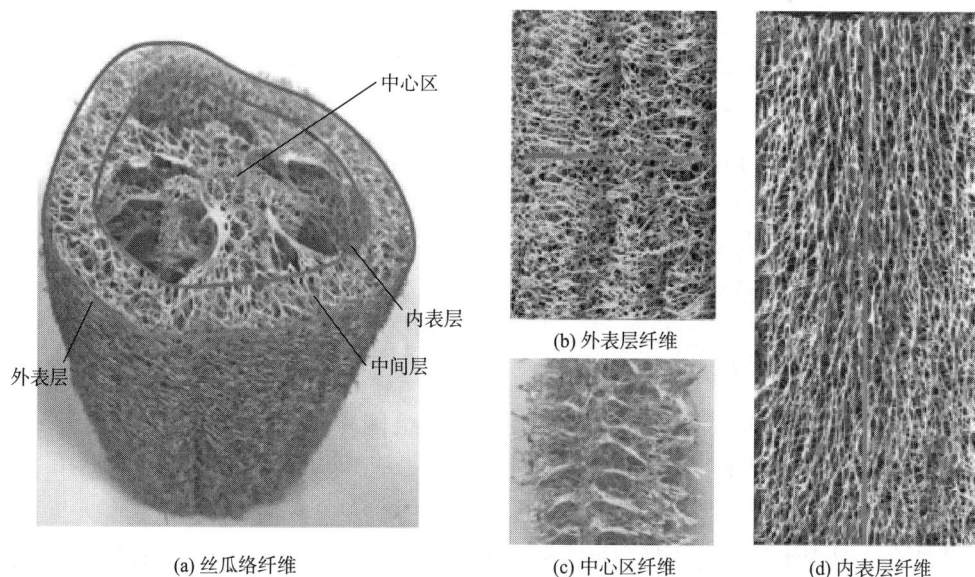

(a) 丝瓜络纤维　　(b) 外表层纤维　　(c) 中心区纤维　　(d) 内表层纤维

图 3-24　丝瓜络纤维的网状结构

（三）丝瓜络纤维的性能

1. 丝瓜络纤维的力学性能

天然丝瓜络材料自身具有出色的比刚度、比强度和比能吸收能力，在其密度范围内，其比刚度和比能吸收性能与密度相近的金属泡沫材料相当。表 3-3 给出了丝瓜络纤维与其他常见植物纤维的物理性能对比。结合表中各植物纤维组分对比分析，麻类纤维的纤维素含量相对较大，其拉伸强度也较高。而木质素占比较高的丝瓜络纤维、椰壳纤维和竹纤维等植物纤维具有良好的韧性。

表 3-3　常见植物纤维的物理性能

纤维	密度/ （g/cm³）	直径/ μm	断裂伸 长率/%	拉伸强 度/MPa	弹性模 量/GPa	比强度/ MPa	比模量/ GPa
亚麻	1.38	60~110	1.2~3	343~1035	50~70	345~620	34~48
黄麻	1.23	25~200	1.5~3.1	187~773	20~55	140~320	14~39
剑麻	1.45	50~200	2~2.5	507~855	9.4~22	55~580	6~15
苎麻	1.44	60~250	2~4	400~938	61.4~128	590	29
棉纤维	1.21	287~800	2~10	287~597	6~10	194~452	4~6.5
竹纤维	1.1~1.4	30~180	1.3~8	140~441	11~36	383	18
椰壳纤维	1.2	100~450	15~25	131~175	6	92~152	5.2
丝瓜络纤维	0.8~1.0	300~500	5~10	87~120	0.6~1.2	230~335	0.7~1.5

2. 丝瓜络纤维的吸、放湿性能

丝瓜络纤维具有较好的吸、放湿性能。在初始阶段，丝瓜络的吸、放湿速率均较快，随着时间的增加，回潮率变化逐渐缓慢下来，3.5~4h 后达到吸湿、放湿平衡，平衡后丝瓜络的放湿、吸湿回潮率分别为 14.67%、13.38%。

3. 低密度和高比表面积

由于其多孔的网络结构，丝瓜络纤维具有较低的密度和较高的比表面积，适合吸附和过滤应用。

4. 生物可降解性

作为天然来源的纤维素材料，丝瓜络纤维具有生物可降解性，有利于环境保护和可持续发展。

（四）丝瓜络纤维的非织造应用实例

丝瓜络纤维具有低密度、高比表面积、优良的耐磨性和高吸附性能，广泛应用于功能材料、工程材料、污水处理及生物医药领域。

1. 废水处理

载体结合法是废水处理的一种常见方法，利用多孔性材料固定微生物来降解废水中的有机物质。丝瓜络纤维作为一种多孔、稳定且无毒的载体材料，被广泛应用于制备各种材料的结构载体和水质吸附材料中。其独特的物理结构和机械强度使其在处理工业废水中的重金属吸附和染料废水的脱色方面发挥着重要作用。

2. 擦拭材料

丝瓜络纤维韧性强，具有一定的吸油性能，作为去污用品不损害器物表面，且具有天然可再生、无污染等特点，被认作厨房清洁的首选产品。为降低丝瓜络使用后油脂残留量，提高其使用寿命及使用价值，进行表面改性处理的丝瓜络，油脂残留量大为降低，且易冲洗，不发霉，对人体无害，安全环保（图3-25）。

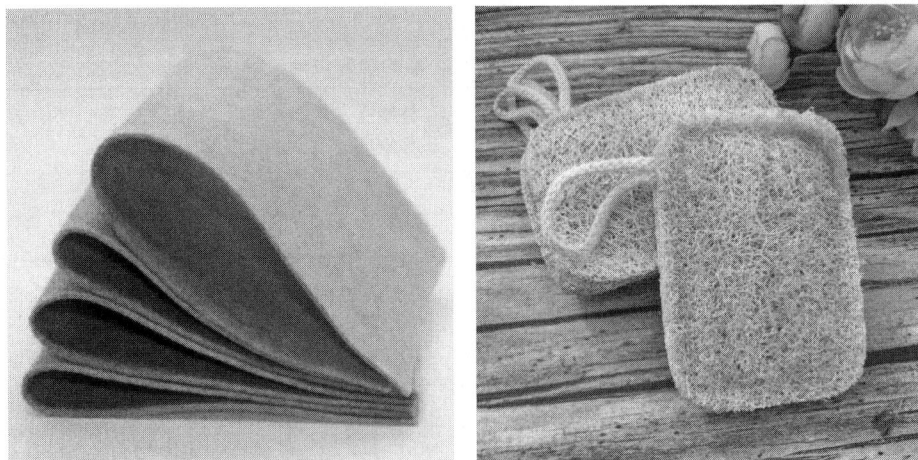

图3-25　丝瓜络纤维制作的厨房吸油去污材料

3. 日用保健制品

丝瓜络产品可调节环境，保持干爽、洁净，抑制细菌生长，具有抗菌消炎、防止脚臭、脚汗的效果，常用于开发防臭鞋垫、运动鞋、汽车坐垫等产品。

4. 缓冲包装材料

丝瓜络纤维是一种常见的拥有特殊立体网状结构的多孔生物材料，具有比能吸收高、相对密度小等特点，且力学性能良好，拥有在包装、消声、过滤、保温、减震、抗冲击等领域应用的潜力，特别为研发新型缓冲材料提供了新的思路。

5. 农业和园艺材料

丝瓜络纤维可以作为保湿覆盖层，有助于减少土壤水分蒸发，保持土壤湿润。同时，它还能提供轻微的保温效果，有利于植物生长。丝瓜络可以晒干后切碎，用作土壤改良剂，增加土壤的透气性和保水性，为植物提供额外的养分。

三、藕丝纤维

（一）藕丝纤维概述

藕丝纤维存在于莲叶柄的输导组织内部，来源于莲叶柄维管束木质部。藕丝纤维含有多种有益人体健康的微量元素，能促进皮肤细胞新陈代谢，增强细胞活力，辅助治疗皮肤病，有"第二皮肤"之称。它可降解、绿色环保，废弃后短时间内降解不污染环境。开发再利用莲藕资源，提取藕丝纤维研发高端绿色健康的纺织品意义重大。

（二）藕丝纤维的形态结构与化学构成

藕丝纤维纵向是由多根单丝纤维（或称为微细纤维）缔合而成的束纤维，且呈螺旋转曲结构。如图 3-26 所示，正常成熟的单丝纤维纵向有清晰的细横纹，纵向表面比较光滑，单丝纤维直径约为 $4\mu m$；横纹间距为 $3\sim5\mu m$，且沿纤维轴向每隔 $10\sim20\mu m$ 有结点，单丝藕丝纤维在荷叶茎的纵向孔道中呈紧密缔合联结。

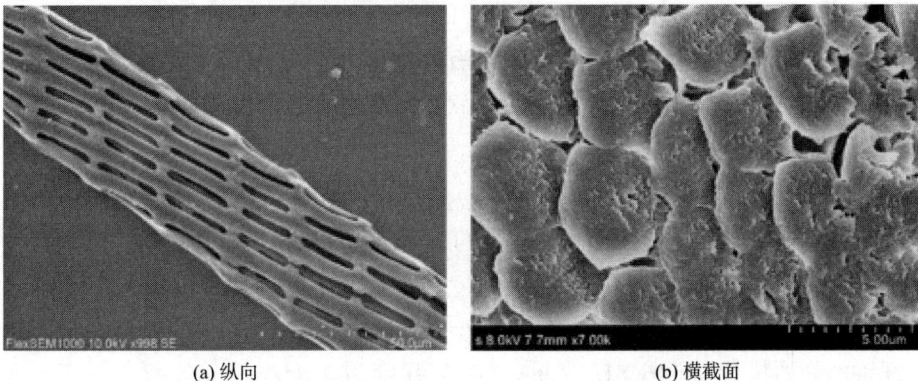

(a) 纵向   (b) 横截面

图 3-26 藕丝纤维纵向与横截面电镜照片

藕丝纤维横截面呈圆形或近似圆形。当藕丝纤维受外力被抽取拉伸时，其纵向的原始螺旋转曲减弱，螺旋形态弱化。同时，单根藕丝纤维间的缔合联结受到破坏，藕丝纤维的横截面在一定程度上变小，并转变为由多根单丝纤维组成的如圆形、半月形等其他不规则的复杂形状，其纵向仍可认为是呈微螺旋的带状形态。

藕丝纤维主要由纤维素组成，另外还含有半纤维素、木质素、果胶蜡质等物质。藕丝纤维衍射峰的 2θ 角分别为 $15.88°$、$19.4°$ 和 $21.02°$，为典型纤维素 I 结构。藕丝纤维结晶度为 48%，结晶度较低，低于棉、亚麻和苎麻纤维；取向度为 60%，取向度同样比棉和麻纤维低。

（三）藕丝纤维的制备方法

藕丝纤维的制备主要有四种方式：手工抽丝提取法、机械加工法、微生物发酵法、化学处理法，另外生物化学联合提取法。

1. 手工抽丝提取法

将 5~6 根莲梗去叶除根后捆束。然后，折断茎秆并拉出长丝，按相反方向旋转，再迅速拧紧。用一只手按住拧起的地方，另一只手继续抽出丝，最后用湿手揉搓成股。每完成一段，接着重复相同步骤，最终将搓好的藕丝纱放入清水中保湿备用。此方法费时费力，成本高且效率低。

2. 机械加工法

将新鲜的莲茎直接放入滚轴压轧机中，在机器的作用下碾压并抽离得到藕丝纤维，之后进行气流分离。该操作属于将新鲜莲茎直接进行压轧提取的湿态机械加工，还有一种将干莲茎进行机械挤压，反复搓捻的干态机械加工的方式，也可提取出藕丝纤维。

3. 微生物发酵法

该方法利用微生物特性提取藕丝纤维。将莲梗浸泡在温水中，水分子使纤维细胞胀裂，微生物溶解可溶物质，形成细小孔隙。微生物在孔隙中繁殖，产生发酵作用，破坏纤维中的木质素、半纤维素和胶质，降低木质素的粘连，使纤维层逐渐分离。采用此法制得的纤维呈浅棕色，直径 30~50mm，较粗且刚性大，纺性差。

4. 化学处理法

将莲梗中的维管束进行碱煮脱胶，将其与纤维脱离，一般会对维管束先进行微生物发酵，再进行脱胶。碱煮是使用 15%~22% 的烧碱溶液处理，之后用水清洗浸泡，最后再用碱洗进行微加工，该种方法处理后的藕丝纤维手感柔软，呈现浅棕色的光泽。

（四）藕丝纤维的性能

1. 物理性能

藕丝纤维密度较小，为 $1.18g/cm^3$；纤维的线密度为 $1.55dtex$；在标准温湿度条件下，其回潮率为 12.32%。

2. 力学性能

藕丝纤维的初始模量为 $146.81cN/dtex$，断裂强度为 $3.44cN/dtex$，优于羊毛，与棉、蚕丝接近，仅次于苎麻；藕丝纤维的断裂伸长率为 2.75%。

3. 化学性能

藕丝纤维的耐酸性稍逊于棉纤维。15% 的盐酸会使藕丝纤维变色，37% 的盐酸则使其溶解，断裂强力和断裂伸长率分别降低 50% 和 20%。在 60% 的浓硫酸中，大部分藕丝纤维会溶解，强力明显降低。然而，藕丝纤维在有机酸如冰乙酸中较稳定，未出现明显色泽变化和溶解现象。在 NaOH 溶液中，藕丝纤维也较稳定，但在煮沸的 15g/L 的 NaOH 溶液中，会有轻微色泽变化，若浓度过高，纤维会变脆且易断。

4. 抗菌性能

藕丝纤维含有较多具有抑菌效果的生物活性成分，如黄酮类和生物碱类物质等，可作为中药材使用。同时，藕丝纤维含有对人健康有益的多种氨基酸与微量元素。藕丝纤维具有一定的抗菌性，其与金黄色葡萄球菌作用 4h 后，即表现出明显的抑制效果；18h 后，抑菌率达99%。藕丝纤维对大肠杆菌也具有一定抑制效果，作用 4h 后，抑菌率为 86.4%。

5. 生物相容性

藕丝纤维对生物体有优异的生物相容性。藕丝纤维的阻抗、电阻和电容随溶液 pH 值的变化表现出的 U/Ω 效应与人体组织的电感特性变化类似。

（五）藕丝纤维的应用实例

1. 服饰领域

由于藕丝纤维具有良好的可纺性，可纺高支高密纱线，也可和其他纤维混纺。藕丝纤维吸湿性好，面料轻柔，清爽透气，是夏季服装的理想材料。由于莲具有特殊的宗教意义，可将藕丝纤维开发成宗教用品。藕丝纤维具有一定抗菌性，可用于卫生保健类纺织服装面料。藕丝纤维作为一种具有优良性能的新型绿色纤维，必然吸引时尚界的注意。

2. 医疗领域

藕丝纤维可用于生产多种卫生和医疗用品，如藕丝纺织复制品、手术缝合线、医用纱布、止血带等。藕丝手术缝合线无毒、无色、无味，不引起组织炎症或过敏，伤口愈合期间可被完全吸收，适合整容手术。藕丝医用纱布快速止血、不易粘连且可自行吸收降解，适合烫伤、烧伤患者。可溶性藕粉止血纱布对水和盐水亲和力好，接触血液后能吸收水分溶解，有效堵塞毛细血管止血。

3. 其他应用

藕丝纤维还可制成纳米纤维材料。纳米纤维素纤维具有较高黏度、良好的悬浮稳定性、优良的生物相容性与降解性能，因此，藕丝纤维可用于制备低热食品、医疗领域的生物传感器、载体、敷料、化妆品及功能纸等。已有研究将藕丝纤维和海藻酸盐复合制备具有生物降解调控功能的蜂窝状多孔材料。

第五节　木浆纤维

一、木浆纤维概述

木浆纤维是从木材中提取的纤维素纤维，是造纸、纺织和其他工业领域的重要原料。其制备方法主要包括化学法和机械法。化学法通过化学溶解木材中的纤维素，再经过脱水、干燥等步骤得到纤维素浆料；机械法则是通过机械碎解木材，将木材中的纤维机械地分离出来。木浆纤维来源多样，包括针叶木、阔叶木等，也可以通过纸张回收再利用获得。木浆纤维具有天然纤维的柔软、透气、吸湿、舒适等特性，且成本较低。木浆不只用于造纸，在干法造纸和水刺一次性医疗卫生用非织造材料中得到广泛应用。此外，木浆纤维的生产过程相对环保，通过纸张回收再利用可以减少对森林资源的消耗，并降低环境污染，符合可持续发展的理念（图3-27）。

(a) 杨树

(b) 木浆纤维

图3-27　阔叶林杨树及其木浆纤维

二、木浆纤维的形态结构及化学构成

木浆纤维通常是长而细的纤维，具有纤维状的形态，其成分和结构较复杂，纤维素、半纤维素和木素是木质纤维细胞壁的三大组分。纤维素的含量最高，占木浆纤维干重的40%~50%。纤维素如同"骨架"，支撑着纤维的整体结构，而半纤维素和木素充当着"黏合剂"和"填充剂"的作用，使纤维细胞壁结构更加紧密、牢固。纤维材料本身的性质影响并限制着木质纤维的应用范围以及终端产品的性能。如图3-28所示，木浆纤维的纵向形态呈扁平矩形，纤维表面不平滑且不规则，凹凸不平，沿着纤维轴向存在褶皱，表面有纹孔。

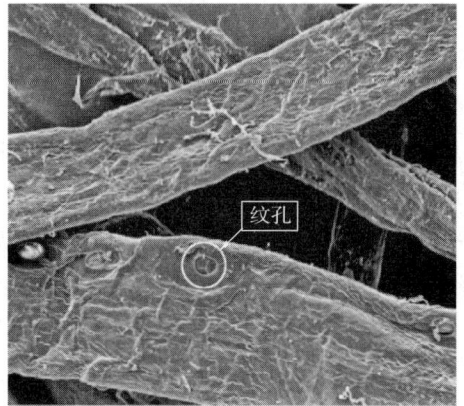

图3-28　木浆纤维的电镜照片

三、木浆纤维的性能

（一）长度和直径

针叶木纤维较长，一般长度在2.56~4.08mm，直径在40.9~54.9μm，其长宽比多在70倍以下；阔叶木纤维短，一般长度在1mm左右，其长宽比多在60倍以下；草木浆纤维中，甘蔗渣原料纤维较长，在 1.01~1.60mm，直径在 5.9~13.4μm，其长宽比多在 115 倍左右；芒秆类原料纤维长 0.81~2.58mm，直径在 13.2~19.6μm，其长宽比多在 100 倍左右。

（二）力学性能

木浆纤维的拉伸强度在 20~70MPa 的范围内，弹性模量在 5~20GPa 范围内，主要取决于纤维的来源和处理方式。

（三）吸湿和吸水性

木浆纤维表面含有大量亲水基团，具有较大的表面积和多孔结构，因此能够快速吸收水分。木浆纤维在标准状态下的回潮率为 13.8%，其吸水率在 150%~300% 之间，优于棉纤维。

（四）化学稳定性

木浆纤维在中性或弱碱性条件下通常具有较好的稳定性，但在强酸性或强碱性条件下可能会发生分解或化学反应。

（五）生物降解性

木浆纤维主要成分是纤维素和半纤维素等天然有机物质，在自然环境中容易被微生物分解，具有良好的生物降解性。

四、木浆纤维的非织造应用实例

木浆纤维长度短，纤维之间不易形成有效的机械缠结，不适合单独进行水刺加固，一般采用木浆水刺复合技术实现生产。由于非织造材料纤网具有适当的孔隙结构，在水刺过程中能够使木浆纤维均匀分布并紧密缠结，从而减少木浆的流失。木浆纤维水刺复合工艺路线如图 3-29 所示。

图 3-29　木浆纤维水刺复合工艺路线

作为一种具有优异力学性能的生物材料，木浆纤维原料具有非常广泛的适用性，广泛用于造纸、非织造和环保等领域。

（一）造纸

木浆纤维是制造纸张和纸浆的主要原料之一。在纸浆生产过程中，木浆纤维经过蒸煮、漂白和纤维化等工艺加工，使其纤维结构更加松散和均匀，以便后续的造纸操作。随后，经过搅拌、过滤和干燥等步骤，木浆纤维被制成各种类型的纸张产品，如复印纸、包装纸、卫生纸等。

（二）包装材料

木浆纤维被广泛用于生产可降解的包装材料，如纸袋、纸盒、纸箱等。这些包装材料在使用后可以自然降解，不会对环境造成长期污染，符合可持续发展的理念。此外，木浆纤维的加工工艺灵活多样，可以根据不同的需求定制不同性能的包装材料，如增强型纸张用于承载重物、防水涂层用于保护湿敏产品等。

（三）非织造擦拭材料

木浆纤维由于其天然的吸水性和吸油性，以及较好的机械强度，在非织造擦拭材料中被广泛采用。它们可以用于制造各种类型的擦拭产品，如湿巾、抹布、面纸、洁净布等。这些产品常用于家庭清洁、工业清洁、医疗卫生等场合，具有良好的清洁效果和吸收能力，能够有效地去除污渍和吸收液体，保持表面清洁和干燥。此外，木浆纤维还可以与其他材料结合使用，如聚酯纤维、聚丙烯纤维等，以改善非织造擦拭材料的性能，如提高强度、增加吸水性等。因此，木浆纤维在非织造擦拭材料中的应用不仅满足了各种清洁需求，还促进了擦拭产品的多样化和功能性提升。

（四）非织造医用材料

以木浆纤维为原料制备的医用纸产品是重要的医用材料，常用于医用纸巾、护理垫、手术衣及手术铺单等。医用纸巾常用于擦拭皮肤、清洁器械或吸收体液，而护理垫则用于床垫保护、患者护理等场合。在手术中，木浆纤维制成的手术用纸通常用于覆盖手术区域，吸收手术过程中产生的血液和体液，保持手术场所清洁。这些医用纸产品不仅具有优良的吸收性能，还能有效防止交叉感染和保护患者皮肤。

第六节　蚕丝纤维

一、蚕丝纤维概述

蚕丝是集轻、柔、细为一体的天然动物蛋白纤维，被誉为"纤维皇后"，富含 18 种人体必需氨基酸，与人体相容性好，有"人体第二皮肤"之称。主要分为桑蚕丝、柞蚕丝和蓖麻蚕丝，其中桑蚕丝是主要纺织原料。蚕丝起源于中国古代，约 5000 年前中国人已驯化野生桑蚕并掌握缫丝技术，制成丝绸织物。丝绸产业起初集中于桑蚕饲养和丝绸生产加工，后通过"丝绸之路"传至东亚、中亚、西亚及欧洲，对世界文明产生深远影响。丝绸不仅是中国重要的经济支柱，还与礼仪、文化、科技等紧密相关。蚕丝柔软、光滑、吸湿、透气，在传统纺织服装领域应用广泛，也在面膜、保温隔热、生物医学等新兴领域展现潜力。研究者正探索其在工业的更广泛应用，作为可持续、高性能的天然材料，为各领域带来创新和发展。

二、蚕丝纤维的形态结构和化学构成

桑蚕丝由两根单丝平行黏合而成，中心为丝素，外围为丝胶。如图 3-30 所示，其横截面呈半椭圆形或略呈三角形，三角形的高度从茧的外层到内层逐渐降低。因此，桑蚕丝的横截面从外层到内层由圆钝逐渐变为扁平。丝素大分子是由多种 α-氨基酸的残基组成，在残基之间由酰胺键联结，平行排列，在氢键等分子力作用下形成基原纤、微原纤和巨原纤。丝素分子排列紧密，形成有序的 β-折叠结构，这使得蚕丝具有较高的结晶度和强度。

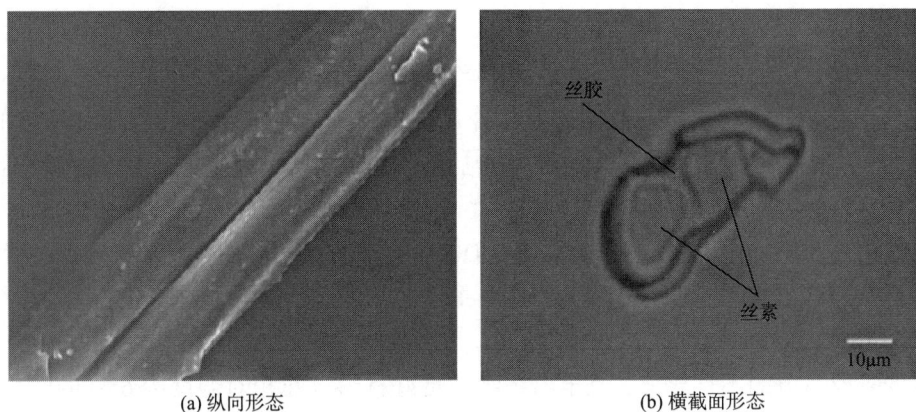

(a) 纵向形态　　　　　　　　　(b) 横截面形态

图 3-30　桑蚕丝纤维电镜照片

丝素和丝胶均由 18 种氨基酸组成，丝素中甘氨酸、丙氨酸、丝氨酸约占总组分的 85%，丝胶中丝氨酸、天门冬氨酸和甘氨酸约占总组分的 64%。蚕丝中除丝（72%～81%）和丝胶（19%～28%）外，还含有少量的蜡质和脂肪（0.70%～1.50%），以保护蚕丝免受大气的侵蚀，此外，还含有少量的色素和灰分（0.50%～0.80%）等。

三、蚕丝纤维的性能

（一）细度和密度

桑蚕丝的细度为 2.8～3.9dtex。其细度随蚕丝的吐出先后有所差异，以茧的中层即蚕丝的中段为最细和均匀，且三角形特征明显。柞蚕茧丝的平均细度为 6.0～6.5dtex，比桑蚕茧粗。比生丝的密度小，为 1.30～1.37g/cm³，精练丝为 1.25～1.30g/cm³。

（二）强度

蚕丝有良好的拉伸强度、弹性和伸长性能，其断裂强度为 2.6～3.5cN/tex，弹性模量 16GPa，断裂伸长率为 15%～25%。蚕丝湿态下断裂强度下降为 1.9～2.5cN/tex，断裂伸长率升至 27%～33%。蚕丝的力学性能与丝素含量密切相关，不同的脱胶处理工艺会直接影响蚕丝的强度。

（三）光泽

蚕丝具有明亮、均匀且富有层次的光泽，蚕丝的双折射率为 0.0402。蚕丝不仅反射光线比较强，而且透射能力也较强，因而具有其他纤维无法比拟的柔和与优雅的光泽，这是由丝素的截面形态、原料结构，特别是表层的原纤结构以及由多层丝胶、丝素形成的近于平行的层状结构决定的。在氧气和水的作用下，紫外线可使酪氨酸和色氨酸残基氧化，从而使蚕丝泛黄，如再加上热和中性盐的作用，泛黄变色会加剧。

（四）吸湿和透气性

蚕丝中的丝素蛋白具有多孔性且具有很多亲水基团，因此具有良好的吸湿性，公定回潮率为 11%。同时蚕丝具有良好的透气性，穿着舒适性好。

（五）化学性能

蚕丝的耐碱性远低于棉、麻等纤维素纤维，丝素在碱溶液里可发生不同程度的水解，即使是稀的弱碱液也能溶解丝胶，浓的强碱液对丝素的破坏力更强，所以天然丝织物不宜用碱性大的肥皂和洗涤剂进行洗涤。酸对蚕丝的作用虽没有碱剧烈，但随着温度和浓度的升高，也会在不同程度上使蚕丝膨润而溶解。蚕丝受盐的影响较大，若将蚕丝在 0.5% 的食盐水溶液中浸渍 15 个月，其组织结构就会完全被破坏。

桑蚕丝的分子结构中既有酸性基团（—COOH），又有碱性基团（—NH$_2$），呈两性物质，其中酸性氨基酸含量大于碱性氨基酸，因此桑蚕丝的酸性大于碱性，是一弱酸性物质。

（六）电学性能

干燥的蚕丝是电的不良导体，是电器绝缘的良好材料。在相对湿度为 65% 的空气中，质量比电阻率为 $10^{10}\Omega\cdot g/cm^2$，在天然纤维中是最高的。

（七）热学性能

蚕丝纤维的绝热性能较好，其比热容约为 1.38J/（g·℃），热导率为 179.91~196.65J/（m·℃·h），在天然纤维中是最小的。它的耐热性在天然纤维中也较好，当温度达到 120℃ 时，蚕丝只是渐渐失去水分，没有明显的变化；当温度升至 150℃ 时，蚕丝便逐渐释放出呈碱性的氨，同时丝胶凝固而变色；当加热到 235℃ 时，蚕丝即被烧焦，并发出与燃烧羊毛似的臭味。

四、蚕丝纤维的非织造应用实例

除了传统的纺织与服装行业，蚕丝还被用于制造高级滤纸、光学薄膜、智能纺织品、环保包装和生物医学等领域。这些新兴行业中，蚕丝的应用推动了技术和创新的发展，同时也符合可持续发展和环保的理念。

1. 蚕丝纤维面膜

蚕丝纤维以其轻盈柔软、强韧耐用的特性而闻名，同时具有良好的环保可降解性。其中丝素蛋白在美容行业得到广泛应用。蚕丝水刺基布制成的面膜孔隙率高，保湿效果好，触感柔顺，能够有效改善干燥粗糙肌肤，使肌肤柔软光滑，且不会堵塞毛孔。其纤维结构紧密有助于护肤成分渗透至皮肤深层，提高护肤品吸收效果。相比合成材料，蚕丝面膜的天然成分和柔软质地更适合敏感肌肤，减少刺激和不适感。蚕丝天然的抗菌性能可以抑制细菌生长，提供抗菌保护，有助于保持皮肤清洁和卫生（图 3-31）。

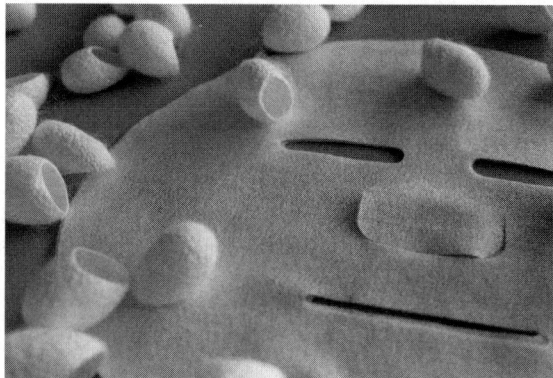

图 3-31　蚕丝纤维面膜

2. 保温材料

蚕丝被填充物俗称为丝绵，以桑蚕丝为主。丝绵被中丝纤维呈不规则的交叉粘连形成阡陌结构，使丝绵被轻盈、蓬松、柔软，在服用性能上有许多优点。丝绵的加工方式通常有手工和机器两种，手工方法主要由人工操作，工艺较简单；机器法采用机器方法，加工效率高。丝绵体积蓬松，其内在结构所含空气极多，绝热好，热传导率极小。此外丝绵具有优良的吸湿性和适度的水分蒸发的功效，有润而不湿，湿而不燥的优良服用卫生性能。

3. 生物医用材料

丝素蛋白不仅含有人体必需氨基酸，且具有良好的生物相容性、透气透氧性和可控的生物降解性等特点，对生物机体没有毒性、致敏性、刺激作用，能够有效促进伤口的愈合，而且完全可被生物体所吸收代谢，无须二次手术，在组织工程、载药系统和敷料领域具有重要的应用价值。

丝素蛋白的氨基酸组成与人体皮肤的角朊相似，丝素蛋白可作为真皮替代物用作皮肤组织修复。丝素蛋白/软骨素/透明质酸三维支架可用于皮组织的重建。研究发现冻干法制作的针织蚕丝三维结构的力学性能更好，可用于临床皮肤修护。

蚕丝人造血管具有良好的顺应性、适当的抗凝血性和抗拉强度。丝素蛋白中特殊的氨基酸排列结构使其具有抗凝血功能，而且与合成材料相比，具有更好的生物相容性，用于人造血管更有利于内皮化。用蚕丝纤维制造的人造血管能够阻止血液的渗透，从而避免了早期的血栓症。

4. 卫生材料

蚕丝纤维在一次性卫生用品面层非织造材料中也具有良好的应用潜力，蚕丝可以与 ES 纤维等材料通过热风和水刺工艺开发出具有保健功能的高档纸尿裤、卫生巾和护垫等产品。

5. 过滤材料

蚕丝纤维过滤材料是利用蚕丝纤维的细度小、力学性能良好和多孔结构等特点制备而成的过滤器材料。其优异的过滤效果和舒适性使其在口罩、空气净化器等产品中得到广泛应用。蚕丝纤维过滤材料能够有效过滤空气中的微粒、灰尘、花粉和有害物质，提高空气质量，保障人们的健康。同时，蚕丝纤维具有生物相容性强、透气性好及安全和舒适等优点。

6. 包装材料

蚕丝具有天然可降解、力学性能好等优点，具有良好的吸湿和透气性，能有效防潮、抗菌、抑菌，保持内部存储物品健康卫生状态，通过热压工艺或湿法成网并加固等工艺制成的蚕丝包装材料，是茶叶、咖啡等食品或保健品的理想包装材料。

7. 柔性电子器件

作为一种常见的天然生物材料，蚕丝具有独特的优势，例如，良好的生物相容性、可调控的生物可降解性、丰富的可再生形貌结构、优异的电学和光学性能，并且蚕丝可通过热处理转化为本征氮掺杂的碳材料，为其提供了更为广泛的应用空间。

第七节　羊毛纤维

一、羊毛纤维概述

羊毛纤维作为人类最早开发和利用的服装原料之一，具有高档珍贵的纺织工业特性。毛纤维主要分为绵羊毛和特种动物毛两大类。绵羊毛以澳毛最为优质，属于美利奴种绵羊，产自澳大利亚。除了澳毛，还有其他著名的绵羊品种如中国的蒙羊毛、藏羊毛和哈萨克羊毛。特种动物毛包括山羊绒、马海毛、骆驼毛、兔毛和牦牛毛，更为珍贵。毛纤维具有柔软、富有弹性的特点，其制品手感丰满、保暖性好、穿着舒适，广泛应用于制造呢绒、绒线、毛毯、毡呢、毛针织品等领域。

二、羊毛纤维的形态结构及化学组成

绵羊毛纤维的基本组成是 α-氨基酸，呈现为 α-螺旋构象的大分子。在外力作用下，这些大分子可以从螺旋状态转变为曲折状态，但一旦外力消失，在适当条件下羊毛可以恢复成螺旋状态。

羊毛纤维的纵向结构密布有鳞片，呈现出瓦状覆盖。横向截面通常为圆形或椭圆形。羊毛的横截面可以分为鳞片层、皮质层和髓质层三个部分。细毛由鳞片层和皮质层组成，不含髓质层；粗毛则包括鳞片层、皮质层和髓质层。鳞片层是羊毛最外部的角质组织，由角蛋白细胞组成，像鱼鳞一样重叠覆盖在纤维表面，具有抵抗化学药剂和酶的能力，保护皮质层并赋予羊毛光泽和缩绒特性。皮质层位于鳞片层之下，由纺锤形皮质细胞组成，通过非蛋白质细胞间质黏结在一起，有时含有少量天然色素。髓质层位于粗毛的中心，由角蛋白薄壁细胞组成，结构疏松、充满空气，使得含有髓质层的羊毛较易断裂，其纺纱价值较低且不易染色。

羊毛纤维是多细胞结构，包括两类主要细胞：鳞片细胞（cuticle cell）和皮质细胞（cortex cell）。鳞片细胞是单细胞结构，而皮质细胞则分为正皮质（ortho-cortex）细胞和副皮质（para-cortex）细胞。正皮质细胞呈现出明显的层次结构，堆砌方式为基原纤→微原纤→巨原纤→细胞，直径 $2 \sim 4 \mu m$，占皮质细胞的 $55\% \sim 70\%$。副皮质细胞也是原纤结构，但结构疏松、含硫量较高，径向直径为 $2 \sim 5 \mu m$，占皮质细胞的 $30\% \sim 45\%$。正皮质细胞位于纤维的外侧，副皮质细胞则位于内侧，这种双边分布赋予羊毛纤维轴向上的螺旋结构，形成其独特的二维卷曲特征（图3-32）。

三、羊毛纤维的性能

（一）细度和长度

根据纺织使用价值和纤维特性，羊毛通常可以分为几个主要类别。细羊毛适合制造高品质的纺织品，如羊毛衫和面料，其直径在 $25 \mu m$ 以下或品质支数达到60支以上，长度通常在 $50 \sim 120mm$。半细毛的平均直径为 $15 \sim 37 \mu m$，适用于各类轻型和中型纺织品。长羊毛则直径

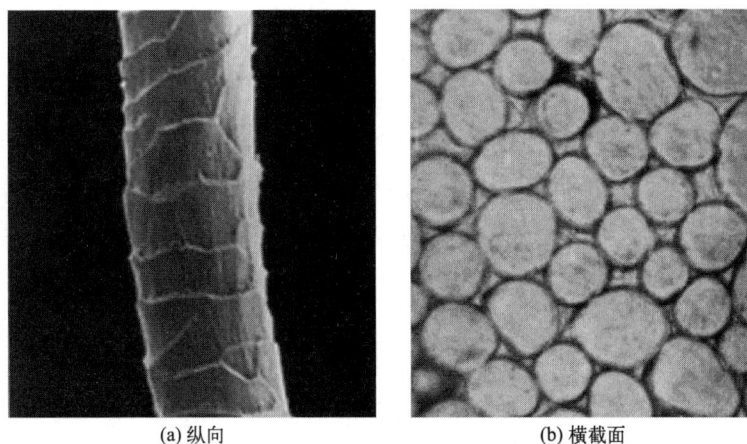

(a) 纵向　　　　　　　　　　　　　(b) 横截面

图 3-32　绵羊毛纤维的扫描电镜照片

大于 36μm，适合制造粗纱线和厚重的纺织品，长度可达 150~300mm。此外，杂交种毛和粗羊毛分别由不同品种绵羊或特定育种羊种的混合而成，其特性和用途因品种差异而异。

羊毛细度常用平均直径和品质支数来表示，其中品质支数是一种国内外广泛采用的工艺性细度指标，也是毛纺工业长期使用的标准。品质支数反映了羊毛纤维在某一直径范围内的细度，数值越高表示羊毛越细，可纺毛纱的细度也越高。各国对品质支数所代表的细度范围有自己的规定。羊毛的长度是除细度外的另一个重要指标，它直接影响羊毛的等级评定、纺纱系统的选择以及工艺参数的确定。在相同细度的情况下，羊毛长度越长，通常意味着羊毛等级更高。

（二）卷曲度

羊毛的自然状态是沿其长度方向有自然的周期性卷曲，这些卷曲绝大多数在同一平面上。一般以每厘米的卷曲数来表示羊毛卷曲的程度，称为卷曲度。19.5μm 美利奴绵羊毛的平均卷曲数为 8.3 个/10mm，卷曲率平均值为 6.89%，卷曲弹性回复率平均值为 92.4%。

（三）吸湿性

羊毛纤维吸湿性好，公定回潮率 15%~17%，居于常有纺织纤维首位。在饱和空气中回潮率可达 40%，吸湿性比棉好，体感非常舒适。

（四）力学性质

羊毛纤维的拉伸强度是常用天然纤维中最低的，其断裂长度只有 9~18km。一般羊毛细度较细，髓质层越少，其强度越高。羊毛纤维拉伸后的伸长能力却是常用天然纤维中最大的。断裂伸长率干态可达 25%~35%，湿态可达 25%~50%，去除外力后，伸长的弹性恢复能力是常用天然纤维中最好的，所以用羊毛织成的织物不易产生皱纹，具有良好的服用性能。

（五）缩绒性

羊毛集合体在湿热条件及化学试剂作用下，受机械外力的反复挤压、揉搓，纤维集合体逐渐收缩紧密、相互纠缠、交编毡化，这一性能称为缩绒性。

其主要原因在于羊毛纤维具有方向摩擦效应，当纤维集合体受到外力的反复作用时，由于逆鳞片方向的摩擦阻力大于顺鳞片方向的摩擦阻力，使纤维始终保持向根部方向移动。此外，羊毛纤维的天然卷曲使其运动无规律，并增加了纤维之间的缠结机会。羊毛纤维还具有优良的弹性，在外力作用下，纤维会经历拉伸和回缩，反复蠕动，从而引发蜷缩和缠绕。因此，羊毛的缩绒性主要受这些内在因素的影响，而温湿度、化学试剂和外力则是促进缩绒的外部因素。

（六）化学性能

羊毛纤维具有很好的耐酸性，在热的有机酸较长时间作用下，对毛纤维的损伤也很小。羊毛纤维对无机酸的抵抗能力也很强，只有在加热的情况下，浓酸对毛纤维才能产生破坏作用。在等电点附近时，毛纤维几乎不受损伤，只有 pH 值<4 时才会有较明显的损伤。因此，在热化学处理中常将溶液的 pH 值调节在等电点附近，以保护毛纤维不受损伤。

羊毛纤维在碱性环境下表现出不耐性，因为碱能够使羊毛角蛋白中的胱氨酸键和盐式键水解，导致纤维断裂，同时可能引发多缩氨基酸主键的水解，从而破坏其组织结构并降低强度。例如，将羊毛置于 5%浓度的强碱溶液（如 NaOH）中煮沸 20min，羊毛纤维将完全溶解；在弱碱性盐（如 Na_2CO_3）作用下超过 40min，同样会显著损害羊毛。

羊毛纤维对各种有机溶剂的化学稳定性很高，不溶解也不溶胀，这些溶剂只能去除毛纤维表面的脂蜡和汗渍。有机酸如醋酸、蚁酸是羊毛染色中的重要促染剂。

羊毛对氧化剂极为敏感，尤其是在高温下，强氧化剂如高锰酸钾、过氧化氢等会导致胱氨酸的分解和肽键的断裂，严重破坏羊毛纤维。破坏的程度取决于处理温度、溶液浓度和 pH 值。此外，卤素也能氧化羊毛纤维，特别是使鳞片发生变化，剧烈氧化时甚至可使鳞片边缘变钝或溶解。

四、羊毛纤维的非织造应用实例

羊毛纤维是一种多功能的天然材料，广泛应用于纺织品、家居用品、工业和医疗领域。在非织造方面，羊毛纤维被用于制作保暖材料，以及毯子、地毯等家居用品。在工业领域，羊毛纤维被用于制作过滤材料、隔音材料等，具有良好的吸湿排汗性和耐磨性。此外，羊毛纤维还被用于制作医用绷带、医用羊毛垫等医疗用品，其天然的抗菌性能使其在医疗应用中备受青睐。绵羊毛纤维的多种用途使其成为一种重要的天然材料，在各个领域都发挥着重要作用。

（一）家用装饰材料

羊毛是一种优质的非织造纤维原料，可通过针刺技术制作家居用品，如毯子、地毯、靠垫等。羊毛制品不仅具有良好的保暖性能，还能为家居环境增添舒适感。

（二）生物医用材料

羊毛中提取的角蛋白作为一种适合静电纺丝的生物聚合物，因其低成本优势而备受瞩目。角蛋白含有助于促进多种细胞的生物活性和生长，包括成纤维细胞、角质形成细胞、成骨细胞和神经母细胞。因此，角蛋白基材料在生物医学应用中，特别是在组织工程、伤口愈合和药物输送方面展现出巨大潜力。

（三）隔音隔热

羊毛还被广泛应用于隔振和吸振领域。采用羊毛制造非织造复合绝缘毡，与玻璃纤维和矿棉相比，具有更佳的隔热和吸声性能。此外，羊毛纤维的容重与保温板孔隙结构中的空气流量成反比，从而提升了隔热性能。

（四）吸附材料

羊毛纤维作为一种廉价且易得的吸附剂，展现出巨大潜力。其大孔结构使得染料分子能够轻松扩散和渗透到纤维内部，显著提高了吸附率。羊毛在清除漏油现场的石油污染方面表现出色，有效去除柴油、原油、基础油、植物油和机油的能力已经得到验证。此外，羊毛制成的非织造过滤材料对工业废水中的重金属（如银、铜等）具有显著的净化效果。羊毛富含多种氨基酸，包括胱氨酸，能够与金属形成稳定的金属巯基，从而实现有效的吸附。此外，羊毛纤维还能够吸收室内建筑材料释放的挥发性有机化合物，如甲醛、甲苯、柠檬烯和十二烷，有助于改善工作场所的环境质量并保障居住者的健康。

思考题

第三章思考题
参考答案

1. 按品种棉纤维可以分为哪几类？每类各有什么特点？
2. 对比皮辊棉和锯齿棉的加工工艺和性能特点。
3. 正常成熟的棉纤维横截面和纵向形态分别是什么？
4. 什么是棉纤维的丝光处理？
5. 医卫用全棉水刺非织造材料主要有哪两种脱脂漂白工艺？其工艺流程是什么？对两种工艺的优缺点进行比较。
6. 木棉纤维有哪些性能特点？
7. 根据木棉纤维的性能特点，适于开发哪些非织造材料？
8. 蒲绒纤维有哪些性能特点？
9. 请列举椰壳纤维在农业领域的应用实例。
10. 请列举黄麻纤维在非织造领域的应用实例。
11. 木浆纤维水刺复合工艺路线是什么？复合工艺的目的是什么？
12. 木浆纤维的主要应用领域是什么？
13. 相比合成材料，蚕丝面膜有哪些优势？
14. 丝素蛋白在生物医用材料领域有哪些应用？
15. 什么是羊毛纤维的缩绒性？造成缩绒的主要原因是什么？

参考文献

[1] 姚穆，孙润军 . 纺织材料学 ［M］. 5 版 . 北京：中国纺织出版社，2019.

［2］ 于伟东. 纺织材料学［M］. 2 版. 北京：中国纺织出版社，2018.

［3］ 邢声远，吴宏仁. 纺织纤维［M］. 4 版. 北京：化学工业出版社，2005.

［4］ 李建秀，靳向煜，俞镇慌. 天然纤维在非织造布中的应用［J］. 纺织导报，2003（3）：82-85.

［5］ 裴付宇. 天然植物绒纤维的研究与开发现状［J］. 棉纺织技术，2015，43（1）：73-77.

［6］ 肖红. 木棉纤维结构和性能及其集合体的浸润与浮力特征研究［D］. 上海：东华大学，2006.

［7］ 张继伟，彭文忠，宁新. 熔喷纤维与木棉纤维在线复合的制造方法及其保暖材料：中国，CN201210570645. X［P］. 2016-04-13.

［8］ 曹胜彬，徐广标，王府梅. 香蒲绒纤维形态结构分析［J］. 东华大学学报（自然科学版），2009，35（2）：144-147.

［9］ 王泉泉. 蒲绒纤维基础性能及其吸油性能研究［D］. 上海：东华大学，2010.

［10］ 姚嘉. 椰纤维增韧复合材料的设计及其性能评价［D］. 哈尔滨：东北林业大学，2014.

［11］ 张明明. NMMO 处理苎麻纤维的研究［D］. 上海：东华大学，2015.

［12］ 王宏光. 亚麻纤维复合材料及其加固钢筋混凝土梁的抗剪性能研究［D］. 哈尔滨：哈尔滨工业大学，2016.

［13］ MOON R，MARTINI A，NAIRN J，et al. Cellulose nanomaterials review：Structure，properties and nanocomposites［J］. Chemical Society Reviews，2011，40（7）：3941-3994.

［14］ 王瑞，焦晓宁，郭秉臣，等. 亚麻纤维非织造布复合材料的研究与开发［J］. 纺织学报，2003（5）：15-17.

［15］ 张梦. 亚麻纤维素的溶解及其成膜性能的研究［D］. 上海：东华大学，2022.

［16］ 兰红艳，靳向煜，张彤彤. 麻类纤维在非织造领域的应用［J］. 中国麻业，2006（1）：45-47.

［17］ 鲁小城，解廷秀. 一种天然纤维增强热塑性复合材料及其制备方法和用途：中国，CN201110253466. 9［P］. 2016-01-06.

［18］ 黄振. 剑麻纤维增强聚合物基复合材料的制备与性能［D］. 济南：济南大学，2018.

［19］ 朱梦婷，谢锦鹏，方凯炀，等. 剑麻纤维脱胶处理的探究［J］. 武汉纺织大学学报，2021，34（4）：49-52.

［20］ 刘轲，汪元，刘琼珍，等. 蕉麻纤维表面化学沉积纳米镍薄膜的形态研究［J］. 产业用纺织品，2015，33（10）：27-31.

［21］ LIU K，ZHANG X Z，TAKAGI H，et al. Effect of chemical treatments on transverse thermal conductivity of unidirectional abaca fiber/epoxy composite［J］. Composites Part a-Applied Science and Manufacturing，2014，66：227-36.

［22］ 陈长洁. 棕榈原纤及其非织造材料的制备与性能研究［D］. 苏州：苏州大学，2015.

［23］ 谭婧. 不同物质组成棕榈纤维面料及复合材料的开发与研究［D］. 上海：东华大学，2022.

［24］ 张有，陈长洁，孙广祥，等. 棕榈纤维的结构性能及其应用［J］. 现代丝绸科学与技术，2016，31（3）：116-118.

［25］ 熊伟，潘贝贝，宋卫卫，等. 竹原纤维的性能及开发［J］. 林业机械与木工设备，2018，46（6）：32-35.

［26］ 潘力，曹立瑶，牛梅红. 丝瓜络纤维非织造布的制备及其性能［J］. 纺织学报，2017，38（8）：22-27.

［27］ 刘林. 丝瓜络结构仿生材料的制备及其缓冲性能研究［D］. 株洲：湖南工业大学，2019.

［28］ 刘瑞普. 丝瓜络纤维/聚丁二酸丁二醇酯复合材料制备及其性能研究［D］. 广州：华南理工大

学，2021.

[29] 段慧．莲纤维的结构与性能研究［D］．青岛：青岛大学，2010.

[30] 沈喆，唐笠，沈青．天然藕丝的纤维特征［J］．纤维素科学与技术，2005，13（3）：42-45.

[31] 代天娇．藕丝纤维性能研究及缅甸藕丝纤维产品设计与研发［D］．上海：东华大学，2020.

[32] 甘应进，袁小红，王建刚，等．莲纤维微观结构分析［J］．纺织学报，2009，30（11）：14-17.

[33] 王建刚，袁小红，何军，等．莲纤维的物理性能［J］．纺织学报，2008，29（12）：9-11.

[34] 袁本振．蒸汽闪爆预处理制备莲纳米纤维及其结构与性能研究［D］．青岛：青岛大学，2014.

[35] 杨淑杰．木浆纤维特性与纸页抗张强度关系的数学模型研究［D］．杭州：浙江理工大学，2015.

[36] 李海娇，靳向煜，徐原．木浆纤维水刺复合不同加固结构纤网时的流失现象［J］．东华大学学报（自然科学版），2015，41（2）：196-203.

[37] 王欣，李志强，张红杰，等．机械木浆纤维形变性表征及其对纤维间结合性能的影响［J］．中国造纸，2017，36（12）：14-20.

[38] 刘娟．木浆复合水刺手术衣材料生产工艺与性能研究［D］．上海：东华大学，2009.

[39] 马艳，李智，冉瑞龙，等．蚕丝在生物医用材料领域的应用研究［J］．材料导报，2018，32（1）：86-92.

[40] 邢声远，吴宏仁．纺织纤维［M］．4版．北京：化学工业出版社，2005.

第四章 非织造用再生纤维

思维导图

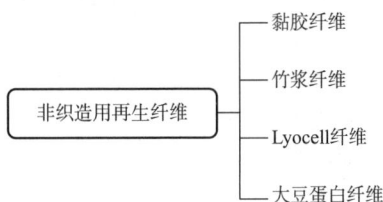

知识点

1. 黏胶纤维的性能特点和非织造应用实例。

2. 竹浆纤维的性能特点和非织造应用实例。

3. Lyocell 纤维的性能特点和非织造应用实例。

4. 大豆蛋白纤维的性能特点和非织造应用实例。

课程思政目标

1. 培养学生的科学素养和爱国情怀。

2. 培养学生的环保意识和可持续发展理念。

3. 培养学生的创新和开拓精神。

　　再生纤维是化学纤维的一大类，制造时先将天然高分子物或衍生物溶于溶剂制成纺丝液，经混合、过滤、脱泡后，通过湿纺法或干纺法成丝，再经后处理得成品纤维。非织造用再生纤维有三大特点：一是环保，生产过程减少自然资源消耗，降低环境污染；二是生物降解性能好，可被微生物降解为天然物质，无长期污染；三是经适当加工，具有良好的物理性能，如强度、柔软性和吸湿性等，适用于多种非织造产品制造。

　　非织造用再生纤维被广泛应用于医疗卫生、农业、土木工程、包装、过滤等领域的非织造产品制造。比如，医用口罩、农业覆盖材料、土工布、包装材料等都可以采用再生纤维素纤维制造。这些产品在提供功能的同时，也为可持续发展和环境保护做出了贡献。

第一节 黏胶纤维

一、黏胶纤维概述

黏胶纤维是再生纤维的主要品种之一，也是最早研发和生产的化学纤维。它通过从纤维素原料中提取纯净纤维，经过烧碱和二硫化碳处理，制成黏稠的纺丝溶液，并采用湿法纺丝加工而成。20 世纪 70 年代，随着合成纤维的兴起以及自身面临的"三废"问题，黏胶纤维的发展一度停滞。尽管黏胶纤维的湿强度较低，易变形且容易产生褶皱，但它具有优良的吸湿性、透气性、染色性和舒适性，且易于纺织加工，并且可生物降解，这些特性恰好弥补了合成纤维的不足。根据统计，2021 年中国黏胶短纤维的产量占化学纤维总产量的 5.9%，较 2020 年下降 0.4%；2022 年这一比例进一步减少至 5.7%，较前一年再下降 0.2%。

二、黏胶纤维的形态结构及化学构成

黏胶纤维的主要成分是纤维素，其分子结构与棉纤维相同，但聚合度较低，通常在 250～550。如图 4-1 所示，黏胶纤维的边缘呈不规则的锯齿形，表面平直且带有不连续的条纹。通过使用维多利亚蓝或刚果红染料对纤维切片进行快速染色，可以在显微镜下观察到，纤维的表皮颜色较浅，而靠近中心的部分则颜色较深。黏胶纤维的内部结构为纤维素II。研究表明，纤维的外层和内层在结晶度、取向度、粒径及密度等方面存在差异，这种结构被称为皮芯结构。

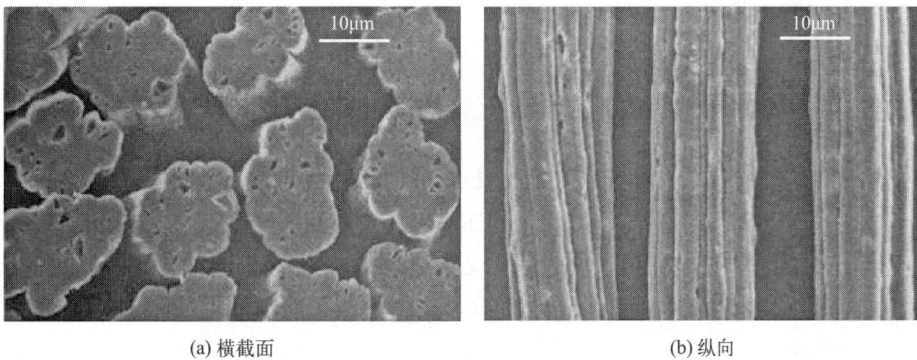

(a) 横截面　　　　　　　　　　　　　(b) 纵向

图 4-1　黏胶纤维的表面形貌图

黏胶纤维的结构和截面形状主要源于湿法纺丝工艺。当黏胶流从喷丝孔喷出后，首先与凝固浴接触，迅速析出溶剂并凝固，形成密实的皮层。随后，内层的溶剂析出速度较慢。在拉伸成纤过程中，皮层中的大分子受到强拉伸，导致其取向度高、晶粒小且数量众多；而芯层中的大分子则受到较弱的拉伸，取向度低，结晶时间较长，形成较大的晶粒。当芯层最终凝固并析出溶剂时，皮层已先凝固，无法同步收缩，导致皮层在芯层收缩时形成锯齿形的截面边缘。这种结构特点使得黏胶纤维的皮层与芯层在结晶和取向等方面存在显著差异。

三、黏胶纤维的制备方法

黏胶纤维采用湿法纺丝加工而成，其制备流程如图 4-2 所示。首先将原料浆粕（木浆或棉浆），按工艺规定混批后，用一定浓度的氢氧化钠溶液进行浸渍处理，使原为"纤维素"的原料转变成为中间产物"碱纤维素"；随后将其所含多余的碱液通过压榨挤出，经粉碎、老成后，再使该中间产物与二硫化碳反应以生成中间产物"纤维素黄原酸酯"；生成的纤维素黄原酸酯被溶于稀碱液中，制得可供纺丝用的纺丝原液——黏胶；再经混合、过滤、脱泡、熟成后被送去进行湿法纺丝以制得初生丝。得到的初生丝再经集束、牵伸、热处理、切断后进行后处理。后处理包括水洗、脱硫、酸洗、漂白、上油、烘干、打包等多个工序，最后经检测、称重、打包后的产品即为制成品。

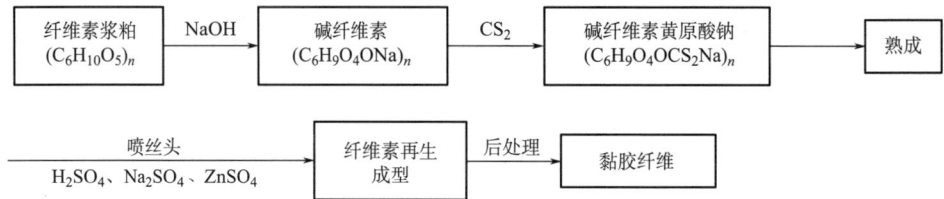

图4-2　黏胶纤维的制备流程

四、黏胶纤维的性能

（一）吸湿性和染色性

黏胶纤维在传统化学纤维中吸湿性最高，公定回潮率为13%。黏胶纤维的染色性能优良，色谱全面，色泽鲜艳，且染色牢度较好。

（二）力学性质

普通黏胶纤维的断裂强度较低，平均为1.6~2.7cN/dtex，断裂伸长率为16%~22%。在润湿后，黏胶纤维的强度显著下降，其湿干强度比为40%~50%。在剧烈的洗涤条件下，黏胶纤维织物易受到损伤。此外，普通黏胶纤维在小负荷下容易变形，并且变形后不易恢复，弹性差，织物容易起皱，同时耐磨性较差，易出现起毛和起球现象。

（三）热学性质

黏胶纤维虽与棉纤维同为纤维素纤维，但因为黏胶纤维的分子量比棉纤维低得多，所以其耐热性较差，在180~200℃时，会产生热分解。

（四）其他性质

黏胶纤维的密度为1.50~1.52g/cm^3。黏胶纤维对氧化剂十分敏感，受氧化剂作用时，纤维素分子中的部分羟基被氧化成羧基（—COOH）或醛基（—CHO），同时分子链发生断裂，聚合度降低。黏胶纤维耐碱优于耐酸性，与酸作用时一定条件下会发生酸性水解。

五、黏胶纤维的种类

黏胶纤维按纤维素浆粕来源不同区分为木浆（木材为原料）黏胶纤维、棉浆（棉短绒为原料）黏胶纤维、草浆（草本植物为原料）黏胶纤维、竹浆（以竹为原料）黏胶纤维、黄麻浆（以黄麻秆芯为原料）黏胶纤维、汉麻浆（以汉麻秆芯为原料）黏胶纤维等。按结构不同区分为普通黏胶纤维、高湿模量黏胶纤维、强力黏胶纤维、新溶剂黏胶纤维等。

（一）普通黏胶纤维（viscose fiber，rayon）

普通黏胶纤维有长丝和短纤维之分。黏胶短纤维有棉型（长度为33~41mm，线密度为

1.3~1.8dtex）、毛型（长度为76~150mm，线密度为3.3~5.5dtex）和中长型（长度为51~65mm，线密度为2.2~3.3dtex），可采用纯黏胶或与棉、毛等天然纤维或涤纶、腈纶等合成纤维混合成网，用于非织造水刺、针刺制备一次性服装材料、家庭装饰材料及卫生用非织造材料。其特点是成本低，吸湿性好，抗静电性能优良。

（二）高湿模量黏胶纤维（polynosic rayon）

高湿模量黏胶纤维又称富强纤维，是通过改变普通黏胶纤维的纺丝工艺条件而开发的，其横截面近似圆形，具有厚皮层结构，断裂强度为3.0~3.5cN/dtex，高于普通黏胶纤维，湿干强度比明显提高，为75%~80%。我国商品名称为富强纤维，日本称虎木棉。

莫代尔（Modal）纤维是奥地利兰精公司研发的一种高湿模量黏胶纤维，主要原料来自欧洲的榉木，采用特殊的纺丝工艺制作，整个生产过程无污染，且可自然降解。莫代尔纤维的干强度接近涤纶，湿强度高于普通黏胶纤维，结合了天然纤维的优良质感和合成纤维的实用性。其面料具有"棉的柔软、丝的光泽、麻的滑爽"，在吸湿性、染色性和柔软性等方面均优于纯棉织物，经过多次水洗后依然保持宜人的触感、良好的悬垂性和出色的耐用性。

（三）强力黏胶纤维

强力黏胶纤维结构为全皮层，是一种高强度、耐疲劳性能良好的黏胶纤维，断裂强度为3.6~5.0cN/dtex，其湿干强度比为65%~70%。其广泛用于工业生产，经加工制成的帘子布，可供作汽车、拖拉机的轮胎，也可以制作运输带、胶管、帆布等。

（四）新溶剂法黏胶纤维（Lyocell）

Lyocell纤维是奥地利兰精公司于20世纪90年代推出的新一代再生纤维素纤维，采用NMMO有机溶剂溶解和经干湿法纺丝工艺制成的再生纤维素纤维，其原料来自木材，纺丝溶剂的回收率达到99%以上。生产周期短，溶剂循环使用，生产过程无污染，是典型的绿色环保纤维。Lyocell纤维兼具天然和合成纤维的优点，具有卓越的物理力学性能。它的湿强度和湿模量接近合成纤维，同时提供棉纤维的舒适性、黏胶纤维的悬垂性和色彩鲜艳性，以及真丝的柔软触感和优雅光泽。

（五）改性及功能性黏胶纤维

1. 高吸水性黏胶纤维

高吸水性黏胶短纤维主要用于医疗卫生方面，如制作药棉、抹布、绷带、婴儿尿布、止血纱布等。

2. 阻燃黏胶纤维

阻燃黏胶纤维广泛用于交通工具和宾馆的装饰材料、特殊用途工作服以及儿童和老年人的被褥等。

3. 充气中空黏胶纤维

充气中空黏胶纤维的纺制是在黏胶中加入碳酸钠或碳酸氢钠，它们在纺丝时受硫酸作用分解出大量的CO_2气体而形成充气中空纤维，它的保暖性、吸湿性和蓬松性好，在民用纺织品等方面有广泛的用途。

六、黏胶纤维的非织造应用实例

黏胶纤维在非织造领域有广泛的用途，其主要应用包括以下几个方面。

（一）黏胶纤维应用于水刺法非织造材料

水刺法是一种新兴的非织造布生产技术，以其生产的材料柔软、强度高、透气性和吸湿性优良而广泛应用。水刺缠绕法通过高压水针将纤维缠结在一起，形成非织造布。这种方法无须使用树脂胶合，工艺简单且环保，因此成为未来非织造布行业发展的重点。

黏胶纤维具有良好的吸湿性、手感柔软、对人体无过敏反应及天然降解等特性，特别适用于医用卫生材料及用即弃材料。黏胶纤维水刺法非织造布具有优良的悬垂性和极柔软的手感，蓬松透气性好、强力高、吸湿性好、不易起毛、不含化学黏合剂，被广泛用于卫生材料、家庭生活用品和装饰布等。

黏胶纤维可单独使用，也可与合成纤维混合，用于水刺法非织造材料的生产，以弥补合成纤维的不足（如吸湿性差）。通常，50%的黏胶纤维与50%的聚酯纤维混合，生产出的黏胶/聚酯水刺材料经过拒水处理，适用于制作手术罩布。该材料具有优良的柔软性、悬垂性、吸水性和防水性，成为手术衣和医用床单的理想选择。特别是经过化学处理后，黏胶/聚酯水刺非织造材料能有效拒水，防止病人血液污染医护人员的衣物，并减少病毒传播的风险。

（二）黏胶纤维应用于针刺法非织造材料

黏胶纤维经开松→气流输送→混合定量给纤→梳理→铺网→预针刺→主针刺→针刺等工序制成针刺基布后，再经化学处理、烘干、热处理、高温炭化和活化等工艺制成活性炭纤维基布。该产品具有吸附速度快、吸附容量大、使用寿命长、脱附方便、耐热绝缘、防腐蚀等特点。可广泛应用于环境保护、医疗卫生、民用保健、放射性防护、贵重金属回收、废水废气治理等领域，具有广阔的发展前景。

（三）卫生及家居清洁用品

黏胶纤维的高吸水性和透气性使其成为卫生巾和纸尿裤的重要材料之一。它可以提高产品的吸收性能，同时确保产品的舒适性和安全性。黏胶纤维还可用于生产湿巾、抹布、擦手纸等家居清洁用品，具有良好的吸水性和吸附性，能够有效清洁表面并吸收液体（图4-3）。

(a) 印花全黏胶水刺印花浴巾　　　　(b) 黏胶/涤纶水刺厨房抹布

图4-3　黏胶纤维的非织造产品

（四）农业覆盖材料

黏胶纤维可用于制造农业覆盖材料，如地膜、农业保护布等，用于保护作物、调节土壤温度和湿度。

第二节 竹浆纤维

一、竹浆纤维概述

竹子3~5年即可成林，2~3年后即可用于生产竹浆纤维，为一种速生高产纤维原料。我国的竹产量约占世界竹总产量的1/3，居世界首位，为名副其实的"竹子王国"。故竹浆纤维的出现有利于森林资源的综合保护，可在很大程度上缓解棉浆粕供应不足及对木浆原料需求不断增长的现象，发展前景良好。竹浆纤维又称再生竹纤维、竹黏胶纤维。该纤维细度、白度与普通黏胶纤维接近，强度较高，韧性、耐磨性较高，染色后不易褪色，富有丝质感觉，手感柔和光滑，具有天然抗菌保健功能和良好的吸湿放湿性，被称为"会呼吸的纤维"。与其他再生纤维素纤维相比，竹浆纤维的独特之处在于其天然抗菌性，这源于纤维中保留的竹子抗菌成分。竹浆纤维不仅强力高、耐磨性好，还具有优良的吸湿放湿性能和光泽。它手感柔软、悬垂性佳、舒适凉爽，同时染色性能优异、光泽靓丽。适用于生产贴身织物面料、夏季针织面料，还可用于非织造材料、卫生材料、床上用品、洗浴用品等功能性产品。

二、竹浆纤维的形态结构和化学构成

竹浆纤维的截面呈不规则锯齿形，扫描电镜照片显示，这种形状不如黏胶纤维明显，且缺乏明显的皮芯结构（图4-4）。这种形态与纤维生产过程中的成型条件有关。竹浆纤维内部存在多级结合体，包括不同大小和排列方向的结晶区和非结晶区，以及几埃到上千埃的缝隙和孔洞。这些结构特征导致纤维的吸湿性能、光学性能和力学性能表现出各向异性。纤维的纵向表面平直无扭转，但沟槽深浅不一，呈纵向平行状态，影响纤维的外观和强度。这些沟

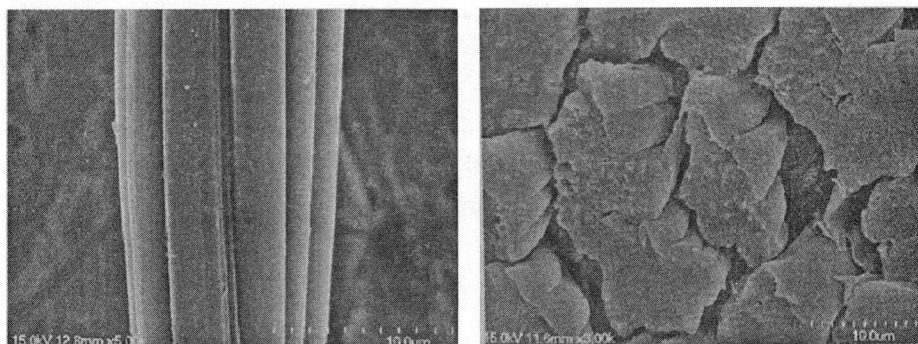

图4-4 竹浆纤维的纵横向照片

槽和孔洞提高了纤维的摩擦系数，使纤维间有良好的抱合力，并提供了优良的吸湿性和透气性，增强了毛细作用和导湿能力。

纤维素是竹材中最主要的成分，木质素、半纤维素的含量也比较高，因此竹材中竹纤维的提取比较困难。木质素是存在于胞间层和微细纤维之间的一种芳香族高分子化合物，它决定着竹纤维的颜色；半纤维素是一种填充于纤维之间和微细纤维之间的无定形物质，常以戊聚糖表示，其聚合度低，吸湿后易润胀。竹浆纤维的纤维素含量与黏胶纤维接近，约为86%，低于竹原纤维（97%），戊聚糖、果胶质、灰分等杂质的含量高于竹原纤维。

竹浆纤维的聚合度为400~500，高于普通黏胶纤维，但低于Lyocell等新型再生纤维素纤维。竹浆纤维的结晶结构与普通黏胶纤维相同，均为纤维素Ⅰ型结晶，且两者的结晶度均很低。竹浆纤维的结晶指数和结晶度均略高于普通黏胶纤维，但其三个晶面所对应的晶粒尺寸均小于普通黏胶纤维，晶区较长。竹浆纤维非晶区链段的取向度低于普通黏胶纤维，竹浆纤维的双折射率0.0337，普通黏胶纤维为0.0356。

三、竹浆纤维的性能

（一）力学性能

由表4-1可见，竹浆纤维与普通黏胶纤维相比，干态下的断裂强度较低，而伸长率较高，属于低强高伸型纤维。湿处理后，竹浆纤维的断裂强度、断裂伸长率、断裂比功和初始模量分别下降10.17%、35.75%、42.86%和11.32%；而普通黏胶纤维的下降幅度为13.78%、25.71%、35.42%和5.32%。这表明，除了断裂强度外，竹浆纤维在其他三个指标上的下降率均高于普通黏胶纤维，显示出其在短时间水浸后拉伸性能受损更为严重。

表4-1 竹浆纤维与普通黏胶纤维的拉伸性能对比

试样名称	断裂强度/（cN/dtex）		断裂伸长率/%		断裂比功/（cN/dtex）		初始模量/（cN/dtex）	
	干态	湿态	干态	湿态	干态	湿态	干态	湿态
竹浆纤维	2.36	2.12	34.94	22.45	0.49	0.28	42.15	37.38
普通黏胶纤维	2.54	2.19	31.39	23.32	0.48	0.31	39.51	37.41

（二）化学性能

竹浆纤维大分子中联结基本链节的葡萄糖苷键对酸稳定性很差，高温下酸对纤维的破坏作用特别强烈，在37%盐酸、75%硫酸溶液中加热时迅速溶解。虽然竹浆纤维的结晶度较普通黏胶纤维高，但多孔隙结构使其在碱中的膨润和溶解作用较强，导致其耐碱性较差。

（三）吸湿性能

竹浆纤维和普通黏胶纤维具有相似的结晶结构，两者达到吸湿放湿平衡的时间、吸湿放湿曲线和吸湿初始阶段的速率基本相似。竹浆纤维的公定回潮率为13%，与黏胶纤维接近。

竹浆纤维纺织品的吸、放湿性优良，它的吸湿速率居各纤维之首，是棉的 2.12 倍。

（四）热学性能

竹浆纤维的耐热性优于黏胶纤维，当温度由 20℃ 升至 75℃ 时，竹浆纤维的干态断裂强度增加 13%；当温度由 75℃ 升至 100℃ 时，竹浆纤维的干态断裂强度只下降 1%。

竹浆纤维无熔点，在 200℃ 时无变化，到 260℃ 开始微黄，300℃ 变成深黄色，有焦味。竹浆纤维在升温过程中没有出现熔融现象。

（五）染色性能

竹浆纤维的分子取向度低，染料分子对其亲和力大，上染速度快，容易造成染色不匀，要选用配伍性好、反应活性中等的染料对其染色，严格控制温度和升温速度。一般选择活性染料、直接染料、分散染料和还原染料进行染色。

（六）抗菌性能

表 4-2 表明，竹原纤维具有较强的抗菌作用，对金黄色葡萄球菌、枯草芽孢杆菌、白色念珠菌均有优异的抵抗能力。而竹浆纤维在其纺丝过程中，由于原料中抗菌物质、抗菌结构受到一定程度的破坏，因此抗菌效果受到一定的影响，其中对金黄色葡萄球菌、白色念珠菌有一定的抵抗能力，而对枯芽孢杆菌的抗菌效果受到严重损伤。

表 4-2 竹原纤维和竹浆纤维的抑菌性对比

纤维种类	抑菌率/%		
	金黄色葡萄球菌	枯草芽孢杆菌	白色念珠菌
竹原纤维	99.0	99.7	94.1
竹浆纤维	94.8	53.8	85.1

（七）除臭性能

竹浆纤维具有天然的防臭性能，主要是纤维中含有叶绿素和叶绿素铜钠等防臭物质，这些防臭物质通过吸附臭味和氧化分解途径去除臭味；另外，竹浆纤维排汗快，使微生物的生存环境变差，也能达到除臭的效果。

（八）抗紫外性能

竹浆纤维不仅具有天然抗菌、抑菌、去除体味，还能有效地阻挡紫外线对人体的辐射。这是因为竹浆纤维中的叶绿素铜钠是安全、优良的紫外线吸收剂。研究表明，竹浆纤维对 200~400nm 的紫外线防护效果良好，透过率几乎为零。

四、竹浆纤维的制备方法

将竹子切片、风干后，经过人工催化将纤维素含量在 35% 左右的竹纤维提纯到 93% 以上，采用水解、硫酸盐蒸煮等工艺制成满足纤维生产要求的竹纤维浆粕，然后用碱和二硫化碳处理竹浆粕，使其溶解在氢氧化物溶液中制成黏胶溶液，用湿纺工艺纺丝制成竹浆纤维。其工艺流程如下：

竹浆粕→切粕→制胶→头道过滤→二道过滤→脱泡→计量→纺丝→塑化→切断→水洗→脱硫→水洗→上油→干燥→成品。

五、竹浆纤维的非织造应用实例

竹浆纤维具有显著的生态环保优势。首先，竹子生长迅速，且无须施肥或使用农药，相比于传统木材资源更为可持续。其次，竹浆纤维的生产过程产生的废物较少，且竹子在生长过程中吸收大量二氧化碳，有助于减缓全球变暖。此外，竹浆纤维在使用后生物降解性强，对环境的负担较小。因此，竹浆纤维是一种环保、可再生的材料选择。在非织造产品中因为其独特的性能优势，如吸湿性、抗菌性、环保性等，可广泛用于开发具有特殊功能的非织造产品，市场前景十分广阔，主要应用领域如下所述。

（一）医疗卫生材料

竹浆纤维具有天然杀菌、抑菌的效果，适合用于制作手术衣、手术覆盖布、口罩等，也可用于制作妇女卫生巾的面料及其他生理卫生用品。

（二）农业园林材料

竹浆纤维具有良好的可降解性，可用于多种包装和环保材料，包括树根包装袋、育苗床片材、苗圃膜材、植被片材、多功能卷材、防草地膜、内衬片材、坡面防护绿化卷材、防灰片材、排水卷材及吸水卷材等。

（三）家庭卫生用品

竹浆纤维湿巾或干巾是利用竹浆纤维可生物降解的优势，使产品更加绿色环保，减少了对合成材料的依赖，同时具有优良的吸湿性和柔软度。湿巾通常具有抗菌功能，适合用于清洁皮肤、婴儿护理或日常清洁。干巾则以其高吸水性和强韧性，适合用于擦拭各种表面或物品。

第三节　Lyocell 纤维

一、Lyocell 纤维概述

Lyocell 纤维是一种全新的精制纤维素纤维，它与黏胶纤维同属再生纤维素纤维，是以 N-甲基吗啉-N-氧化物（NMMO）为溶剂，用干法或干喷湿法纺丝制得的再生纤维素纤维。生产过程中使用的有机溶剂 NMMO 在整个生产过程中可以回收，回收率达 99% 以上，整个生产系统形成闭环回收再循环系统，无废物排放，且 Lyocell 产品使用后可生化降解，不会对环境造成污染，故被称为绿色纤维。

1980 年由德国 Akzo-Nobel 公司首先取得工艺和产品专利，1989 年由国际人造纤维和合成纤维委员会（BISFA）正式命名为 Lyocell 纤维。英国 Courtaulds 公司生产的 Lyocell 纤维的商品名称为 Tencel，国内谐音商品名为"天丝"。目前可工业化生产的还有奥地利 Lenzing 公司生产的 Lyocell 纤维和德国 Akzo-Nobel 公司生产的 Newcell 纤维。Lyocell 兼具天然、合成纤维两者优点，其力学性能优良，尤其是湿强与湿模量接近于合成纤维，同时具有棉纤维的舒适性、黏胶纤维的悬垂性和色彩鲜艳性、真丝的柔软手感和优雅光泽。

Lyocell 纤维有以下品种：

1. 普通型 Lyocell 纤维

普通型 Lyocell 纤维包括 Lyocell 长丝与短纤，长丝主要以 Newcell 为代表，短纤主要有 Tencel、Lenzing Lyocell、Alceru、Cocel、Acell 等。

2. 交联型 Lyocell 纤维

为克服 Lyocell 的原纤化现象，Acordis 公司与 Lenzing 公司分别研制了交联型的 Lyocell 纤维。Acordis 公司的商标名为 Tencel A100、Tencel A200，Lenzing 公司的商标名为 Lenzing Lyocell LF。

3. 超细型 Lyocell 纤维

基于 Lyocell LF 纤维技术，Lenzing 公司开发了超细型 Lyocell——Micro Lyocell，纤维规格为 0.9dtex ×34mm。

二、Lyocell 纤维的形态结构和化学构成

Lyocell 纤维的横截面为不规则的圆形，没有中腔，表面非常光洁，全芯层结构，表皮很薄，如图 4-5 所示。

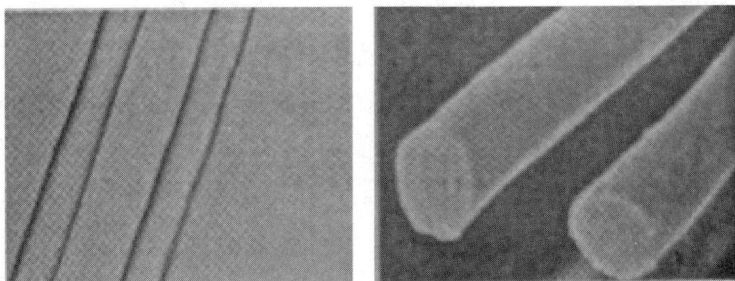

图 4-5　Lyocell 纤维的纵横向照片

Lyocell 纤维大分子由 β-D-葡萄糖残基以 1,4 苷键连接而成。大分子的两个末端葡萄糖残基带有不同基团。一端有四个自由羟基，另一端有三个自由羟基和一个半缩醛羟基（潜在醛基），这样的结构使纤维大分子具有还原性。另外，由于纤维素浆粕结构基本无变化，其聚合度较高，纤维大分子中的羟基能把几个结晶区和无定形区连在一起，形成紧密的整体，从而使纤维强度提高。

Lyocell 纤维的结晶度为 50%~63%，比黏胶纤维要大得多，普通胶纤维约为 30%。Lyocell 纤维较黏胶纤维具有更高的平均分子量和更集中的分子量分布，取向度和沿纤维轴向的规整性也更高，聚合度为 400~700。

Lyocell 纤维的原纤化具有原纤化特点。原纤化是指湿态下纤维与纤维或纤维与金属等物体发生湿摩擦时，原纤沿纤维主体剥离成直径为 1~4 μm 的巨原纤，进而纰裂成更细小的微

原纤的过程（图4-6）。Lyocell纤维纺丝属于溶剂纺干喷湿法工艺，使纤维极易形成皮芯层结构，皮层结构致密且薄，为纤维的原纤化提供条件。另外，Lyocell纤维的高取向度使原纤沿纤维轴排列整齐，原纤间的交缠络合减少，也有利于原纤的剥离。

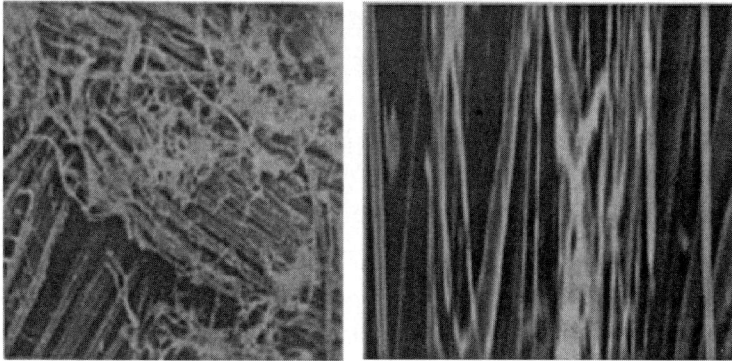

图4-6　原纤化与非原纤化Lyocell纤维样品对比

三、Lyocell纤维的性能

（一）力学性能

Lyocell短纤维属高强、高模、中伸型纤维。从力学指标看，Lyocell纤维的断裂强度为3.8~4.8cN/dtex，与聚酯纤维相当；Lyocell纤维的湿态强度比干态强度略有下降，湿强为干强的94%左右，湿强约为黏胶纤维的2.5倍。在重复拉伸中，Lyocell长丝较黏胶短纤有更大的储能能力和弹性回复能力，其耐拉伸疲劳性能优于黏胶短纤但不如黏胶长丝。另外，Lyocell纤维的抗弯曲疲劳性能明显优于黏胶短纤维，呈现出脆性断裂特征。

（二）化学性能

Lyocell纤维对强酸溶液的稳定性较差。Lyocell纤维在10% H_2SO_4 溶液中2h，强度下降10%~20%；当 H_2SO_4 溶液浓度大于20%时，纤维的强度严重受损；当浓度为75%时，纤维基本溶解。

Lyocell纤维对碱溶液的稳定性较好。在5%NaOH溶液中，纤维的强度下降很小。Lyocell纤维与棉的混纺织物能经受丝光处理，以改善织物外观，减小收缩，提高织物的抗皱性。

（三）吸湿性能

Lyocell纤维的吸湿性能与黏胶纤维相同，比棉蚕丝好，低于羊毛。Lyocell纤维在水中有膨润现象，而且由于其形态结构特点，造成膨润的各向异性十分明显，横向膨润率可达40%，而纵向只有0.03%。

（四）热学性能

Lyocell纤维的热学性能直接影响它的加工性能和使用性能。在200℃以上，Lyocell纤维出现向高弹态的转变，分解起始温度为288.76℃，高于黏胶纤维的起始温度275.67℃，热失重现象较轻。Lyocell 纤维在 190℃、30min 的条件下，断裂强度和断裂伸长率分别为原值的 88.4% 和 88.6%，有良好的耐热性能。Lyocell 纤维的干热收缩率为 0.54%，而黏胶短纤的干热收缩率为 1.26%；燃烧性能与黏胶短纤相同，极限氧指数为 18%。

（五）染色性能

Lyocell 纤维属再生纤维素纤维，用于纤维素纤维的染料都适用于 Lyocell 纤维，如活性染料、直接染料、硫化染料和还原染料等。Lyocell 纤维具有较高的上染率，对活性染料的上染为 60%~77%，与黏胶纤维的上染率相近；而对直接染料的上染率更高，为 95%~97%，略高于黏胶纤维，但远高于涤纶的上染率。

四、Lyocell 纤维的制备

Lyocell 纤维的原料是生长非常迅速的山毛、针叶松等木材制成的木质浆粕，其纺丝工艺流程是一种溶剂循环密闭式的干湿法纺丝技术路线，其工艺流程如图 4-7 所示。将纤维素浆粕加入 N-甲基吗啉-N-氧化物（NMMO）和水的混合溶剂中，制成纺丝原液，加入添加剂（如 $CaCl_2$）和抗氧化剂（如没食子酸丙酯 PG），以防止纤维素在溶解过程中氧化降解，并调节溶液的黏性和改善纤维的性能；控制纺丝原液的水分含量小于 13.3%，使纤维素达到最好的溶解能力；在 85~125℃ 条件下搅拌，纤维素溶解得到较高浓度的纺丝溶液；纺丝溶液经过滤泡、脱泡，采用湿法或干喷湿法纺丝，在低温水浴或水/NMMO 体系凝固成型，经拉伸水洗、去油、干燥和溶剂回收等工序，制成 Lyocell 纤维。

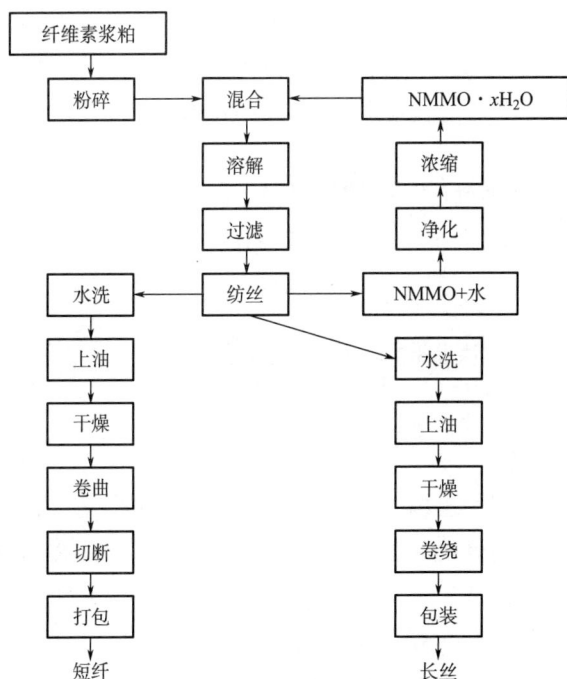

图 4-7 Lyocell 纤维的纺丝工艺流程

五、Lyocell 纤维的非织造应用实例

（一）水刺法非织造材料

Lyocell 纤维因其高强度、优良的吸水性以及在加工中可原纤化的特性，被广泛用于水刺法非织造布的生产。与其他纤维素纤维相比，Lyocell 纤维具有更高的强度、更小的伸长率和更高的初始模量，从而确保了产品在水刺过程中及后整理中的尺寸稳定性。原纤化是 Lyocell 纤维的一项重要特性，尤其是在湿膨胀和机械作用（水刺）下更为明显，且在增加机械作用或水刺压力时，原纤化速度会加快。原纤化显著提升了非织造布的丰满度、吸水性和外观质量。Lyocell 水刺布广泛应用于一次性擦拭物品、医用纱布、女性卫生巾、防护服、过滤材料、涂层基布、电池隔板及生态复合材料等领域。

（二）湿法非织造材料

Lyocell 纤维具有优良的亲水性和分散性，克服了合成纤维亲水性差和分散困难的缺陷，同时避免了黏胶纤维的粘连问题。其高结晶度和取向排列使其易于原纤化成细于 $1\mu m$ 的微纤维，从而显著提升非织造布的抗张强度、撕裂强度、吸湿性和粒子捕获能力。此外，Lyocell 纤维湿强度高、出网含水率低，且可生物降解，符合环保要求。其在湿法非织造布中的应用研究已见成效，且在电池隔板材料、医用材料、过滤材料和打字蜡纸基材中的优越性逐渐显现。

（三）高强湿巾

Lyocell 纤维具有较高的断裂强力，尤其是湿强，干态或湿态时模量都较高，比棉的吸水性高，可以原纤化成微纤维，有氧或无氧条件下都易生物降解。Lyocell 纤维的上述优点，使其特别适用于水刺工艺，从而赋予水刺非织造布高湿强、高湿抱合力和高尺寸稳定性等优良性能。Lyocell 高强湿态纤维具有强力高且耐久、吸湿性高、湿回弹性好、因原纤化而易干燥、耐化学药品性强、掉绒率低、卫生纯净等优越性能。

（四）特种纸张

利用高原纤化 Lyocell 纤维制成各种特种纸张，如电容器纸、电池隔膜、油印用蜡纸、过滤纸、保密纸、照相纸和特殊印刷纸等，具有较高的不透明性、撕裂强度和透气性。

第四节　大豆蛋白纤维

一、大豆蛋白纤维概述

大豆蛋白纤维属于再生植物蛋白质纤维，又称为大豆蛋白复合纤维，它是由大豆中提取的蛋白质混合并接枝一定的高聚物（如聚乙烯醇）配成纺丝液，用湿法纺丝制得的纤维。大豆蛋白纤维是由我国的纺织科技工作者首先研发成功，并在国际上率先实现工业化生产。我国大豆资源丰富，豆粕价格十分低廉，豆粕经提取蛋白质后，还可以继续用作饲料或肥料，所以开发大豆纤维还是农副产品深加工和废物利用的一条良好途径，具有广阔的应用和发展前景。

大豆蛋白纤维具有光滑、柔软和优雅的光泽，具有良好的悬垂性以及吸湿透气性，染色牢度高，抗皱性优于真丝，手感挺括，对皮肤有保健作用，适合制作各类高档服装及内衣面料。此外，大豆蛋白纤维还可以与蚕丝、羊毛、山羊绒、棉等纤维混纺，具有轻盈、柔软、光滑、丝光、强度高、吸湿、导湿和透气等优点，能够展现其独特风格。采用非织造工艺制备大豆蛋白纤维非织造材料，在家用纺织品、美容护肤、卫生保健、纳米膜材料等领域得到广泛应用。

二、大豆蛋白纤维的形态结构及化学构成

大豆蛋白纤维的截面形态不完全一致，大多数呈哑铃形，一部分呈扁平形、腰圆形，还有一少部分呈三角形，截面中心颜色较深，可能是由纤维内外层的成分不同所致；纵向表面不光滑，有清晰的沟槽，有利于吸湿、导湿、放湿。

棉型大豆蛋白纤维，机切长度为38mm，排列整齐；光泽亮丽，略呈淡黄色，外观很像蚕丝，手感轻柔滑爽，酷似羊绒；纤维细度为1.27dtex，较其他纤维细，是其手感比较轻柔的一个重要原因。

大豆蛋白纤维由25%~45%的蛋白质和75%~55%的聚乙烯醇或聚丙烯腈组成。大豆蛋白是天然的杂链高聚物，分子链通过酰胺键连接，链段较短且柔性较高，通常呈现α-螺旋链结构。在特定条件下，如张力和湿热，大豆蛋白分子会变性，展现为直线形的β-折叠链结构。一般大豆蛋白分子间主要依靠氢键、各种盐式键和双硫键相互连接。

三、大豆蛋白纤维的制备

大豆蛋白纤维以天然大豆为主要原料，利用生物工程新技术，将豆粕中的球蛋白提取、提纯，通过添加功能性助剂，与腈基或羟基等高聚物接枝、共聚、共混，制成一定浓度的蛋白质纺丝液，改变蛋白质的空间结构，通过湿法纺丝制得大豆蛋白纤维，再经过卷曲、热定形、切断，生产出各种长度规格的纺织用高档纤维。整个生产过程对环境无污染，纤维本身易生物降解，是一种绿色环保纤维（图4-8）。

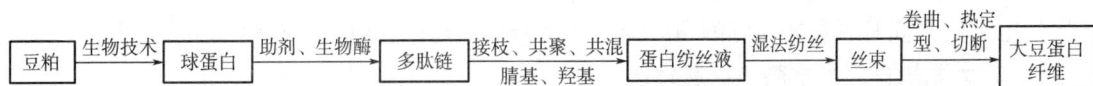

图4-8 大豆蛋白纤维的制备过程

四、大豆蛋白纤维的性能

（一）力学性能

大豆蛋白纤维的干断裂强度和湿断裂强度分别为3.8~4.9cN/dtex和2.5~3.0cN/dtex。干断裂伸长和湿断裂伸长分别为15%和17%。纤维的密度为1.28g/cm³，小于蚕丝和黏胶纤维的密度。

（二）吸湿性能

大豆蛋白纤维在标准大气条件下的平衡（吸湿）回潮率，腈纶基为5%~6%，维纶基为6%~7%。大豆蛋白纤维的表面沟槽和纤维中的孔洞，使纤维的毛细管效应显著，大豆蛋白纤维的导湿性优于竹浆纤维。

（三）化学性能

大豆蛋白纤维耐酸性能较差，具有一定的耐碱性，大豆蛋白纤维在紫外线照射120h后，强力下降9.8%，断裂伸长和变异系数略有增加，这说明了大豆蛋白纤维具有较好的耐日光性能。

（四）热学性能

大豆蛋白纤维的玻璃化温度为81℃，分解温度为330℃，热稳定性比羊毛差。大豆蛋白纤维在150℃、30min时的断裂强度和断裂伸长分别为原始值的68%和92.5%，后加工的处理温度应低于110℃。大豆蛋白纤维的极限氧指数为22%，低于羊毛和蚕丝。大豆蛋白纤维在干热空气和沸水中的热收缩率均高于羊毛，说明其湿热尺寸稳定性差。

五、大豆蛋白纤维的非织造应用实例

大豆蛋白纤维属于再生植物蛋白纤维类，其有着羊绒般的柔软手感，蚕丝般的柔和光泽，优于棉的保暖性和良好的亲肤性等优良性能，被誉为"新世纪的健康舒适纤维"和"肌肤喜欢的好面料"。除了可以通过机织和针织等方法开发大豆蛋白纤维面料，更可以通过非织造的方法开发出各类大豆纤维特色产品。

（一）高档家用纤维材料

大豆蛋白纤维单丝纤维细、密度低、手感柔软，吸湿、导湿性好，保暖性能好。它可以用特殊的叉形针通过针刺法加工成仿羊毛毯。这种仿羊毛毯不但具有羊绒般的手感、蚕丝般的柔和光泽，而且具有羊毛般的保暖性。

大豆蛋白纤维还可以作为纤维填充材料，应用于高档家纺产品。它具有很好的保暖性能，比传统的棉被更加保暖，而且更加轻盈。同时具有很好的透气性和吸湿性，能够有效地调节温度和湿度，保持干爽舒适的睡眠环境。另外大豆蛋白纤维还具有很好的抗静电性能，不会产生静电干扰，同时也具有很好的耐磨损性和抗皱性，可以长时间保持整洁美观（图4-9）。

（二）大豆蛋白纤维水刺非织造材料

大豆蛋白纤维的弯曲刚度低，其水刺产品手感柔软，同时较低的弯曲刚度使得大豆蛋白纤维水刺非织造材料的缠结系数高于大豆蛋白/黏胶纤维水刺非织造材料。大豆蛋白纤维和大豆蛋白/黏胶纤维水刺非织造材料的透湿量相当，保持在290g/（m²·24h）左右。随着面密度的增加，透湿量稍有降低。相同面密度的大豆蛋白纤维水刺非织造材料的带液率大于大豆蛋白/黏胶纤维水刺非织造材料。这是因为大豆蛋白纤维水刺非织造材料的孔径大于大豆蛋白/黏胶纤维水刺非织造材料，孔径越大，带液率越高。大豆蛋白纤维非织造材料具有消除臭味、阻断紫外线、发射远红外线等功能，而且导湿快、透气好、干爽舒适、轻柔蓬松，具有卓越的呵护肌肤等特点，是美容、日用以及卫生产品的理想材料，可以用于美容面膜、美容湿巾

图 4-9　大豆蛋白纤维和大豆蛋白纤维被

以及各种妇婴用、医用保健产品。

（三）生物医用及食品包装材料

研究表明，改性后的大豆蛋白材料能满足生物医用材料所需的良好生物相容性。大豆蛋白与热稳定性较好的药物混合物经挤出后注塑成型，制备出具有缓释作用的复合物，可用于药物控制释放系统。在包装材料中，合成薄膜由其带来的全球性白色污染日益显著，以天然生物材料制成的包装膜逐渐成为科学家的研究首选。大豆蛋白中存在大量的氢键、疏水相互作用、离子键等，使得大豆蛋白具有很好的成膜性，所制成的膜具有良好的阻隔性能和机械强度，且具有较好的生物相容性和生物降解性，因此大豆蛋白膜在食品包装及可降解生物材料领域具有很大的应用潜力。

思考题

1. 列举几种改性及功能性黏胶纤维，并简述其应用。
2. 简述竹浆纤维在非织造领域的应用。
3. 对比 Lyocell 纤维和黏胶纤维的性能。
4. 为什么说 Lyocell 是对环境友好的绿色纤维？
5. 简述大豆蛋白纤维的化学构成和制备过程。
6. 列举大豆蛋白纤维的非织造应用实例。

第四章思考题

参考答案

参考文献

［1］姚穆，孙润军．纺织材料学［M］．5 版．北京：中国纺织出版社，2019.
［2］何建新．新型纤维材料学［M］．上海：东华大学出版社，2024.
［3］肖长发，尹翠玉．化学纤维概论［M］．北京：中国纺织出版社，2015.

［4］ 张海泉 . 纺织材料学 ［M］. 北京：中国纺织出版社，2013.

［5］ 杨乐芳，刘健 . 纺织新材料 ［M］. 上海：东华大学出版社，2024.

［6］ 郭玉凤 . Taly 纤维结构性能及其加工技术的相关性研究 ［D］. 上海：东华大学，2009.

［7］ 苏婷婷，殷保璞 . 大豆蛋白纤维水刺非织造材料性能研究 ［J］. 产业用纺织品，2014 （7）：21-27.

［8］ 周强 . 大豆蛋白纤维性能及应用前景 ［J］. 化纤与纺织技术，2009 （3）：30-33.

［9］ 吴红玲，王雪梅，张弦 . 生物降解纤维在非织造布中的应用 ［J］. 非织造布，2007，15 （6）：31-35.

［10］ 杨明霞，陈莉娜，刘雪平 . 再生纤维素纤维的开发现状及发展趋势 ［J］. 成都纺织高等专科学校学报，2016，33 （3）：169-173.

［11］ 李会改，陈国强，万明 . 竹纤维的性能及应用 ［J］. 成都纺织高等专科学校学报，2016，33 （1）：177-180.

［12］ 王坚 . 再生蛋白纤维非织造布生产工艺与性能研究 ［D］. 无锡：江南大学，2008.

第五章 非织造用合成纤维

第五章PPT

思维导图

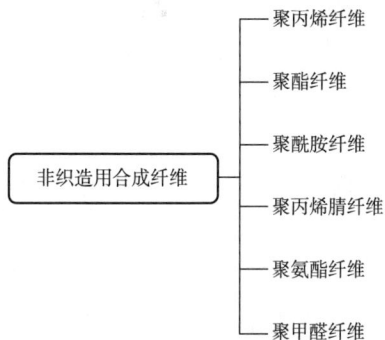

知识点

1. 非织造用合成纤维的种类。
2. 各类非织造用合成纤维的化学组成与结构。
3. 各类非织造用合成纤维的制备方法及性能。
4. 各类非织造用合成纤维的非织造应用实例。

课程思政目标

1. 增强学生的民族自豪感和自信心，厚植爱国主义情怀。
2. 培养学生严谨的科学态度。
3. 激发学生的专业热情和专业认同感。
4. 培养学生的科学思维和创新意识。

合成纤维是由低分子物质经化学合成的高分子聚合物，再经纺丝加工得到的纤维。这类纤维不仅具有较高的强度和耐磨性，较好的化学稳定性，还具有可调控的结构和形态，使其在非织造领域中得以广泛应用，是主要的非织造材料原料来源。合成纤维被广泛应用于各类土工材料、包装材料、医用卫生材料、建筑材料及过滤材料等非织造领域。随着科技的不断进步，合成纤维制造技术也在不断创新，为其在非织造领域的应用提供了更多可能性。

第一节 聚丙烯纤维

一、聚丙烯纤维概述

聚丙烯（polypropylene，缩写为PP）纤维是由石油精炼的副产物丙烯（$CH_3—CH = CH_2$）通过加热、压力和催化剂的作用发生聚合反应生成的等规聚丙烯纺制而成的合成纤维，在我国商品名为丙纶。聚丙烯纤维产品主要包括普通长丝、短纤维、膜裂纤维、膨体长丝、烟用丝束、纺粘和熔喷法非织造布等。近年来，随着经济的快速发展和城市化进程的加速，聚丙烯纤维市场的需求量不断增长，我国已经成为全球最大的聚丙烯纤维市场。目前，中国聚丙烯纤维的年产能已经超过了3000万吨，市场销售额也在持续扩大。

二、聚丙烯纤维的组成与结构

聚丙烯，是由丙烯聚合而制得的一种热塑性树脂，其化学结构式如图5-1所示。

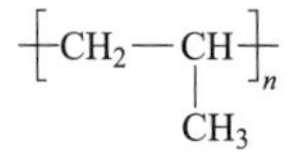

$$\begin{bmatrix} CH_2 - CH \\ | \\ CH_3 \end{bmatrix}_n$$

图5-1　聚丙烯化学结构式

按甲基排列位置分为等规聚丙烯（isotactic polypropylene）、无规聚丙烯（atactic polypropylene）和间规聚丙烯（syndiotactic polypropylene）三种。

分子链中的甲基（—CH₃）分布在主链的同一侧，称为等规聚丙烯；分子链中的甲基（—CH₃）有规则地交互分布在主链的两侧，称为间规聚丙烯；分子链中的甲基（—CH₃）无秩序地分布在主链的两侧，称为无规聚丙烯。

等规聚丙烯的分子链结构完整，甲基在主链同一侧，非常容易结晶，结晶度较高，产品硬度和强度较高，目前大多数工业化聚丙烯制品都是由等规聚丙烯制成，等规度可达95%以上，若低于90%则纺丝困难。间规聚丙烯中的甲基交替排列在主链两侧，较容易结晶，物化性质与等规聚丙烯相近，抗冲击强度是等规聚丙烯的两倍，刚性和硬度是等规聚丙烯的1/2，产品主要以吹塑、挤塑成薄膜、片材为主。无规聚丙烯中甲基分布没有规律，是等规聚丙烯生产的副产物，不易结晶，主要用于改性沥青、填充母料等。

等规聚丙烯的结晶特性较为复杂，不同的试验条件或添加不同的助剂均会影响其结晶能力，并使其表现出不同的晶体形貌特征。同时，等规聚丙烯具有典型的同质多晶特点。等规聚丙烯熔体在不同条件下冷却结晶会产生5种晶体，分别为单斜α晶型、六方β晶型、三斜晶型γ、近晶结构δ和拟六方体。其中，最常见的是单斜α晶，六方β晶次之，三斜晶型γ、近晶结构δ和拟六方体不稳定，不容易产生。

等规聚丙烯的结晶形态为球晶结构。最佳结晶温度为125~135℃。温度过高，晶核成型困难，结晶缓慢；温度过低，不利于分子链扩散，结晶困难。聚丙烯初生纤维的结晶度为33%~40%，经后拉伸，结晶度上升至37%~48%，再经热处理，结晶度可达65%~75%。

三、聚丙烯纤维的制备方法

等规聚丙烯是一种典型的可熔融加工成各种用途的热塑性高聚物。聚丙烯纤维的工业生产一般采用熔融纺丝或薄膜裂纹纺丝两种工艺方法。随着生产工艺的发展，近年来出现了一系列创新的生产方法，如复合纺丝、膨体长丝技术、纺-牵一步法（FDY）工艺，以及纺粘和熔融喷射法等非织造材料加工工艺。这些新兴工艺不仅提升了生产效率，还进一步丰富了聚丙烯纤维的应用领域，为相关行业带来了革命性的变革。

（一）熔融纺丝法

熔融纺丝如图5-2所示，聚丙烯聚合物在螺杆挤出机中熔融经纺丝泵定量送入纺丝组件，通过喷丝板毛细孔过滤后挤出。熔融纺丝温度控制在220~280℃。液态丝条在经过冷却介质时逐渐固化，再由下面的卷绕装置高速拉伸成丝，得到初生纤维。卷绕装置的拉伸速度非常高，可达1500~3000m/min。热定型是聚丙烯纤维后加工的重要工序，可使聚丙烯纤维经热定型后结晶度提高至65%~75%，沸水收缩率下降，纤维尺寸稳定性提高。聚丙烯纤维热定型温度宜在120~130℃之间。

（二）薄膜裂纹纺丝法

膜裂纤维是20世纪70年代国际合成纤维领域中快速发展的一种新型纤维，具有轻质、高强度、耐酸碱、不吸水和耐腐蚀等特点。其生产方法通常包括两种方式。一种是采用单丝挤出法，即将单根纤维从独立的喷丝孔中挤出。然而，这种方法的成本较高。另一种常用的方法是薄膜拉伸法。该方法首先通过挤出薄膜，然后在冷却滚筒或水浴中进行冷却，最后进行10倍的单向拉伸。

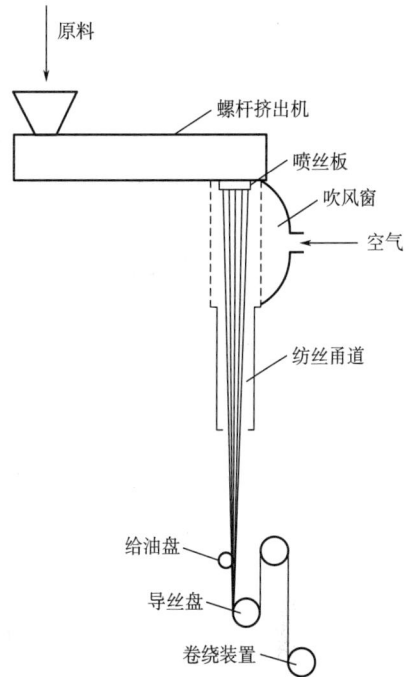

图5-2 熔融纺丝示意图

（三）短程纺丝

短程纺丝，又称紧凑纺丝，是熔融法生产聚丙烯纤维的新技术。与传统的长程纺丝相比，短程纺丝无须纺丝甬道，直接将加热熔融的聚丙烯颗粒通过纺丝仓喷出，与后加工过程如拉伸、卷曲、切断等直接相连。这种方法简化了生产流程，减少了设备占地面积，从切片输入到纤维包装实现了全连续化生产，有助于提高生产效率和纤维质量。此方法尤其适用于降低纺程中丝条的应力，特别在制造细旦纤维时。短程纺丝适用于生产纤维品质指标精度要求不是特别高的短纤维产品，单丝线密度1~200dtex。

（四）膨体变形长丝

膨化变形长丝是一种高密度、卷曲特性的变形长丝，其生产过程通常在由纺丝、拉伸、变形和卷曲装置组成的联机上进行。初生丝经过上油盘后，进入加热辊和热拉辊，随后进入热流体喷射装置进行变形、膨化和卷曲。冷却后，丝条被卷成筒，最终送入卷曲装置。

（五）纺粘非织造工艺

纺粘法是指纺丝直接成布法。纺粘法非织造布其工艺流程如下：

聚丙烯切片→熔融纺丝→冷却成型→拉伸→铺网→纤网输送→纤网加固→卷装。

纺粘法非织造布的纺丝部分和化纤熔融纺丝完全一样，冷却成型后的丝条仍要进行拉伸，一般采用气流拉伸，使纤维达到一定强度。牵伸后的纤维利用高速气流或静电分丝铺网，经加固定型后进入卷装机成卷，经热熔黏合得到纺粘法非织造材料。纺粘法非织造材料生产工艺流程如图5-3所示。聚丙烯纺粘非织造材料的发展非常迅速，其产品品种多、成网均匀、力学强度高，但手感不是很好。产品的面密度一般为$10 \sim 200 g/m^2$，主要用作卫生材料、服装辅料、贴墙布、包装材料和土工材料等。

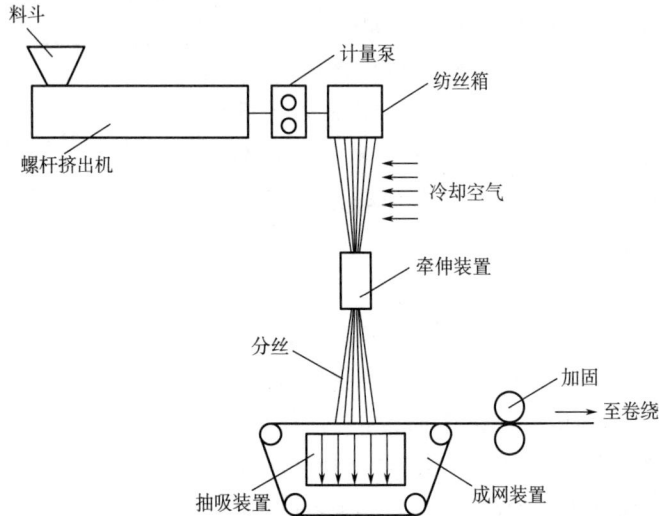

图5-3 纺粘法非织造材料生产工艺流程

（六）熔喷非织造工艺

熔喷法非织造工艺与纺粘法非织造工艺同样是利用化纤纺丝得到的纤维直接铺网而成，但它与纺粘法有显著区别。如图5-4所示，纺粘法是在高分子熔体喷丝后才与空气接触并拉伸，而熔喷法是将聚合物原料加热熔融，然后从多个喷丝孔挤出，利用热空气在高分子熔体喷丝的同时以高速、高温气流喷吹熔体，使熔体喷出后拉成极细的不规则的微/纳米纤维，然后在周围冷空气的作用下冷却固化纤维，这些纤维沉积在成网帘上，依靠自身黏合或其他加固方法成为熔喷非织造材料。PP材料具有价格低廉、高熔体黏度和良好的可加工性等优势，这使其成为熔喷非织造材料领域应用最为广泛的原料之一。目前接近90%的熔喷非织造材料都采用PP制成。熔喷技术可制备出具有超细纤维的聚丙烯非织造材料，同时具有成本低、效率高、环境友好等优势，目前已发展为微纳米纤维材料制备的常用方法之一，广泛应用于空气过滤、油水分离、

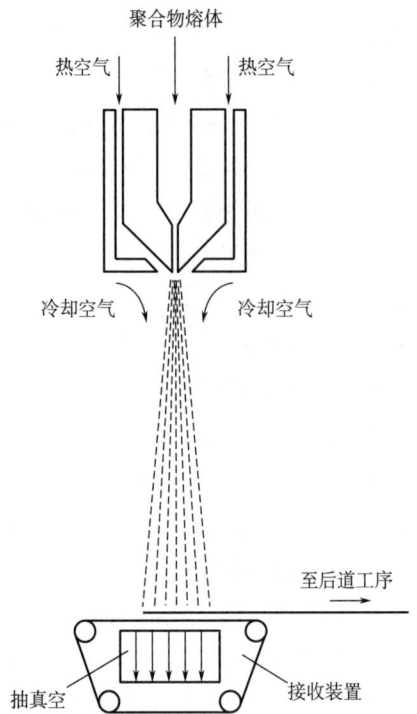

图5-4 熔喷法成网工艺原理

医疗卫生等领域。

目前常用熔喷 PP 原料的 MFI 约为 1500g/（10min），且分子量分布较窄。将这种 PP 熔喷非织造材料与其他材料共混，可以提升其性能，使其能够应用于更多领域。例如，为了改善其伸长性，Chang 等采用熔融共混的方式将乙烯—醋酸乙烯酯共聚物（ethylene-vinyl acetate copolymer，EVA）添加到 PP 原料中形成母粒，然后使用该母粒制备熔喷非织造材料。相比于纯 PP 非织造材料，混合后的 PP/EVA 熔喷非织造材料拉伸强度和拉伸模量下降，韧性和使用舒适性得到改善，可用于制造绷带、尿布、面罩等产品。

四、聚丙烯纤维的性能

（一）力学性能

聚丙烯纤维的主要力学性能见表 5-1。

表 5-1　聚丙烯纤维的主要力学性能

性能	短纤维	复丝
初始模量/（cN/dtex）	23~63	46~136
断裂强度/（cN/dtex）	2.3~5.3	3.7~6.4
断裂伸长/%	20~35	15~35
（伸长 5%时）弹性回复率/%	88~95	88~98
沸水收缩率/%	0~5	0~5

聚丙烯纤维属于热塑性纤维，在高温作用时，它们的强度就会下降，低温强度较好。由于它的熔点较低，与其他可溶性合成纤维材料相比，它在高温下的化学强度最低，这一点在染整加工过程中要特别注意。聚丙烯纤维本身具有低吸湿性，因此它们在表现为干、湿强度和断裂伸长率都是相同的。

（二）密度

与所有的合成纤维相比，聚丙烯纤维的密度最低，为 $0.90~0.92g/cm^3$，所以聚丙烯纤维质轻，覆盖性能优良。

（三）吸湿性

聚丙烯纤维分子结构中不含极性的基团，结构致密，结晶程度高。它的吸湿性能是纤维和合成材料中最差的，其回潮率为 0.03%。因此，该类型纤维的染色适用于疏水性染料。聚丙烯纤维的芯吸能力强，能使水分沿纤维轴向传输。

（四）热学性能

聚丙烯纤维的部分热性能常数见表 5-2。

聚丙烯纤维熔点低，染整加工时注意不要在高温下长时间操作。在高温空气条件下进行加热时，聚丙烯纤维往往会迅速发生热氧化分解反应，因此经常添加某些抗氧化剂在聚合物中。

表 5-2　聚丙烯纤维的部分热性能常数

性能常数	数值	性能常数	数值
玻璃化温度/℃	120	软化点/℃	140~160
熔点/℃	165~173	比热容/ [J/（kg·K）]	1.92
热导率/ [W/（m·K）]	$8.79×10^{-4}$	体膨胀系数/（1/K）	$3.50×10^{-4}$

（五）电绝缘性能

聚丙烯纤维电阻率很高（$7×10^{19}\Omega·cm$），电绝缘性能好，但加工时易产生静电。

（六）化学稳定性

丙纶是碳链高分子化合物，又不含极性基团，故对酸、碱及氧化剂的稳定性很高，耐化学性能优于一般化学纤维。

（七）耐光性

丙纶耐光性较差，日光暴晒后易发生强度损失，这主要是由于光分解或光氧化作用。从化学组成来看，丙纶没有吸收紫外光的基团，但由于分子链中叔碳原子的氢比较活泼易被氧化，所以其耐光性差。

（八）染色性能

丙纶不含可染色的基团，吸湿性又差，故难以染色，采用分散染料只能得到很浅的颜色，且色牢度很差。通常采用原液着色、纤维改性、在熔融纺丝前掺混染料络合剂等方法，可解决丙纶的染色问题。

五、聚丙烯纤维的非织造应用实例

丙纶纤维在非织造领域拥有广泛的应用。其主要应用包括土木工程、过滤材料、汽车内饰、卫生用品、工业用途和建筑材料等方面（图5-5）。在土木工程方面，丙纶纤维被用于制造土工布、土工格栅等产品，以加固土地、防止土壤侵蚀。在过滤材料领域，丙纶纤维被用于制造空气过滤器、水处理过滤器等，以去除杂质和污染物。汽车内饰方面，丙纶纤维常见于汽车座椅面料、车门内衬等，提高了舒适性和耐用性。在卫生用品领域，丙纶纤维被用于制造卫生巾、纸尿裤等产品，在建筑材料方面，丙纶纤维被用于制造防水材料、防水卷材等，提高了建筑材料的耐久性和防水性能。具体应用情况如下所述。

（一）医用卫生材料

医用卫生材料是聚丙烯非织造材料应用较早的领域，由于其相对密度小、吸水性小、芯吸性好，并具有良好的强度和低成本等特点，使其成为医疗卫生用品的理想选择。特别是其疏水性和芯吸性，能够快速传导体液到吸收层，同时保持皮肤干爽舒适，因此在医疗用品领域很难被其他材料所替代。

聚丙烯纤维在医疗卫生领域的应用主要如下：医用手术衣帽、口罩、医用一次性隔离服、病员服、隔离窗帘、鞋套、仪器罩套、医疗护理垫、被褥覆面等，制作这些用品主要采用聚丙烯纺粘法或SMS复合法非织造材料。此外，个人护理卫生用品，如妇女卫生巾、婴儿纸尿

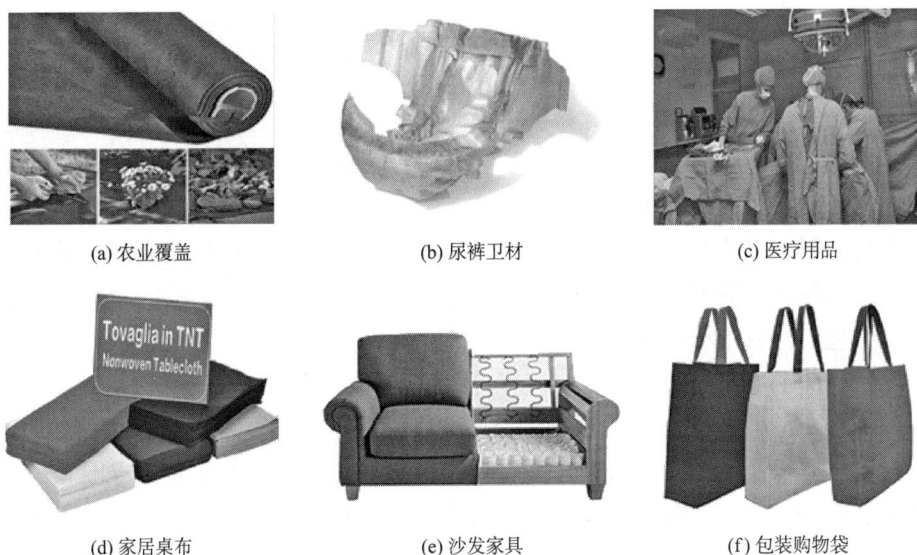

(a) 农业覆盖　　　　　　　(b) 尿裤卫材　　　　　　　(c) 医疗用品

(d) 家居桌布　　　　　　　(e) 沙发家具　　　　　　　(f) 包装购物袋

图 5-5　聚丙烯纤维的应用实例

裤及成人失禁用品，也广泛采用 PP 或 PP/PE 短纤梳理成网的热轧、热风非织造布以及 PP 或 PP/PE 纺粘法非织造材料。由于新型冠状病毒感染疫情的暴发，PP 熔喷非织造材料得到了人们的广泛关注和研究。但 PP 熔喷非织造材料弹性低和空气过滤性能稳定性差等缺点，一定程度上限制了其发展。

（二）医疗液体过滤材料

非织造材料由于其特殊结构而具有优良的过滤性能，其中，熔喷非织造材料又具有超细纤维结构，因而普遍认为是一种性能优良的液固分离材料。以熔喷法制成的聚丙烯非织造过滤材料，具备特殊的纤维结构和细尖的边缘等特性，间隙小且分布均匀，因而具有比表面积大的特性，同时它还具有生物特异性，无副作用，不易感染，因而可应用在血液过滤方面。国内外的研究资料表明，聚丙烯熔喷非织造材料经过等离子体等表面改性处理后，亲水性大大提高，能最大程度地过滤白细胞，过滤性能增强，对血液过滤的临床应用具有重要的意义。

（三）装饰类材料

装饰类材料主要包括非织造针刺地毯、壁毯、沙发、桌布等，这些产品早在非织造材料发展初期就已经开发，并引进了多条国外先进的生产线，曾在 20 世纪 90 年代风靡国内。聚丙烯纤维具有相对密度小、强度高、耐磨性好和良好的弹性等特点，非常适合用于制作这类产品。尽管近年来，随着人们对高档装饰材料需求的增加，对家庭中聚丙烯针刺地毯的需求有所减缓，但中低档产品仍然在不同层面上有一定市场。

这类产品的非织造生产工艺主要采用梳理成网针刺法，原料为十几层较粗的丙纶色纤维，经针刺后形成有毛圈的毛毯表面。目前，尽管家装领域的发展放缓，但在汽车用毯、展馆用毯等领域的应用仍然广泛，其市场前景依然可观。

（四）包装材料

在包装领域，聚丙烯非织造材料是应用最为广泛的材料之一。这类产品涵盖了鞋类、帽类、服装、水泥、粮食、花卉等各种商品和日常用品的包装。聚丙烯的相对密度小、良好的疏水性、低生产成本以及较高的强度和手感，使其成为这些产品的理想选择，也促进了"用即弃"产品的广泛应用。在需要色彩和花纹装饰时，可以通过添加色纤维或者进行涂料印花的方式，在制作成布或成品时进行，既经济又方便。

这类产品的制造工艺主要采用纺粘法，在早期也有采用将材料整理成网状后再进行热轧的工艺。随着纺粘工艺的不断成熟和生产成本的降低，长丝纺粘材料由于其显著的强度优势，基本上占据了包装材料市场的大部分份额。

（五）土工合成材料

聚丙烯纤维在土工材料中有广泛的应用。其中根据加工方式不同可以分为机织土工材料、编织土工材料、非织造土工材料和复合非织造材料。其中非织造土工布按成网和加固方法不同又分为纺粘法非织造土工布、短纤针刺非织造土工布和热熔黏合法非织造土工布。聚丙烯非织造土工布具有强度较高，耐酸碱性好、耐腐蚀、耐霉变、耐低温、较好的芯吸效应和渗水性能等优异性能，但其抗紫外线和抗老化性能欠佳。在具体的应用方面，聚丙烯纤维在土工领域中被广泛用于各种工程项目中，如道路基础、河堤防护、水库堤坝、海岸防护、土壤加固和植被保护等。相对于聚酯长丝非织造材料，聚丙烯非织造土工材料耐酸碱性好，性能更有优势，但目前在我国还处于起步阶段。

（六）农业覆盖材料

如作物覆盖地被、根控袋、种子袋、除草垫，苗圃保护套、保温帘、地面防护等。

（七）其他材料

聚丙烯非织造布在常温过滤材料、家具内层包覆材料、鞋内衬、工业吸油材料等用途上也有广泛的应用。这些用途也充分利用了聚丙烯的性能和特点，并根据产品的要求采用了包括热轧法、针刺法、纺粘法、熔喷法等各种工艺方法和复合法等不同的工艺生产方法。总体来看，聚丙烯非织造布在各类工业用途中仍占有重要地位，仍具有较强的发展潜力，特别是在土工布、医用卫生材料、包装物、农业用布等用途上，也将随着市场的不断扩大而出现较高的增幅。

第二节　聚酯纤维

一、聚酯纤维概述

聚酯纤维是当前国内外产量最高的合成纤维品种，是一种由有机二元酸和二元醇通过缩聚而得的高分子化合物为原料，再经熔融纺丝所制得的一类合成纤维的总称。这类缩聚物大分子链节都通过酯基相连，通称为聚酯（polyester）。聚酯纤维的品种很多，如聚对苯二甲酸乙二酯（polyethylene terephthalate，PET）纤维、聚对苯二甲酸丁二酯（polybutylene terephthalate，PBT）纤维、聚对苯二甲酸丙二酯（polytrimethylene terephthalate，PTT）纤维等。

聚酯纤维由于其优异的性能和低廉的成本，被广泛应用于技术纺织品领域，如医疗、农业、建筑、交通、军事、环保等，具有很高的附加值和市场潜力。为了进一步发展其应用价值，人们通过改变聚酯的结构和组成，或者与其他纤维进行复合，可以赋予聚酯纤维更多的功能，如阻燃、抗菌、导电、吸湿、保温、隔热、隔音等。

二、聚酯纤维的组成与结构

（一）分子组成与结构

聚酯通常是由二元酸和二元醇通过缩聚反应生成的高分子化合物，其基本链节之间由酯键连接。聚酯纤维最常见的原料是对苯二甲酸或对苯二甲酸二甲酯和乙二醇缩聚生成聚对苯二甲酸乙二醇酯（PET），其化学结构式如图5-6所示。

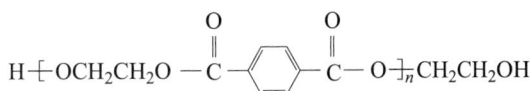

$$H \left[OCH_2CH_2O - \overset{\displaystyle O}{\overset{\displaystyle \|}{C}} - \bigcirc - \overset{\displaystyle O}{\overset{\displaystyle \|}{C}} - O \right]_n CH_2CH_2OH$$

图5-6　PET的化学结构式

聚酯纤维的分子链是由聚酯单元组成的长链分子，由许多连接的酯基团（—COO—）组成，中间每个单元链节都由苯环通过酯基与乙基相连，没有大的支链，分子线性好，易于沿着纤维拉伸方向取向而平行排列。

聚酯分子链上的酯基、苯环和亚甲基链节影响了聚酯的刚性、柔性和构象等特性。PET分子链中由酯基连接苯环，大分子链刚性大，PET纤维的熔点较高。PET分子链的结构具有高度立体规整性，所有芳香环几乎处在一个平面上，因此具有紧密堆积的能力和结晶倾向。

（二）形态结构与聚集态结构

PET分子间没有特别强大的定向作用力，相邻分子的原子间距均是正常的范德瓦耳斯距离，其单元晶格属三斜晶系，大分子几乎呈平面构型。

采用熔体纺丝制成的聚酯纤维，具有圆形实心的横截面，纵向均匀无条痕。聚酯纤维的聚集态结构在一定程度上取决于其制备方法、处理过程以及形成纤维的条件等因素。采用一般纺丝速度纺制的初生纤维几乎全是无定形的，密度为$1.335 \sim 1.337 g/cm^3$，而经过拉伸及热处理后，就具有一定的结晶度和取向度。

三、聚酯纤维的制备方法

聚对苯二甲酸乙二酯（PET）属于结晶性高聚物，其熔点T_m低于热分解温度T_d，因此常采用熔体纺丝法。聚酯纤维产品基本分为涤纶长丝和涤纶短纤维两大类，其熔体纺丝可分为切片纺丝和直接纺丝两种方法。由连续缩聚制得的聚酯熔体可直接用于纺丝，可省去铸带、切粒、干燥和螺杆挤出机等工序，大大降低了生产成本。也可将缩聚后的熔体经铸带、切粒后经干燥再熔融以制备纺丝熔体，生产流程较长，但生产过程较熔体直接纺丝易于控制，更多地用于纺细特（旦）纤维。

四、聚酯非织造材料的制备方法

聚酯可以通过加热至熔化状态后挤出成连续的细丝，这种熔融性使得聚酯纤维可以在非织造布生产过程中形成连续的纤维结构，制备出具有一定强度和功能的材料。聚酯纤维的非织造加工有以下几种。

（一）纺粘法

纺粘法是一种将聚合物熔融纺丝直接成网并制成非织造布的加工方法，聚酯纤维的熔点为260℃左右，具有良好的熔融性，能够在适当的温度下熔化成液态。具体流程为：聚酯聚合物切片烘燥、熔融挤压、纺丝，纺丝过程中，挤出的熔体细丝通过骤冷的空气进行冷却，并在冷却过程中受到拉伸气流的拉伸作用，形成连续长丝。这些连续长丝随后在网帘上成网，并铺放在成网帘上，最后经过固结装置处理，如热黏合、化学黏合或自黏合，形成纺粘法非织造材料。这种方法具有生产流程短、生产效率高、产品性能优良和应用范围广等优点。因此可以用于加工涤纶长丝非织造布，并广泛应用于医疗、卫生、服装、家庭用品、土工布、制鞋业、车用市场、工业用布、包装用品等多个领域。

（二）熔喷法

熔喷法是将熔融的聚酯聚合物通过高速气流喷射到收集器上，形成非织造材料的一种方法。聚酯具有一定温度下熔融的特性，可以采用熔喷法制备非织造布。在高速气流的作用下，熔融的聚酯可以被迅速拉伸成微细纤维，形成细密的非织造结构，适用于制备过滤材料、医用口罩等产品。该方法可用于制备具有微细纤维结构的非织造布，适用于医用口罩、过滤材料等领域。

（三）热黏合

热黏合是通过热轧或热辊将聚酯纤维与其他纤维或衬底材料结合，形成非织造布的一种方法。聚酯纤维在适当的温度下具有良好的可塑性和黏合性，可以通过热轧黏合加固、热熔（热风）黏合加固、超声波黏合加固将纤维相互结合成布。这种方法适用于制备较厚、较结实的非织造布，广泛应用于汽车内饰、家具材料等领域。

（四）水刺法

在高压水流的作用下，将聚酯纤维形成的网状结构进行交织，形成非织造布的一种方法。聚酯纤维的结构较均匀且具有较好的拉伸性，适合在高压水流的作用下进行交织。水刺法可以使聚酯纤维在水流的冲击下形成网状结构，形成非织造布。这种方法可用于制备具有较高强度和柔软性的非织造布，适用于卫生巾、湿巾等领域。

五、聚酯纤维的性能

（一）物理性质

涤纶密度为 $1.38 \sim 1.40 \text{g/cm}^3$，一般为乳白色并带有丝光。生产无光产品需在纺丝之前加入消光剂 TiO_2；生产纯白色产品需加入增白剂；生产有色丝则需在纺丝熔体中加入颜料或染料。常规涤纶表面光滑，横截面近于圆形。如采用异形喷丝板，可制成具有特殊截面形状的纤维，如三角形、Y形、中空等异形截面丝。

涤纶的吸湿性低，回潮率为 0.4%，故其湿强度下降少，导电性差，织物洗可穿性好。涤纶的软化点 T_g 为 230~240℃，熔点 T_m 为 255~265℃，分解点 T_d 为 300℃左右，其耐热性能优于其他普通合成纤维。涤纶的 LOI 值为 20.6%，在火中能燃烧，发生卷曲，并熔成珠，有黑烟及芳香味。

涤纶耐光性好，仅在 315nm 光波区有强烈的吸收带，在日光照射 600h 后强度仅损失 60%，与棉相近。

（二）力学性能

聚酯纤维的主要力学性能见表 5-3。由表 5-3 中数据可知，聚酯纤维的干态强度为 4~7cN/dex，湿态则略有下降，但仍高于其他合成纤维；聚酯纤维的延伸度适中，为 20%~50%，具有一定的弹性和韧性；聚酯纤维的初始模量可高达 14~17GPa，这使聚酯织物尺寸稳定，褶裥持久；聚酯纤维的回弹性接近于羊毛，当伸长 5% 时，去除负荷后很快就能恢复原形，且不留下皱褶。

表 5-3 聚酯纤维的主要力学性能

项目	数值	项目	数值
初始模量/GPa	14~17	断裂伸长/%	20~50
断裂强度/（cN/dtex）	4~7	弹性回复率/%（伸长 5% 时）	90~95

（三）化学性能

聚酯纤维的化学稳定性主要取决于它的分子链结构，它由对苯二甲酸和乙二醇缩聚而成，具有较强的极性和分子间力。聚酯纤维的化学稳定性有以下特点。

1. 耐酸性

聚酯纤维对酸（尤其是有机酸）很稳定，在 100℃ 下于质量分数为 5% 的盐酸溶液内浸泡 24h，或在 40℃ 下于质量分数为 70% 的硫酸溶液内浸泡 72h 后，其强度均无损失，但在室温下不能抵抗浓硝酸或浓硫酸的长时间作用。

2. 耐碱性

涤纶在碱的作用下发生水解，水解程度随碱的种类浓度、温度及时间不同而异。热稀碱液能使涤纶表面的大分子发生水解，使纤维表面层剥落，造成纤维的失重和强度的下降，而对纤维的芯层则无太大影响，这种现象称为"碱减量"处理，处理后使纤维变细、表面变得粗糙。

3. 耐有机溶剂

聚酯纤维对一般的非极性有机溶剂（如苯、甲苯、氯仿、四氯化碳等）有很强的抵抗力，不会被溶解或膨胀。但聚酯纤维对极性有机溶剂（如二甲基甲酰胺、二甲基亚砜、二甲基乙酰胺等）的耐受性较差，会被溶解或膨胀。

4. 耐氧化性

聚酯纤维对氧化剂有较好的耐受性，受到热氧化的影响不会被氧化剂氧化或褪色。但在高温下，聚酯纤维不耐氧化剂，导致纤维变黄和强度下降。

5. 耐微生物性

聚酯纤维具有很好的耐微生物性，不容易被蛀虫和霉菌侵蚀。

六、聚酯纤维的非织造应用实例

涤纶非织造材料具有许多优点，如高强度、耐高温性能好、耐老化、抗紫外线、延伸率高、稳定性和透气性好、耐腐蚀、隔音、防蛀、无毒等。涤纶非织造材料的耐光、耐氧、耐臭氧、耐辐射等性能，使其不易发生老化和脆化，适用于户外和长期使用的非织造产品；其对一般的有机溶剂、酸、碱、油脂等具有较好的耐受性，不易被腐蚀或溶解，适用于化工、医药、环保等领域。

（一）服装和纺织品

在服装制造中，聚酯纤维非织造布常用作衣物的内衬，它可以单独使用或与其他纤维（如棉、丝等）混纺，由于其柔软、轻盈和耐久的特性，它们能够增加衣物的舒适度和保暖性，同时起到保护外层面料的作用。

（二）家居用品

聚酯纤维制成的家居用品如地毯、沙发面料、靠垫、墙壁装饰布、地板革基层、静电植绒基布等在家具和装饰品行业中得到广泛应用。聚酯纤维非织造布作为地毯的基布，可以增强地毯的结构稳定性和耐用性。它们能够有效支撑地毯的纤维，延长地毯的使用寿命，并提供一定的抗压性和防水性。

（三）工业用途

聚酯纤维被用于制造输送带、绳索、缆绳、工业织物等。

1. 工业擦拭布

聚酯纤维非织造布也被用作工业擦拭布，用于清洁和擦拭机械设备、工具等。其吸油性和耐磨性使其成为一种理想的工业清洁材料。

2. 绝缘材料

由于聚酯纤维非织造布具有良好的绝缘性能，常被用作电气绝缘材料，例如在电力设备、电子产品等领域中使用。

3. 耐高温的复合材料

因涤纶的熔点在260℃左右，在需要耐温的环境下，可以保持非织造材料的外形尺寸的稳定性能。已经被广泛应用于热转移印花，传动油的过滤，以及一些需要耐高温的复合材料。

（四）过滤材料

1. 空气过滤器

聚酯纤维非织造布广泛用于制造家用和工业用空气过滤器。其细密的纤维结构可以有效地捕捉空气中的灰尘、花粉、细菌等微粒，提供清洁健康的室内空气。

2. 水过滤器

聚酯纤维非织造布也被用作水过滤器的滤料，能够有效去除水中的杂质和微生物，确保饮用水的安全和清洁。

（五）汽车工业

在汽车工业中，聚酯纤维被用于制造汽车座椅面料、汽车内饰、汽车外壳等部件。

1. 汽车内饰

如座椅面料、车门内衬、天花板衬里等。涤纶非织造布常用于汽车座椅的内衬和填充材料。由于其柔软性、耐磨性和易清洁性，使得汽车座椅具有良好的舒适性和耐久性。涤纶非织造材料也用作车门内衬的材料，其轻盈性和抗拉强度能够增加车门的结构稳定性，并提供一定的隔音和保温效果；在汽车的天花板内衬中，涤纶非织造布常用作衬里材料，用于增加天花板的软度和舒适性，同时提供隔音和保温功能。

2. 隔音材料

涤纶非织造材料作为一种隔音材料，其制备的隔音毡广泛用于汽车内部隔音系统中。该材料的密度和结构能够有效地减少路噪和引擎噪声的传播，提高车内的乘坐舒适性。

3. 安全防护材料

在汽车保险杠中，涤纶非织造布也可以用作衬垫材料，增加保险杠的缓冲性能和抗撞击能力；涤纶非织造布还可以用作汽车电线束的保护套管材料，起到防护和绝缘作用。

（六）其他

此外，涤纶非织造材料还被广泛应用于建筑材料，如屋顶防水材料、墙壁绝热隔音、墙基防水、管道保护、地下排水以及防止树根生长侵害建筑物等用途的材料。在土木工程建设中，涤纶非织造材料也有着广泛的应用，如用于制作软地基处理排水板的滤膜。

第三节　聚酰胺纤维

一、聚酰胺纤维概述

聚酰胺纤维是第一个实现商业化的合成纤维制品，开启了化学纤维发展的崭新一页。各国聚酰胺纤维的商品名不同，我国称聚酰胺纤维为锦纶，美国称尼龙（Nylon），日本称阿米纶（Amilan）等。2019 年，全球聚酰胺纤维市场规模已经达到了约 2400 亿美元。其中，亚太地区是全球锦纶纤维市场最大的消费地区，占全球市场的近 60%。欧美地区以及中东和非洲地区的消费量也在逐年增加。中国是全球锦纶纤维生产和消费大国，也是世界锦纶纤维出口大国。近年来，中国锦纶纤维的产量和消费量均在逐年增长。2024 年中国锦纶产量为 454 万吨，同比增长 5.18%，占全球锦纶总产量的比例超过 60%。

二、聚酰胺纤维的组成与结构

聚酰胺纤维的分子主链由酰胺键（—CO—NH—）连接起来，一般可分为两大类，一类是由二元胺和二元酸缩聚而得，其化学结构式如图 5-7 所示。

根据二元胺和二元酸的碳原子数目，可以得到不同品种的命名，其前一个数字是二元胺的碳原子数，后一个数字是二元酸的碳原子数。如聚酰胺66纤维是由己二胺和己二酸缩聚制得。

另一类是由ω-氨基酸缩聚或由内酰胺开环聚合制得的聚酰胺，其化学结构式如图5-8所示。

$$-\left[HN(CH_2)_xNHCO(CH_2)_yCO\right]_n-$$

图5-7　聚酰胺的化学结构式1

$$-\left[HN(CH_2)_xCO\right]_n-$$

图5-8　聚酰胺的化学结构式2

尼龙11、尼龙12具有突出的低温韧性；尼龙46具有优异的耐热性而得到迅速发展，尼龙1010是以蓖麻油为原料生产的我国特有的品种，尼龙6、尼龙66产量最大，约占尼龙产量的90%以上。

聚酰胺纤维的组成和结构比蛋白质纤维简单，仅在分子链的末端才具有羧基和氨基。尼龙66的晶态结构有两种形式：α型和β型。其分子链在晶体中具有完全伸展的平面锯齿形构象。氢键将这些分子固定成片，这些片的简单堆砌就形成了α结构的三斜晶胞。其结构单元中有偶数的碳原子，大分子中的羰基上的氧原子和氨基上的氢原子都能形成氢键。尼龙66晶体中分子链排列分布如图5-9所示。

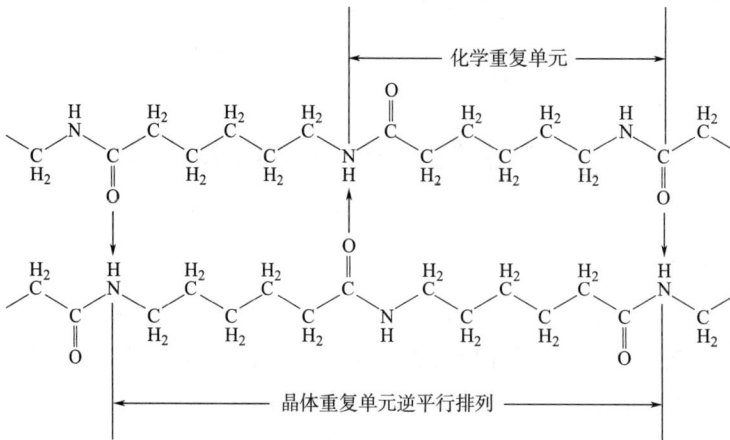

图5-9　尼龙66晶体中分子链排列分布

尼龙6的大分子在晶体中的排列方式有两种：平行排列和反平行排列，当反平行排列时，羰基上的氧原子和氨基上的氢原子才能全部形成氢键；平行排列时只能部分地形成氢键（图5-10）。由于氢键作用的不同，聚己内酰胺的晶态结构有α型（单斜晶系）、β型（六方晶系）、γ型，且γ晶型部分转变为α晶型。α型晶体是聚酰胺6最稳定的形式，大分子呈完全伸展的平面锯齿形构象，相邻分子链以反平行方式排列形成氢键。

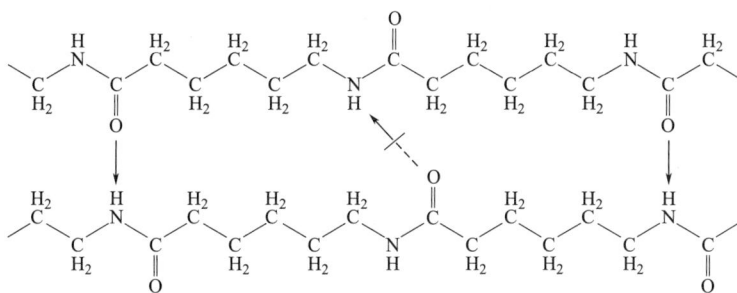

图 5-10 尼龙 6 晶体中分子链排列分布

三、聚酰胺纤维的制备方法

(一) 聚酰胺纤维的纺丝工艺

聚酰胺纤维主要以切片熔融纺丝法为主，虽然在生产上也采用缩聚后熔体直接纺丝，但由于其技术要求高，质量较难控制，特别是聚酰胺 6，其聚合体内含 10% 左右的单体和低聚物，造成纺丝困难，纤维结构不均匀，因此聚酰胺 6 直接纺丝法目前大多限于生产短纤维，而对于长丝品种则主要采用切片纺丝法。

(二) 聚酰胺高速纺丝工艺

20 世纪 80 年代，聚酰胺高速纺丝只有 4 头纺，以生产单丝纤度为 3.3dtex 的预取向丝居多，按生产单丝纤度可为预取向丝（POY）、全拉伸丝（FDY）、高取向丝（HOY）、拉伸变形丝（DTY）。21 世纪以后大部分厂家采用 10 头和 12 头纺丝技术，2011 年，以 12 头和 16 头纺丝居多，单丝纤度为 1.0dtex 的多孔 POY、HOY、FDY 普及生产，发展至今纺织工业已经有 20 头和 24 头高速纺丝技术和装备。

1. 聚酰胺预取向长丝（POY）纺丝生产工艺

聚酰胺纤维的 POY（pre-oriented yarn）是指预取向长丝，聚合物在反应釜内形成后被熔融并泵送至纺丝头，通过喷丝板挤出成纤维。挤出的丝束随即被快速冷却凝固，然后在部分定型的状态下进行拉伸，改善取向性，最终被卷绕成大卷。整个 POY 生产过程中，从温度、拉伸比到卷绕速度和张力的精确控制至关重要，以确保最后产品的质量符合应用需求。生产的 POY 由于具有一定程度的弹性和可加工性，经常用于后续的加工步骤，诸如加捻或进一步拉伸，制造出适用于各种不同终端应用的纺织品。

POY 生产工艺流程如图 5-11 所示。

2. 聚酰胺全拉伸长丝（FDY）纺丝生产工艺

聚酰胺 66 的 FDY（fully drawn yarn）纺丝技术是指全拉伸长丝，是一种经过拉伸处理后的纤维，具有更好的拉伸性能和强度。聚酰胺 66 的 FDY 纺丝技术是通过将聚酰胺 66 原料加热熔融，然后通过纺丝机器将熔融的聚酰胺 66 挤出成细丝，经过拉伸和冷却后形成连续长丝。在这个过程中，需要控制好温度、拉伸速度和冷却速度，以确保最终的 FDY 产品具有理

```
┌──────────┐    ┌──────────┐    ┌──────────┐    ┌──────────┐
│ PA66切片 │───▶│ 螺杆挤出机│───▶│   纺丝   │───▶│  侧吹风  │
└──────────┘    └──────────┘    └──────────┘    └──────────┘
      ┌──────────┐    ┌──────────┐    ┌──────────┐    ┌──────────┐
─────▶│  下甬道  │───▶│   上油   │───▶│ 第一导丝盘│───▶│ 第二导丝盘│
      └──────────┘    └──────────┘    └──────────┘    └──────────┘
      ┌──────────┐
─────▶│  卷绕机  │
      └──────────┘
```

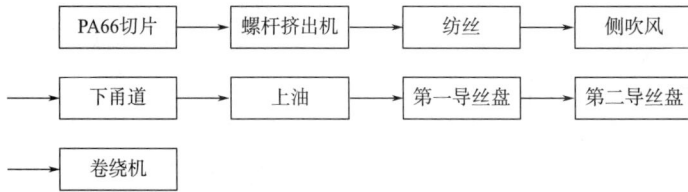

图 5-11　POY 生产工艺流程

想的物理性能和外观。

FDY 生产工艺流程如图 5-12 所示。

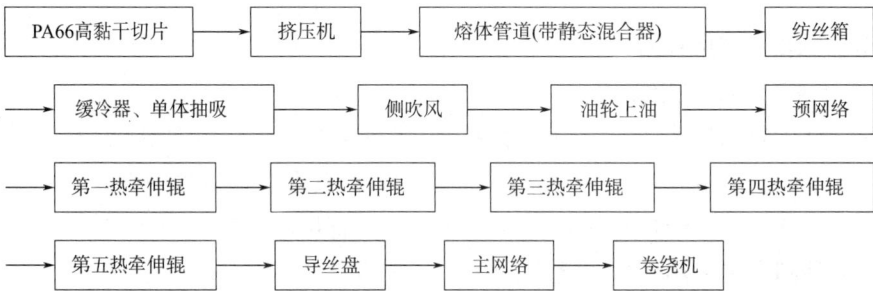

```
┌──────────────┐  ┌────────┐  ┌────────────────────┐  ┌────────┐
│ PA66高黏干切片│─▶│ 挤压机 │─▶│熔体管道(带静态混合器)│─▶│ 纺丝箱 │
└──────────────┘  └────────┘  └────────────────────┘  └────────┘
   ┌──────────────┐  ┌────────┐  ┌──────────┐  ┌────────┐
──▶│缓冷器、单体抽吸│─▶│ 侧吹风 │─▶│ 油轮上油 │─▶│ 预网络 │
   └──────────────┘  └────────┘  └──────────┘  └────────┘
   ┌────────────┐  ┌────────────┐  ┌────────────┐  ┌────────────┐
──▶│第一热牵伸辊│─▶│第二热牵伸辊│─▶│第三热牵伸辊│─▶│第四热牵伸辊│
   └────────────┘  └────────────┘  └────────────┘  └────────────┘
   ┌────────────┐  ┌────────┐  ┌────────┐  ┌────────┐
──▶│第五热牵伸辊│─▶│ 导丝盘 │─▶│ 主网络 │─▶│ 卷绕机 │
   └────────────┘  └────────┘  └────────┘  └────────┘
```

图 5-12　FDY 生产工艺流程

四、聚酰胺纤维的性能

(一) 力学性能

1. 纤维密度

聚酰胺密度较低，聚酰胺 66 纤维和聚酰胺 6 纤维的密度都为 $1.14 g/cm^3$。

2. 断裂强度和断裂伸长

一般纺织用聚酰胺长丝的断裂强度 4.457cN/dtex，作为特殊用途的聚酰胺强力丝断裂强度高达 6.2~8.4cN/dtex，甚至更高。聚酰胺纤维的湿态强度约为干态的 85%~90%。聚酰胺纤维的断裂伸长随品种而异，强力丝断裂伸长要低一些，为 20%~30%，普通长丝为 25%~40%。通常湿态时的断裂伸长较干态高 3%~5%。

3. 初始模量和弹性

聚酰胺纤维的初始模量低于大多数合成纤维，因此，聚酰胺纤维手感柔软，且在使用过程中容易变形。在同样的条件下，聚酰胺 66 纤维的初始模量较聚酰胺 6 纤维稍高一些，接近于聚丙烯腈纤维。

聚酰胺纤维的回弹性极好，例如聚酰胺 6 长丝在伸长 10% 的情况下，回弹率为 99%，在同样伸长的情况下，聚酯长丝回弹率为 67%，而黏胶长丝的回弹率仅为 32%。

聚酰胺纤维耐疲劳性接近于聚酯纤维，而高于其他化学纤维和天然纤维。因此聚酰胺纤维是制造轮胎帘子线较好的纤维材料之一。

由于锦纶的强度高、弹性回复率高，所以聚酰胺纤维的耐磨性在所有常用纤维中居于首位，它的耐磨性比蚕丝和棉纤维高 10 倍，比羊毛高 20 倍，因此最适合做袜子，或与其他纤维混纺，可提高织物的耐磨性。

（二）电学性能

由于分子链中含有极性的酰胺基团，聚酰胺在低温和干燥的条件下具有良好的电绝缘性。在标准大气条件下，其质量比电阻为 $5.6 \times 10^8 \Omega \cdot g/cm^2$，但在潮湿的条件下，其电阻率会降低，而介电常数和介质损耗会明显增大，当环境温度上升，其导电性能也会下降。

（三）光学性能

聚酰胺纤维的耐光性较差，在长时间的日光和紫外光照射下，强度下降，颜色发黄。例如，聚酰胺纤维在日光照射下 16 周后，有光纤维强力降低 23%，无光纤维强力降低 50%，在同样条件下棉纤维仅下降 18%。

（四）吸湿性与染色性

聚酰胺纤维的吸湿性在合成纤维中较高，标准大气条件下回潮率约为 4.5%。聚酰胺 66 因其分子链排列紧密和较强的氢键，导致水分子难以深入，吸湿性较低。而聚酰胺 6 由单一单体聚合，形成的结构较简单，分子间空隙较多，氢键较弱，使水分子更易进入，因此其吸湿性强于聚酰胺 66。此外，聚酰胺纤维在染色方面表现良好，能够使用分散性染料、酸性染料等多种染料进行染色。

（五）热稳定性能

聚酰胺纤维因分子链间氢键的形成，熔融温度较高且范围窄，聚酰胺 6 的熔点约为 220℃，聚酰胺 66 为 260℃。聚酰胺 6 和聚酰胺 66 的玻璃化温度分别为 63℃和 70℃，因此锦纶耐热性较差，遇热会收缩，沸水收缩率可达 11.5%。在 150℃高温下保持 50h 后，纤维会变黄，强度和伸长率显著下降，收缩率增加，失去使用价值。聚酰胺纤维大多具有自熄性，燃烧时传播速度慢，离火后会慢慢熄灭。

（六）耐化学腐蚀性

聚酰胺具有良好的化学稳定性，不溶于普通溶剂（如醇、酯、酮和烃类），且耐碱不耐酸，在各种浓酸中会溶解，59%的硫酸和热的甲酸、乙酸可将锦纶溶解，15%和 20%的盐酸可分别溶解锦纶 6 和锦纶 66。在常温下，聚酰胺可溶解于强极性溶剂，如酚类、硫酸、甲酸、乙酸等。也可溶于盐溶液，如氯化钙饱和的甲醇溶液、硫氰酸钾等。在高温下，聚酰胺溶解于乙二醇、冰醋酸、氯乙醇、丙二醇和氯化锌的甲醇溶液。

五、聚酰胺纤维的非织造应用实例

尽管聚酰胺纤维具备优良的耐用性和出色的物理性能，但由于其价格高于涤纶、丙纶和黏胶纤维，限制了其在非织造材料中的应用，使聚酰胺纤维的产量增长缓慢。聚酰胺纤维主要用于一些能够突出其优势的特定场合，例如作为研磨垫和研磨轮、网球表面层、混凝土加固材料、高温过滤材料、刷浆辊、热绝缘体、特殊纸张、传送带及运动用品等。

(一) 非织造过滤材料

聚酰胺纤维在制造过滤材料方面占据重要位置。这些过滤材料可应用于工业、家庭、医疗等多个领域。在聚合物直接成网过程中通过高速高温气流喷吹或其他手段，使熔体细流受到极度拉伸而形成极细的短纤维网，产品具有高过滤效率、低阻力及柔软等特点，可以有效地从液体或空气中捕捉和去除微粒，保持环境清洁。例如聚酰胺纤维的过滤材料用于制造各种空气滤清器，如 HVAC（ventilation and air conditioning 的缩写，即供热通风与空气调节）系统中的空气过滤器、工业排放的烟尘过滤以及车辆内部的空气过滤系统。在反渗透和纳滤技术中聚酰胺纤维膜极为重要，用于海水淡化、废水处理和水的软化过程中。这些膜能够以高效率去除水中的溶解固体和其他污染物。

(二) 高档黏合衬布

将 100% 锦纶短纤维或锦纶短纤维与一定比例的涤纶或黏胶纤维混合，经热轧方法把纤维互相黏合而形成絮片材料。产品具有薄、软、细及弹性好的特点，是高档黏合衬布的好基材，经点浆后用于丝绸、高档风衣、羽绒服的衬布等。另一个新品种是将锦纶短纤维与一定比例的其他纤维混合，经热轧或热熔方法制成具有相当强力的纤网，然后再经过特殊压花和后处理而成，最终形成的复合非织造材料的外观具有永久性花纹，有良好的弹性及导汗透气的特点，可根据环境温度调节而产生保暖或凉爽的感觉，应用于制作服装，穿着既轻、舒适又合身，而且坚固耐磨。

(三) 汽车内饰

聚酰胺纤维在汽车内饰中的应用主要得益于其出色的耐磨性、舒适性和隔音特性。聚酰胺纤维作为汽车内饰的座椅布料、天花板覆盖、隔音材料和地毯等组成部分，提供了良好的耐磨性和绝缘性能。例如聚酰胺纤维由于耐磨性能好，经常被用作汽车座椅的表面材料。它能够抵抗长时间的磨损，即便在频繁使用下也能保持其外观和触感，同时在汽车的地板、侧壁和天花板中使用，大大减少了驾驶环境中的噪声，提高驾乘舒适度。英国 Dexter 公司开发出一种双层的复合材料，其底层可以采用锦纶为原料，经梳理成网后用水刺或针刺的方法进行加固；上层非织造材料是木浆纤维或植物纤维，如马尼拉麻、剑麻或黄麻纤维，采用湿法或气流成网的方法制成。将两层材料采用水力缠结的方法复合在一起，然后对复合材料采用硅整理剂进行处理，制成品可用做汽车内墙板及车内面的装饰材料。

(四) 农业及工业用品

在农业领域，聚酰胺纤维非织造布作为农膜、遮阳网、防虫网等使用，能够提供植物所需的微气候环境，保证作物免受自然和生物因素的干扰，促进作物生长。在工业领域，聚酰胺纤维非织造材料在多种工业环境中作为擦拭布、绝缘材料、补强材料等使用。例如，分裂型锦纶在高压水刺的作用下可制成超细锦纶非织造布，用于高性能擦布及仿麂皮，在机械加工业中，尼龙擦拭布被用来清洁精密设备，防止油渍和灰尘的积聚。

第四节　聚丙烯腈纤维

一、聚丙烯腈纤维概述

聚丙烯腈纤维（polyacrylonitrile fiber，PAN 纤维）是由以丙烯腈（AN）为主要链结构单元的聚合物纺制的纤维。而由 AN 含量占35%~85%的共聚物制成的纤维称为改性聚丙烯腈纤维。在国内，聚丙烯腈纤维或改性聚丙烯腈纤维商品名为腈纶。聚丙烯腈纤维是一种性能优良的合成纤维，其强度高，耐磨、耐光，保暖性好，有"合成羊毛"之称。聚丙烯腈纤维同时也是制造碳纤维的重要前驱体，被广泛应用于航空、航天、军工等领域。

二、聚丙烯腈纤维的组成与结构

纯聚丙烯腈的性能较差，不易纺丝和染色，因此通常还需要添加一些其他的单体，如丙烯酸甲酯（methyl acrylate，MA）、甲基丙烯酸甲酯（methyl methacrylate，MMA）、衣康酸（ltaconic acid，IA）等，以改善其可纺性、弹性、染色性等。

聚丙烯腈纤维的结构可以分为分子结构、超分子结构和形态结构三个层次。分子结构是指聚丙烯腈大分子的化学结构、构象和化学键等，超分子结构是指大分子之间的排列和相互作用，形态结构是指纤维的截面和纵向的形状和特征。

聚丙烯腈大分子的分子结构主要由丙烯腈单元构成，其构象呈不规则的螺旋棒状，由于分子间的斥力和吸力的平衡，使得大分子难以形成规则的螺旋体。大分子之间还可以形成氢键，增加了分子间的相互作用力。丙烯酸甲酯、甲基丙烯酸甲酯等中性单体的引入，可以减弱分子间的作用力，使纺丝液易于制备，提高纤维的弹性和热塑性，有利于染料进入纤维内部。衣康酸、丙烯磺酸钠等酸性单体的引入，可以增加纤维的染色性能，使纤维可以用阳离子染料染色，颜色鲜艳牢度好。聚丙烯腈纤维化学结构式如图5-13所示。

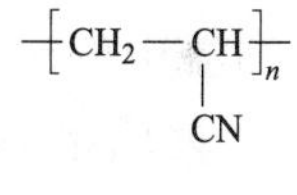

$$\begin{array}{c} \left[CH_2-CH \right]_n \\ | \\ CN \end{array}$$

图5-13　聚丙烯腈纤维化学结构式

聚丙烯腈纤维的超分子结构主要表现为蕴晶结构，即大分子在横向上有一定的有序排列，但在纵向上没有明显的规则排列，因此没有真正的结晶区，只有高序区和低序区之分。蕴晶结构的形成是由于聚丙烯腈大分子的不规则螺旋构象和分子间的氢键作用的结果，这种结构使得聚丙烯腈纤维具有很好的热弹性，可以加工成膨体纱，提高纤维的蓬松性和保暖性。

聚丙烯腈纤维的形态结构主要取决于纺丝方法，分为湿法纺丝和干法纺丝两种。湿法纺丝是指将聚丙烯腈溶液通过喷丝板挤出后，进入硫氰酸钠的凝固浴中，使其凝固成纤维。湿法纺丝的纤维截面呈圆形，纵向表面粗糙，似树皮状，内部有许多微孔，纤维蓬松柔软，适合织制仿毛织物。干法纺丝是指将聚丙烯腈溶液通过喷丝板挤出后，直接在热风中蒸发溶剂，使其凝固成纤维。干法纺丝的纤维截面呈花生果形，纵向表面光滑，内部结构均匀致密，纤维强度高，适合织制仿真丝织物。

三、聚丙烯腈纤维的制备方法

聚丙烯腈在加热下不熔融，在280~300℃下分解，所以一般不能采用熔融纺丝，而采用溶液纺丝。溶液纺丝又可分为干法纺丝和湿法纺丝。

（一）湿法纺丝

聚丙烯腈的湿法纺丝过程通常涉及以下几个主要步骤。制备纺丝原液：将丙烯腈共聚物用特定的溶剂（如二甲基甲酰胺、二甲基乙酰胺、硫氰酸钠、氯化锌等）制成纺丝原液。输送与过滤：纺丝原液经混合、过滤、脱泡后，被输送至纺丝机。纺丝过程：纺丝原液通过计量泵定量供应给喷丝头，从喷丝孔挤出的液态细流进入凝固浴。在凝固浴中，液态细流中的溶剂向凝固浴扩散，同时凝固浴中的沉淀剂向液态细流扩散，导致聚丙烯腈析出并形成溶剂含量较高的冻胶。在引张力的作用下，冻胶变细而形成纤维。溶剂回收：溶剂通过浴液循环系统送往回收装置。

湿法纺丝工艺占腈纶生产能力的80%左右，它能适应多种溶剂，生产能力高，人体不易接触到溶剂，是一种较为普遍的工艺路线，具有较高的生产效率。然而，湿法纺丝也存在一些缺点，如挤出胀大与凝固过程同时发生，双扩散过程剧烈，导致丝条缺陷较多，具有明显的皮芯结构。并且由于丝条缺陷较多，湿法纺丝制备的纤维强度相对较低，不适合用于制备高性能的碳纤维。

（二）干法纺丝

该工艺采用易挥发的有机溶剂制备纺丝原液。纺丝时，原液被预先加热，并从喷丝板的小孔中喷入具有夹套加热的纺丝甬道中。与此同时，热的氮气也被通入甬道，与原液细流并流前进。原液细流中的溶剂被热的氮气加热而蒸发，并被流动的热气流带走，在冷凝器中冷凝回收。原液细流中的聚合物因脱溶剂而凝固成初生纤维（图5-14）。聚丙烯腈及其共聚物可溶于多种溶剂，而适用于工业规模生产的干法纺丝溶剂目前主要为二甲基甲酰胺。

为了减小成形过程中溶剂的蒸发量，避免初生纤维相互黏结，干法纺丝的原液浓度一般较高，因此需适当降低聚合物的分子量，否则黏度过高，过滤和脱泡困难，原液可纺性降低，如聚丙烯腈湿法纺丝所用聚合物的分子量一般为5×10^4~8×10^4，而干法纺丝则不超过5×10^4。但分子量过低，也会使成品纤维的力学性能变差，所以干法纺丝所用聚合物的分子量通常为3.5×10^4~4×10^4。纺丝速度通常为100~300m/min。到目前为止，工业上腈纶的干法纺丝只使用DMF为溶剂，由于各国对DMF致癌性的担心，腈纶干法纺丝的产量下降，只占腈纶总产量的15%左右。

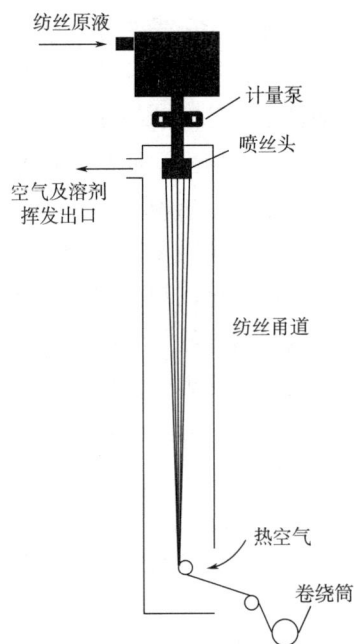

图5-14 干法纺丝示意图

（三）干湿法纺丝

干湿法纺丝也称为干喷湿纺法纺丝。这种方法可以纺高黏度的纺丝原液，从而减小溶剂的回收及单耗。干湿法纺丝的成形速度较高，所得纤维结构比较均匀，横截面近似圆形，强度和弹性均有所提高，染色性和光泽较好。在干湿法纺丝中，从喷丝孔中挤出的纺丝原液在进入凝固浴之前先经过一段空气层，再进入凝固浴。与湿法纺丝相比，干湿法纺丝可以进行高倍的喷丝头拉伸，因此纺丝速度高，由于干喷湿法纺丝兼有干法和湿法纺丝的特点，是获得结构致密、力学性能优异的原丝的最佳纺丝方法，近年来发展较快。目前，该法所产纤维强度超过 7cN/dtex，产品主要用作碳纤原丝。

四、聚丙烯腈纤维的性能

（一）物理性能

1. 纤维密度

聚丙烯腈纤维密度为 $1.14 \sim 1.18 \mathrm{g/cm^3}$。

2. 力学性能

腈纶纤维的断裂强度为 $2.0 \sim 2.6\mathrm{cN/dtex}$，初始模量为 $22 \sim 53\mathrm{cN/dtex}$。腈纶的弹性回复率在伸长较小时（2%），与羊毛相差不大，但在穿着过程中，羊毛的弹性回复率优于腈纶。其干、湿态下的强度比为 80%～100%。

（二）耐晒和耐气候性

腈纶具有优异的耐日晒及耐气候性能，在所有的天然纤维及化学纤维中居首位。纤维的分子结构中含有大量的氰基（—CN），这些基团能够吸收紫外线，从而保护纤维不受紫外线的破坏。同时，PAN 纤维的晶态结构中存在着不规则的螺旋构象和平面 Z 型构象，这些构象能够形成复杂的光学效应，使紫外线发生散射和反射，从而降低紫外线的穿透率。PAN 纤维的纳米结构中存在着微纤和微孔，这些结构能够增加纤维的表面积和厚度，从而增强纤维的屏蔽能力，减少紫外线的透过率。

（三）吸湿性与染色性

腈纶的吸湿性比较差，标准状态下回潮率为 12%～2.0%。聚丙烯腈均聚物很难染色，但加入第二、第三单体后，降低了结构的规整性，而且引入少量酸性基团或碱性基团，从而可采用阳离子染料或酸性染料染色，使染色性能得到改善，其染色牢度与第三单体的种类密切相关。

（四）热稳定性能

聚丙烯腈具有较好的热稳定性，一般成纤用聚丙烯腈加热到 170～180℃ 时不发生变化，如存在杂质，则会加速聚丙烯腈的热分解并使其颜色变化。软化点为 190～240℃，熔融温度不明显。

（五）燃烧性能

腈纶能够燃烧，其极限氧指数为 18.2%。但腈纶燃烧时不会像锦纶、涤纶那样形成熔融黏流，这主要是由于它在熔融前已发生分解。燃烧时，除氧化反应外，还伴随着高温分解反应，不但产生 NO、NO_2，而且产生 HCN 以及其他氰化物，这些化合物毒性很大。

（六）耐化学腐蚀性

腈纶纤维大分子的侧基——氰基在酸、碱的催化作用下会发生水解，先生成酰胺基，进一步水解生成羧基。水解的结果是使丙烯腈转变为可溶性的聚丙烯酸而溶解，造成纤维失重，强度降低，甚至完全溶解。腈纶对常用的氧化性漂白剂稳定性良好，在适当的条件下，可使用亚氯酸钠、过氧化氢进行漂白。

五、聚丙烯腈纤维的非织造应用实例

PAN 纤维的耐化学性，以及较高的强度和模量使其在非织造领域得到了广泛的应用，其优异性能使其成为一种不可或缺的材料。具体应用情况如下所述。

1. 过滤材料

PAN 纤维可以制作过滤材料，如空气过滤器、水过滤器、油过滤器等，具有良好的过滤效率、耐热性、耐化学性和耐磨性，能够有效地去除各种颗粒物、液体和气体中的杂质和有害物质。例如，PAN 纤维与活性炭（AC）复合的纳米纤维，具有良好的吸附性和催化性，能够作为空气过滤器的吸附层。PAN 纤维与聚苯胺（PANI）复合的纳米纤维，具有良好的导电性和抗菌性，能够作为水过滤器的抗菌层。

2. 隔音材料

PAN 纤维可以制作隔音材料，如隔音毡、隔音板、隔音帘等，具有良好的隔音性能、耐热性、耐燃性和耐老化性，能够有效地减少噪声的传播和影响。例如，PAN 纤维与玻璃纤维（GF）复合的纳米纤维，具有良好的隔音性能和强度，能够作为隔音毡的基材。PAN 纤维与聚氨酯（PU）复合的纳米纤维，具有良好的隔音性能和柔韧性，能够作为隔音帘的面料。

3. 绝缘材料

PAN 纤维可以制作绝缘材料，如绝缘毡、绝缘布、绝缘套等，具有良好的绝缘性能、耐热性、耐燃性和耐老化性，能够有效地防止电流的泄漏和火灾的发生。例如，PAN 纤维与石墨（GR）复合的纳米纤维，具有良好的绝缘性能和导热性，能够作为绝缘毡的基材。PAN 纤维与聚苯乙烯（PS）复合的纳米纤维，具有良好的绝缘性能和强度，能够作为绝缘布的面料。

4. 其他方面

如工业方面，PAN 纤维是制造碳纤维的主要原料，碳纤维具有高强度、高模量、低密度等优异性能，广泛应用于航空航天、汽车、体育器材等高端工业领域。PAN 纤维也可以用于制造导电纤维和电子设备外壳，提高电子产品的性能和安全性；农业、园艺方面，PAN 纤维可以用于制作农用布料，如防虫网、防风网、防雹网等，具有耐候性、耐腐蚀性、耐紫外线性等特点，能够有效地保护农作物，提高农业生产的效率和质量；生活用品方面，PAN 纤维可以经过特殊处理，制成仿真毛皮、仿羊毛、仿丝等，用于制作服装、饰品、家居用品等，具有柔软、轻盈、保暖、有光泽等特点，增加生活的舒适和美感。

第五节　聚氨酯纤维

一、聚氨酯纤维概述

聚氨酯纤维（polyurethane，简写 PU），其全称是聚氨基甲酸酯纤维，是一种至少含有 85%（质量分数）的氨基甲酸酯链段构成的、具有线型链段结构的嵌段高分子化合物制成的纤维，是目前市场上弹性最好的化学纤维。国际上通称为"Spandex"，我国商品名为"氨纶"。又因美国 DuPont（杜邦）首次将氨纶实现工业化生产，将其注册商标名改为 Lycra（莱卡），世界上很多人又将"莱卡"作为氨纶的代称。

二、聚氨酯纤维的组成与结构

聚氨酯弹性纤维是一种以聚氨基甲酸酯（—NHCOO—）为主要成分的高弹性合成纤维。其分子结构可看作是由软链段和硬链段交替共聚组成，软链段如同螺旋弹簧容易拉伸，具有较大的伸长性和回复弹性；而硬链段限制分子链的伸长，防止分子间发生滑移，起物理交联的作用。当施加力时，硬链段分子间的键断裂，软链段伸直，从而增加了纤维长度，当纤维被拉伸至其最大长度时，硬链段会再次相互黏结，软链段继续保持伸直的状态。撤去力后，软链段回缩，纤维恢复到松弛状态。这种软硬链段共存的结构赋予了聚氨酯纤维的高弹性和强度的统一。聚氨酯化学结构式如图 5-15 所示。

$$OCN—R—NHCO—R'—OCHN—R—NHC—R''—CHN—R—NHCO—R'—OCHNCO$$

图 5-15　聚氨酯化学结构式

聚氨酯的软链段由非结晶性的聚酯或聚醚柔性长链组成，链段长度是硬链段的 10 倍左右，其在聚氨酯分子结构中形成无规卷曲的结构，能赋予纤维弹性、韧性和低温性能。硬链段由具有结晶性的二异氰酸酯和扩链剂构成，硬段分子量较小，链段短，具有高度对称性，因为硬段之间含有多种极性基团，容易形成氢键和结晶，能够很大程度上影响纤维的力学性能和热稳定性。硬链段可以为软链段提供大幅度伸长和回弹的交联结点条件，也能赋予纤维一定的力学强度。增加硬段含量，分子链中的极性基团增多，硬段上的氢键增加，导致拉伸强度和模量变大，断裂伸长率降低；硬段含量过大时，硬段由分散相转变为连续相，导致微相分离程度降低，弹性性能下降。而且，随着硬段含量的提高，聚氨酯会发生玻璃相转变，硬段内聚能较大，易形成微晶或次晶区。

氨纶长丝通常从圆形孔口挤出，但溶剂的蒸发或干燥的影响可能会产生非圆形横截面。氨纶长丝的横截面大部分呈圆形，也有一些呈狗骨形，由多根单纤组成一根复丝，长丝纵向表面光滑或呈锯齿状。其横、纵截面形貌如图 5-16 所示。

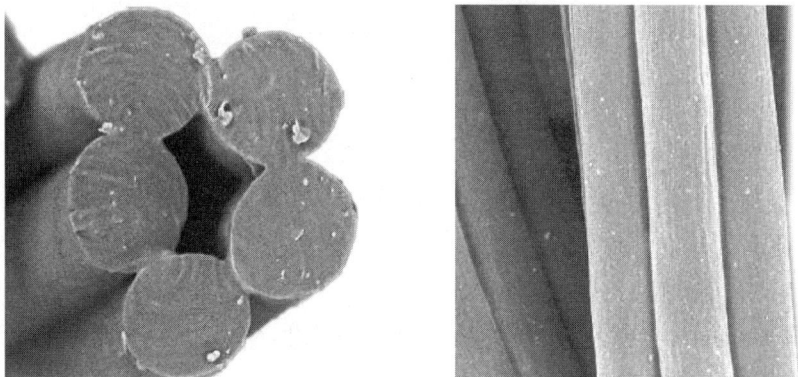

图 5-16　氨纶横、纵截面形貌

三、聚氨酯纤维的制备方法

常规聚氨酯弹性纤维的制备方法有四种，分别是干法纺丝、熔融纺丝、湿法纺丝和化学反应纺丝（图 5-17）。目前，干法纺丝占据氨纶生产的主导地位，占世界氨纶产量的 80%，湿法纺丝占 10%，熔融纺丝和化学反应纺丝共占 10%。

四、聚氨酯纤维的性能

（一）物理性质

1. 密度

聚氨酯弹性纤维的密度为 $1.1 \sim 1.2\text{g/cm}^3$，虽略高于橡胶丝，但在化学纤维中仍属较轻的纤维。

2. 力学性能

由于氨纶的结构不同，其断裂强度存在差异，一般聚醚型的强度要高于聚酯型。干态断裂强度为 $0.44 \sim 0.88\text{cN/dtex}$，湿态断裂强度为 $0.35 \sim 0.88\text{cN/dtex}$，是橡胶强度的 $3 \sim 5$ 倍。它的断裂伸长率可以达到 400%~800%，远超过其他类型的弹性纤维（如锦纶）。由于软硬链段的特殊结构，使氨纶具有类似橡胶的弹性。当受到拉伸时，它能够迅速恢复原状，回弹率高达 95% 以上。

3. 线密度

氨纶线密度范围为 $22 \sim 4778\text{dtex}$，最细可达到 11dtex，而最细的橡胶丝为 156dtex，比前者粗十倍。氨纶较为细腻，手感柔软。

4. 吸湿性

氨纶的吸湿范围在 0.3%~1.2%，一般聚酯型吸湿率为 0.3%，聚醚型吸湿率为 1.3%。由于氨纶中所含极性基团较少，因此回潮率相对比较低，但优于涤纶和丙纶。

（二）化学性能

1. 耐化学药品性

氨纶可以耐大多数酸碱物质，对次氯酸钠型漂白剂的稳定性较差。还对一些有机溶剂、

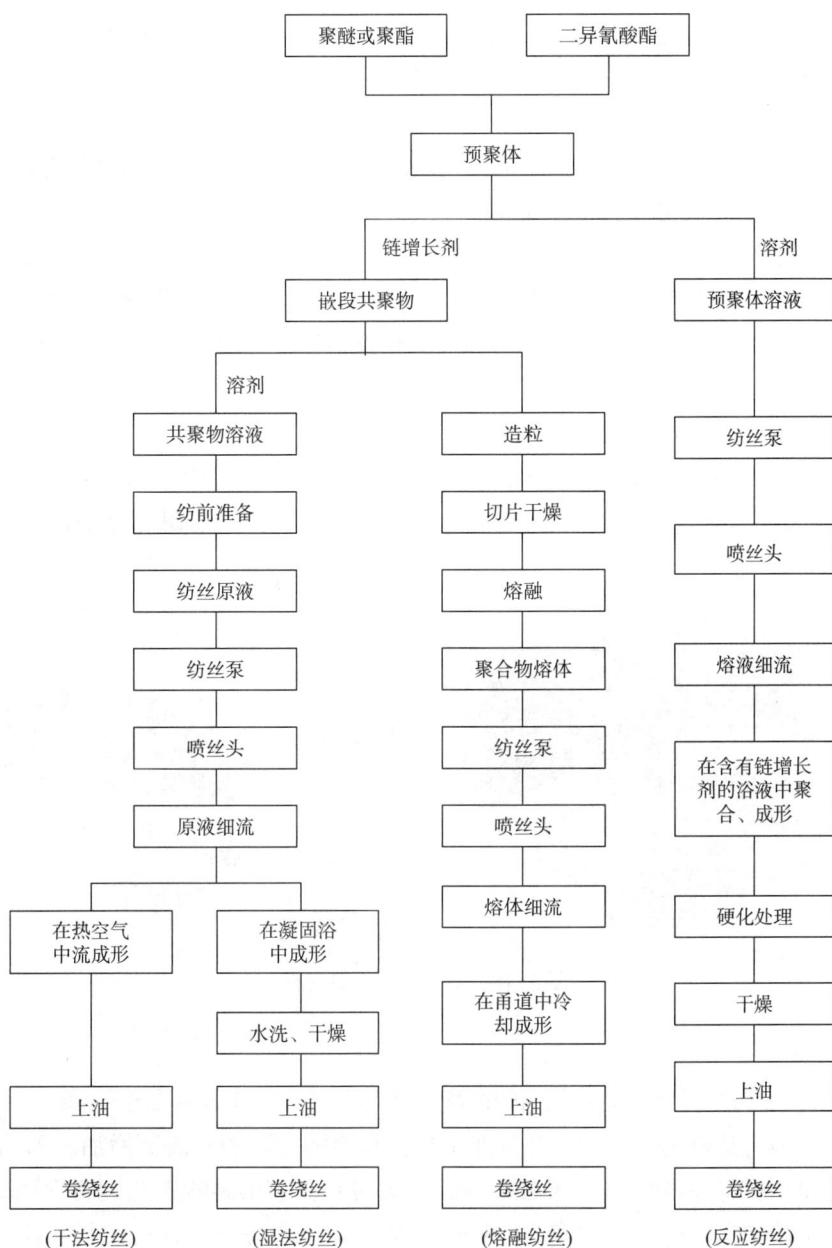

图 5-17 氨纶四种纺丝方法流程

汗水、海水等化学物质有良好的耐受性。

2. 染色性

氨纶具有类似海绵的性质，染色性能较优，可染成各种颜色，染料对纤维亲和力强，可适应绝大多数品种的染料，且色牢度高。在使用裸丝时，其优势更加明显。通常用分散染料、酸性染料或络合染料染色。

（三）耐热性较好

由于氨纶分子间存在氢键和结晶，氨纶的耐热性稍好于其他化学纤维。氨纶的软化点温度在205~210℃，热分解温度在270℃，在150℃以上时，纤维会变黄，强度下降。

（四）耐光性

PU弹性纤维的耐光性比橡胶丝好得多，能够在较长时间的阳光下保持稳定的物理性能和外观，但长时间暴露也会导致性能下降甚至老化。

（五）耐久性好

氨纶耐磨性强，耐疲劳性好。在伸长50%~300%的范围内，每分钟进行220次拉伸收缩疲劳试验，氨纶可耐100万次不断裂，但橡胶丝仅能耐2.5万次，氨纶比橡胶要高出40倍。

五、聚氨酯纤维的非织造应用实例

聚氨酯非织造材料（图5-18）目前已在服装辅料领域（如护膝、护腕、运动鞋）和医疗卫生领域（如创可贴、口罩、医用防护服、防尘手套）等多个领域得到应用。

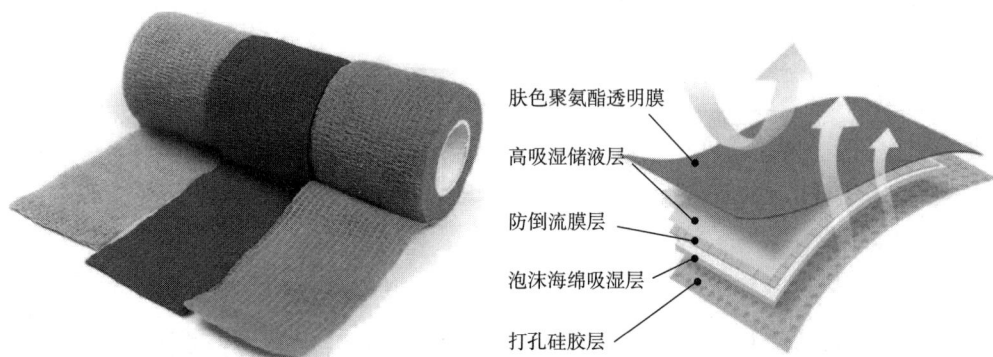

肤色聚氨酯透明膜
高吸湿储液层
防倒流膜层
泡沫海绵吸湿层
打孔硅胶层

图5-18 聚氨酯非织造材料

1. 熔喷材料

PU熔体表现出假塑性流体特性，即随着剪切力的增大，其表观黏度下降。一般PU的熔点约为160℃，具有优良的流动性，并且非牛顿指数会随温度的升高而增加。因此，PU切片适合熔喷工艺的生产。将PU与聚丙烯共混制备成切片，采用熔喷工艺制备聚丙烯/PU非织造布，所得熔喷纤维呈现PU为"岛"、聚丙烯为"海"的海岛型复合结构，所得非织造布性能优异，手感柔软，弹性回复性良好，具有一定的拉伸强度。

熔喷聚氨酯非织造材料有着极好的弹性、断裂伸长率大，弹性回复率高，在服装辅料领域，可作为高档胸罩的弹性内衬；在医疗卫生领域，可用在手术服材料中，起到了防护过滤隔离的作用且具有舒适性，还可以用在一次性用即弃的纸尿裤、卫生巾中，来满足弹性需求。烟台泰和新材料公司研发出一种采用半连续聚合工艺制备得到的高应力、高回弹的纸尿裤用氨纶，这种方法制备的纸尿裤用氨纶与非织造布的黏合性能好于其他公司产品；浙江华峰氨纶股份有限公司开发出一种高弹低缩纸尿裤用氨纶，具有质地轻、弹性好、柔软度高等优异特点，提高了纸尿裤的品质且降低了生产成本，市场需求强劲，前景十分看好。

2. 静电纺丝

熔体静电纺丝效率高，不需要溶剂，环保安全，但很难直接获得微纳米纤维。溶液静电纺丝容易制备直径为数百纳米的 PU 纤维，但纤维容易出现不连续、断裂，而且纤维表面可能残留有毒溶剂。利用静电纺丝技术生产的 PU 纤维直径较细，能达到微米级甚至纳米级，而且有较好的力学性能、透气性能及防水性能。纺制出的纳米级 PU 非织造布，具有良好的柔软性和防水透湿性，可应用在生物医用材料、组织工程支架、药物释放载体等领域。

3. 水刺加工

采用氨纶作为弹性层，并在其上下表面各放置一层非织造纤维网，通过水刺设备的水力缠结作用，可以形成一种三层复合结构。这样的弹性非织造布在横向上具有良好的伸展性，进一步扩展了非织造布的应用领域。此外，利用氨纶混纺纱线与水刺非织造布通过点胶黏合工艺制成的复合绷带，具有优异的变形能力和载荷稳定性，在医疗和纺织领域备受关注。

4. 复合加工

氨纶非织造材料经熔喷或纺粘技术制造后有着优越的弹性、收缩性及舒适性，但其吸湿透气性差，无法满足医用弹性绷带的要求。复合弹性非织造材料较好地解决了这一问题，是当前非织造材料行业新的研究热点。如日本的 Kimberly-Clark（金佰利）公司将 PU 熔喷弹性非织造布和非弹性材料相结合，并加上方向性的弹性细线，制成了具有各向异性且减少弹性体用量的弹性复合材料；美国的 W. L. Gore & Associates（戈尔）公司将微孔聚合物薄膜、水蒸气可透过聚合物、PU 弹性非织造布三层复合使用，生产出具有优良的防污染性、合适性、舒适性的 PU 弹性非织造布；日本的 AsahiChemical（朝日化学）公司基于 PU 和苯乙烯材料，制出熔喷弹性非织造布，其应用包括手套、口罩、防滑片材等；日本的 Kanebo（佳丽宝）公司出品的"Espansione"PU 熔喷弹性非织造材料柔软性好，弹性大，既可单独使用，也可与其他质材复合。

第六节　聚甲醛纤维

一、聚甲醛纤维概述

聚甲醛（POM）是一种综合性能优良的热塑性工程塑料，为五大工程塑料之一，具有良好的自润滑性、耐疲劳性、抗蠕变性、耐高温、耐磨性、耐腐蚀性等优良性能，是工程塑料中力学性能最接近金属材料的一种工程塑料，被称为"塑料中的金属"，因此聚甲醛纤维极有希望成为下一个重点开发的高性能纤维之一。

POM 纤维是一种综合性能优异的高性能合成纤维，结晶度和取向度较高，具有高强度和高模量及优异的耐磨性、抗疲劳性和抗蠕变性，工业应用场景广泛，主要应用于建筑用超高性能混凝土、工业用绳索、高端纺织和防护材料等领域。

二、聚甲醛纤维的组成与结构

聚甲醛以—CH₂O—为链节，是高结晶性的线型聚合物，是世界五大通用工程塑料之一。聚甲醛为无支链的线型结晶高聚物，可以制成纤维，但由于聚甲醛结晶度高、结晶速率快、热稳定性差、断丝率大，因此相对于其他纤维开发较晚。

聚甲醛纤维的结构是由聚甲醛聚合物链构成的纤维结构。这些聚合物链通过共价键相互连接，并沿着纤维的轴向排列。聚甲醛纤维具有高度的结晶性质，主要来源于聚甲醛聚合物链的有序排列。这种有序排列使得聚甲醛纤维具有较高的强度和刚性。

在实际制备过程中，为了提高聚甲醛纤维的性能和稳定性，常常会添加一些辅助剂和改性剂。这些添加剂可以改变聚甲醛纤维的组成和结构，从而调节其性能和应用领域。聚甲醛纤维的具体组成和结构可能因制备工艺、添加剂和应用要求等因素而有所变化。因此，在具体的聚甲醛纤维产品中，可能存在轻微的差异和不同的组成与结构特征。聚甲醛纤维化学结构式如图 5-19 所示。

$$\left[\!\!\begin{array}{c}CH_2-O\end{array}\!\!\right]_n$$

图 5-19　聚甲醛纤维化学结构式

三、聚甲醛纤维的制备方法

（一）熔融纺丝法

POM 为线性大分子，没有分支或横向化学键，具有足够高的分子量和熔体强度，满足熔融纺丝的基本要求。将粒料在真空干燥箱中干燥 3.5h，将该样品经过螺杆挤出机加热熔融，由喷丝板熔融挤出，卷绕后获得初生纤维。各区温度：一区 195℃；二区 195℃；三区 195℃；四区 215℃；五区 215℃；纺丝箱体 215℃。采用的热拉伸为水浴拉伸。将丝条在 4m 热水槽（60℃）中预热，然后在两个导丝辊之间完成拉伸，通过控制卷入辊和卷出辊的线速度从而控制拉伸倍数。实验设计了不同水浴拉伸温度，将聚甲醛纤维在热空气中分别进行紧张热定形和松弛热定形。紧张热定形和松弛热定形分别是将经拉伸的纤维在有张力和无张力状态下，经不同温度、不同时间后所测得的结果，定形温度 90~130℃，定形时间 5~20min，可通过该方法得到聚甲醛纤维。

然而，由于 POM 熔体黏度高、易结晶，纤维在成形过程中可能会出现内部孔隙，造成纤维在后拉伸处理时易断裂。此外，POM 在处于熔融态时热降解显著。因此，熔融纺丝法一般很难获得超高强度的 POM 纤维。

（二）超倍拉伸法

此方法最早是由美国田纳西大学的克拉克（Clark）等研究提出，通过在热空气环境中，用拉力试验机两步缓慢拉伸聚甲醛样条制备聚甲醛纤维。到 20 世纪 90 年代初，旭化成公司在加热高压条件下拉伸聚甲醛样条，研发得到高强度聚甲醛纤维，其优点是可迅速将拉伸样条加热到所需温度且温度波动小，同时可使熔融状态下纤维的聚合物分子链沿压力垂直方向取向，分子链取向随压力的增大而增大。之后，旭化成公司为了易于拉伸，采用微波照射热拉伸法成功制备出了性能稳定的聚甲醛纤维，并实现了聚甲醛纤维的首次工业化生产。

(三) 静电纺丝法

由于 POM 的良溶剂较少，关于 POM 静电纺丝的研究报道较少。孔克郎（Kongkhlang）等以六氟异丙醇（HFIP）为溶剂，采用静电纺丝法制备了 POM 纳米纤维，受纺丝电压、相对湿度及溶剂特性影响，制得的 POM 纳米纤维表面具有明显的纳米孔结构，其比表面积比常规静电纺纤维高出 2~3 倍，且在纺丝过程中 POM 几乎不会降解或分解。POM 分子极性小、亲水能力弱，水滴在 POM 纳米纤维表面易成核而形成纳米孔结构。通过增加 POM 共聚物中的聚氧乙烯单元的比例，降低相对湿度和溶剂蒸气压，以及提高纺丝电压等手段可以降低纳米孔结构形成的概率。静电纺 POM 纳米纤维具有纳米孔结构，在纳米孔过滤器和膜等领域有潜在的应用前景。

(四) 冻胶纺丝法

冻胶纺丝法是获得超强聚合物纤维的一种方法，也称为凝胶纺丝，是一种用于制造超高分子量柔性链聚合物的纺丝技术。这种方法将聚合物与大量溶剂混合形成纺丝液，然后通过干湿纺冷却成冻胶体丝条，之后再将这些丝条通过萃取和超倍拉伸处理，使溶剂和聚合物分离，从而制得纤维。由于 POM 凝胶网络的黏度极高，弛豫时间长，因此，寻找合适的溶剂是 POM 冻胶纺丝的关键。FANG 等报道了一种制备高强度 POM 纤维的冻胶纺丝方法，该方法以己内酰胺为溶剂，在 170℃下将己内酰胺与 POM 混合形成相对稳定的纺丝溶液，然后通过干湿法纺丝在环境温度下收集连续纤维，再通过三级热拉伸处理制得 POM 纤维，研究发现，当总拉伸倍数为 41.25 时，POM 纤维的断裂强度可达 14cN/dtex，初始模量达到 280cN/dtex。

四、聚甲醛纤维的性能

(一) 力学性能

聚甲醛纤维的拉伸强度和拉伸模量优于高强聚酯纤维和高强聚酰胺纤维。同时聚甲醛纤维具有高弹性回复率，伸长率为 20% 时，伸长回复率仍超过 80%，表现出优异的尺寸稳定性和抗蠕变性能。聚甲醛纤维具有显著的耐磨性，摩擦系数低（动摩擦系数低于 0.25，静摩擦系数低于 0.3），适合用于制作耐磨材料。此外，其耐疲劳性能优异，冲击耐久性强，疲劳强度高。表 5-4 为三种纤维力学性能对比。

表 5-4 三种纤维力学性能对比

性能	聚酯纤维	尼龙	POM 纤维
强度/GPa	0.3~0.7	0.3~0.5	0.7~1.4
强度/(cN/dtex)	2.2~5	2.5~4	5~10
断裂伸长/%	15%~40%	20%~70%	10%~50%
密度/(g/cm³)	1.38	1.14	1.41
伸长回复率/%	20	66	80

性能	聚酯纤维	尼龙	POM 纤维
静摩擦系数	0.375	0.405	0.29
动摩擦系数	0.355	0.36	0.245
使用温度/℃	140	90~130	100

（二）耐热性能

在高温环境下也展现出良好的热稳定性，能够耐受高温而不易变形或熔化。同时，聚甲醛纤维在广泛的温度和湿度范围内保持良好的尺寸稳定性，不易受到热胀冷缩的影响，确保其尺寸和形状的稳定性。

（三）耐化学性能

聚甲醛纤维耐化学腐蚀性优良，对碱、海水和一般有机溶剂的抵抗力极强，仅在酸中有轻微分解。吸水率低（0.22%~0.25%），在潮湿环境中尺寸稳定性好。表5-5为三种纤维化学性能对比。

表5-5 三种纤维化学性能对比

性能	测试方法	K-49	PET	POM 纤维
耐碱性	10% NaOH 溶液中浸 200h 后强度保持率	49%	40%	100%
耐酸性	10% HCl 溶液中浸 50h 后强度保持率	20%	95%	57%
耐光性	83℃,碳弧灯照射 120h 后强度保持率	76%	55%	88%
耐海水性	海水中浸一年后的强度保持率	50%	—	100%
吸水性	水中浸 24h 的吸水率	2%	0.2%	0.2%

（四）抗微生物性能

聚甲醛纤维对海水有较好的抵抗性，不易被微生物腐蚀，不吸附浮游生物，不长霉菌，适合用于海洋环境。

（五）染色性能

聚甲醛纤维在一些特定条件下具有一定的反应性，例如在碱性条件下可以与染料发生反应，实现染色。聚甲醛纤维染色温度在 70~100℃时，染料对纤维的上染速率较快，110℃上染色率最快。

五、聚甲醛纤维的非织造应用实例

随着社会生产的发展和科技的进步，生产水平和人们生活水平的提高，尤其是高科技产业的兴起，对纤维产业提出了更高的要求。在强度、模量、耐热性方面，在不同环境下的适应性方面，土木建筑、石油化工、电子等特殊产业都对纤维材料提出了许多新的性能和功能的要求。聚甲醛价廉易得，而且 POM 纤维具有高强、耐磨、耐腐蚀性等优异性能，使它在非织造领域具有相当宽广的应用，所以由聚甲醛制备的 POM 纤维无论在价格上还是在性能上均具有较高的竞争优势，发展潜力很大。

1. 土工建筑材料

在土木建筑工程领域，使用聚甲醛纤维织成的土工布具有强度高、耐腐蚀及抗微生物性好的优点，能较好地满足土工布隔离、过滤、排水、加筋和防护等功能要求。聚甲醛纤维还可以和玻璃纤维复合成刚韧平衡新型土工布，具有较好的加筋、隔离和防护的功能。

2. 填充材料

聚甲醛纤维可制成纺粘棉、空心纤维等填充材料。这些填充材料在床上用品、家具制造和汽车内饰等领域中得到应用。它们具有较高的弹性、保暖性和舒适性。

3. 过滤材料

聚甲醛纤维作为滤布的原料，可以用于工业领域中的气体过滤和液体过滤。由于聚甲醛纤维具有细纤维和高的比表面积，可提供较高的过滤效率和尺寸选择。这使其在空气过滤器、液体过滤器和工业颗粒分离等应用中得到广泛使用。

思考题

1. 等规聚丙烯、间规聚丙烯和无规聚丙烯在分子链中甲基（—CH$_3$）的排列方式分别是什么？并简要比较它们的结晶特性及应用。

第五章思考题
参考答案

2. 熔喷法非织造工艺与纺粘法非织造工艺的主要区别是什么？

3. 熔喷法中聚丙烯（PP）材料的优势和应用领域有哪些？

4. 聚丙烯在非织造领域主要有哪些应用？

5. 简述聚酯纤维在非织造领域的应用优势和应用实例。

6. 为什么说聚酰胺纤维在制造非织造过滤材料方面占据重要位置？

7. 列举聚酰胺纤维的非织造应用实例。

8. 列举聚丙烯腈纤维的非织造应用实例。

9. 常规聚氨酯弹性纤维的制备方法有哪几种？哪种方法采用最多？

10. 简述 PU 熔喷材料的制备方法和主要应用。

11. 聚甲醛纤维有哪些性能特点？

参考文献

[1] 端小平，周宏，陈新伟. 中国化纤简史 [M]. 北京：中国纺织出版社，2023.

[2] 沈志明. 丙纶非织造布的应用前景 [J]. 非织造布，2010，18（4）：18-20，26.

[3] 颜子龙.聚丙烯催化剂的研究进展 [J].现代化工,2023,43 (11):66-69.

[4] 肖长发,尹翠玉.化学纤维概论 [M].北京:中国纺织出版社,2015.

[5] 陈金伟,陈大华.高分子材料加工工艺学 [M].成都:电子科技大学出版社,2020.

[6] 陈龙,李增俊,潘丹.聚丙烯纤维产业现状及发展思考 [J].产业用纺织品,2019,37 (7):12-17,35.

[7] 李锦春,邹国亨.高分子材料成型工艺学 [M].北京:科学出版社,2021.

[8] 周松亮,周维.涤纶工业丝生产与应用 [M].北京:中国纺织出版社,1998.

[9] 大卫·R·萨利姆.聚合物纤维结构的形成 [M].高绪珊,吴大诚,译.北京:化学工业出版社,2004.

[10] 李光.高分子材料加工工艺学 [M].北京:中国纺织出版社,2010.

[11] 晏雄.产业用纤维制品学 [M]北京:中国纺织出版社,2010.

[12] 王荣光,夏波拉,张瑞志,等,涤纶长丝设备的使用与维护 [M].北京:中国纺织出版社,1997.

[13] 朱建民.聚酰胺纤维 [M].化学工业出版社,2014.

[14] 于伟东.纺织材料学 [M].2版.北京:中国纺织出版社,2018.

[15] 吴宏仁,吴立峰.纺织纤维的结构和性能 [M].北京:纺织工业出版社,1985.

[16] 赵德仁,张慰盛.高聚物合成工艺学 [M].2版.化学工业出版社,2012.

[17] 李克友,张菊华,向福如.高分子合成原理及工艺学 [M].北京:科学出版社,1999.

[18] 刘琛,杨凯璐,陈明星,等.熔喷非织造材料制备及其应用研究进展 [J].现代纺织技术,2024,32 (5):116-129.

[19] CHANG L, XING X L, ZHOU Y F, et al. Effects of EVA content on properties of PP/EVA blends and melt-blown nonwovens [J]. Fibers and Polymers, 2022, 23 (4):882-890.

[20] 张林,孙钟,杨明远.水相沉淀聚合法合成聚丙烯腈的工艺研究 [J].现代塑料加工应用,1997,10 (2):8-10.

[21] 钱程.锦纶新品种及其在非织造布领域的应用 [J].合成纤维,2005 (3):41-44.

[22] 张连敏,李祥高.聚丙烯腈纤维的生产技术及其应用综述 [J].非织造布,2007,15 (2):35-38.

[23] GRIES T.聚丙烯腈纤维的发展:开发简史与生产工艺 [J].国外纺织技术,2003,11:9-20.

[24] 彭孟娜,马建伟.熔喷工艺对聚丙烯/TPU非织造布结构与性能影响的研究 [J].产业用纺织品,2020,38 (6):11-15,20.

[25] 李满枝,陈威,李亚斌.国内聚甲醛纤维研究进展与应用展望 [J].天津化工,2021,35 (2):17-18.

[26] 贺丽娟,张辽云,李化毅,等.聚甲醛合成的研究进展 [J].高分子通报,2011 (12):11-16.

[27] 高彦静,秦颖,汪琴,等.从专利的视角分析聚甲醛的研究现状 [J].化工新型材料,2017,45 (10):49-51.

[28] 文珍稀,叶敏,彭刚,等.聚甲醛纤维的制备及其力学性能研究 [J].合成纤维,2011,40 (1):24-27,54.

[29] 徐泽夕,马刚峰,王学彩,等.聚甲醛纤维的研究进展与应用 [J].现代纺织技术,2012,20 (1):53-56.

[30] 曹玲玲,王勇,王依民.聚甲醛纤维的发展与应用 [J].合成技术及应用,2008 (1):38-41.

[31] 王桦,陈丽萍,覃俊.聚甲醛纤维的全球新进展 [J].非织造布,2012 (5):22-25.

［32］张士佳，牛艳丰，吴鹏飞，等．聚甲醛纤维制备技术与性能及应用研究进展［J］．合成纤维工业，2024，47（4）：68-73.

［33］KONGKHLANG T, KOTAKI M, KOUSAKA Y, et al. Electrospun Polyoxymethylene：Spinning conditions and Its consequent nanoporous nanofiber［J］. Macromolecules, 2008, 41（13）：4746-52.

［34］FANG X D, WYATT T, SHI J, et al. Fabrication of highstrength polyoxymethylene fibers by gel spinning［J］. Journal of Materials Science, 2018, 53（16）：11901-11916.

第六章 非织造用特种纤维

思维导图

第六章 PPT

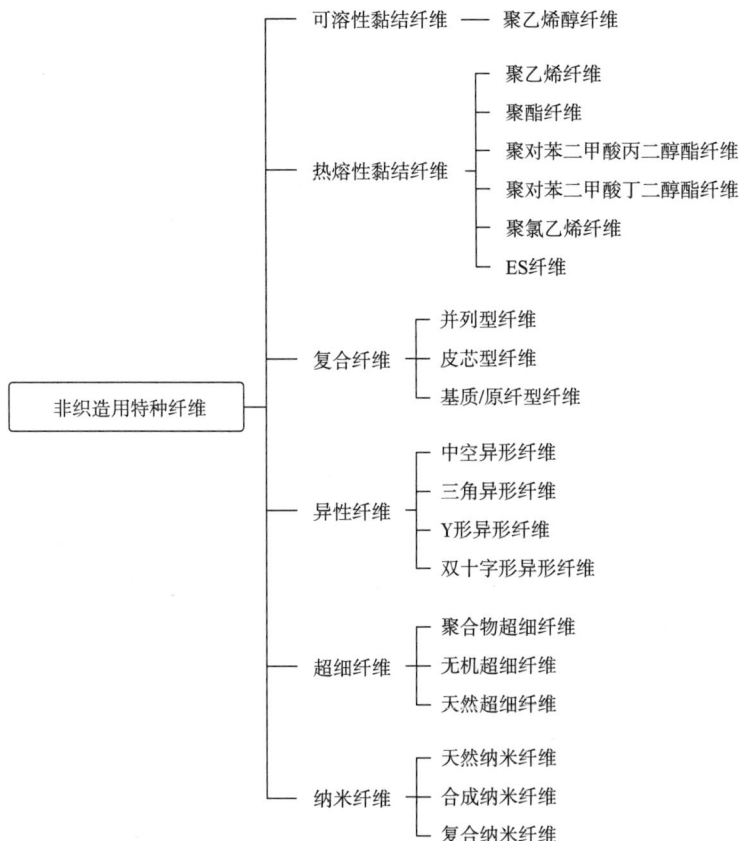

知识点

1. 非织造用特种纤维的种类。
2. 各类非织造用特种纤维的形态结构及化学成分。
3. 各类非织造用特种纤维的制备方法。
4. 各类非织造用特种纤维的非织造应用实例。

课程思政目标

1. 培养学生的科学素养和爱国情怀。
2. 增强学生的环保意识、培养绿色发展理念。
3. 培养学生精益求精的科研态度。
4. 培养学生的创新思维。

非织造工业的快速发展很大程度依赖于纤维原料的发展，随着化纤工业的技术进步，当代的非织造布生产中纤维原料的使用场景发生了巨大变化，出现了不少非织造生产专用纤维和差别化纤维，如双组分、超细、特殊截面等合成纤维，能够满足不同产品的使用要求。非织造用特种纤维是一类具有特殊性能和用途的纤维，广泛应用于非织造材料制造和其他工业领域。这些特种纤维通过其独特的性能和加工工艺，为非织造材料制备提供了多样化、高效率的解决方案。本章介绍了多种特种纤维的结构、制备及性能，并阐述了特种纤维在广泛领域的创新应用。此外，还探讨了特种纤维在可持续发展理念指导下的创新方向，强调了其在环保和资源节约方面的潜力和重要性。

第一节　可溶性黏结纤维

一、可溶性黏结纤维概述

可溶性黏结纤维在热水、水蒸气或溶剂中产生溶解现象，干燥后使纤维网内纤维之间产生黏合的一种特种纤维。目前可溶性黏结纤维最常用的包括水溶性聚乙烯醇（PVA）纤维以及 PVA 成纤前后共混合表面改性聚合物。

水溶性 PVA 纤维是一种功能性差别化纤维。它不仅具有理想的水溶温度、强度和伸度，有良好的耐酸、耐碱、耐干热性能，而且溶于水后无味、无毒、水溶液呈无色透明状，在较短的时间内能自然分解，对环境不产生任何污染，是优良的绿色环保产品。

早在 20 世纪 30 年代，最初被开发出来的 PVA 纤维，就是利用它能溶于水这个特点，在德国试制成医用手术用纱和外科缝合线。在第二次世界大战中，美国用聚乙烯醇纤维制成敷设水雷用的降落伞。20 世纪 50 年代末，日本的水溶性纤维产量已占聚乙烯醇纤维总产量的 20%。

我国从 20 世纪 70 年代末开始了水溶性聚乙烯醇纤维的研制工作，原北京维尼纶厂和原上海石化公司维纶厂成功开发了 70℃左右水溶性聚乙烯醇纤维，并已形成规模生产，现已有溶解温度为 40~90℃的各种水溶性聚乙烯醇纤维品种供应国内外市场。

随着非织造工艺的不断改进和创新，采用喷射纺丝、湿法纺丝等技术，可以获得直径更细、更均匀的纤维，不仅能够提高可溶性纤维的溶解性能和黏结效果，还能提高非织造制品的强度和耐用性，满足一些特殊用途的需求。可溶性黏结纤维广泛应用于医疗、卫生、过滤、农业等领域。例如，在医疗领域，可溶性纤维可用于制造可吸收的缝合线和人工组织修复材料；在卫生领域，可溶性纤维可用于制造湿巾、卫生巾等；在过滤领域，可溶性纤维可用于制造空气过滤器、水处理过滤器等。

二、聚乙烯醇纤维的组成与结构

普通聚乙烯醇具有较高的聚合度和醇解度，在柔性主链上含有大量羟基，分子间和分子内形成大量氢键，物理交联点多，密度高，导致聚乙烯醇纤维结晶度高，不利于水分子的渗入。随着聚合度的增加，聚乙烯醇纤维疏水性增加，水溶温度相应提高。所以，采用低聚合度的聚乙烯醇进行纺丝，可得到水溶温度较低的纤维。但聚合度降低，可纺性变差。日本专利中使用低聚合度（小于800）组分与高聚合度（大于1000）组分进行混合纺丝，制得的纤维可纺性及水溶性都比较理想。聚乙烯醇的醇解度对纤维的水溶性产生重大影响。残余乙酰基会妨碍大分子的紧密排列，导致纤维的结晶性变差，水溶温度降低。然而，残余乙酰基的存在也会影响初生纤维的拉伸性能，增加断丝和毛丝的产生，并对纤维的着色产生影响。因此，水溶性聚乙烯醇的醇解度应该保持在适当水平上。聚乙烯醇的化学结构式如图6-1所示。

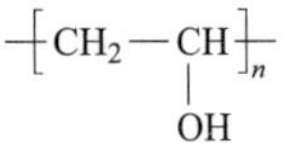

$$\left[CH_2 - \underset{\underset{OH}{|}}{CH} \right]_n$$

图6-1　聚乙烯醇的化学结构式

三、聚乙烯醇纤维的制备方法

聚乙烯醇纤维可用湿法纺丝、干法纺丝、半熔融纺丝、硼酸凝胶纺丝和冻胶纺丝等方法制得。

1. 湿法纺丝

湿法纺丝以水为溶剂，芒硝溶液为凝固浴，选择合适的聚合度和醇解度的聚乙烯醇，以适宜的工艺条件，可制得水溶温度较高的水溶性纤维。此法的优点是产量高、成本低。其缺点是工艺难度大，难以生产不含 Na_2SO_4 而能溶于80℃以下水中的聚乙烯醇纤维。

2. 干法纺丝

将高浓度的聚乙烯醇溶液喷入热空气中，使溶剂蒸发而凝固成丝，再经干热牵伸、热处理而得到水溶性聚乙烯醇纤维。此法的优点是纺丝工艺简单，适宜于生产多品种的水溶性聚乙烯醇长丝，特别适宜生产常温水溶性聚乙烯醇纤维。但此法产量低、成本高。

3. 半熔融纺丝

聚乙烯醇的熔点与其分解温度非常接近，不能直接进行熔纺，可以采用增塑熔融纺丝。若加入一定量的水使聚乙烯醇增塑，而后在120~150℃下使其成为半熔化状态，以很大的压力从喷丝头中压出，接着在空气中冷却凝固。有人曾用甘油增塑的 PVA-1799 制得30℃水溶性的聚乙烯醇纤维。

4. 硼酸凝胶纺丝

将添加了硼酸的聚乙烯醇凝胶液细流在 NaOH 和 Na_2SO_4 凝固浴中进行成形、交联，交联的纤维在湿热条件下经拉伸、中和、水洗、干燥、干热拉伸、热处理而制得。纤维中的交联结构可使其在中等湿度的大气中具有较好的稳定性，但在水中则会迅速发生水解导致交联断裂。

5. 冻胶纺丝

日本可乐丽公司开发的新型冻胶纺丝方法是用溶解性能相当好的有机溶剂溶解聚乙烯醇作为纺丝原液，从喷丝孔挤出的细流在含有有机溶剂的凝固液中迅速冷却成凝胶状，使原液细流在溶剂被除去之前即形成稳定的结构。这种方法可得到低醇解度、高强力、低收缩、不易发生粘连的聚乙烯醇纤维。该方法的特点是在整个流程中无水存在，且在一个封闭系统中完成体系中溶液被完全回收循环利用，无废液排出，不污染环境。可乐丽公司已使用此法成功地生产了新型水溶性聚乙烯醇纤维 K-Ⅱ，其水溶温度在 0~100℃。

四、聚乙烯醇纤维的性能

水溶性 PVA 纤维是目前世界上唯一溶于水的合成纤维。因其大分子每个链上都有一个羟基，从而使纤维具有热水中可溶的特性。水溶性 PVA 纤维的公定回潮率为 5%，在合成纤维中是最高的。因此它的水刺缠结性能优于其他合成纤维。水溶性 PVA 纤维可被生物降解，对环境无任何危害，是一种符合环保要求的产品。在可加工性能方面，可溶性纤维与水泥、塑料等的亲和性好，黏合强度高。表 6-1 列出了水溶性聚乙烯醇纤维的一般性能。

表 6-1　水溶性聚乙烯醇纤维的一般性能

性能指标		短纤维		长丝	
		普通	强力	普通	强力
断裂强度/(cN/dtex)	干态	4.1~4.4	6.0~8.8	2.6~3.5	5.3~8.4
	湿态	2.8~4.6	4.7~7.5	1.9~2.8	4.4~7.5
伸长率/%	干态	12~26	9~17	17~22	8~22
	湿态	13~27	10~18	17~25	8~26
伸长率 3% 的弹性回复率/%		70~85	72~85	70~90	70~90
弹性模量/(cN/dtex)		22~62	62~115	53~79	62~220
回潮率/%		4.5~5.0	4.5~5.0	3.5~4.5	3.0~5.0
密度/(g/cm³)		1.28~1.30	1.28~1.30	1.28~1.30	1.28~1.30

在化学性能方面，水溶性 PVA 纤维的耐酸碱性、抗化学药品性强；在长时间的日照下，纤维强度损失率低，耐光性好；纤维埋入地下长时间不发霉、不腐烂、不虫蛀，具有良好的耐腐蚀性；对人体和环境无毒无害。

此外，可溶性黏结纤维在热水或水蒸气中产生软化、熔融现象，干燥后使纤网内纤维之间黏合，具有良好的非织造加工性能。

五、聚乙烯醇纤维的非织造应用实例

水溶性 PVA 纤维的许多性能在合成纤维中独树一帜，其在工业、农业、环保、医疗等领域获得广泛应用。具体应用实例如下所述。

1. 纸张增强剂

造纸浆内施加增强剂是提高纸张强度的方法之一。除液体状增强剂外，纤维状增强剂也可供选择使用。水溶性聚乙烯醇纤维与液体状增强剂相比，具有留着率高、使用方便、几乎无污染等优点。对于无自身结合强度的纤维的造纸来说，它是至关重要的，可为使用特种纤

维制造特种功能纸提供技术支持。

2. 医疗卫生材料

PVA 纤维可应用于水刺法医用纱布、绷带。产品在使用后可在热水中溶解排放，不对环境造成二次污染。聚乙烯醇纤维与壳聚糖颗粒可协同制备快速吸收水分、抗菌止血的医用纱布。首先，制备非织造布并添加壳聚糖颗粒，防止颗粒脱落。当纱布接触血液时，聚乙烯醇纤维溶解，暴露壳聚糖颗粒层，实现快速止血。这种纱布不仅提高止血效率，防止颗粒脱落，还具备抑菌和促愈功能，减少伤口感染。

3. 制备高强度工程材料

由于 PVA 纤维具有耐水泥碱性的特性，并且与水泥有良好的黏结性和亲和性，因此可以作为一种理想的替代材料，代替石棉用于增强水泥制品。通过将 PVA 纤维、橡胶颗粒和水泥混合制备而成的路面材料，具有出色的抗裂能力、高韧性和高弹性。这种材料能够有效地改善混凝土存在韧性差、易开裂、黏结强度低、耐久性差等问题，从而提升路面材料的性能和使用寿命。

4. 农业覆盖膜和包装材料

聚乙烯醇纤维在农业中有多种应用。它可用于生产农业覆盖膜，帮助保温保湿、抑制杂草生长，并调节土壤温度和湿度。此外，聚乙烯醇纤维也可用于制造编织袋、收割绳和捆扎线等纺织资材，方便包装和运输农产品。它还被用于温室覆膜，提供良好的生长环境，延长生长季节，提高作物产量和质量。同时，聚乙烯醇纤维可制作农田覆盖布和果园防鸟网，保护农作物免受恶劣天气、害虫和鸟类的侵害。聚乙烯醇纤维能够替代部分传统聚乙烯材料，使用后可集中处理，减少"白色污染"，有助于环境保护。

5. 改良软土地基

PVA 纤维具有良好的亲水性和高抗拉强度，能有效吸附自由水并溶于水中用于土壤固化。掺入 PVA 纤维后，改良土的最佳含水量增加，同时对最大干密度影响较小。PVA 纤维的加入显著提高了软土的塑限和液限，增强了其变形能力。通过其亲水性和凝胶作用，PVA 纤维团聚土颗粒，并以较高的抗拉强度对土体形成加筋效果，同时不填充土壤孔隙，保持良好的透气性。

第二节　热熔性黏结纤维

一、热熔性黏结纤维概述

热熔性黏合纤维是用于热黏合法非织造工艺的专用原料，通过加热熔融或软化后冷却，实现主体纤维的黏结，形成结构稳定的非织造材料。该工艺具有生产速度快、无化学黏合剂、能耗低等优点，广泛应用于医疗卫生、服装衬布、绝缘材料、箱包衬里、保暖材料、家具填充、过滤、隔音和减震材料等。

热熔黏合纤维的发展始于 20 世纪 50 年代，科学家们研究无缝连接纤维以替代传统缝纫。

最初的热熔黏合纤维由合成纤维和热熔胶构成，通过涂胶和加热形成牢固结合。60 年代，聚丙烯纤维被广泛应用于热熔黏合，因为它具有低熔点和优良的耐化学腐蚀性。70 年代，技术进一步提升，热熔胶薄膜取代了涂料，提供更高的黏合强度和耐磨性。80 年代，热熔黏合纤维的应用领域迅速扩大，尤其是随着美国一次性尿布的崛起，聚丙烯热轧非织造材料取代了传统的化学黏合法材料，特别适合薄型非织造材料的加固。在医疗领域，热熔黏合纤维被用于手术衣、敷料和外科用品；在建筑行业，广泛应用于屋顶防水和地板材料；在环保行业，制造滤料和过滤器。

进入 21 世纪，热熔黏合纤维技术不断创新，开发出熔点更低的热熔黏合纤维，要求包括低熔点、较大的软化温度范围和小的热收缩。在非织造材料生产中，热黏合加工方法简单、无毒、低污染、能耗少、设备投资低、生产速度快，使其在产品卫生安全性和柔软手感上优于机械和化学黏合材料。此外，传统热熔黏合纤维通常只能实现简单的纤维连接，而现代科技的发展为其实现多功能性提供了新可能。研究人员正在探索将热熔黏合纤维与其他材料结合，实现防水、阻燃、抗菌和保暖等特性，推动热熔黏合纤维的广泛应用与发展。

二、热熔性黏结纤维的种类与性能

大多数高分子聚合物材料具有热塑性，即在一定温度下会软化熔融，形成黏流体，冷却后重新固化为固体。热黏合非织造工艺利用这一特性，通过加热使纤维或热熔粉末部分软化熔融，形成纤维间的黏结，冷却后加固，形成热黏合非织造材料。通常，热熔性黏合纤维主要包括低熔点的合成纤维（例如聚乙烯、聚丙烯）、共聚物纤维（例如共聚酰胺、聚酯共聚、聚氯乙烯与聚乙烯共聚）以及双组分复合纤维。双组分纤维用于热黏合时，由具有不同熔点的两种聚合物构成：高熔点聚合物作为芯层，低熔点聚合物作为皮层包覆其外。例如，皮层采用聚乙烯（熔点在 110~130℃之间），而芯层则采用聚丙烯（熔点在 160~170℃之间）或聚酯（熔点在 230~260℃之间），在热处理过程中，这些纤维的皮层部分熔化并起到黏结作用。热熔性黏结纤维主要有以下几类。

（一）聚乙烯纤维（polyethylene fiber，简称 PE 纤维）

低密度聚乙烯（LDPE）纤维密度为 $0.91~0.92g/cm^3$，其分子链上有长短支链。结晶度较低，分子量一般为 5 万~50 万，它具有较低的结晶度（55%~65%），软化点较低，超过软化点即熔融，其黏合温度为 85~115℃，热熔接性、成型加工性能很好，柔软性良好，抗冲击韧性、耐低温性很好，可在−80~−60℃下工作，电绝缘性优秀（尤其是高频绝缘性），LDPE 的机械强度较差，耐热性不高，抗环境应力开裂性、黏附性、黏合性、印刷性差，需经表面处理，如化学侵蚀、电晕等处理后方可改进其黏合性、印刷性。吸水性很低，几乎不吸水，化学稳定性优秀，如对酸、碱、盐、有机溶剂都较稳定。

高密度聚乙烯（HDPE）纤维是一种由线型聚乙烯纺制而成的聚烯烃纤维，结晶度大于 85%，斜方晶系，密度 $0.95~0.96g/cm^3$，熔融温度 124~138℃，玻璃化温度−120~−75℃。按纤维性能可分为普通型和高强高模型。普通型（鬃丝和裂膜纤维）纤维强度 4.4~7.9cN/dtex，初始模量 31~88.3cN/dtex，断裂伸长 8%~35%，软化点 110~115℃。物理性能：具有优异的纤维强度和伸长；纤维具有一定的吸湿能力；耐热性较差，但耐湿热性能较好；有良好的电绝缘性；耐光性较差，在光的照射下易老化。化学性能：具有较稳定的化学性质，有良好的耐化学药品性和耐腐蚀性。非织造加工性能：高密度聚乙烯纤维具有较低的熔融温度和较高的熔融流动性，容易熔融成型，可用于熔喷和热压等非织造加工方法。同时，高密度聚乙烯纤维也具有较高的拉伸强度和弹性模量，可以通过拉伸和牵拉来改变其形状和尺寸。此外，高密度聚乙烯纤维表面具有较高的粘接性，可通过热、超声波等方法实现纤维的粘接和复合。

（二）低熔点聚酯纤维

低熔点聚酯是一种改性聚酯，它的熔点比常规聚酯要低，其熔点范围在 90~240℃，但仍然保留着聚酯所应有的特性。低熔点聚酯具有熔点低，与聚酯的相容性较好，流动性好等特点，其广泛应用于服装、建筑、涂料等领域，所以无论低熔点聚酯作为纤维还是热熔胶都具有广阔的市场前景。

为了解决低熔点纤维与聚酯纤维相容性差等问题，日本 UNITIKA 公司成功地研发了"Melty"低熔点共聚酯产品。随后，国外一些知名企业也开始了对其他共聚酯类产品的开发：如日本帝人公司选取了与 PET 聚合工艺相类似的合成工艺，制成了具有良好黏合强度的低熔点聚酯纤维，并广泛用于非织造布；美国的 Eastman 公司的 Kodel410（黏合温度为 85~170℃）、DuPont 公司的 Dacron927\ 923\ 920（黏合温度为 160~180℃）、埃姆斯格里伦公司的 K-150（熔点为 145~155℃）、K-170（熔点为 165~170℃）、K-190（熔点为 185~190℃）等。

（三）聚对苯二甲酸丙二醇酯纤维（PTT 纤维）

聚对苯二甲酸丙二醇酯纤维（poly-trimethylene terephthalate fiber，简称 PTT 纤维）是一种新型的聚酯纤维，由对苯二甲酸或对苯二甲酸二甲酯和 1,3-丙二醇缩聚而得，其化学结构式如图 6-2 所示。PTT 纤维的生产工艺与其他热塑性聚合物的熔融纺丝相类似，经切片干燥、熔融、挤出、拉伸、卷绕等工艺步骤。由于美国壳牌化学（Shell Chemical）公司于 1995 年成功地开发了低成本生产 1,3-丙二醇的工艺，才首先实现了工业化生产 PTT 纤维。随后美国的 Shell Chemica 公司和杜邦（Dupont）公司对 PTT 纤维的开发和生产展开了激烈的竞争，其发展受到了举世瞩目的关注。

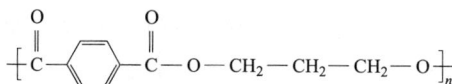

$$\left[\overset{O}{\underset{\parallel}{C}}-\!\!\!\left\langle\!\!\!\bigcirc\!\!\!\right\rangle\!\!\!-\overset{O}{\underset{\parallel}{C}}-O-CH_2-CH_2-CH_2-O\right]_n$$

图 6-2 PTT 的化学结构式

PTT 纤维相较于聚酯纤维，具有优越的回弹性和尺寸稳定性，适合用于地毯及家用纺织品。其最具潜力的市场是替代尼龙作为化纤地毯的原料，PTT 地毯在抗污性、形状保持性和耐压性方面表现出色，因而在高中档市场中具备更强的竞争力。PTT 纤维易于染色，染色温度较低，且其非织造加工性良好，可以通过热熔法、热黏合法、梳理法等多种方式进行加工。这些加工方法能够将 PTT 纤维与其他纤维结合，形成不同形态的织物或非织造品。根据需求，织物的密度、手感和功能性能等都可调节，成品可具备保暖、隔音和防水等特性。表 6-2 列出了几种不同类别聚酯纤维的性能比较。

表 6-2　几种不同类别聚酯纤维的性能比较

性能	PET	PTT	PBT
纤维密度/（g/cm³）	1.38	1.35	1.31
热变形温度/℃	65	59	54
熔点/℃	265	225	228
玻璃化温度/℃	80	58	25
抗拉强度/MPa	72.5	67.6	56.5
弯曲弹性模量/GPa	3.15	2.76	2.34
弹性收缩/（m/m）	0.03	0.02	0.02
急弹性回复率/%	32	82	54
总回复率/%	44	100	76

（四）聚对苯二甲酸丁二酯纤维（PBT 纤维）

聚对苯二甲酸丁二酯纤维（poly-butylene terephthalate fiber，PBT 纤维）是采用对苯二甲酸二甲酯（DMT）与 1,4-丁二醇（BDO）为原料，通过酯交换-缩聚工艺或后来发展的对苯二甲酸（TPA）与 1,4-丁二醇直接酯化-缩聚工艺得到的一种新型聚酯纤维，其化学结构式如图 6-3 所示。最早 PBT 作为一种性能优良的工程材料引起人们的注意，1979 年日本帝人公司首次将其用作纺织纤维，其商品名为"Finecell"。

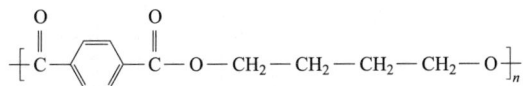

图 6-3　PBT 的化学结构式

PBT 的结晶速率比 PET 快近 10 倍。纤维具有较好的伸长弹性回复率和柔软易染色的特性。但是由于 PBT 大分子基本链节上的柔性部分较长，T_g、T_m 较 PET 低，因此纤维的柔韧性有所提高，模量较低，手感较软，吸湿性、耐性好，回弹性优于 PET，同时具有良好的染色性能。

非织造加工性能：PBT 纤维在加工过程中容易与其他材料进行混合、熔融、压制和成型等加工操作，使得制造各种形状和尺寸的非织造产品更加方便。此外，PBT 纤维也是一种轻量化材料，具有较小的密度，可以制造出轻便的非织造产品，这对一些对产品重量和厚度要求较高的应用领域特别重要。

（五）聚氯乙烯纤维（PVC 纤维）

聚氯乙烯纤维（PVC 纤维）是由聚氯乙烯树脂纺制的纤维，具有原料来源广泛、价格便宜、热塑性好、弹性优、抗化学药品性强、电绝缘性能好、耐磨性高和成本低等优点，尤其是其阻燃性好，难燃自熄。然而，PVC 纤维的耐热性差，对有机溶剂的稳定性和染色性较差，限制了其生产和发展。随着人们安全意识的提高，许多国家对床上用品、儿童及老人睡衣、室内装饰织物等提出了阻燃要求。通过改进原料和生产技术，PVC 纤维作为阻燃材料有望在消防、军队、宇航、冶金和石化等特种行业得到广泛应用。

PVC 纤维以其优异的难燃性而著称，限氧指数（LOI）为 37.1%，在明火中能收缩并碳化，离火后自行熄灭，适合易燃场所。其对无机试剂的稳定性良好，室温下在大多数无机酸、碱和氧化剂中几乎不损失强度。此外，PVC 纤维的保暖性优于棉和羊毛，因其导热性低且易积聚静电。然而，PVC 纤维的耐热性差，仅适合在 40~50℃ 以下使用，65~70℃ 时会软化并收缩。其耐有机溶剂性和染色性也较差，常用染料难以上色，生产中多采用原液着色。PVC 的分子结构具有不对称性，导致其静电性强，吸尘性好，同时不吸水，难以在一般溶剂中溶解。PVC 纤维的主要性能见表 6-3。

表 6-3　PVC 纤维的主要性能

性能		短纤维		长丝
		普通	强力	
断裂强度/(cN/dtex)	标准状态	2.3~3.2	3.8~4.5	3.1~4.2
	润湿状态	2.3~3.2	3.8~4.5	3.1~4.2
干湿强比/%		100	100	100
钩接强度/(cN/dtex)		3.4~4.5	2.3~4.5	4.3~5.7
打结强度/(cN/dtex)		2.0~2.8	2.3~2.8	2.0~3.1
断裂伸长率/%	标准状态	70~90	15~23	20~25
	润湿状态	70~90	15~23	20~25
回弹率/%(伸长 3% 时)		70~85	80~85	80~90
弹性模量/(cN/dtex)		17~28	34~57	34~51
纤维密度/(g/cm³)		1.39		
公定回潮率/%		0		
熔融温度/℃		200~210		
热黏合温度/℃		115~160		

（六）ES 纤维

ES 是"ethylene-propylene side by side"的缩写，是一种通过将低熔点和高熔点成分结合在单丝上形成的皮芯复合纤维，具有优异的热黏合特性。在高于低熔点成分熔点的热处理条件下，低熔点纤维会熔融并与其他材料黏结，从而形成不使用黏合剂的非织造材料。第一代

ES 纤维由日本智索公司开发，其皮层为聚乙烯（PE，熔点 130℃），芯层为聚丙烯（PP，熔点 165℃）。目前已开发出 PE/PET 复合 ES 纤维，皮层为 PE，芯层为聚酯（PET，熔点 260℃）。ES 纤维的截面示意如图 6-4 所示。ES 纤维的问世极大地丰富了非织造布领域的产品品种，并优化了非织造产品质量，从而推动非织造材料发展迈上了一个新的台阶。

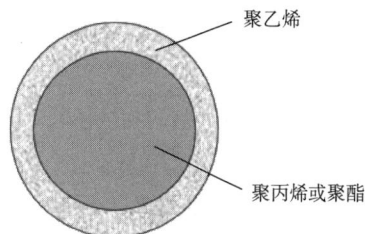

图 6-4 ES 纤维的截面示意图

表 6-4 列出了 ES 纤维的主要性能。由表 6-4 中数据可知，ES 纤维具有良好的力学性能和化学稳定性等，是具有功能性和高附加值的纤维，具有广阔的用途，最大的应用领域是卫生用品的覆面材料，并广泛用于非织造布、汽车用纺织品及其他产业用纺织品领域。此外，ES 纤维可以和天然纤维、人造纤维等混纺，大大提高非织造布的吸水性；可以和羊毛纤维混纺，通过热定形方法改善毛织物的尺寸稳定性，并在一定程度上增强毛织物的防毡缩性能。

表 6-4 ES 纤维的主要性能

性能	PE/PP	性能	PE/PP
熔点/℃	110	拉伸屈服强度/MPa	32
密度/(g/cm^3)	0.9	拉伸断裂强度/MPa	20
熔体流动速率/(g/10min)	65	拉伸断裂伸长率/%	600
弯曲模量/MPa	1320		

ES 纤维经过热处理后，纤维与纤维互相黏结便可形成不用黏合剂的非织造布（图 6-5）。选择不同的热处理方式可获得不同效果的非织造布。例如采用热风黏合式可生产出蓬松性非织造布；采用热轧黏合式可生产出高强度的非织造布。ES 纤维系列具有广泛的加工适合性，现存的主要非织造布加工法都可以使用 ES 纤维，例如热轧法、热风法、针刺法、湿法、水刺法等。

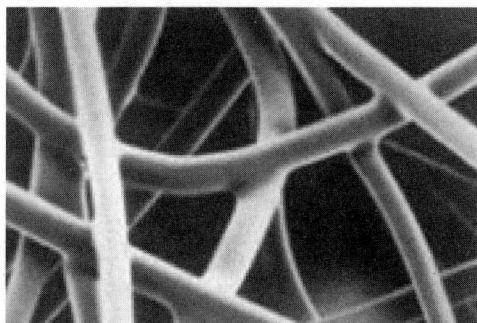

图 6-5 经热熔黏合后的 ES 纤维

三、热熔性黏结纤维的非织造应用实例

（一）高密度聚乙烯纤维

1. 农业用纺织品

高密度聚乙烯纤维材料因其优异的强度、抗压抗拉强度和抗变形能力，可用于制造土壤布，用于土壤的固定和防止侵蚀，适用于公路、河堤和坡地等工程。赵利军等以高密度聚乙

烯纤维为原料制备出一种耐久且富有弹性的双壁波纹管纤维材料，所制备的样品化学稳定性良好，力学性能优异，且具有很强的耐候性。

2. 过滤材料

高密度聚乙烯纤维直径较小，从而造成纤维比表面积较大，吸附性较强。所获得的高密度聚乙烯纤维材料亲油疏水，浸在水中不会影响其性能，并且可以隔离细小颗粒，因此高密度纤维可以制作成滤料，用于过滤液体或气体，如油水分离和空气过滤器。蒋志成等以高密度聚乙烯（HDPE）、丁苯橡胶（SBR）和热塑性硫化胶（TPV）为原料，通过模板法获得了一种具有分离效率高、成本低、制备工艺简单、可连续工作的 HDPE/SBR、TPV 油水分离材料。

3. 医疗和卫生用品

高密度聚乙烯纤维以致密的三维网状的形式存在于非织造材料中，具有纤维连续性好、结构致密、断裂强度高等特性。而且，高密度聚乙烯非织造产品因其质地轻柔、布料透湿透气优异、舒适性高和高效屏蔽液体渗透而在医疗防护领域得到广泛的应用，如手术衣、防护服、口罩、外科托盘垫等。

4. 汽车内饰材料

高密度聚乙烯非织造材料凭借其质地轻柔、强度高、低成本的优势，逐渐取代普通的塑料薄膜和棉质帆布，具有优异的柔软性能、遮光、防水、防尘和耐腐蚀性能，可用于汽车座椅垫料、天花板和地板衬垫等部件。目前以闪蒸法制备的高密度聚乙烯非织造产品在巴西、智利等国家已广泛使用。我国作为世界人口大国，汽车使用量和需求量逐年上升，高密度聚乙烯非织造材料因其独特的力学性能、柔软性能在汽车内饰领域拥有广泛的应用前景。

5. 包装材料

高密度聚乙烯非织造材料及其产品相较于传统意义上的纸质包装材料具有触感光滑、强度高和可书写性能优异的性能，而且高密度聚乙烯产品具有更轻的质量、更强的防水性和更高的强度，避免了运输途中的损坏与污染，并且方便存储和携带。

（二）PBT 和 PTT 纤维

1. 汽车内饰

聚对苯二甲酸丁二醇酯（PBT）是一种工程热塑性塑料，具有高耐热性、耐磨、耐高温、良好的电气性能和抗化学腐蚀的特性，能够提供优异的舒适性和耐用性，可用于汽车座椅衬垫、车门内饰板和车顶衬板等部件的制造。PTT 是一种线性脂肪族-芳香族热塑性聚酯，其特点是高强度和刚度、高尺寸稳定性和非常好的表面性能，适合用于汽车内饰产品的制造。比如座椅面料、车顶衬布、车内地板等。

2. 建筑材料

PBT 纤维因其高强度和耐久性，广泛应用于建筑材料，如隔音和隔热材料。Emel Çinçik 等研究了以再生聚酯（r-PET）、聚丙烯（PP）和 PBT 熔喷非织造为层的三层复合材料，显示出优异的隔音性能。通过调整外层的纤维细度和生产工艺，并利用 Design Expert 软件进行统计分析，发现纳米网层作为内层的复合材料在吸声和隔热性能上优于不含内层的结构。

3. 过滤材料

PBT 纤维和 PTT 纤维因其独特结构，具备优异的过滤效果，广泛应用于空气净化、水处理和工业过滤等领域。通过驻极熔喷和静电纺丝技术，以 PET 为原料制备的 PBT 静电纺/熔喷复合材料，经过驻极处理后，形成孔径梯度结构，获得更细的纳米纤维和均匀的纤维直径，显著提升了过滤性能。

4. 医疗用品

通过超细纤维自黏合形成的三维网状结构，具备高过滤效率和低过滤阻力。美国 3M 公司利用插层熔喷技术，将高卷曲 PBT 中空短纤维融入聚丙烯熔喷纺丝中，制得高容尘量、低阻力的工业口罩材料。PBT 纤维的卷曲特性使颗粒物渗透路径曲折，增强拦截效果。PTT 纤维则因其优异的吸湿性和柔软性，适合用于医用面罩、护理垫等医疗用品。

5. 个人护理产品

PTT 纤维的柔软性、舒适性和抗菌性使其成为个人护理产品的理想材料。例如，可用于制造卫生巾、成人纸尿裤、卫生纸等产品。PTT 纤维相较于尼龙和丙烯酸等其他合成纤维具有更柔软、更容易染色、更好的拉伸和恢复性以及更长时间地保持鲜艳色彩的特点。最重要的是，PTT 纤维具有抗污渍、易于清洁和快速干燥的能力是个人护理产品的理想材料。

（三）PVC 纤维

1. 医疗卫生产品

PVC 纤维具有直径小、孔隙率高、疏水性等显著特性，使其可以用于制作一次性医用口罩、手套、护目镜、防护服等医疗卫生用品，具有防护、抗菌、透气等特性。

2. 过滤材料

低成本的 PVC 纤维材料具有良好的刚度、高耐氯、耐碱和耐酸等优异性能，被各种化学试剂反复清洗后仍能保持较长的膜寿命，可以用于制作过滤器，如水处理过滤器、空气过滤器等。通过对 PVC 纤维材料进行亲水改性可以生产出具有优异过滤性能的产品。

3. 建筑材料

PVC 纤维由于其良好的加工性、多孔性、柔软性及弹性等特点，可以用于制作防水材料、隔热材料、隔音材料等建筑材料，具有防水、隔热、耐候性等特性。

（四）ES 纤维

ES 纤维是一种理想的热黏纤维，主要用于非织造布的热黏法加工。通过热轧或热风贯通，低熔点组分在纤维交叉点熔融黏合，形成"点状黏合"，使产品具备蓬松性、柔软性和高强度等特点。近年来，热黏合法的快速发展得益于新型合成纤维材料的应用。ES 纤维与天然纤维、人造纤维和纸浆混合后，通过湿法非织造布加工可显著提高强度。此外，ES 纤维还可用于水刺法加工，形成具有伸缩性的非织造布。ES 纤维广泛应用于卫生用品的覆面材料，因其柔软性、低温加工性和无毒性，成为高档卫生巾和尿布的理想材料。同时，ES 纤维还可用于地毯、汽车壁材、保健垫褥、过滤材料等多个领域。

第三节　复合纤维

一、复合纤维概述

复合纤维又称双组分纤维或多组分纤维，是将两种或两种以上的高聚物或性能不同的同种聚合物通过一个特殊设计的喷丝孔（如分劈喷丝孔）纺成的纤维。通过复合，在纤维同一截面上可以获得并列型、皮芯型和海岛型等方式复合的纤维。复合纤维不仅可以解决纤维的永久卷曲及弹性，而且具有多组分的连续覆盖作用，提供纤维易染色、难燃、抗静电和高吸湿等特点。

复合纤维的开发是实现纤维高感性化、高功能化的一个重要手段。它可以通过喷丝板形设计、聚合物的配方设计以及纺丝纤维的截面设计等多种形式，获得各种性能、风格的新型纺织材料。目前复合纤维生产技术在非织造材料领域也有较快发展，主要应用于热黏合非织造布，其产品具有良好的蓬松性、卷曲性及柔软性，在医疗卫生用品、无尘纸、装饰材料、过滤材料等领域具有广阔的市场前景。

二、复合纤维的组成与结构

（一）并列型（S/S 型）

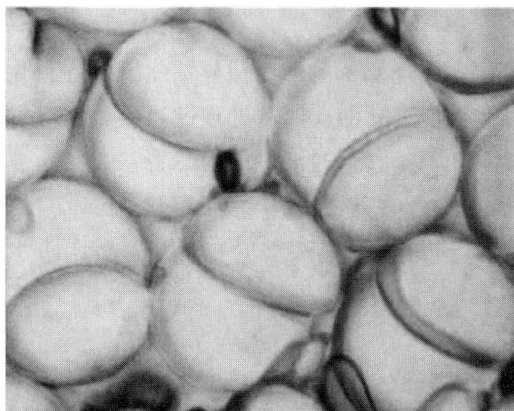

图 6-6　并列型复合聚丙烯纤维

并列型复合纤维是由两种聚合物在纤维截面沿径向并列分布而成（图 6-6）。利用两个组分结构的不对称分布，纺得的纤维经拉伸和热处理后产生收缩差异，从而使纤维产生螺状卷曲。这一结构灵感来源于天然羊毛的卷曲特性。羊毛纤维的截面由紧密结合的正皮质和偏皮质构成，两者在干燥状态下的收缩率不同，正皮质的收缩略大于偏皮质，因此形成了羊毛纤维的永久性卷曲。

（二）皮芯型（C/S 型）

皮芯型复合纤维的芯部聚合物完全被皮层聚合物包围（图 6-7）。也称芯鞘型复合纤维，它兼有两种聚合物的优点。皮芯型复合纤维的特点是其中一种组分完全包围另一种，截面形状通常为同心圆、偏心圆或三叶形。一般来说，若产品强调强度，则采用同心皮芯纤维；若重视膨松度，则采用偏心皮芯纤维。皮层通常由熔点较低的材料构成，在热轧或热风成布过程中，皮层材料在较低温度下熔融以黏结纤网，而芯层材料的熔点较高，确保在加工温度下保持原有物理性能。

（三）基质/原纤型（M/F型）

这类复合纤维分为海岛型和裂片型，广泛用于微纤维生产。

海岛型复合纤维，即多芯皮芯复合纤维，又称为基质原纤型纤维，它是由一种聚合物以极细的形式（原纤）包埋在另种聚合物（基质）之中形成的，又因为分散相原纤在纤维截面中呈岛屿状而称为海岛纤维。此类纤维是由两种组分以"海"和"岛"的结构形式，沿纤维轴向连续分布，当纤维制成非织造布后，可用水或碱等溶剂将"海"溶解去除，使"岛"分离出来，得到0.11dtex以下的超细纤维。若抽掉岛相，则可制成空心纤维。

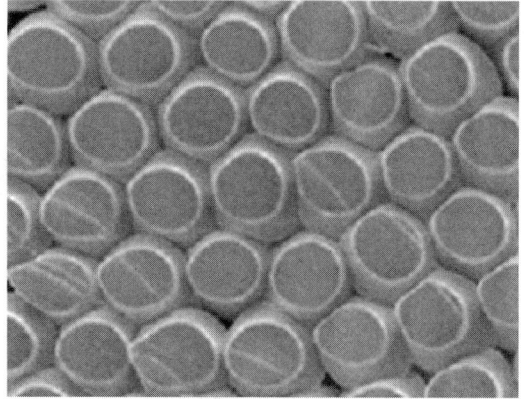

图6-7　皮芯型复合聚酯纤维

裂片型复合纤维由相容性较差的两种聚合物分隔纺丝，经过处理后可自动剥离，形成多瓣细丝，单丝线密度为0.03~1.1dtex，质地柔软且光泽柔和，常见形状包括橘瓣形、米字形、多层并列形和齿轮形等。橘瓣型复合纤维相邻的两片橘瓣为不相容的两种聚合物，纤维在成形后稍加外力便可使橘瓣互相剥离，生成超细纤维。在水刺法中利用高压水流的冲击力，使双组分分离，而针刺法非织造物则需要用热处理或化学处理方法使双组分分离。

基质/原纤型复合纤维的截面形状如图6-8所示。

(a) 海岛纤维　　　　　　　　(b) 橘瓣形纤维

图6-8　基质/原纤型复合纤维的截面形状

三、复合纤维的制备方法

（一）并列型（S/S型）

为了纺制S/S型复合纤维，使两种聚合物流通过窄管道汇集到喷丝板。为了避免所谓的折线形（纤维的纵向弯曲），两种聚合物的黏度必须相似。图 6-9 所示为用于熔体纺 S/S 型复合纤维的喷丝板。两种组分在喷丝板内汇集在一起。

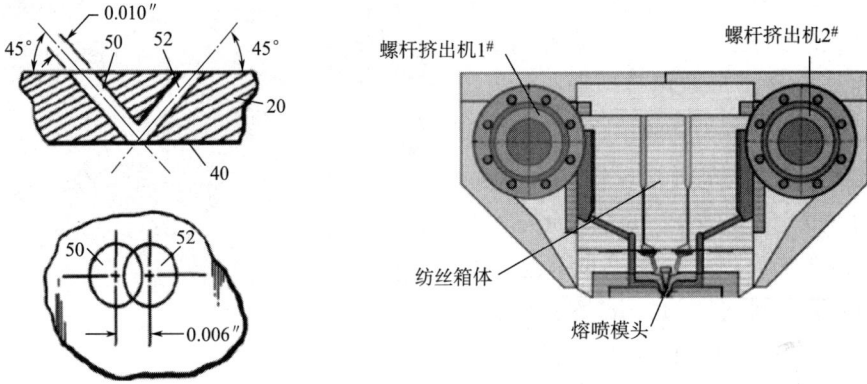

图 6-9　纺制 S/S 型复合纤维的喷丝板

（二）皮芯型（C/S 型）

生产皮芯型纤维时，通过两个独立的管道将聚合物喂入。皮层聚合物可以从一侧或两侧进入。在三组分纤维的情况下，两种皮层聚合物要么在环管内的喷丝孔前会合，要么在离开喷丝板时结合，而芯聚合物则在环管内流动。根据芯聚合物喷丝孔的位置，所得到的复合纤维可以是同心型或偏心型。如图 6-10 所示为两种聚合物生产 C/S 型复合纤维所用的喷丝板。

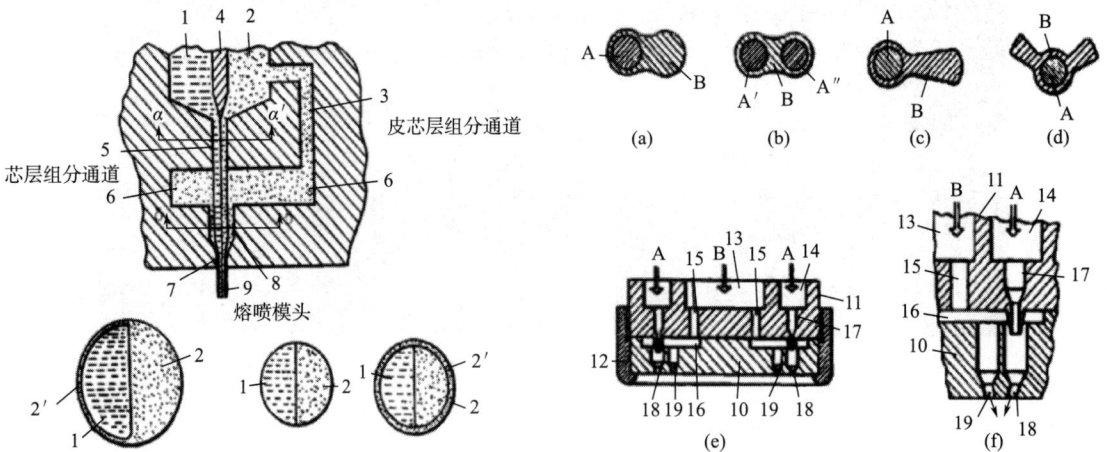

图 6-10　两种聚合物生产皮芯型复合纤维的喷丝板

1，2—纺丝原液　3—溶液供给管　4—隔板　5—纺丝导孔　6—溶液储存器　7—纺丝孔　8—导向孔
9—芯鞘型截面形状长丝　10—多孔板　11—供给体　12—螺纹套筒　13—中心井　14—外部环形井
15—通道　16—进料凹槽　17—进料喷嘴　18，19—挤出喷嘴

（三）基质/原纤型（M/F型）

生产海岛型纤维有不同的方法。有一种方法是在喷丝板中用小管把岛聚合物注入海聚合物流，形成海岛复合纤维，喷丝板如图6-11所示。

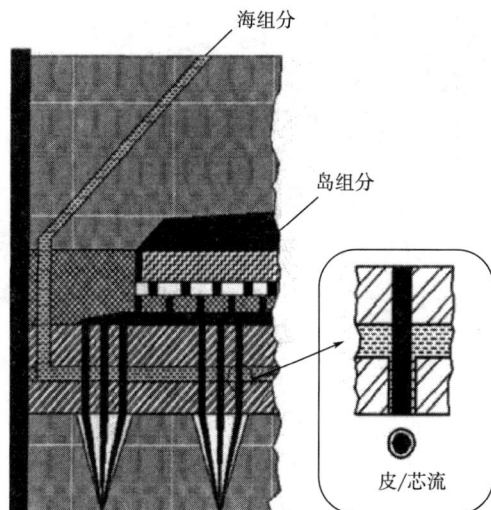

图6-11　海岛型复合纤维喷丝板示意图

对于橘瓣型纤维的生产则有美国公司开发了一种喷丝板，使多种多组分纤维的生产成为可能。如图6-12（a）所示，这个部件由筛网支撑板2的顶板1、计量板3、分配板4和喷丝板5组成。图6-12（b）为橘瓣型纤维喷丝板和纤维截面示意。

四、复合纤维的性能

（一）并列型（S/S型）

此种纤维具有三维空间卷曲性能，通常为短纤维可用作填充物。

具有更高的加工速度，可降低设备投资，产品更蓬松、手感改善、美观性提高，并能省去一些下游工序，可以利用两种组分的不同染色性制造异色纤维。

（二）皮芯型（C/S型）

皮芯型复合纤维特点如下：

（1）温和的黏合条件。皮层材料有较低的熔点，在非织造布生产过程中作为黏合剂使用。

（2）节约成本。表层聚合物提供光泽、可染性或稳定性等特性，芯层聚合物提供材料的强度，同时能够降低成本。

（3）两种材料性能组合。对一些难以纺丝的材料可以同易纺材料组合实现纺丝，以生产具有不同性能的产品。

（三）基质/原纤型（M/F型）

基质/原纤型纤维广泛用于生产微纤维，包括橘瓣形和海岛形，主要应用于合成仿麂皮、

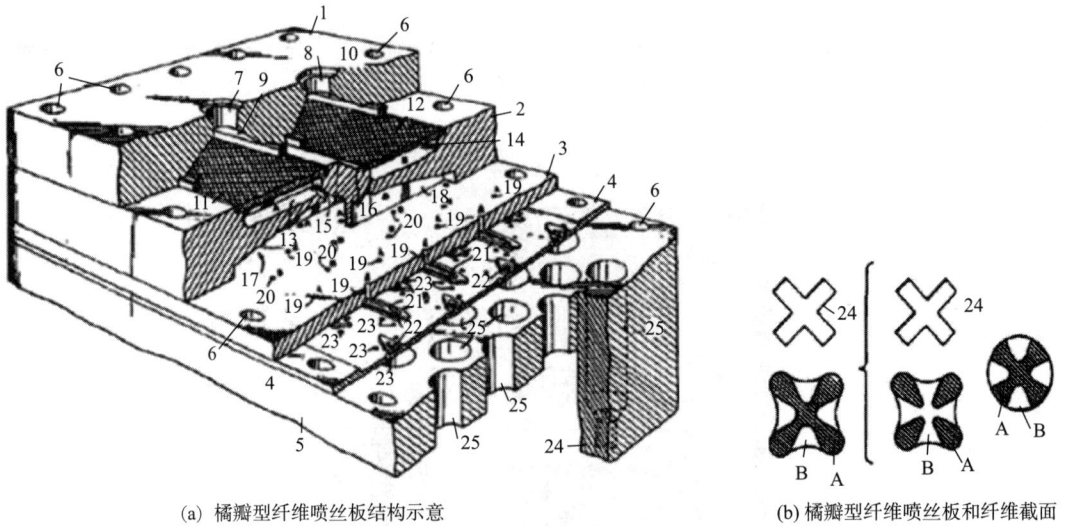

(a) 橘瓣型纤维喷丝板结构示意　　　　　　　　　　　(b) 橘瓣型纤维喷丝板和纤维截面

图 6-12　橘瓣型纤维喷丝板结构及纤维截面

1—顶板　2—筛网支撑板　3—计量板　4—分配板　5—喷丝板　6—螺栓孔　7，8—计量泵孔　9，10—帐篷形空腔　11，12—过滤网　13，14—交叉狭槽　15，16—钻孔　17，18—深锥形槽　19，20—流动分配孔　21—坝　22，23—分配孔　24—喷丝孔　25—入口孔

人造革、揩布、超细过滤介质、人造动脉等特殊领域。橘瓣形纤维通常通过针刺机械或水刺喷射力使橘瓣剥离，从而增加纤维的比表面积和手感，特别适用于制造具有异形截面的超细纤维，如人造麂皮和过滤材料。海岛形纤维的"岛"部分一般采用熔融纺丝的聚合物，如聚酰胺（PA）、聚酯（PET）或聚丙烯（PP），而"海"部分则是聚苯乙烯、塑化体或皂化聚乙烯醇等材料，主要用于合成皮革、揩布等领域。

五、复合纤维的非织造应用实例

1. PE/PP（聚乙烯/聚丙烯）复合纤维

PE/PP 复合短纤维，又称 ES 纤维，是低熔点双组分复合纤维。采用复合纺丝方法而制成（聚丙烯 PP/聚乙烯 PE 复合），两种成分构成，截面形式为"皮芯型""并列型"。

ES 纤维与 PP 纤维混合后进行针刺或热黏合处理，使 ES 纤维相互交联并黏合，这种方法具有不需使用黏合剂和衬底布的优点。ES 纤维与天然纤维、人造纤维、纸浆等混合后，通过湿法非织造布加工工艺，可以大大提高非织造布的强力。

2. PA/PET（聚酰胺/聚酯）复合纤维

PA/PET 可用于制备皮芯型双组分复合纤维，广泛应用于热黏合纺粘法非织造布的生产。以 PET 作为芯层，确保了产品在高温和机械负荷下的稳定性；而 PA 作为皮层，则与多种涂覆材料和染料具有优良的黏合性能。在温度和压力的作用下，热黏合长丝通过交叉点实现黏合，无须使用任何化学黏合剂，容易复合。

3. PE/PET（聚乙烯/聚酯）复合纤维

单组分 PET 非织造布在轧压过程中使用了较高的温度，因而在该区域的长丝原有结构遭到严重破坏，导致位于黏合点周围边界区的长丝形成弱的黏合点，这可能使非织造材料在拉伸时首先会在此处断裂。

双组分 PE/PET 结构黏合温度比单组分 PET 低 80℃ 左右，其黏合区所有长丝仍然是单丝形式，尤其是 PET 芯层。由于在黏合时使用较低的温度，该区域中 PET 长丝的结构基本上是完整无损的，靠近双组分非织造布断裂边缘的所有黏合点消失。表明当双组分非织造布拉伸时，黏合区首先被拉开，接着区域之内或之外的所有长丝沿着拉伸方向排列。双组分 PE/PET 长丝的柔软性有助于提高非织造材料的均匀性。

4. 双组分纺粘、熔喷过滤材料

慎张飞等通过纺粘-热轧复合技术制得了一种具有立体结构的双组分纺粘擦拭材料。采用可生物降解的 PLA（聚乳酸）和 PBS（聚丁二酸丁二醇酯）为原料，得到的产品具有柔软舒适、高效低阻、力学性能优异和可完全降解等特征，且制备工艺简单可行，绿色环保。袁伟华等采用熔体直纺法制得了一种由皮层和芯层直纺而成的双组分 PET（聚酯纤维）纺粘液体过滤材料，其中皮层为低熔点 PET 熔体，芯层为高熔点 PET 熔体。所获得的双组分 PET 纺粘液体过滤材料不仅具有强度高、迎水面积小且过滤阻力低的特征，还兼具有工艺简单、实施成本低和绿色环保的优势。

第四节　异形纤维

一、异形纤维概述

异形纤维指经一定的几何形状（非圆形）的喷丝孔纺制的具有特殊横截面形状的化学纤维，也称异形截面纤维。异形纤维是相对于圆形纤维而言的，像天然纤维那样使它们的截面呈现三角形、星形、多叶形等，可以是异形截面纤维，也可以是异形中空纤维，或者是复合异形纤维。目前生产的异形纤维主要有三角形、Y 形、五角形、三叶形、四叶形、五叶形、扇形、中空形等。

异形纤维最初是受到蚕丝的启发而研制出来的。作为天然纤维的蚕丝能够产生闪光等奇特的光学现象。通过学者们的研究可知蚕丝的闪光来源于它的断面呈三角形，在光的照射下，纤维的三个几何面折光率不一样，而像三棱镜那样使光产生折射与分光。这样折射出来的光线就炫目多彩了。

1953 年美国杜邦公司首先研制出了用膨化黏着法纺制异形纤维的技术，随后又开发了制造三角形截面纤维的技术，并提出了四角截面和五角截面丝的专利申请。关于制造异形纤维的报告最初见于 1954 年，正式产品是美国杜邦公司的三角形和三叶形纤维，并于 1959～1960年间作为锦纶闪光丝应用于实际生产。德国于 1955 年研制出五角形截面异形锦纶纤维。至今德国 Enka 公司的喷丝板生产技术在国际上处于领先地位。20 世纪 60 年代初，美国开始研制保暖性好的中空纤维，并于 1965 年发表了锦纶 66 中空纤维 "B-5"。

日本从 20 世纪 60 年代开始研制异形纤维。日本田中贵金属公司设有专门制造化纤喷丝板的工厂，生产品种有圆形、异形、复合型等。太奈卡公司也能生产多种形状的异形喷丝板，目前，日本每年开发异形纤维品种 1000 个以上。

随之，英国、意大利和苏联等国家也相继研制该类产品。其主要研究方向为开发和生产高层次、深加工、高技术及高附加值的异形纤维品种，更加崇尚舒适和多功能化，如阻燃、抗菌、防紫外线的功能性异形纤维，集舒适、运动自如、透气透湿、保暖吸汗等多种功能结合在一起的异形纤维服装以及环保可降解的异形纤维。

我国的异形纤维工业起步比较晚，众多科研、生产单位均做了有益尝试，于 20 世纪 60 ~ 70 年代间曾进口异形喷丝板，试纺锦纶异形丝，其中的 Y 形、五角形、八角中空形等取得了初步成就。直到 20 世纪 70 年代中期，我国开始真正自主研制异形纤维，比发达国家晚二十多年的时间。到了 20 世纪 80 年代，三角形、米字形、H 形异形截面纤维在中国纺织大学试制成功。虽然通过对进口设备进行消化吸收和改进，我国已经形成了一整套自己的技术，但我国合成产品的差别化率仅为 60%。目前，我国虽然能够生产异形纤维及各种异形喷丝板，但在技术水平和数量上与日本、美国、欧洲等地仍有差距。

二、异形纤维的组成与结构

（一）中空异形纤维

中空纤维是横截面沿轴向具有空腔的一种异形纤维，如图 6-13 所示，其中空结构中包含大量静止空气，能为织物带来轻质弹性、良好透湿性以及舒适的保暖效果。中空纤维膜对水、气、血液等介质的吸附能力，以及作为复合材料时和基体材料的结合能力，在一定程度上不仅提高了纤维的刚度和硬挺度，而且提高了纤维的抗弯性能和耐磨性能，中空纤维膜在过滤分离领域有着重要应用。

图 6-13　中空异形纤维结构示意

（二）三角异形纤维

三角异形纤维以三角形截面为基础，能够根据产品需求变形为多种形状，具有均匀的立体卷曲特性和夺目的光泽。其独特的截面设计使得纤维之间的结合更加紧密，提供了更高的强度和刚度，并在承受拉伸和压缩力时表现出优越的性能。同时，三角异形纤维具有出色的化学稳定性，能够抵抗酸、碱和溶剂的侵蚀，不易腐蚀或损坏，从而在恶劣环境下的应用更加可靠。

（三）Y 形和双十字异形纤维

Y 形异形纤维的横断面形成了大量孔隙，孔隙率高达 40%，是圆形断面的两倍，这些孔隙为汗水和湿气提供了有效的导流通道。此外，Y

形纤维与皮肤接触点较少，能显著减少出汗时的黏腻感。其轻便、吸水、速干的特性，加上复合纺丝技术的灵活性，使得Y形复合纤维能够创造多样化的视觉效果和手感。在相同的纤度下，双十字形异形纤维的截面更大，采用双十字形异形纤维编织的袜子具有许多优点，服用性能好，还有效解决了袜子脱垂下落的问题。Y形和双十字形异形纤维结构示意如图6-14所示。

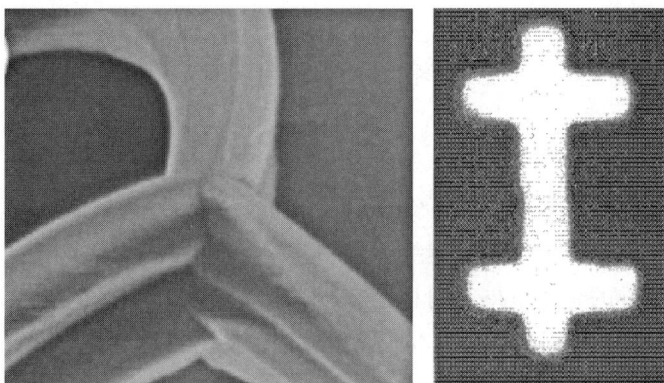

图6-14　Y形和双十字形异形纤维结构示意图

三、异形纤维的制备方法

（一）直接法

纺丝液从喷丝板挤出的一瞬是纤维截面成型的关键。因此可以通过将喷丝孔按所要求的截面进行加工，当纺丝液从异形孔中喷出后，逐渐凝固成异形纤维。这种将喷丝孔加工成与所要求的纤维截面形状相似的纺丝方法，这也是最普通的使用的方法。

（二）膨化黏着法

纺丝液被挤压离开喷丝孔的瞬间，由于压力突然降低，会发生膨化，而此时的纺丝液尚未凝固，因而相邻部分就会粘接，纤维截面随之改变。中空、多孔纤维常用此法加工。目前，这种方法得到了国际异形纤维生产厂家的广泛的应用。

（三）复合纺丝法

将两种或两种以上的成纤高聚物制成可分离型复合纤维以后，在后加工过程中通过机械剥离各组分或者用溶剂溶掉某组分而获得异形纤维的方法。

（四）轧制法

类似冶金工业中的轧钢。纺丝熔体经喷丝孔挤出后，趁尚未完全固化时，用特殊热辊挤压成型。

（五）孔形（径）变化法

用两块重叠的喷丝板，每块喷丝板上喷丝孔形状各异，但中心线基本吻合。在纺丝过程中，两块板相对移动或旋转，因而纺出的纤维截面和外形也相应变化。

四、异形纤维的性能

(一) 光泽

异形纤维最大的特征是其独特的光学效果。圆形截面纤维表面对光的反射强度与入射光的方向无关,异形纤维表面的反射强度却随着入射光的方向而变化。异形纤维的这种光学特点增强了纤维的光泽感,使人眼在不同方向、不同位置接收到不同的光学信息而产生良好的感官感受。从反射性质来看,三角形、三叶形、四叶形截面纤维反射光强度较强,通常具有钻石般的光泽,而多叶形截面纤维光泽相对比较柔和、闪光小。异形纤维比圆形纤维仿真丝效果好。

(二) 抗弯性和手感

几种不同异形截面纤维织物和圆形纤维织物的抗弯性和耐磨牢度进行测定对比表明,三角形截面纤维织物具有比圆形截面纤维织物高得多的抗弯性和耐磨牢度,这表明纤维的适当异形化不仅改善了纤维的光泽效果,而且也在很大程度上可以引起力学性质的变化,从而引起风格手感的改变,使异形纤维织物比同规格圆形织物更硬挺。

而对中空纤维来讲,其硬挺度受纤维中空度的影响,在一定范围内,中空纤维的硬挺度随中空度的增大而增大。但中空度过大时,纤维壁会变薄,纤维也会变得容易被挤瘪、压扁,而使硬挺度降低。

(三) 蓬松性、保暖与透气性

一般情况下,异形纤维的覆盖性、蓬松性要比普通合成纤维好,纤维制品手感也更厚实、蓬松、丰满、质轻。异形纤维截面越复杂,或者纤维异形度越高,纤维及织物的蓬松性和透气性就越好。例如三角形和五角形聚酯纤维织物的蓬松度比圆形纤维制品高 5% ~ 8%。在单位面积质量相同的情况下,异形纤维制品更厚实、更蓬松,保暖性和透气性也更好。

(四) 抗起球性和耐磨性

普通合成纤维易起毛起球,且由于纤维强力高,摩擦产生的球粒不易脱落,球粒会越积越多,严重影响织物的外观和手感。纤维异形化后,由于纤维表面积增加,纤维间的抱合力增大,起毛起球现象大大减少。异形截面纤维会使纤维耐弯曲性下降,但中空纤维的耐磨次数和耐弯曲次数却明显提高,甚至提高 2 ~ 3 倍。

(五) 染色性和防污性

异形纤维因其较大的表面积,染色速度加快且上染率显著提高。然而,异形化导致纤维反射光强度增加,显色性降低,颜色深度变浅。为了在外观上达到与圆形纤维相同的深度,染色时需增加 10% ~ 20% 的染料,提高了染色成本。此外,异形截面纤维的透光性降低,使得织物上的污垢不易显现,从而提升了耐污性。

五、异形纤维的非织造应用实例

异形纤维由于其独特的结构和性能,在非织造材料领域主要有如下应用。

(一) 隔音和保暖材料

异形纤维在汽车工业中可用于制造轻质材料、减震材料和隔音材料,满足对强度、轻量化和舒适性的高要求。在中空纤维的生产中，其中空结构赋予非织造材料优良的隔音和保温性能。通过不对称冷却条件可使纤维产生卷曲，生产的纺粘非织造布手感柔软且富有弹性。在纺粘针刺非织造布的生产中，卷曲的纤维增加了纤维间的缠结和摩擦力，从而提高了产品的密度和力学性能。

（二）医疗领域

异形纤维在医疗领域中可以用于制造人工血管、人工皮肤、脊柱支架等。由于异形纤维的材料特性和结构特点，可以更好地适应人体组织，提供更好的生物相容性。

（三）功能性纤维制品

由新维纺织开发有限公司生产，迭代®涤纶的吸湿排汗特性是通过改变纤维本身的分子结构，同时辅以十字形截面，使纤维本身就具有自亲水功能，再借助沟槽结构，实现快速吸水、导湿。同时，迭代®涤纶具有100℃低温常压全色系染色、回潮率高、模量低、静电弱、不易起球、节能环保等优点，模量比同规格普通涤纶降低20%，大大改善了材料的柔软性。

Supercool纤维是由上海贵达科技有限公司开发的，通过在高分子链上接枝共聚引入亲水基团，使纤维具有较高吸湿性，并且其Y形截面结构交织形成的网络和纤维表面的微孔、微沟槽形成芯吸通道，比表面积比普通涤纶增加了100%以上，既增加了吸湿、导湿面，同时又增加了水分的蒸发面。

（四）家居用品

在地毯领域中，异形纤维的特点是富有弹性、不起球，有高度的蓬松性、覆盖性和防污效果。在非织造材料领域，异形纤维的附着性比圆形纤维大得多，用X、H形纤维制造的擦拭材料，其清洁程度显著提升。

（五）过滤材料

异形截面纤维比传统的圆形纤维具有更大的比表面积，提高了滤料的孔隙率、携粒能力和收集效率，同时异形纤维还具有耐沾污、蓬松透气、吸附性能好等优良性能，已广泛应用于过滤领域。

第五节　超细纤维

一、超细纤维概述

超细纤维（microfiber）又称微纤维、细旦纤维、极细纤维。对于超细纤维的细度定义目前国际上没有统一的说法，美国PET委员会将单丝细度为0.3~1.0dtex的纤维定义成超细纤维；日本将单丝细度在0.55dtex以下的纤维定义为超细纤维；意大利将单丝细度在0.5dtex以下的纤维定义为超细纤维。我国纺织行业把单丝细度小于0.44dtex的纤维定义为超细纤维，细度为0.44~1.1dtex的纤维定义为细特纤维。超细纤维主要分为超细天然纤维和超细合成纤维。超细天然纤维主要有动物纤维（如蜘蛛丝、蚕丝、皮革、动物绒毛等）、植物纤维等；超细合成纤维主要有聚酯、聚酰胺、聚丙烯腈、聚丙烯、聚四氟乙烯以及玻璃纤维等纤维品种。

20世纪40年代受当时羊毛皮芯结构的启发，仿制出了双组分的复合黏胶纤维。该纤维具有三维卷曲，而且卷曲性能较稳定，故称为"永久卷曲黏胶纤维"。国外化纤公司在20世纪60年代开始对细旦和超细旦纤维的研究开发工作。杜邦公司在1964年就取得了用复合纺丝法生产超细纤维的专利，并以此作为发展超细纤维的起点。20世纪70年代剥离法和海岛法两种复合纺丝法制取0.1dtex左右超细纤维的生产工艺实现了工业化，并取得了较好的经济效果。从20世纪80年代开始，纤维的产品开发向高品质化、高附加值化、新材料化方向进展，即进入了"高技术时代"，而所谓的"新合纤"技术正是这一时代最夺目的里程碑，超细纤维的技术正是在这种历史背景下日趋成熟的。

我国从20世纪80年代末着手对超细纤维的研究，1996年7月北京服装学院纺制成了线密度为0.05dtex的超细长纤维，打破了发达国家单丝小于0.1dtex的技术垄断。中国纺织大学（现东华大学）也成功开发了世界领先水平的超细旦丙纶长丝及其制品。

在新材料日益发展的今天，聚合物纤维的使用早已渗透到人类生活的方方面面。相较于直径较大的普通聚合物纤维，超细纤维的几何特性、表面形态、力学性能、光学性能等得到了不同程度的改善，使超细纤维在过滤分离、医疗防护、生物工程、能源收集/转化/储存、传感器等领域发挥着重大的作用。

二、超细纤维的组成与结构

（一）聚合物超细纤维

聚合物超细纤维是目前应用最广泛的一类超细纤维材料。这些材料具有良好的可塑性和可调控性，可通过不同的制备方法获得不同的纤维形态和性能。

（二）无机超细纤维

无机超细纤维主要包括无机纳米纤维、碳纳米纤维等。这些材料具有优异的热稳定性、耐腐蚀性和导电性能，广泛应用于能源储存、传感器等领域。

（三）天然纤维超细纤维

天然纤维超细纤维是利用天然纤维原料制备的超细纤维材料。常见的天然纤维超细纤维材料包括天然纤维素纳米纤维、蛋白质纳米纤维等。纳米纤维素是通过天然纤维素分离得到的直径小于100nm的纤维聚集体。通过化学、物理、生物或者几者结合的手段从天然纤维原纤维分离得到的直径小于100nm，长度可达微米的纤维聚集体，具有可再生、可自然分解、化学性能稳定等特点。这些材料具有良好的生物相容性和可降解性，适用于生物医学领域的应用。

三、超细纤维的制备

常规超细纤维主要分长丝与短丝两种类型。常规超细纤维长丝的纺丝形式主要有直接纺丝法与复合纺丝法，常规超细纤维短丝的纺丝形式主要有喷射纺丝法、共混纺丝法等。

（一）直接纺丝法

直接纺丝法是利用传统的熔融纺丝工艺，使用单一原料（聚酯、聚酰胺、聚丙烯等）制备超细纤维的纺丝技术，工艺简单，操作方便，但是制备纤维过程中容易产生断头，喷丝孔易堵塞。近年来，在直接纺丝法的基础上不断改进技术，发展为直接纺丝改良法（DSP）和直接优化纺丝法（DSOM）。

1. 直接纺丝改良法（DSP）

直接纺丝改良法又称常规纺丝改良法，是指用常规纺丝方法改良其工艺设备直接制造微细纤维的方法。目前可以用 POY 或 FDY 纺丝机，在工艺设计上稍加改进就可适用于超细纤维生产。用 POY 和 FDY 纺丝机生产微细纤维，最大优点是可直接获得单一组分的超细纤维。不需像复合纺丝或共混纺丝那样进行双组分的剥离或溶解，一般可稳定生产 0.7~1.0dtex 的纤维，因此成本较低。如果熔体质量和机器性能好，可生产最细至 0.44dtex 的微细纤维。若是生产单丝纤度低于 0.44dtex 纤维要用复合纺丝机。

2. 直接优化纺丝法（DSOM）

通过优化纺丝工艺对传统纺丝方法的改进，在熔体纺丝时要适当降低聚合物黏度、提高熔体纯净度，降低喷丝板下方的环境温度，使冷却加速并提高冷却吹风的均匀程度。目前，通过直接纺丝法所制得的最细商业化产品为单丝线密度达 0.165dtex 的 PET 纤维。与常规纺丝法比较。聚酯超细长丝的纺丝方法需做如下优化改进。

（1）适当降低聚合物黏度。可通过降低聚合物分子量或提高纺丝温度来达到目的，这些措施可防止因液滴型挤出而断丝。

（2）喷丝板上的喷丝孔应呈同心圆均匀排列，使丝条均匀冷却。

（3）降低喷丝板下方的环境温度，使丝条迅速冷却，并在喷丝板下方 20~70cm 处集束、卷绕，以获得未拉伸丝。

（4）使纤维经受 4~6 倍的后拉伸。在特定的条件下可进行 10~20 倍的拉伸，但技术条件不稳定，而且范围较窄，故未获得应用。

（5）通过高精度过滤以提高纺丝熔体的纯净度。

（6）减少熔体的挤出量。

（二）复合纺丝法

复合纺丝法是利用复合纺丝技术来制得复合纤维，然后利用物理或者化学处理的方法使得复合纤维多相分离，进而得到超细纤维，复合纺丝技术的成功标志着超细纤维发展的真正开始。

复合纺丝制造超细纤维根据不同的工艺又分为剥离型和海岛型两大类。剥离型超细纤维是将两种互不相容但熔体黏度相近的高聚物熔体进行复合纺丝，复合纤维织造和染整后，经剥离得到超细纤维，剥离方法有机械法、溶剂溶除法和溶解法。海岛型超细纤维是由两组分复合而成，其中一组分为"海"，另一组分为"岛"，"岛"组分分布在海组分中。"海"组分要选用易溶性高聚物，如聚苯乙烯，这种纤维织成织物后用溶剂将"海"组分溶解，留下"岛"组分，用此方法可制得单丝纤度为 0.001dtex 的超细纤维。

（三）喷射纺丝法

1. 熔喷法

熔喷法是从刀口状喷丝板端开出一排细孔，熔融的聚合物从众多微小喷丝孔中吐出，再用热风吹散的方法。由于该方法采用吹散熔融聚合物的形式，因此主体是细纤维。但也适用于制造粗细不均匀的短纤维相互熔融黏着的薄片。将细纤维与粗纤维同时喷出制成混合物，可得到蓬松性和保湿性优良的薄片。从制造方法上可以知道该方法的缺点是纤维的分子取向低。

2. 静电纺丝法

在溶液静电纺丝过程中，高压电场的静电力作用使聚合物溶液在针头处产生锥形液滴，随后形成泰勒锥。当液滴受到的静电斥力大于表面张力时，就会形成溶液静电纺射流，射流在飞向接收装置的过程中，经过溶剂挥发、牵伸细化和固化沉积过程后得到超细纤维材料。典型的静电纺丝装置如图 6-15 所示，主要包括高压静电发生器、供液系统和接收系统三部分。其中，高压电源相当于纺丝的动力源，使液滴上的电荷不断积聚；供液装置与电源相连，同时可使针尖处始终都保持一个稳定的带电液滴，以满足连续化制备静电纺纤维材料需求；接收装置大多是金属材料，可与针头之间形成一定形态分布的电场。在溶液静电纺丝过程中，通过调控纺丝过程参数，可以制备得到不同形貌和直径的静电纺纤维材料。

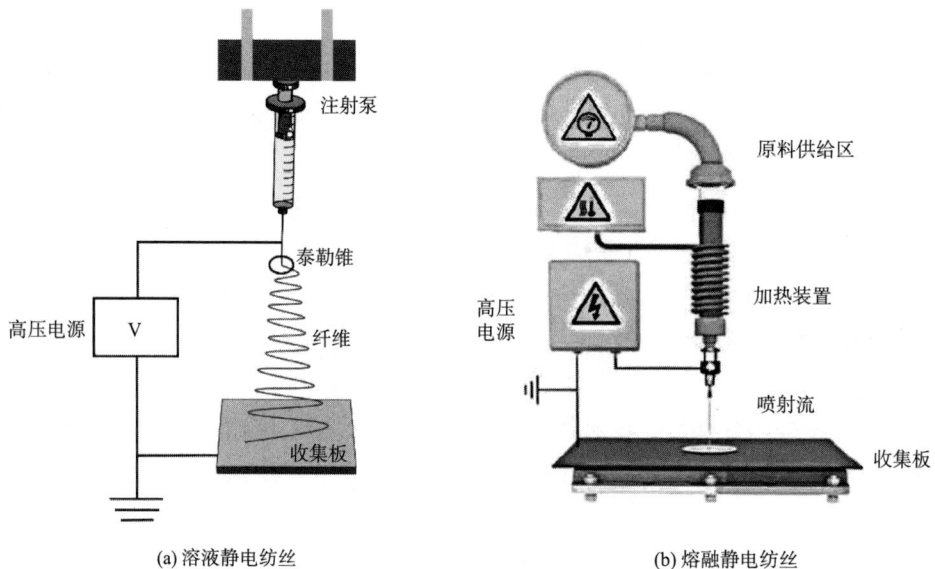

(a) 溶液静电纺丝　　　　　　　　　　　　(b) 熔融静电纺丝

图 6-15　典型的静电纺丝装置示意图

溶液静电纺丝法的固含量较低，导致生产效率不高。配制溶液时需使用特定溶剂，这些溶剂往往价格昂贵且有毒。此外，一些特殊结构的聚合物（如聚苯硫醚）缺乏合适的溶剂，限制了其在多个领域的应用。在静电纺丝过程中，聚合物溶液从泰勒锥喷出，形成纤维丝束，纤维间的静电排斥现象使得射流不稳定，导致超细纤维的直径和形貌难以精确控制，严重制约了其工业化生产和应用。

与溶液静电纺丝不同的是，熔融静电纺丝法在生产聚合物超细纤维的过程中无须使用有机溶剂，由于其环境友好的特性，这种方法吸引了广大科研人员的极大关注。典型的熔融静电纺装置主要组成部分包括加热组件、供给系统、高压静电源和接收器。熔融静电纺丝的原理为：聚合物受热熔融形成熔体，熔体在高压静电力的作用下形成泰勒锥，且当高压静电力大于其表面张力时形成射流，并在飞行过程中发生牵伸细化、热交换固化等过程，最终形成超细纤维材料。

3. 闪蒸纺丝法

闪蒸法是纺粘法的一种，属于溶液纺丝。该纺丝法是将聚合物溶解于低沸点的溶剂（如液化气等）中，加热、加压从喷丝板瞬间气化喷出制成纤维。这种瞬间高压喷射出来的聚合物，喷丝速度每分钟可达到 1 万米，形成的纤维直径一般在 $0.1 \sim 10 \mu m$，可得到 0.01dtex 的超细纤维，属于纳米级超细纤维。所以，也有人把闪蒸法称为"闪纺"或"急骤纺丝"，在非织造材料方面的需求快速增长，可用于装饰材料和信封等各种包装材料。闪蒸法制备超细纤维工艺流程如图 6-16 所示。

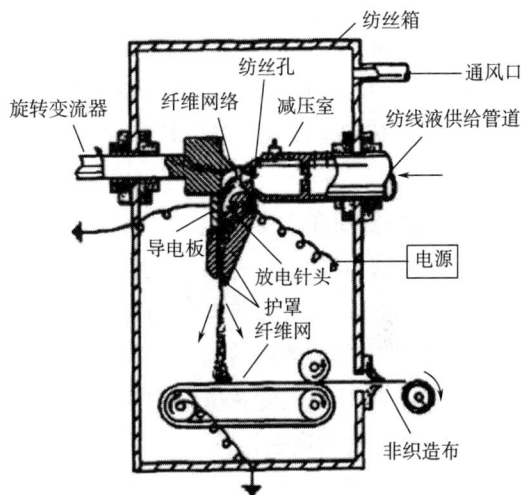

图 6-16　闪蒸法制备超细纤维工艺流程

4. 离心纺丝法

离心纺丝是生产超细纤维的另一种手段，是以离心力为主要驱动力，流体在离心力的作用下克服表面张力，从喷头的喷嘴中喷射出来形成螺旋弯曲射流。射流在到达收集装置的过程中，被离心力拉伸细化，同时发生溶剂蒸发或熔体固化，最终被喷头周围的收集器所捕获形成纤维。典型的离心纺丝装置如图 6-17 所示，聚合物溶液或熔体通过流道被输送到纺丝喷头中，喷头在离心机的驱动下将纺丝液排出形成纤维，纤维经过拉伸凝固后沉积到收集器上。

离心纺丝则以其快速、高产和低能耗为优势，旋转喷头可达 $3000 \sim 15000 r/min$，平均产

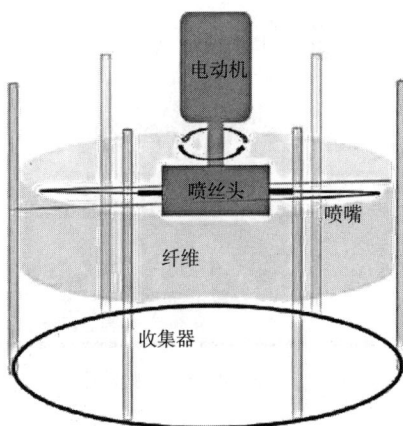

图 6-17　典型的离心纺丝装置示意图

量可达 50g/h。该方法灵活适用于多种聚合物原料，但存在高速离心机制造与维护成本高、噪声

污染、安全隐患以及纤维直径难以细化等不足，且易产生串珠状纤维，限制了其应用。

其他纺丝法还有：湍流成形法，冻胶纺丝法，原纤细化法，超高速牵伸法。

5. 影响超细纤维材料性能的因素

影响超细纤维材料性能的主要因素主要有以下几点。

（1）纤维排列方式。超细纤维在非织造材料中可以呈现不同的排列方式，包括并排排列、交错排列、蓬松排列等。不同的纤维排列方式可以使得超细纤维非织造材料具有不同的性能和应用。

（2）纤维之间的连接方式。非织造材料的纤维之间需要通过一定的连接方式进行固定，常见的连接方式包括纤维黏合、针刺、熔融等。连接方式的选择会影响到超细纤维非织造材料的强度和稳定性。

（3）纤维形态和分布。超细纤维可以以不同的形态存在于非织造材料中，常见的形态包括纤维束、网状结构、纤维团等。纤维的分布方式也会影响到超细纤维非织造材料的性能和应用。

四、超细纤维的性能

（一）柔软和细腻的手感

超细纤维因其极小的单丝截面直径，赋予织物出色的柔软和细腻手感。其低卷曲模量使得超细纤维织物具备良好的柔韧性和悬垂性能。与普通纤维相比，超细纤维具有更高的结晶度和取向度，提升了强度及抗弯曲能力，进一步增强了柔韧性和平滑感。

（二）高密度和高去污性

由于超细纤维的直径小，增加了纤维的比表面积和覆盖性，与污物的接触面较大，容易将附着的污物吸入织物中，避免由于污物散失对物体的再次污染，故其具有高清洁能力，是理想的擦拭布与洁净布的首选。图6-18为超细纤维和普通擦拭材料清洁能力的对比。

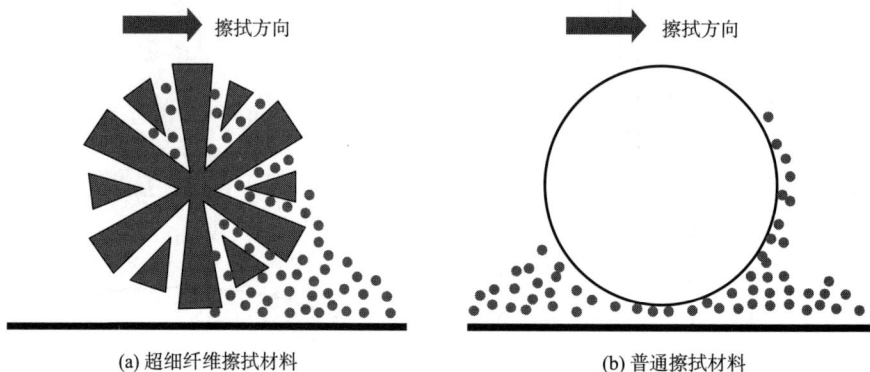

图6-18　超细纤维和普通擦拭材料清洁能力的对比

（三）光泽柔和

超细纤维细度小，对光线的反射也比较分散，从而使纤维内部反射光分布更为细腻，因而光泽柔和，使其具有真丝般的光泽。

（四）保暖性好

超细纤维由于其极小的纤维直径，纤维集合体内包含大量静止空气，因此具有优秀的保暖性能。通过将一些较粗的纤维混入纤维集合体中作为支撑，可以显著提升其压缩弹性和蓬松性。

（五）较高的吸水性与吸油性

超细纤维细度极小，导致比表面积大大增加，从而形成了更小、更多的微孔结构。这种结构不仅显著提高了织物的吸湿性和毛细芯吸力，使其能够有效吸收和储存液体（如油污或水），而且能迅速干燥，有效防止细菌滋生。

（六）生物酶和离子交换剂的良好载体

由于超细纤维具有极大的比表面积，因此成为生物酶和离子交换剂等活性剂的理想载体。这种结构能够显著提高活性剂的活性效率，使其在应用中表现更为出色。超细纤维还广泛应用于渗透膜、生物医学领域（如人造皮肤、人造血管）等，其高效的表面特性和微孔结构为这些应用提供了重要的支持。

五、超细纤维的非织造应用实例

目前，非织造用超细纤维的制备技术不断发展，新的应用领域也在不断开拓。

1. 过滤材料

超细纤维直径小，表面积大，吸附能力强，纤维之间孔尺寸小、分布广，控制制造工艺就可以控制孔的尺寸，从而可得到适用于不同粒径颗粒的过滤材料，也可进行不同相态间的分离，还可利用不同高聚物的选择性吸附，达到分离过滤的目的。其制品可用作血液分离过滤器、油水分离器、空气过滤器、防尘布、精密操作用罩布及香烟过滤嘴等。

2. 吸液材料

由于纤维细度细，纱线内纤维总比表面积大，利于吸收水分，织物中空隙率大，提高了织物的毛细效应，能够使水分迅速吸收并扩散。可用作吸水材料、吸油材料、墨水贮藏材料及化学电容纸等。

3. 保温材料

由于超细纤维之间空隙较多，可以储藏大量的空气，同时纤维较细，纤维间接触点多，使纤维间相互滑动困难，因此能够保持其中的空气静止稳定，有很好的保暖性能，可广泛用作保暖产品，如人造羽绒、冬装絮料和非织造织物的填充材料等。仇和等针对熔喷非织造材料的这一特性，展开了研究。采用聚乳酸与聚酰胺弹性体为原料，将制备的熔喷超细纤维喷覆在直径 $25\mu m$ 的长丝上，获得具有类似鹅绒结构的保暖材料。图6-19为静电纺保温絮片的制备示意图。

4. 医疗卫生材料

非织造超细纤维材料具有较高的透气性和舒适性，可以用于制作医用口罩、外科手术衣、一次性擦拭布等。可有效地过滤微尘、细菌和病毒，同时保持良好的通气性，减少用户的不适感。医用口罩的过滤原理主要通过物理阻隔作用实现。医用口罩一般由三层组成：最外层

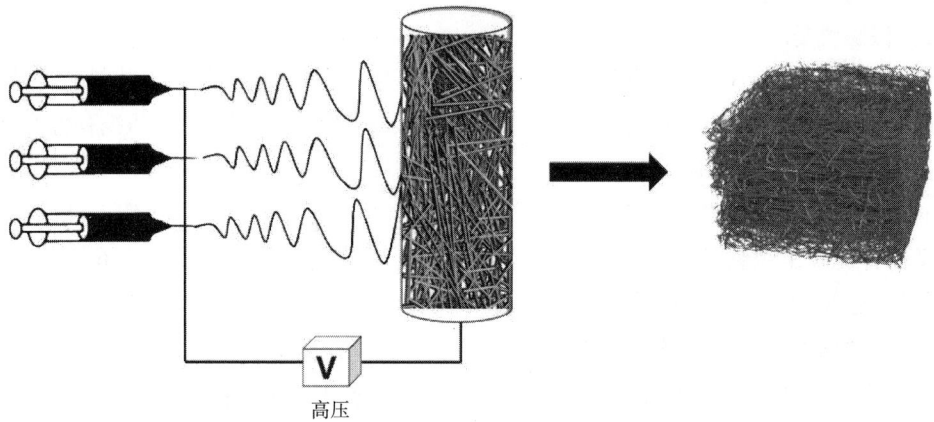

图 6-19　静电纺保温絮片的制备示意图

是防水层，中间是过滤层，内层是亲肤层。最外层的防水层可以阻挡外界环境中的飞沫、灰尘等大颗粒物质；中间的过滤层通常采用熔喷非织造材料，这些材料带有静电，可以吸附微小的颗粒，包括病毒这种极其微小的病原体；内层的亲肤层主要是为了保证佩戴的舒适性，同时也防止佩戴者呼出的水汽在口罩内部凝结，影响口罩的防护效果。图 6-20 为医用口罩过滤原理。

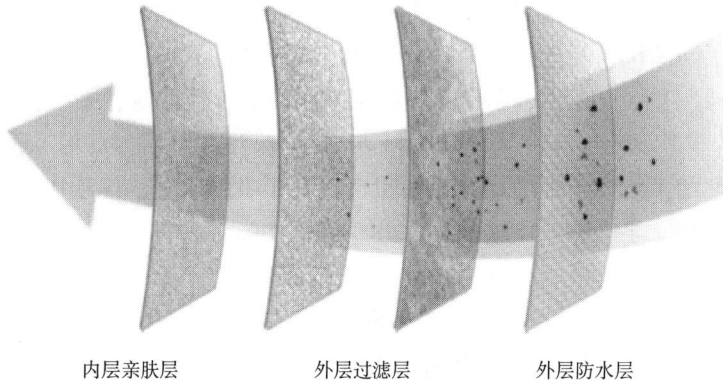

内层亲肤层　　　　外层过滤层　　　　外层防水层

图 6-20　医用口罩过滤原理

5. 清洁用卫生材料

非织造超细纤维材料具有较高的吸水性和吸油性，可用于制作各种清洁用品，如湿巾、拖把布和油污吸纳垫等。它们不会脱落纤维，能够更好地清洁表面，并且干燥后也能迅速恢复干净。

6. 建筑装饰用材料

非织造超细纤维材料具有较高的强度和耐磨性，可用于制作墙纸、地毯和隔音材料等。由于其质地柔软，使用起来更加方便快捷，并且可根据需要进行裁剪和安装，适应不同的建筑空间需求。

7. 汽车工业用材料

非织造超细纤维材料具有较高的耐温性和耐化学性，可用于制作汽车内饰、座椅套和车身覆盖物等。它们轻巧且易于清洁，并具有出色的吸音和隔热性能，改善了车内环境和乘坐舒适度。

8. 其他方面的应用

超细纤维在离子交换、人造血管、人造皮肤等医用材料、生物工程等领域得到了广泛应用。在非织造材料生产中，超细纤维除了已成功地应用于高级合成革基布和人造麂皮的织造外，还可用于熔喷法非织造布、水刺法非织造布、针刺法非织造布等产品。

第六节　纳米纤维

一、纳米纤维概述

纳米纤维是指直径为纳米尺度而长度较大的具有一定长径比的线状材料，此外，将纳米颗粒填充到普通纤维中对其进行改性的纤维也称为纳米纤维。狭义上讲，纳米纤维的直径介于 $1 \sim 100nm$ 之间，但广义上讲，纤维直径低于 $1000nm$ 的纤维均称为纳米纤维。

纳米纤维的特点是尺寸小、比表面积大，使其产生许多独特的效应，例如小尺寸效应、表面与界面效应、量子尺寸效应、量子隧道效应等，这些独特的效应极大地扩大了原料的应用范围。纳米纤维在生物医学、废水离子吸收、功能服装等领域具有极大的应用潜力。因此，针对纳米纤维的制备与成型、纳米纤维的改性应用成为近年来研究的热点。

二、纳米纤维的组成与结构

（一）组成

目前，研究发现制备纳米纤维的材料有成百上千种，通过不同的制备工艺，可得到纳米纤维。按照材料的属性可分为有机材料和无机材料，以及有机-无机材料；按照材料的来源可分为天然材料和合成材料以及二者的复合材料。

1. 天然材料

用于制备纳米纤维的天然材料是指自然界原来就有不经加工或基本不加工就可直接应用于制备纳米纤维的材料，例如纤维素、甲壳素、壳聚糖等。王洁等以脱脂棉为原材料，通过机械剪切和酸水解两种方法制备了不同尺寸、形态的纳米纤维素，考察了各因素对纤维素尺寸、形态的影响规律。陈文帅等以阔叶树材杨木木粉为原料，利用亚氯酸钠在酸性条件下脱除木质素，氢氧化钾脱除半纤维素，借助高强度超声波的空化作用，依次制备了全纤维素、纯化纤维素及木质纤维素纳米纤丝（WCNF）。

2. 合成材料

合成材料又称人造材料，是人为地把不同物质经化学方法或聚合作用加工而成的材料，其特质与原料不同，如塑料、合金（部分合金）等。用于制备纳米纤维的合成材料很多，最常见的有聚乙烯醇（PVA）、聚丙烯腈（PAN）、聚对苯二甲酸乙二醇酯（PET）等。

3. 复合材料

复合材料纳米纤维是指将两种及两种以上不同材料混合制备纳米纤维，旨在获得兼具单组分材料优点的复合纳米纤维。将不同材料共混制备纳米纤维，是简单并有效的纳米纤维改性方式，因此受到了很多研究者的青睐，关于复合材料制备纳米纤维的研究报道也较多。薛华育等以三氟乙酸、二氯甲烷和水为溶剂，采用静电纺丝的方法制备再生丝素/聚乙烯醇共混纳米纤维。王曙东等采用桑蚕废丝制作再生丝素室温干燥膜，并以不同质量比例与水溶性胶原蛋白混合，溶解于甲酸中制得不同质量分数的纺丝液，并通过静电纺丝制备得到纳米纤维。赵文敏等采用静电纺丝的方法制备了聚偏氟乙烯/聚丙烯腈（PVDF/PAN）纳米纤维膜，并研究了其对含油污水的过滤性能。

（二）结构

纳米纤维的结构可以分为单层纳米纤维和多层结构纳米纤维两种。

单层纳米纤维是指纳米纤维的结构呈现为一个单层的纤维形状，具有较大的比表面积和较小的纤维直径。由于其比表面积大，单层纳米纤维具有良好的吸附性能和一定的柔韧性。单层纳米纤维可用于制备过滤材料、分离材料、传感器等。单层纳米纤维的制备通常需要使用静电纺丝技术。

多层结构纳米纤维是指纳米纤维的结构由多层纳米颗粒组成。多层结构纳米纤维的优点是具有较好的力学性能和导电性能，可以用于制备电场过滤材料、能量储存材料等。多层结构纳米纤维的制备方法主要包括层叠法、交替沉积法等。

三、纳米纤维的制备方法

因为纳米纤维的尺寸较小，因此制备纳米纤维的方法相对较少，这里主要介绍了静电纺丝法、分子板喷丝法和海岛型双组分复合纺丝法等常用的制备纳米纤维的方法。

（一）静电纺丝法

1882年，Raleigh 119 的研究发现，带电的液滴在电场中不稳定，容易劈裂成小液滴。1934年，Formlals 发明了一系列有关静电纺丝技术的专利，并采用静电纺丝技术制备了以醋酸纤维素丙酮溶液为原料的聚合物细丝，标志着静电纺丝技术的产生，但直到20世纪90年代以后，由于纳米纤维研究的兴起，静电纺丝技术因操作简单、生产效率高而被广泛采用。典型的静电纺丝装置主要由四个部分组成。即高压直流电源、喷丝口、供应装置以及接收装置。将纺丝原液装入纺丝液容器中，通过计量泵的推动将纺丝原液通过喷丝头挤入高压电场中，最后在收集器上便可收集到纳米纤维毡。

（二）分子板喷丝法

分子板喷丝法是采用分子板代替传统纺丝器械的喷头进行纺丝的方法。分子喷丝板由盘状物构成的柱形有机分子膜组成，聚合物在盘状物中形成细丝，并从膜底部喷出。分子板喷丝法对设备的要求较高，对精确度的要求也较高，目前国内用分子板喷丝法制备纳米纤维的研究报道较少。

（三）海岛型双组分复合纺丝法

该方法的原理是将两种不同组分的聚合物，通过特殊的纺丝机制成细丝，一种组分作为细丝中的"海"，另一种组分作为细丝中的"岛"，然后再采用溶剂将细丝中的"海"溶解掉，就得到了纳米级的超细纤维。

四、纳米纤维的性能

纳米是物理学法定国际长度标准，由于构成纳米材料的微粒具有特殊的表面效应和小尺寸效应等，能够产生与常规材料不同的物理、化学性质，不仅具有高强度、高韧性、高吸附能力与导电及静电屏蔽效应，还能够抗紫外线、吸收可见光和红外线、抗老化和抗菌除臭等功能。

（一）表面效应

粒子尺寸越小，表面积越大，由于表面粒子缺少相邻原子的配位，因而表面能增大极不稳定，易与其他原子结合，显出较强的活性。

（二）小尺寸效应

当微粒的尺寸小到与光波的波长、传导电子的德布罗意波长和超导态的相干长度透射深度近似或更小时，其周期性的边界条件将被破坏，粒子的声、光、电磁、热力学性质将会改变，如熔点降低、分色变色、吸收紫外线、屏蔽电磁波等。

（三）量子尺寸效应

当粒子尺寸小到一定时，费米能级附近的电子能级由准连续变为离散能级，此时，原为导体的物质有可能变为绝缘体，反之，绝缘体有可能变为超导体。

（四）宏观量子的隧道效应

隧道效应是指微小粒子在一定情况下能穿过物体，就像里面有了隧道一样可以通过。

（五）功能性开发

将具有特殊功能的纳米材料与纺织原料进行复合，开发新型纳米功能纺织品。

1. 防臭消臭除味功能

纳米级除臭机理主要有以下两种。

（1）吸附臭味。如纳米氧化锌的超细结构进一步增强了其性质的独特性。超细氧化锌颗粒具有更大的比表面积，这使得它们具有更高的活性和更强的吸附能力，有利于提高反应效率和催化性能。电气石具有热电效应的永久性电吸收与催化分解的作用，能产生神奇无比的表面效应，其每克比表面积达几百平方米，其吸附催化臭味和分解扩散异味是其他材料的几百倍。

（2）催化降解。TiO_2 和 ZnO 是两种常用的光催化材料。在紫外光照射下，光子激发 TiO_2 和 ZnO 表面的电子，形成电子—空穴对。产生的电子和空穴对可以参与多种氧化还原反应。其中，空穴（h^+）具有氧化能力，可以氧化空气中的水分子生成羟基自由基（·OH）。同时，电子（e^-）可以还原氧分子生成超氧自由基（$O_2·^-$）。羟基自由基（·OH）和超氧自由基（$O_2·^-$）都是具有高度氧化能力的物质，它们能够与气味分子发生反应，将其氧化分解为无害的物质，从而实现除臭效果。

2. 拒水拒油防污功能

在纳米纺织品的开发中，由于纳米粒子的小尺寸效应、表面和界面效应，纳米粒子表面的原子存在大量的表面缺陷和许多悬挂键，具有很高的化学活性。纳米粒子高度分散在纤维之间和纤维表面，它们与黏合剂等在纤维表面凹凸有致地排列，形成纳米尺寸的空气膜，使沾污物无法直接渗入纤维，并阻止了油污的进一步渗透，大大提高了材料的拒水拒油和防污性能。

3. 光敏变色功能

纳米光敏变色纤维是一种新型智能材料，具有在光照条件变化下自动改变颜色的特性。这种纤维通常由纳米级光敏材料制成，能够响应不同波长的光线，产生可视的颜色变化。其应用广泛，包括智能服装、家居装饰和安全防护等领域。纳米光敏变色纤维不仅提升了产品的美观性，还具备环境监测和信息传递的功能。

4. 中远红外线吸收反射功能

人体释放与吸收的红外线大致在 $4\sim16\mu m$ 的中远红外波段。因此，人们对这段波长范围的中远红外区域在纺织品上的应用最感兴趣。如一定组分的纳米陶瓷粉吸收人体发射出来的热能，转化并向人体辐射一定波长范围的中远红外线，其中以易被人体吸收的 $4\sim14\mu m$ 为主。某些纳米微粒（如 TiO_2、SiO_2、Al_2O_3 和 Fe_2O_3）的复合粉体与高分子纤维结合，具有优异的红外线吸收性能，能够捕捉人体发出的热能，并将其转化为中远红外线辐射，主要集中在 $4\sim14\mu m$ 的波段，这一波段的红外线易被人体吸收，从而提升保暖效果。

五、纳米纤维的非织造应用实例

纳米纤维由于其独特的性能，使其主要在服装、生物医药、环境保护等领域都发挥着极大作用。

（一）功能性服装材料

纳米纤维因其独特的物理和化学特性，在功能性服装领域得到了广泛应用。首先，纳米纤维的直径通常在 100nm 以下，这使得它们具有极大的比表面积，从而增强了材料的透气性和吸湿性，提升了穿着的舒适度。此外，纳米纤维可以通过不同的表面处理技术，赋予服装抗菌、抗紫外线和防水等功能。例如，抗菌纳米纤维能够有效抑制细菌生长，减少异味，适合运动服和内衣的制作。防水纳米纤维则能在保持透气性的同时，阻挡水分渗透，适用于户外活动服装。纳米纤维还可以与其他材料复合，增强服装的强度和耐磨性，延长使用寿命。

（二）生物医药

纳米纤维在生物医药领域的应用日益广泛，主要体现在药物传递、组织工程和生物传感器等方面。由于其高比表面积和优良的生物相容性，纳米纤维能够有效地载药并控制药物释放，提升治疗效果。在组织工程中，纳米纤维可作为支架材料，促进细胞附着和增殖，支持组织再生，尤其在皮肤、骨骼和神经组织的修复中表现出色。此外，纳米纤维还被用于生物传感器的开发，通过其优异的电学和光学特性，能够实现对生物分子的高灵敏度检测。这些应用不仅提高了治疗的精准性和有效性，还推动了个性化医疗的发展。

（三）环境保护

纳米纤维因其独特的物理和化学性质，在环保领域展现出广泛的应用潜力。它们可用于水处理，有效去除水中的污染物，如重金属离子和有机污染物，因其高比表面积和孔隙结构使其在吸附和过滤方面表现优异。此外，纳米纤维在空气净化中也发挥重要作用，通过制备纳米纤维滤材，能够捕捉空气中的微小颗粒物和有害气体，提升空气质量。同时，纳米纤维还可作为催化剂载体，促进环境污染物的降解反应。在土壤修复方面，纳米纤维能够携带修复剂或微生物，增强土壤污染物的降解能力。

（四）电子器件

纳米纤维在电子器件领域中展现出广泛的应用潜力，主要由于其优异的导电性、柔韧性和高比表面积。它们可用于制造导电材料，广泛应用于柔性电子器件，如柔性显示器和可穿戴设备，因其良好的导电性能能够有效传导电流，提升器件性能。此外，纳米纤维在传感器领域表现出色，通过与敏感材料结合，能够制备出高灵敏度的气体传感器和生物传感器，实时监测环境变化或生物信号。纳米纤维还可用于电池和超级电容器的电极材料，因其大表面积和良好的电导性，提高能量存储和释放效率。在光电子器件中，纳米纤维被用于光电探测器和太阳能电池，提升光吸收能力和转换效率。

（五）纳米纤维过滤器

纳米纤维过滤器是一种新型的过滤材料，因其独特的微观结构而具有优异的过滤性能。纳米纤维的直径通常在几纳米到几百纳米之间，形成的网状结构提供了极大的比表面积和孔隙率，使其能够有效捕捉微小颗粒、细菌和病毒等污染物。与传统过滤材料相比，纳米纤维过滤器在气体和液体过滤中表现出更高的效率和更低的阻力，能够在保持良好透气性的同时，显著提高过滤效果。

此外，纳米纤维过滤器的材料多样性使其在不同应用领域中具有广泛的适用性，包括空气净化、水处理和医用防护等。在空气净化方面，纳米纤维过滤器能够有效去除 PM2.5 等有害颗粒，提升室内空气质量。在水处理领域，它们能够去除水中的微生物和有机污染物，确保水质安全。随着纳米技术的发展，纳米纤维过滤器的性能和应用范围将不断扩展，为环境保护和公共健康提供更有效的解决方案。

思考题

1. 可溶性黏结纤维、热融性黏结纤维、复合纤维、异形纤维、超细纤维和纳米纤维的主要特征是什么？主要性能评价指标有哪些？

2. 给出可溶性黏结纤维与热融性黏结纤维的主要应用，并试述理由。

3. 试述复合纤维中并列型、皮芯型、基质/原纤型的结构特征和应用方向。

4. 给出三种异性纤维的结构特征与性能的关系，并试述理由及其应用领域。

第六章思考题
参考答案

5. 你认为特种纤维的未来如何？其发展中最主要的问题是什么？

参考文献

[1] 肖长发，尹翠玉. 化学纤维概论 [M]. 北京：中国纺织出版社，2015.

[2] 何建新. 新型纤维材料学 [M]. 上海：东华大学出版社，2023.

[3] 邢声远，吴宏仁. 纺织纤维 [M]. 北京：化学工业出版社，2005.

[4] 杨乐芳，刘健. 纺织新材料 [M]. 上海：东华大学出版社，2024.

[5] 宋孟璐，王旭芳，李亚. 聚乙烯醇（PVA）纤维的纺丝与应用研究进展 [J]. 安徽化工，2022，48（6）：22-25.

[6] 张玉健. 聚乙烯醇纳米纤维的可控制备与交联 [D]. 青岛：青岛大学，2022.

[7] 马宏鹏，张鑫，秦文博，等. 聚乙烯醇纤维成纤前后改性方法的研究进展 [J]. 化工进展，2022，41（6）：3063-3076.

[8] 黄志超. 超低熔点共聚酯材料的制备及其对织物抗起毛起球性能的影响 [D]. 杭州：浙江理工大学，2018.

[9] 钱军. 聚酯低熔点皮芯复合短纤维生产工艺探讨 [J]. 合成纤维，2005（7）：31-34.

[10] 梅少君. 打孔 PE/PP 双组分热风黏合非织造布的工艺和性能研究 [D]. 上海：上海交通大学，2015.

[11] 周华. 热熔纤维黏合法热风非织造保暖材料保暖性能研究 [D]. 天津：天津工业大学，2005.

[12] 尤鑫鑫，吴海波，朱宏伟，等. 双组分纺粘非织造材料结构与性能研究综述 [J]. 产业用纺织品，2022，40（10）：11-16.

[13] 杨光，靳向煜. 双组分聚烯烃非织造材料的空气过滤性能 [J]. 上海纺织科技，2021，49（8）：52-54.

[14] 李斯文. 聚丙烯并列复合纤维的研制 [D]. 上海：东华大学，2017.

[15] 严岩，朱福和，孙华平，等. 并列复合纤维原料及纤维性能研究 [J]. 合成技术及应用，2019，34（4）：36-40.

[16] 严岩，朱福和，潘晓娣，等. 低熔点皮芯复合聚酯纤维干热收缩研究 [J]. 合成技术及应用，2018，33（3）：5-9.

[17] 李明明，陈烨，李夏，等. 纺丝工艺对并列复合聚酯纤维性能的影响 [J]. 纺织学报，2019，40（12）：16-20.

[18] 张大省，周静宜. 双组分并列复合纤维的弹性形成机理 [J]. 纺织导报，2016（12）：46-51.

[19] 刘欢，封严，钱晓明，等. 聚乙烯/聚酯纤维卷曲对热风非织造材料性能的影响 [J]. 毛纺科技，2020，48（3）：1-6.

[20] 周卫东. 皮芯型 PA6/PET 复合短纤维生产工艺探讨 [J]. 合成纤维工业，2021，44（4）：76-80.

[21] 李青山，李悦，马志国，等. 异形聚酯纤维的结构性能研究 [J]. 合成纤维，2009，38（8）：15-18.

[22] 王双华. 海岛纤维用聚乙烯醇海相的增塑改性及其回收研究 [D]. 无锡：江南大学，2023.

[23] 王慧云，王萍，李媛媛，等. 中空多孔异形聚丙烯腈纤维的制备及其性能 [J]. 纺织学报，2021，42（3）：50-55.

[24] 申亚柯. 水溶性 PVA 与 PA6 海岛复合纺丝工艺及性能研究 [D]. 天津：天津工业大学.

[25] 王峰. 青岛新维迭代涤纶实现产业化，获下游品牌青睐 [J]. 纺织服装周刊，2023（22）：7.

[26] 薛香，左凯杰. 采用 Supercool 纤维开发吸湿快干抗菌面料 [J]. 针织工业，2019（5）：6-8.

［27］刘树英，约翰·格雷斯．国际超细纤维开发动向及发展趋势（二）［J］．中国纤检，2016（6）：130-134.

［28］梅兆林，刘海军，毕雷．熔体直纺涤锦复合超细纤维产品研发［J］．聚酯工业，2021，34（1）：8-11.

［29］朵永超，钱晓明，郭寻，等．中空橘瓣型高收缩聚酯/聚酰胺6超细纤维非织造布的制备及其性能［J］．纺织学报，2022，43（2）：98-104.

［30］刘俊丽．浅谈超细纤维非织造布的生产工艺及产品［J］．非织造布，2007（5）：26-30.

［31］侯忠，胡兴文，陈友乾．橘瓣型涤锦负离子超细纤维生产工艺［J］．天津纺织科技，2018（6）：39-42.

［32］王慧云，王萍，李媛媛，等．中空多孔异形聚丙烯腈纤维的制备及其性能［J］．纺织学报，2021，42（3）：50-55.

［33］邓安国，高占岭，郭薇薇，等．聚丙烯超细FDY长丝的制备及性能研究［J］．合成纤维工业，2021，44（6）：25-29.

［34］周华，郭秉臣，牛海涛．新型化学纤维：海岛型复合超细纤维［J］．非织造布，2004（1）：41-44.

［35］慎张飞，王栋，邹秉桓，等．一种具有立体结构的双组分纺粘擦拭材料的制备方法：中国，CN202310150726.2［P］．2023-06-06.

［36］袁伟华，高轶澍，刘亚，等．熔体直纺双组分PET纺粘液体过滤材料及其制备方法：中国，CN202210380219.3［P］．2023-10-31.

［37］杜晨辉，夏磊，刘亚，等．闪蒸纺超细纤维非织造布应用研究［J］．非织造布，2008（2）：27-30.

［38］覃俊，陈丽萍，何勇．聚苯硫醚熔喷超细纤维的应用前景展望［J］．纺织科技进展，2020（10）：1-5，10.

［39］杜晨辉，夏磊，刘亚，等．闪蒸纺超细纤维非织造布应用研究［J］．非织造布，2008（2）：27-30.

［40］张笑笑，赵立环，牟红瑛．超细纤维的发展现状及展望［J］．山东纺织科技，2017，58（3）：44-47.

［41］张芸，施淑波．超细纤维在水刺法非织造布中的应用［J］．非织造布，2006（3）：23-27.

［42］李代洋，杨婷，何勇，等．纳米纤维的研究现状及其应用［J］．成都纺织高等专科学校学报，2016，33（4）：138-141.

［43］王青弘，王迎，郝新敏，等．静电纺聚酰胺纳米纤维复合织物制备工艺优化［J］．纺织学报，2023，44（6）：144-151.

［44］李箫，刘元军，赵晓明．静电纺丝纳米纤维基吸声材料的研究进展［J］．现代纺织技术，2022，30（5）：246-258.

［45］刘树英．国际纳米纤维纺织品开发应用趋势（一）［J］．中国纤检，2016（9）：124-127.

［46］刘树英．国际纳米纤维纺织品开发应用趋势（二）［J］．中国纤检，2016（10）：132-137.

［47］芦长椿．纳米纤维的应用研究现状与潜在市场［J］．纺织导报，2009（8）：40-44.

第七章 非织造用高性能纤维

思维导图

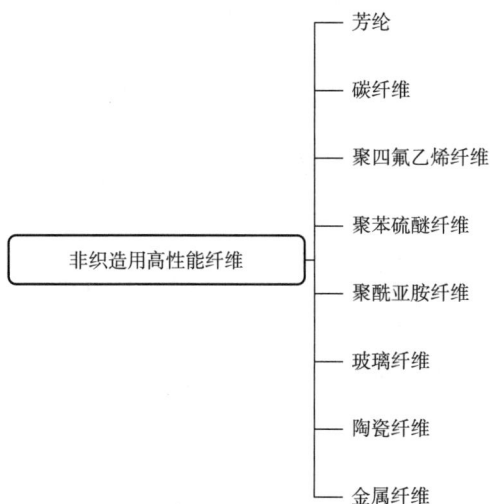

非织造用高性能纤维
- 芳纶
- 碳纤维
- 聚四氟乙烯纤维
- 聚苯硫醚纤维
- 聚酰亚胺纤维
- 玻璃纤维
- 陶瓷纤维
- 金属纤维

知识点

1. 非织造用高性能纤维的分类。

2. 各类非织造用高性能纤维的形态结构及化学成分。

3. 各类非织造用高性能纤维的性能。

4. 各类非织造用高性能纤维的非织造应用实例。

课程思政目标

1. 培养学生的科学素养、爱国情怀和行业责任感。

2. 增强学生的环保意识、培养绿色发展理念。

3. 培养学生精益求精的科研态度。

4. 培养学生的职业道德和创新思维。

高性能纤维（high performance fiber，HPF）是指高强、高模、耐高温和耐化学作用的纤维，是具备高承载能力和耐久性的功能纤维。一般来讲，高性能纤维的强度大于 17.6cN/dtex，弹性模量在 440cN/dtex 以上，玻璃化温度在 200℃ 以上。高性能纤维的研究和生产始于 20 世纪 50 年代。从 70 年代开始，随着人类科学的进步和节能环保意识的增强，高性能纤维获得了突飞猛进的发展，在多个领域得到了广泛的应用，在非织造领域同样发展迅速。高性能纤维按其化学组成可分为高性能有机纤维与高性能无机纤维两大类，有机纤维中的典型代表是芳香族聚酰胺纤维（主要品种为对位芳纶与间位芳纶）和超高分子量聚乙烯纤维；无机纤维中的典型品种是碳纤维以及近年来迅速崛起的玻璃纤维和陶瓷纤维。

第一节　芳纶

一、芳纶概述

芳香族聚酰胺纤维的主链由芳香环和酰胺键构成，其中至少 85% 的酰胺基直接与芳香环共价键合。每个重复单元的酰胺基中的氮原子和羰基均直接与芳香环上的碳原子相连接。这种聚合物纤维被称为芳香族聚酰胺纤维，在我国被称为芳纶（图 7-1）。为了与脂肪族聚酰胺（如锦纶）区分，1974 年，美国政府通商委员会将全芳香族聚酰胺统称为 Aramid。

图 7-1　芳纶

芳香族聚酰胺纤维最早由美国杜邦公司开发。1951 年，杜邦的 Flory 发明了低温溶液聚合法，意外制造出间位全芳香族聚酰胺。1960 年，杜邦开始开发这种纤维，并于 1967 年推出商品名诺梅克斯（Nomex®）。1965 年，Kwolek 发明了液晶纺丝法，随后研究对位全芳香族聚酰胺纤维。1972 年，杜邦推出了凯夫拉（Kevlar®）。1974 年，美国通商委员会将全芳香族聚酰胺统称为 aramid，指的是酰胺基团与两个苯环基团连接的线型高分子，所制成的纤维称为芳香族聚酰胺纤维。

20 世纪 80 年代，我国开始对芳纶纤维进行研究，产业化规模不断扩大，主要的工业化生产企业包括烟台泰和新材、上海圣欧集团、中蓝晨光化工和苏州兆达特纤等。芳纶纤维具有超高强度、高模量、耐高温、耐酸碱和轻质等优良性能，其比强度是钢的 5~6 倍，模量是钢丝和玻璃纤维的 2~3 倍，韧性是钢丝的 2 倍，而密度约为钢丝的 1/5。此外，芳纶纤维还具备良好的耐化学腐蚀性，在 560℃ 的高温下不分解、不融化，具有较长的使用寿命。

二、芳纶的结构与性能

全芳香族聚酰胺纤维最具实用价值的品种有两个：间位全芳香族聚酰胺纤维（MPIA，间位芳纶，聚间苯二甲酰间苯二胺纤维）和对位全芳香族聚酰胺纤维（PPTA，对位芳纶，聚对苯二甲酰对苯二胺纤维），这两种纤维在我国分别被称为芳纶 1313 纤维和芳纶 1414 纤维。间位芳纶是开发最早、产量最大、应用最广的有机耐高温纤维，是世界公认的耐高温防护服的最佳选材；对位芳纶具有高强度、高模量的特点，素有高分子材料中的"百变金刚"之誉，是当今世界高性能纤维材料的代表。

（一）PPTA 纤维的结构与性能

1. 结构

PPTA 纤维的化学结构式如图 7-2 所示，结构模型如图 7-3 所示。在大分子中，酰胺键与苯环形成共轭结构，使得内旋转位能相对较高，从而赋予其刚性链大分子的特性。这种结构导致分子排列规整，进而实现了高度的分子结晶和取向，因此，纤维的强度和模量也显著提高。

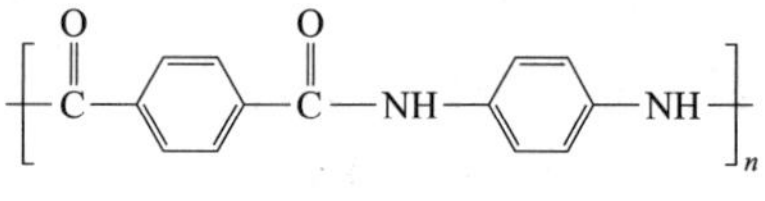

图 7-2　PPTA 纤维的化学结构式

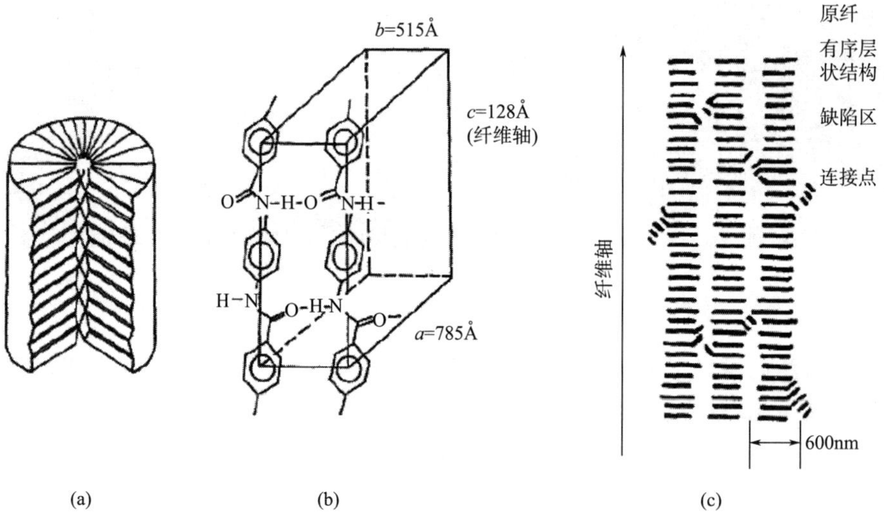

图 7-3　PPTA 纤维的结构模型

PPTA 纤维主要有以下结构特征：

（1）纤维中存在伸直链聚集而成的原纤结构；

（2）纤维的横截面上有皮芯结构；

（3）沿着纤维轴向存在 200~250nm 的周期长度，与结晶 c 轴呈 0°~10° 夹角相互倾斜的褶裥结构；

（4）氢键结合方向是结晶 b 轴；

（5）大分子末端部位，往往产生纤维结构的缺陷区域。

PPTA 纤维大分子具有刚性规整的结构和伸直的链构象，经过液晶状态下的纺丝，导致大分子沿纤维轴向的取向度和结晶度极高。同时，纤维轴垂直方向的分子间存在酰胺基团的氢键和范德瓦耳斯力，但这种凝聚力相对较弱。因此，在机械力的作用下，大分子容易沿纤维纵向发生开裂，进而产生原纤化现象。这种结构使得芳纶纤维具有较高的比表面积和良好的机械嵌合力，从而提升复合材料的拉伸强度和撕裂强度。

2. 性能

（1）力学性能。对位芳纶的强度在目前广泛使用的有机纤维中名列前茅，该纤维断裂强度是 24.86cN/dtex，模量达到 537cN/dtex，高模量 Kevlar 纤维的模量高达 1100cN/dtex，断裂伸长非常低，通常低于 4%。芳纶纤维纵向强度较高，而横向强度较低，其主要归因于分子内芳香族环及电子的共轭体系间的相互作用。

（2）对位芳纶的密度为 $1.43 \sim 1.44g/cm^3$，高于间位芳纶。

（3）热学性能。PPTA 纤维的玻璃化温度为 345℃，分解温度为 560℃，极限氧指数为 28%~30%，具有自熄性，离开火焰后自动熄灭。该纤维在 300℃ 温度条件下的强度和初始模量高于其他常规纤维（如聚酯、尼龙等）在常温条件下的性能，400℃ 时的强度保持率为 50%，零强度的温度为 455℃。

（4）化学性能。PPTA 纤维具有良好的耐碱性，耐酸性优于锦纶，除无机强酸、强碱外能耐多种酸、碱及有机溶剂、漂白剂的侵蚀。纤维抗虫蛀和霉变，对橡胶有良好的黏附性。

（5）耐疲劳性能。PPTA 纤维耐疲劳性能较差，长时间周期性载荷易导致纤维出现疲劳现象，强度下降。

（6）耐紫外光性能。PPTA 纤维耐紫外光性能较差，不可暴露于阳光直射环境中。纤维吸收太阳光波长为 300~400nm 的紫外光线，纤维强力显著降低。

（二）MPIA 纤维结构与性能

1. 结构

MPIA 纤维是由酰胺基团相互连接间位苯基所构成的线型大分子（图 7-4），间位连接共价键没有共轭效应，内旋转位能较低，大分子链柔性较好，该纤维与柔性大分子的弹性模量的数量级相同。

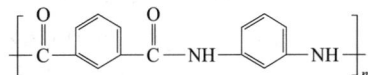

图 7-4　MPIA 纤维的分子式

2. 性能

（1）力学性能。MPIA 纤维的断裂强度为 4.84cN/dtex，断裂伸长率为 17%。纤维手感柔软，这与对位芳纶形成鲜明的对比。与其他无机耐高温纤维比较，MPIA 纤维耐磨牢度好，纺织加工性能好，穿着舒适耐用。

（2）热学性能。MPIA 纤维的玻璃化温度为 270℃，热分解温度约 420℃。长时间暴露于高温环境下，芳纶 1313 仍表现出较高的强度。在 200℃ 环境中连续工作 20000h，芳纶 1313 的强度保持率达 90%；在 260℃ 的干热空气中连续工作 1000h，芳纶 1313 的强度保持率为 65%~70%，力学性能优于常规高聚物纤维。

（3）化学性能。MPIA 纤维化学基团结构稳定性好，纤维具有优异的耐化学腐蚀性，其耐酸性能及耐有机溶剂性能均优于尼龙纤维；常温环境下，MPIA 纤维表现出优异的耐碱性能，但在高温环境中，强碱易使分子链断裂、导致 MPIA 纤维分解。

（4）耐紫外光性能。MPIA 纤维长时间暴露于紫外光环境中，其纤维颜色将从白色或近似白色转变成深青铜色，有色的 MPIA 纤维也将发生变色。该现象主要原因为在强紫外光环境中，MPIA 纤维分子链中的酰胺键断裂，形成发色基团。

三、芳纶的制备方法

（一）对位芳纶

1. PPTA 的合成

PPTA 的合成主要包括低温溶液缩聚法、界面缩聚法、直接缩聚法、酯交换法、气相聚合成法。工业生产上常用低温溶液缩聚和界面缩聚的方法。最为简单、适用的方法是低温溶液缩聚法。

（1）低温溶液缩聚法。低温溶液缩聚法是采用反应活性大的单体在非质子极性溶剂中，在温和的条件下进行缩聚反应的方法。工业生产中采用芳香族二胺（对苯二胺，PPD）与芳香族二酰氯（对苯二甲酰氯，TCl）为单体，在酰胺型溶剂体系（酰胺—盐溶剂体系，NMP—CaCl$_2$）中反应制备 PPTA 聚合物。其反应式如图 7-5 所示。

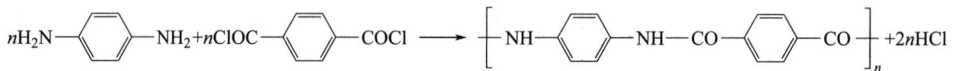

$$n\text{H}_2\text{N}-\langle\bigcirc\rangle-\text{NH}_2 + n\text{ClOC}-\langle\bigcirc\rangle-\text{COCl} \longrightarrow \left[\text{NH}-\langle\bigcirc\rangle-\text{NH}-\text{CO}-\langle\bigcirc\rangle-\text{CO}\right]_n + 2n\text{HCl}$$

图 7-5　低温溶液缩聚法反应式

为获得高强度的对位芳纶纤维，需首先制备分子量较高且分子量分布窄的 PPTA 聚合体。在聚合过程中，必须控制影响聚合物性能的关键因素，包括溶剂的纯度和含水量、单体的纯度和摩尔比、溶剂体系的选择、反应时间、温度和固含量等。反应产物在溶剂中的溶解性能、固含量与温度的关系，影响单体在溶剂中的分布及聚合物的相分离，进而决定聚合过程中的链增长和终止速率，最终影响 PPTA 聚合体的分子量。

（2）界面缩聚法。界面缩聚法于 1959 年由美国杜邦公司发明。该方法是将二羧酸酰氯溶解在与水不相溶的有机溶剂中，如苯、四氯化碳等，再将二元胺溶于水中（水中加少量 NaCO$_3$ 或 NaOH，以中和反应生成的盐酸），然后将上述两种溶液混合，在混合的瞬间，两种液体界面上发生缩聚反应，生成聚合体薄膜。由于反应在界面上进行，所以称为界面缩聚。

（3）直接缩聚法。在三苯基膦-多卤代烷-吡啶存在下二元酸可直接与二元胺或醇在室温下缩聚成聚合物。副反应将破坏单体的功能基间的等当量配比，从而降低聚合物的分子量。因此反应体系中三苯基膦与六氯乙烷对单体羧酸基团当数计量是过量的。最佳摩尔配比是：三苯基膦：六氯乙烷：单体羧基 = 1.2：1.5：1。

（4）酯交换法。帝人公司通过酯交换反应，在二芳砜（如二苯砜）和具有 2 个苯环或萘环的醚类化合物或烃类化合物存在下，使芳香族二芳酸二芳酯（如对苯二甲酸二苯酯）和芳香族二胺（如对苯二胺间苯二胺）进行加热缩聚反应。反应温度高于150℃，最好为180~400℃，反应时间是2~30h，为了加速反应，可以加入聚酯交换反应及缩聚反应用的催化剂。反应初期在常压下进行，生成的芳香族羟基化合物不需排出。反应后期应将副产物及部分溶剂蒸出。

（5）气相聚合法。将芳香族二胺和芳香族二酰氯汽化，并在惰性气体和气态叔胺类化合物（如三乙胺或吡啶）存在下进行混合，然后在管式反应器中进行气相缩聚反应，单体浓度为2%~50%（摩尔分数），反应温度150~350℃，反应时间0.01s。此法制得的芳香族聚酰胺，可以经过干法、湿法或干—湿法纺制成纤维。

2. PPTA纤维的纺丝工艺

（1）两步法工艺。PPTA不溶解于有机溶剂，但可溶解于硫酸。研究表明浓度为99%~100%的硫酸，对PPTA的溶解性最好。在PPTA/H_2SO_4溶液体系中，质量分数为0.2左右的溶液在80℃下开始发生从固相向向列型液晶相转移，到140℃又开始向各向同性溶液相转移，因此PPTA液晶纺丝温度一般控制在80~100℃，为了使液晶分子链通过拉伸流动沿纤维轴向取向，又要求有足够高的纺丝速度。要满足这两个要求，采用在喷丝板与凝固浴之间设置空气层的干湿法纺丝最为有利，如图7-6所示。

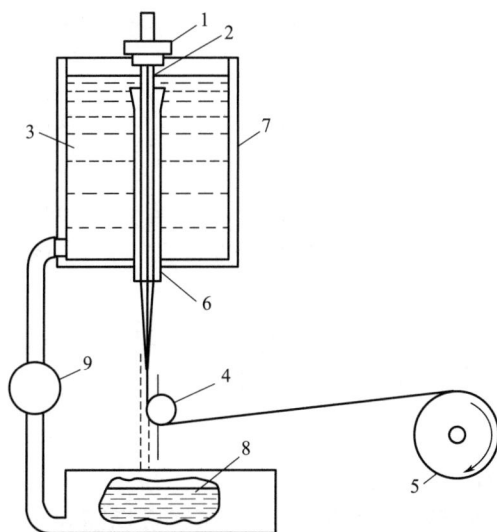

图7-6　PPTA/H_2SO_4干喷湿纺装置

1—喷丝板　2—空气层　3—凝固浴液　4—导丝辊　5—卷绕辊　6—纺丝管
7—凝固浴槽　8—凝固浴液循环槽　9—循环泵

（2）一步法工艺。两步法芳纶纺丝过程复杂，生产成本较高。硫酸有腐蚀性，对设备的要求很高，且残存的浓硫酸会使纤维在纺丝过程中导致聚合物的降解，这就限制了纤维的强度和模量。为缩短流程，简化工艺，人们探索出由聚合物原液直接纺丝制纤维的新工艺。

帝人公司采用新单体进行聚合，新单体为低聚二胺，将该单体与对苯二甲酰氯及 NMP 混合并在 30℃下搅拌 30min，接着将该混合溶液与 Ca(OH)₂-NMP 混合，再通过过滤、脱泡混合纺丝液，经喷丝孔挤出流经 NMP 水溶液进行凝固，再通过水洗、干燥、牵伸等工艺制备获得芳纶 1414。

（二）间位芳纶

1. MPIA 的合成

间位芳纶是由间苯二甲酰氯和间苯二胺缩聚而成，主要聚合工艺有低温溶液聚合法、界面缩聚法、乳液聚合法和气相聚合法。

（1）低温溶液聚合法。在聚合釜中加入溶剂 N,N-二甲基乙酰胺（DMAC），将其冷却至 0℃左右，开启搅拌，向聚合釜中加入间苯二胺，使其溶解，然后逐渐加入计量好的间苯二甲酰氯，并升温到 40℃。通过加入 Ca(OH)₂ 溶液中和反应生成的副产物氯化氢，使溶液形成 DMAC-CaCl₂ 溶液系统，对其浓度加以调整即可用于湿法纺丝。低温聚合法操作步骤简单，溶剂使用量少，生产效率高，因此广泛应用于工业化生产。

（2）界面聚合法。界面聚合法是将两种原料分别溶解在不同相态中，在相界面进行缩聚反应。具体过程是将间苯二甲酰氯溶于有机溶剂（如 THF），形成有机相；将间苯二胺溶于碳酸钠水溶液，形成水相。然后在强烈搅拌下将有机相加入水相中，快速发生缩聚反应，生成聚合物。该方法反应速率快，聚合物分子量高，适合制备高质量纺丝原液，但工艺复杂，设备要求高，投资较大。

（3）乳液聚合法。乳液聚合是在乳化剂存在下，通过机械搅拌将聚合单体分散成乳液，并加入引发剂引发聚合。该方法具有聚合速度快、产品分子量高的优点，使用水作为分散介质有助于热转移和温度控制。然而，聚合物分离过程复杂，助剂种类多且用量大，影响产品品质。间位芳纶的乳液聚合工艺包括在非碱性极性有机溶剂中预聚间苯二甲酰氯和间苯二胺，再与中和剂水溶液搅拌混合完成聚合反应。

（4）气相聚合法。气相聚合是将气化后的间苯二甲酰氯与间苯二胺单体用惰性气体稀释后，于 150℃惰性气体稀释后下聚合 1~5s，再经冷却、分离，除 HCl 后得到间位芳纶聚合物。

2. 间位芳纶的纺丝工艺

MPIA 纤维具有优异的耐热性，没有熔点，在熔融以前就已分解，所以采用溶液纺丝的方法制造，而且溶液纺丝的三种方法都可使用，包括干法纺丝、湿法纺丝以及干喷湿纺工艺。

（1）干法纺丝。干法纺丝是早期应用于纤维制造的方法，其纤维结构较为致密，孔径分布均匀。芳纶纤维 1313 的干法纺丝工艺流程为：将低温溶液缩聚得到的纺丝液用氢氧化钙中和，形成约 20%聚合物和 9%CaCl₂ 的 N,N-二甲基乙酰胺（DMAC）溶液，经过滤后加热至 150~160℃，通过 160℃的喷丝头进入 265℃的纺丝甬道，气氛为氮气、二氧化碳和少于 8%的氧气。随后经过十道沸水洗涤并拉伸 4~5 倍，最后在 300~400℃下热处理以消除内应力。盐的存在有助于聚合物溶解和浆液稳定，但若未能有效去除，将影响纤维的物理性能。

（2）湿法纺丝。湿法纺丝过程中，聚合物溶液从喷丝口挤出，进入高浓度无机盐水溶液的凝固浴中，转变为固态纤维。关键在于选择合适的溶剂、控制凝固浴的组成和温度，以及聚合物在浴中的停留时间。溶剂与非溶剂的相互作用影响纤维的结构和性能。一般流程为：纺前原液温度约22℃，进入相对密度为1.366的DMAC和CaCl₂凝固浴，浴温60℃，初生纤维水洗后热水拉伸2.73倍，再干燥至130℃，最后在320℃热板上拉伸1.45倍制成成品。此方法需再溶解，工艺长，溶剂回收量大，且需高温拉伸提高纤维结晶度。

（3）干喷湿纺工艺。采用干湿法纺丝工艺时，喷丝液在空气层中拉伸，提升了拉伸倍数和定向效果，耐热性显著提高。湿纺纤维在400℃下热收缩率为80%，而干喷湿纺纤维则小于10%。干纺的零强温度为470℃，而干喷湿纺可提高至515℃。为确保良好的拉伸性能，凝固浴中氯化钙含量需高于40%，但浴温超过50℃会加速氯化钙扩散。为解决这一矛盾，提出使用低温无盐有机溶剂水溶液作为凝固浴，60%的拉伸在低温下进行，从而降低能耗和成本，确保纤维性能满足使用要求。

四、芳纶的非织造应用实例

（一）耐高温过滤材料

芳纶经非织造技术加工可制备获得不同结构的非织造过滤材料，该滤料具有尺寸稳定好、耐磨性能优异、耐腐蚀性能优异、良好的热稳定性能，能够适用于垃圾焚烧、燃煤电厂、水泥行业、钢铁行业等工业烟尘的净化。例如，间位芳纶非织造布在废气温度不超过200℃、湿度6%、SO₂含量为100×10⁻⁶的条件下，使用寿命超过两年。

（二）热防护材料

隔热材料是热防护制品中最关键的部件，芳纶1313具有本征阻燃特性，不会因反复洗涤而降低其阻燃性能，无毒无害、热稳定性能优异（能够长期工作于200℃有本征阻燃特性的环境中），无滴熔、不发烟、有自熄特性。

王璐等采用不同尺寸规格的SiO₂气凝胶填充芳纶非织造材料以增强芳纶非织造布的抗压性能，同时能够降低其热导率，热导率从0.05679W/(m·K)降低至0.03469W/(m·K)，进一步提升芳纶非织造材料的热防护性能。

芳纶1414力学强度高、热稳定性能优异，其通过改性获得的芳砜纶的性能获得进一步提升。芳砜纶的耐热性能及阻燃性能均优于芳纶1313，现已成为世界公认的耐高温防护服的最佳原材料。

（三）防冲击材料

芳纶1414非织造材料与硬质颗粒（碳化硅颗粒、改性聚碳酸酯颗粒）混合可制备获得高强度防冲击材料。单层芳纶1414非织造材料表现出优异的防冲击穿刺性能，采用碳化硅颗粒填充芳纶1414非织造材料获得复合材料，该复合材料的最大冲击刺破强力为78.4N（124%），同时该复合材料平铺叠放11层时，能够达到GA 68—2019的冲击穿刺标准。若采用聚碳酸酯颗粒填充芳纶1414非织造材料，该复合材料平铺叠放5层即可达到GA 68—2019

防刺标准。

（四）锂离子电池隔膜

芳纶1414纳米纤维薄膜具有高强度、耐腐蚀、耐高温和高介电强度等性能优势，可完全满足锂离子电池隔膜通离子阻电子、化学和热稳定性好、力学性能优异等各方面性能的要求。最重要的是芳纶1414纳米纤维薄膜可以有效解决由传统电池隔膜热稳定性差所带来的安全问题。Tung等通过LBL技术将芳纶1414纳米纤维与聚氧化乙烯（PEO）进行多层复合得到芳纶1414纳米纤维/PEO复合薄膜，该复合薄膜不仅显示了优异的热学和力学稳定性、柔韧性及电化学性能，还可以有效抑制电池锂枝晶的生长，为锂电池的安全使用提供了新颖的思路。

（五）电气绝缘材料

采用湿法非织造工艺制备获得的芳纶非织造材料主要应用于电动机、变压器、电抗器、印制电路板和雷达天线等电力设备，是促进现代工业发展的重要基础材料。由芳纶所抄造的芳纶非织造材料表面呈疏松多孔结构，不利于成纸强度和介电强度的提升。芳纶1414纳米纤维非织造膜有着大的长径比和比表面积，相互交织形成的网络结构比芳纶纸更为致密，具有更高的理论成膜强度和介电强度。

第二节　碳纤维

一、碳纤维概述

碳纤维（carbon fiber，CF）是一种含碳量超过90%的纤维状炭材料，经过2500℃以上的碳化可达到99%以上的碳含量，称为石墨纤维（GrF）。碳纤维质轻（相对密度仅为钢的1/4），力学性能优异，其复合材料的抗拉强度是钢的7~9倍，弹性模量是芳纶1414的2倍。它在2000℃的高温惰性环境中强度不降低，显著优于金属材料。此外，碳纤维还具备耐化学腐蚀、导电、膨胀系数小和减震等优良性能，是国民经济与国防建设的重要战略材料。图7-7所示为碳纤维短纤维和长丝。

图7-7　碳纤维短纤维和长丝

碳纤维的起源可追溯至 1860 年，英国人瑟夫·斯旺首次用碳丝制造电灯泡灯丝。随后，美国人爱迪生改进了白炽灯的碳灯丝，但因 1910 年库里奇发明了钨丝制造方法，碳灯丝逐渐被淘汰，早期研究被搁置。1950 年，美国空军因宇宙开发和军用火箭的需求，开始对碳纤维进行研究。1959 年，美国联合碳化公司以黏胶纤维为原丝，制成纤维素基碳纤维；1962 年，日本碳素公司实现低模量聚丙烯腈基碳纤维的工业化生产；1963 年，英国航空材料研究所开发高模量聚丙基碳纤维；1965 年，日本群马大学试制成功以沥青或木质素为原料的通用型碳纤维；1970 年，日本吴羽化学公司实现沥青基碳纤维的工业规模生产。到 1996 年，全球碳纤维总产量达 17 千吨，其中聚丙烯腈基占 85%。2009 年，全球需求已达 58 千吨。

我国碳纤维行业始于 20 世纪 60 年代，但因知识储备不足和技术垄断，发展缓慢。日本和美国在核心技术上形成垄断，我国的生产技术和装备水平整体落后，无法满足高端领域需求。自 2000 年以来，国家加大对碳纤维自主创新的支持，将其列为重点研发项目。在政策扶持下，国内碳纤维行业技术取得重大突破，产业化程度提升，应用领域不断扩大，形成以江苏、山东和吉林为主的聚集地。2021 年，中国大陆首次超过美国，成为全球最大产能国，产能达到 6.34 万吨，占全球总产能的 30% 以上。到 2023 年，行业总产能达到 12.02 万吨，碳纤维产量逐年增加。因其强度高、密度低、隔热性能好，碳纤维广泛应用于航空航天、汽车、船舶和体育用品等领域。

二、碳纤维的分类

（一）按原料类型分类

根据原料种类的不同，目前能够工业化生产的原丝有三种来源：黏胶纤维、聚丙烯腈纤维和沥青纤维。相应的碳纤维也被称为黏胶基碳纤维（Rayon-based CF）、丙烯腈基碳纤维（PAN-based CF）、沥青基碳纤维（Pitch-based CF）、木质素纤维基和其他有机纤维基。此外，人们还研究了尚未工业化生产的气相生长法碳纤维。黏胶基碳纤维是最早生产的一种，但其份额不足世界碳纤维总量的 1%。沥青基碳纤维的含碳量高，包括通用级沥青基碳纤维和中间相沥青基碳纤维，其中通用级沥青基碳纤维的制备成本较低，但其强度较低、可重复性差；中间相沥青基碳纤维的强度有所提高，但工艺复杂，产量较低。PAN 基碳纤维综合性能最好，是目前生产规模最大、需求量最大、发展最快的一种碳纤维，其份额已达世界碳纤维总量的 90% 以上。

目前，工业化生产的碳纤维原丝主要有三种来源：黏胶纤维、聚丙烯腈纤维（PAN）和沥青纤维。相应的碳纤维分别称为黏胶基碳纤维（Rayon-based CF）、丙烯腈基碳纤维（PAN-based CF）和沥青基碳纤维（Pitch-based CF）。此外，还有气相生长法碳纤维在研究中。黏胶基碳纤维是最早生产的，但其市场份额不足 1%。沥青基碳纤维含碳量高，分为通用级和中间相两种，前者成本低但强度和可重复性差，后者强度较高但工艺复杂、产量低。PAN 基碳纤维综合性能最佳，是目前生产规模最大、需求量最高的类型，占全球碳纤维总量的 90% 以上。各类原料碳纤维的对比见表 7-1。

表7-1 各类原料碳纤维的对比

分类	优势	劣势	应用现状
PAN基	PAN为前驱体碳化后得到，生产工艺难度低，品种多，价格适中	—	已经成为碳纤维主流
沥青基	导热性高，拉伸模量高，抗冲击性强	制作工艺复杂，成本高	目前规模较小
黏胶基	开发早，耐温性高	碳化收率低，技术难度大，设备复杂，成本高	主要用于耐烧蚀材料、隔热材料

（二）按照制造条件和方法分类

按照制造条件和方法可分为：碳纤维（800~1600℃）；石墨纤维（2000~3000℃）；氧化纤维（预氧丝200~300℃）；活性碳纤维；气相生长碳纤维。

（三）按力学性能分类

按力学性能可分为：通用级（GP）、高性能（HP）［其中包括中强型（MT）、高强型（HT）、超高强型（UHT）、中模型（IM）、高模型（HM）、超高模型（UHM）］。碳纤维在应用时多是作为增强材料而利用其优良的力学性能，因此使用中更多的是按其力学性能分类，一般认为纤维的拉伸强度低于1400MPa，拉伸模量小于140GPa，则此种属于通用级碳纤维范畴。在高性能碳纤维范畴中，对中强、中模、高强、高模、超高强、超高模等并无严格的区分指标（表7-2）。

表7-2 按力学性能将碳纤维分类

分类	丝束数量	代码	强度和模量	应用领域
工业级（大丝束）	48K、60K、120K、360K、480K	T300、T400	强度1000MPa，模量100GPa	工业领域
宇航级（小丝束）	1K、3K、6K、12K、24K	T700、T1000	强度2000MPa，模量250GPa以上	国防军工、航空

三、碳纤维结构与性能

（一）碳纤维的结构

碳纤维的化学组成以C为主，还有少量的N和H。

碳纤维结构为沿纤维轴向排列的不完全石墨结晶，各平行层原子堆积不规则，缺乏三维有序，呈乱层结构。如果将碳纤维在2500℃以上进一步炭化，则由乱层结构向三维有序的石墨结构转化，称为石墨纤维。碳纤维和石墨纤维层面主要是以碳原子共价键相结合，而层与层之间主要由范德瓦耳斯力相连接，层间的距离为0.3354nm。因此碳纤维是各向异性材料（图7-8）。

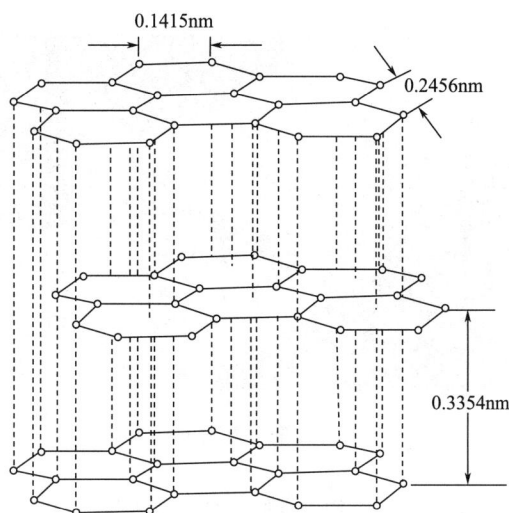

图 7-8　碳纤维的分子结构

碳纤维的表面比较光滑，有沟纹。这主要是由原丝决定的，因为聚丙烯腈采用湿法纺丝工艺。碳纤维都有明显的皮芯结构，表皮致密，而芯部疏松，有很多孔洞。石墨微晶层在皮层，沿纤维轴向排列有序，芯部呈现褶皱的紊乱形态，且石墨层片之间存在错综复杂的孔洞系统。

碳纤维横截面电子显微镜观察表明，碳纤维原纤径向结构是层状分布。这种层状可以构成封闭的环状，也可能扩展出去，进入其他原纤，如图 7-9 所示。这种结构在沥青基和 PAN 基碳纤维中较多，具有较高的有序性。

（二）碳纤维的性能

1. 密度

碳纤维的密度是 $1.7 \sim 2.0 \mathrm{g/cm^3}$，是钢材的 $1/5 \sim 1/4$；而比强度和比模量优于钢材和其他无机纤维。由于这个优点，其复合材料可广泛应用于航空航天、汽车工业、运动器材等。

图 7-9　碳纤维截面的层状结构模型

2. 细度

碳纤维细小柔软，直径仅为人发的 1/10，具备可挠性、可编性和可弯曲性，能够有效吸收外部冲击和振动（图 7-10）。其轻质特性使其适应不同构件形状，成型方便，可根据受力需求叠加多层，施工时无须大型设备和临时固定，对原结构无损伤。

3. 力学性能

碳纤维因其优异的力学性能作为增强材料而广泛应用。碳纤维的规格与力学性能见表 7-3。

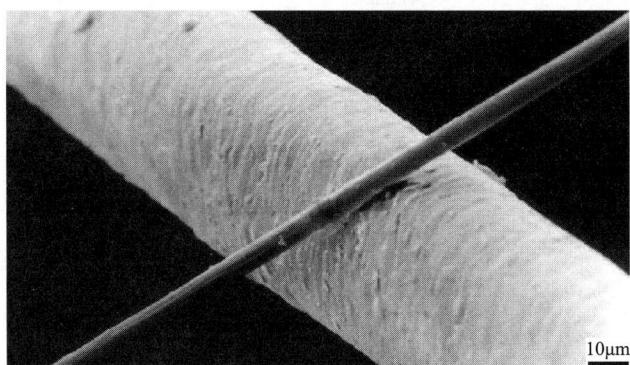

10μm

图 7-10　碳纤维与人发的粗细对比

表 7-3　碳纤维的规格与力学性能

纤维规格	高强型（HT）	高模型（HM）	通用型（GP）	高强高模型（HP）
强度/GPa	2.5~4.5	2.0~2.8	0.78~1.0	3.5~7.0
模量/GPa	220~260	350~400	90~110	350~700
伸长率/%	1.3~1.8	0.4~0.8	2.1~2.5	0.4~0.5

4. 电学性质

导电性好，25℃时高模量碳纤维的电阻率为 $7.75\times10^{-2}\Omega\cdot m$，高强度碳纤维的电阻率为 $1.5\times10^{-2}\Omega\cdot m$。

5. 热学性质

碳纤维耐高温和低温性能优越，在3000℃非氧化环境下不融化、不软化，但在空气中超过400℃会明显氧化，使用温度一般控制在360℃以下。即使在液氮温度下，碳纤维仍保持柔软而不脆化。其热学性质具有各向异性，纤维轴向的膨胀系数在室温下为负值，200~400℃时转为正值，而垂直于纤维轴向则为正值。碳纤维增强复合材料尺寸稳定，适应环境变化强，导热性接近钢铁，适合用于太阳能集热器和导热壳体材料。

6. 化学稳定性

碳纤维除能被强氧化剂氧化外，对一般酸碱是稳定的。在空气中，温度高于400℃时，出现明显的氧化，生成 CO 和 CO_2，故在空气中使用不应超过360℃，在不接触空气或氧化性气氛时，具有很高的耐热性。

7. 其他性质

碳纤维不仅具有优异的力学性能，还具备多种独特的物理和化学特性，包括良好的耐低温性、耐摩擦性、耐磨损性、耐疲劳性，以及自润滑性、振动衰减性能和突出的阻尼特性。此外，碳纤维还具有优良的生物相容性、X 射线穿透性以及透声性能，这些特性使其在航空航天、医疗器械、精密仪器等领域具有广泛的应用前景。

四、碳纤维制备技术

碳纤维不能用熔融法或溶液法直接纺丝，只能以有机纤维为原料，采用间接方法来制造。

（一）聚丙烯腈基（PAN）碳纤维的制造

聚丙烯腈基碳纤维制备的关键步骤主要包括：聚合、纺丝、后处理、预氧化和碳化，工艺流程如图 7-11 所示。

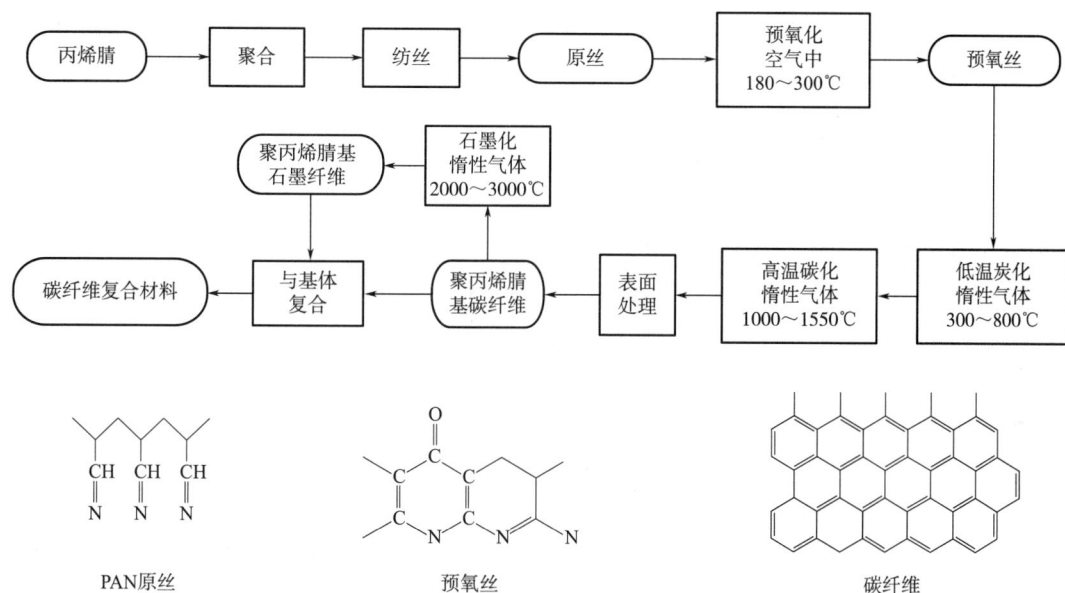

图 7-11　聚丙烯腈基碳纤维制备工艺流程

高温碳化是碳纤维制备的关键环节，通常在高纯度惰性气体保护下，将聚丙烯腈基纤维加热至 1200~1500℃，以去除非碳原子并转化为乱层石墨结构的碳纤维。在此阶段，聚丙烯腈纤维的聚合物结构向多晶碳结构转变，梯形聚合物进一步交联，类石墨结构不断生长，形成二维有序的网状石墨结构。这种分子结构的交联化和网状化显著提升了碳纤维的强度和模量。

（二）沥青基碳纤维的制造

在寻求降低碳纤维制造成本的过程中，发现廉价的沥青也可用于生产碳纤维。常用的沥青原料可从石油沥青、煤焦油和聚氯乙烯（PVC）等物质中制得。沥青主要由缩合多环芳烃化合物组成，含少量氧、硫或氮，碳含量通常大于 70%，平均分子量在 200 以上。然而，沥青属于热塑性物质，纺丝后在高温下难以维持丝状，给后续碳化处理带来困难。为此，需先对沥青进行热固性处理，使其从热塑性转变为热固性，再通过熔融纺丝、碳化和石墨化工艺制得碳纤维。

沥青基碳纤维主要分为两类：通用级沥青基碳纤维（GPCF）和高性能碳纤维（HPCF）。GPCF 由各向同性沥青制备，平均分子量小、芳构度低，易于纺丝，但力学性能较差。HPCF

则由各向异性中间相沥青制备，平均分子量和芳构度高，纺丝难度大，但可制备高性能纤维。中间相沥青基碳纤维因高模量、高导热性、低膨胀系数等优异性能，成为研究热点，广泛应用于航空航天、工业制造等领域。

（三）黏胶基碳纤维的制造

黏胶基碳纤维的制造工艺流程如下：

黏胶原丝→加捻→稳定化处理→干燥、低温碳化→卷绕→高温碳化→络筒。

黏胶纤维属于热固性纤维。其高温分解后的含碳量，随进行低温氧化（稳定化）或在催化剂（如 HCl、$ZnCl_2$ 或 $AlCl_3$）存在下的热处理而增高。纤维素高温热分解的化学过程相当复杂，但基本上可分为以下四个主要阶段。

第一阶段：物理吸附水的解吸（25～150℃）；

第二阶段：纤维素单元的脱水（150～240℃），此阶段为分子内的变化过程，它与羟基的消除，C═O、C═C 键的形成密切相关；

第三阶段：糖苷环的破坏（240～400℃），此阶段发生热裂解，在高于240℃的温度下，纤维素环彻底破裂；

第四阶段：石墨结构的生成（>400℃），此阶段因发生芳构化，使残留的碳形成石墨状的层状结构。

五、活性碳纤维制备方法

活性碳纤维制备其活化过程一般可与碳化一并进行，碳纤维常用的活化方法有气体活化法、化学活化法和复合活化法。

（一）气体活化法

气体活化法是通过高温下氧化性气体（如水蒸气、二氧化碳）刻蚀碳纤维，使其与无序碳原子反应生成小分子挥发物，从而获得微孔结构、大比表面积和表面含氧官能团。该方法工艺简单，设备要求低，可与碳化工艺结合，适合制备连续活性碳纤维长丝。但其比表面积和微孔直径调节范围有限，通常小于化学活化法。

（二）化学活化法

化学活化法是将碳纤维浸渍于一些强氧化性的化学试剂中，氧化性的试剂与纤维表面的官能团发生反应而刻蚀成孔，这种方法使非碳原子以小分子形式逸出，减少了焦油等副产物生成，孔隙率和比表面积都有所增加。

化学活化法常用到的化学试剂为酸和碱，例如 KOH、NaOH、磷酸、盐酸等，一般是利用化学试剂与纤维中的无序碳发生反应，从而形成丰富的孔结构，得到比表面积大、孔结构丰富的活性碳纤维，该方法操作简单，工艺条件易于达到，但是化学试剂的使用会对环境产生污染。

（三）复合活化法

将两种方法结合进行纤维活化的研究，通过气体活化法和化学活化法相结合来调控活性碳纤维的微孔直径、微孔分布和比表面积，得到吸附性更佳的活性碳纤维。

六、碳纤维非织造应用实例

（一）隔热材料

梁腾隆等采用 PAN 预氧化纤维为原料，通过梳理、成网、针刺加固技术制备获得 PAN 预氧化纤维毡，该针刺毡表现出良好的隔热性能。为进一步提高针刺毡的隔热性能，研究人员将 SiO_2 气溶胶微粒填充至针刺毡孔隙，利用空气与气溶胶微粒颗粒间隙实现更优异的隔热性能。

（二）增强材料

德国 Thuingian 纺织和塑料研究所（TITK）将碳纤维干废料通过非织造技术加工成碳纤维非织造毡，该毡材已应用于宝马 i3 系列车顶或后座壳。此外，TITK 还研发特殊的非织造布和片状模塑料（SMC）技术工艺，该技术将热固树脂和增强纤维混合制成热固型复合材料，用于压制纤维塑料复合材料，该复合材料已用于宝马 7 系汽车 C 柱的一部分。

（三）电磁屏蔽材料

短切碳纤维在复合材料中随机分布，不会形成连续的传导电流，趋肤效应和碳纤维之间的电磁波散射产生的电磁能损耗减少了电磁波的反射，消耗了部分电磁波，从而实现吸波性能。

赵晓曼等以等间距连续排列方式将碳纤维网格铺设于 PET 非织造基材表面以制备复合材料，该复合材料对于 30MHz~15GHz 频段内的电磁波具有优异的屏蔽性能。当碳纤维排列间距为 6mm 时，该复合材料屏蔽效能特征峰值达 51.31dB，对应频率为 1.15GHz。

（四）吸声降噪材料

非织造材料结构为纤维三维堆砌形成的多孔纤维集合体，该多孔结构表现出优异的吸声性能。活性碳纤维具有较大的表面积和相互连通的微孔，是理想的吸音材料。为了降低低频噪声，可以使用如引入气腔、将机织结构和非织造结构复合等方法来构建多层结构，从而得到趋于低频且更加宽广的吸声域。Shen 等阐述了使用针刺而成的黏胶非织造织物制成的吸音碳纤维毡，同时，纤维毛毡的厚度、体积密度及纤维直径对吸声性能也有很大的影响。

（五）水处理材料

近年来，废水污染始终是一个困扰，有害的有机物、重金属离子等的处理引起越来越多的关注。活性碳纤维纳米非织造材料除了可以澄清水质、去除水中异味和杀菌，对制药废水、染料废水以及重金属离子废水等均有较好的去除效果。

（六）气体吸附材料

活性碳纤维非织造材料可用于制造口罩的气体吸附层，对氨气、挥发性有机物（VOCs）等有害气体具有高效的去除能力。在处理低浓度挥发性有机污染物（如环己烷）时，活性碳纤维表现出优异的吸附性能，可通过调节风速和纤维层数进一步优化吸附效果。活性碳纤维还可用于去除医疗废气中的有害气体，如碘蒸气，其吸附性能优于传统颗粒活性炭。

第三节　聚四氟乙烯纤维

一、聚四氟乙烯纤维概述

聚四氟乙烯（polytetrafluoroethylene，PTFE）是一种由氟原子取代聚乙烯中所有氢原子的人工合成高分子材料，俗称"塑料王"。PTFE 具有极好的耐化学腐蚀性、优异的热稳定性、较低表面能和摩擦系数等特性。

PTFE 纤维（俗称氟纶）于 1953 年由美国杜邦公司研发，1957 年实现工业化生产，具有耐高温和耐化学腐蚀的显著优势。其纤维类型包括单丝、复丝、短纤维和膜裂纤维。20 世纪 70 年代，奥地利 Lenzing 公司研发出 PTFE 膜裂纤维产业化工艺，美国 Gore 公司则开发出高强度膨体 PTFE（ePTFE）纤维材料，进一步拓展了 PTFE 的应用范围。欧美国家在 PTFE 材料的研究和应用方面处于世界领先水平，尤其在医疗领域表现突出。

我国 PTFE 纤维研究起步较晚，早期因条件限制与欧美存在较大差距。目前，我国已实现 PTFE 纤维（圆形长丝、扁平长丝、膜裂纤维）的工业化生产，国产化产品价格仅为国外市场的 1/3。在我国，PTFE 纤维主要用于工业烟尘净化滤袋，滤袋主体由 PTFE 针刺毡与 PTFE 微孔膜覆合而成，缝合线则由 PTFE 圆形长丝加捻制成。尽管我国已取得一定进展，但高品质 PTFE 纤维及产品仍需依赖进口。

因具有突出的耐化学腐蚀性和优异的热稳定性能，PTFE 纤维在化工、石油、纺织、食品、造纸、医学、电子和机械等领域具有广泛应用，同时也已成为现代军事和民用中解决众多关键技术的不可缺少的材料。

二、聚四氟乙烯纤维的结构

PTFE 分子为刚性无支链且对称的结构，仅含 C—C 键和 C—F 键。C—F 键键能高达 485kJ/mol，是键能最高的共价键，使 PTFE 分子结构非常稳定。氟原子电负性为 4.0，其电子排斥作用使碳-碳主链从平展构象扭转为螺旋形构象（图 7-12）。

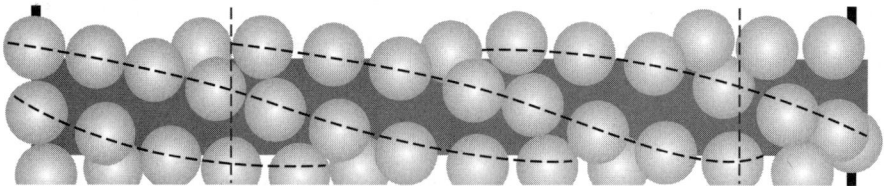

图 7-12　PTFE 分子链结构

PTFE 大分子上氟原子呈周期排列，填充碳原子间空隙，包裹 C—C 主链形成低表面能保护层，赋予其优异的化学和热稳定性。除熔融碱金属、高压高温气态氟及部分有机卤化物外，

PTFE 不溶于任何有机溶剂，耐化学性能卓越。高分子量 PTFE 熔点为 327℃，熔融状态下因黏度高而不流动。

三、聚四氟乙烯纤维制备方法

PTFE 聚合反应是四氟乙烯单体在高温高压条件下由引发剂（无机过硫酸盐、有机过氧化物）引发系列反应而生成连续大分子聚合物，聚合方法包括本体聚合、溶液聚合、悬浮聚合和乳液聚合，其中悬浮聚合和乳液聚合是工业生产使用最多的方法。

PTFE 具有高熔融黏度（约 10^{10} Pa·S），无法通过常规熔融挤出技术制备 PTFE 纤维。现有 PTFE 纤维成型方法主要有：载体纺丝法、凝胶状挤压纺丝、糊料法和膜裂法。

（一）载体纺丝法

载体纺丝法是一种用于制备高强度、高分子量的 PTFE 纤维，也称乳液纺丝法，通常采用黏胶、聚丙烯腈或聚乙烯醇的水溶液为载体。将 PTFE 浓缩分散液与 PVA 水溶液以一定质量比例均匀混合，再通过静电纺丝技术制备获得 PTFE/PVA 初生纤维，接着对该初生纤维进行高温烧结处理以去除 PVA，进而得到 PTFE 超细纤维。

（二）凝胶状挤压纺丝

凝胶状挤压纺丝法是乳液纺丝的一种优化，在以 PVA 为载体的乳液纺丝基础上，PTFE 树脂颗粒与适量染料、添加剂均匀混合并浸泡在亚液态石油中，再通过加热搅拌使 PTFE 呈现出一种类似凝胶的状态。通过调控纺丝液的黏度而降低纺丝液载体的使用量。

（三）糊料法

在糊料法成型工艺中，PTFE 分散树脂粉末与助挤油剂混合制成糊料，静置后经预成型和挤压成型，通过柱塞装置微孔挤出制成圆形初生长丝，再经热牵伸和热定型制成圆形 PTFE 长丝。若将挤压成型体压延、切割，可制成扁平状 PTFE 初生长丝，再经热牵伸和热定型形成扁平 PTFE 长丝。

（四）膜裂法

PTFE 膜裂纤维成型工艺由奥地利 Lenzing 公司研发，用于制备高纯度、不同切断长度的 PTFE 纤维。工艺流程为：将 PTFE 分散粉末与助挤油剂混合制成糊料，静置于 40~60℃ 环境中，再经预成型、挤压成型、压延和热牵伸制成烧结膜。烧结膜经刚性针辊梳理分裂成膜裂纤维，纤维直径分布广且存在分支纤维，截面形态因梳针作用强度不同而呈现多样性。

四、聚四氟乙烯纤维性能

（一）密度

PTFE 纤维的密度为 2.1~2.3g/cm³，高于芳纶纤维和碳纤维。

（二）力学性能

PTFE 纤维的断裂强度不高，约为 1.3cN/dtex，断裂伸长率为 13%~15%。

（三）热学性能

PTFE 纤维熔点在 327℃ 左右，热分解温度约为 425℃。即使在高温 240℃ 下，PTFE 纤维仍能长时间使用而不发生明显形态改变，断裂强度始终保持在 80% 以上。同时，PTFE 纤维具有良好的耐低温性能，能够在 -200℃ 的环境中长时间连续工作。

（四）耐化学性能

PTFE 具有出色的化学稳定性和耐腐蚀性能，分子中的 C—F 键的键能高、结构紧密，极难被化学试剂攻击和破坏，除卤化胺类和芳烃可轻微溶胀 PTFE 外，PTFE 几乎不溶于任何有机溶剂。

（五）阻燃性

PTFE 纤维的极限氧指数（LOI）高达 95%，即在含氧量高于 95% 的环境中 PTFE 纤维才能被点燃和维持火焰，在常规条件下具有优异的本征阻燃特性。PTFE 纤维是耐高温阻燃纤维中发展最早的品种，可用其制备阻燃材料进行防护。

（六）耐气候性

PTFE 纤维具有很强的抗阳光直射的性能，置于室外环境中暴露时间超过 10 年性能也未发生明显变化，连续三年直接暴露在日光和大气中，断裂强度仅降低 2%。

（七）自清洁性

PTFE 分子链为刚性螺旋形结构，分子链间的相互吸引力较小，使得 PTFE 分子链易发生相对滑动，同时 PTFE 对其他分子的吸引力也较小，使得 PTFE 材料的摩擦系数非常小（0.008~0.05），是现有高聚物纤维中摩擦系数最低的材料。除此之外，PTFE 表面自由能很小，表面张力仅有 0.019N/m，是已知固体材料中表面自由能最小的品种，现有的固体材料几乎都无法黏附在其表面，灰尘不易黏附在 PTFE 纤维材料表面。因此，PTFE 纤维可应用于对免维护、不黏合及易滑动等有需求的领域。

五、聚四氟乙烯纤维的非织造应用实例

1. 工业除尘滤料

在工业烟尘净化领域，滤袋是除尘器的核心部件，主要用于垃圾焚烧、燃煤电厂、钢铁和水泥行业。滤袋由覆膜滤料制成，主体为"三明治"结构的针刺非织造材料（纤维层-基布-纤维层），表面覆以 PTFE 微孔膜。纤维层采用高性能纤维，基布为 PTFE 扁平长丝机织布，缝合线为 PTFE 圆形长丝加捻而成。工业烟尘温度高（100~200℃），且具有强酸碱性和氧化性，对滤料纤维要求极高。垃圾焚烧烟尘成分复杂，腐蚀性强，100% PTFE 纤维成为最佳选择。

在气体烟尘净化中，PTFE 纤维常与其他纤维混合制备过滤材料。美国杜邦公司开发的 Tefaire 过滤毡，将 PTFE 纤维与超细玻璃纤维混合，采用 100% PTFE 基布支撑，PTFE 占比 85%。该材料过滤性能提高 40%，透气性好，摩擦系数低，使用寿命超 4 年。图 7-13 所示为 PTFE 纤维工业除尘滤袋。

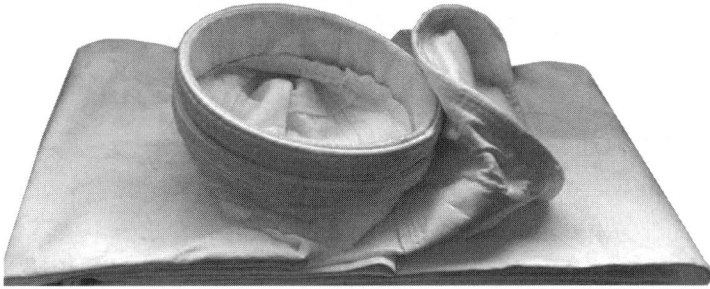

图 7-13　PTFE 纤维工业除尘滤袋

2. 耐磨材料

PTFE 长丝及织物因低摩擦、耐化学腐蚀、耐高低温、耐老化等特性，适用于交变负载或低速领域（如轴承）。杜邦的 Derlin AF 材料将 PTFE 纤维与缩醛树脂混合，用于高表面润滑轴承。在航空航天领域，PTFE 纤维用于自润滑关节轴承，其织物可与 Nomex、玻璃纤维混合并经功能性浸渍处理，制成高强度、低摩擦的复合织物，用于关节轴承，具备高承载、自润滑、耐冲击、长寿命等优点，广泛应用于关键部位。

3. 离子交换材料

以 PTFE 纤维为基材，通过 ^{60}Co γ 射线对苯乙烯进行辐照处理，使其接枝到纤维分子结构上，然后经过氯甲基化、胺化等化学反应，得到一种具有高交换容量、高机械强度、高热稳定性、耐腐蚀、抗氧化的强碱型离子交换纤维材料，该纤维材料在高纯氮气中对酸性气体 CO_2 的吸附脱除取得优异效果。

4. 高频通信滤波器材料

目前 5G 基站用小型化微波滤波器主要以高介电常数、低损耗的微波陶瓷材料为基材，其电性能优异，但也存在着烧结过程易导致同批次产品间尺寸不均、材料硬度大、难加工等问题。赵逸飞等通过原位还原法将纳米银粉均匀地引入 $CaTiO_3$/PTFE 微纤复合材料中，成功制备出介电常数为 19.23、损耗仅为 $4.83×10^{-3}$ 的三相复合材料。该复合材料的介电常数接近目前在滤波器中常用的介电常数为 20 左右的陶瓷材料。

5. 人造血管

聚四氟乙烯人工血管具有良好的生物相容性和抗血栓形成能力，但机织或针织人造血管质地较硬，顺应性较差，不易于手术缝合，植入后血管通畅性较低，尤其是口径小于 6mm 的小口径聚四氟乙烯人工血管，其术后血管通畅性更低。PTFE 纳米纤维非织造材料制成的人造血管抗血栓性能好，生物相容性较好，长度和内径可任意选择，能承受较大的动脉压力，血管硬度适宜，不易弯曲、塌陷，是血液透析患者再建透析通路的最佳选择。另外，有研究报道聚酯/聚四氟乙烯等材质制造的人造血管空隙多，细胞会生长并覆盖在其表面，从而具有生物活性，能满足人们对血管性能的大部分要求。

第四节　聚苯硫醚纤维

一、聚苯硫醚纤维概述

聚苯硫醚（polyphenylene sulfide，PPS）是一种新型特种高分子材料，具有优异性能，发展迅速，是高性能纤维的重要组成部分。国外 PPS 纤维的研发始于 1975 年，美国 Phillips 公司于 1979 年研制出纤维级 PPS 树脂，并于 1983 年实现工业化生产。1985 年专利失效后，日本企业如东丽、东洋纺等相继开发 PPS 纤维。2001 年，东丽收购 Phillips 的 PPS 纤维事业部，成为行业龙头。2005 年后，美国、瑞士和中国也加入研发和生产行列。

中国于 20 世纪 90 年代初开始研究 PPS 纤维（图 7-14）。1990~1996 年，四川省纺织工业研究所与四川大学合作研发出 PPS 纤维。2004 年，中国纺织科学研究院与四川得阳科技股份有限公司合作试制 PPS 短纤维。2005 年，四川省纺织科学研究院研发出高性能 PPS 纤维。2006 年，江苏瑞泰科技建成 1500 吨/年生产装置，实现规模化生产。此后，浙江、四川、江苏、广东等地企业陆续投产。2012 年，中国石化在天津建成 PPS 短纤维生产线。2013 年，江苏阜升环保实现超支抗氧化 PPS 纤维批量生产，助力国内高温烟气治理。

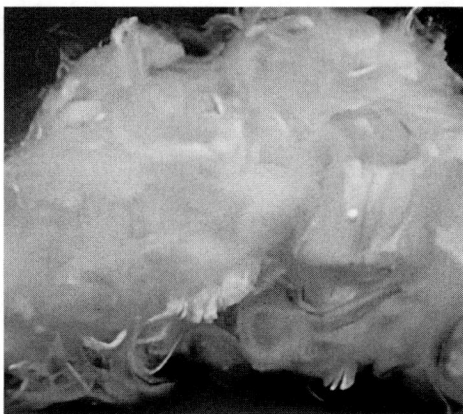

图 7-14　PPS 短纤维

二、聚苯硫醚纤维结构

PPS 分子结构简单（图 7-15），主链由苯环和硫原子交替排列，大量苯环有大 π 键的存在，赋予 PPS 较大刚性，同时大量的硫醚又提供 PPS 分子链的柔顺性，两种特性使得 PPS 大分子结构呈现为对称构象，所以性能极其稳定。

图 7-15　PPS 的化学结构式

高分子线型 PPS 是由对位的亚苯基与二价硫原子交叠连接而成的高聚物。Tabor 等用高定向薄膜和压片做 X 衍射得晶体结构，PPS 正交单元之晶胞（$a = 0.867nm$，$b = 0.561nm$，$c = 1.026nm$）（图 7-16）包括四个单胞，硫原子以锯齿形排列在平面（100）上，C—S—C 键间夹角为 110°。相邻两个苯环与 110 晶面成交替的 ±45°。但 Garbarczyk 对此提出异议，认为 C—S—C 键夹角为 103°，苯环与一个 C—S—C 平面共面，与另一个夹角为 60°。

PPS 按结构分为通用型、架桥型和改良型等。通用型 PPS 分子量低，主要用于涂料，热氧交联后分子量增大、流动性变小，可作塑料。架桥型和热氧交联型 PPS 因支链和交联，流动性差，仅用于塑料。高分子量线型 PPS 结构规整，流动性好，可直接加工，既可用于塑

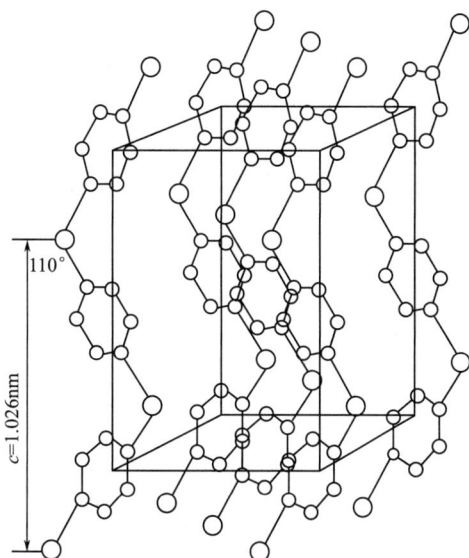

图 7-16　PPS 晶体结构示意图

料，也可用于纤维、薄膜等，应用范围最广。

Mitsutoshi Jikei 等在 1996 年合成了一种独特的超支化结构的 PPS，由于结构特殊，它具有与线性 PPS 所不同的特点，如无定形，易溶解于常见溶剂等。各种分子结构的 PPS 如图 7-17 所示。

三、聚苯硫醚纤维的制备

PPS 聚合物主要包含交联性聚合物和线型聚合物，其中用于制备 PPS 纤维的材料为高韧性线型聚合物。

对于纤维级 PPS 树脂，美国菲利普斯（Phillips）公司通过调控线型 PPS 树脂的特性黏度（0.30~0.34）、熔融指数（15~300g/10min）并采用熔融纺丝技术制备获得 PPS 纤维。肖为维等对国产 PPS 树脂的可纺性及纤维热学性能展开研究，通过热牵伸处理使纤维内分子链发生高温交联，进而提高纤维的热稳定性能；胡宝继等人对多种 PPS 原材料展开可纺性研究，通过调控熔融指数为 258g/10min 的 PPS 树脂以提高其熔体流动性能，进而实现熔喷纺丝 PPS 纤维非织造材料。

四、聚苯硫醚纤维性能

（一）力学性能

PPS 纤维裂强度为 2.4~4.7cN/dtex，断裂伸长率为 25%~35%，初始模量为 27~37cN/dtex。

（二）热学性能

PPS 纤维的玻璃化温度为 88℃，结晶温度约 125℃，熔融温度 285℃，具有优良的热稳定

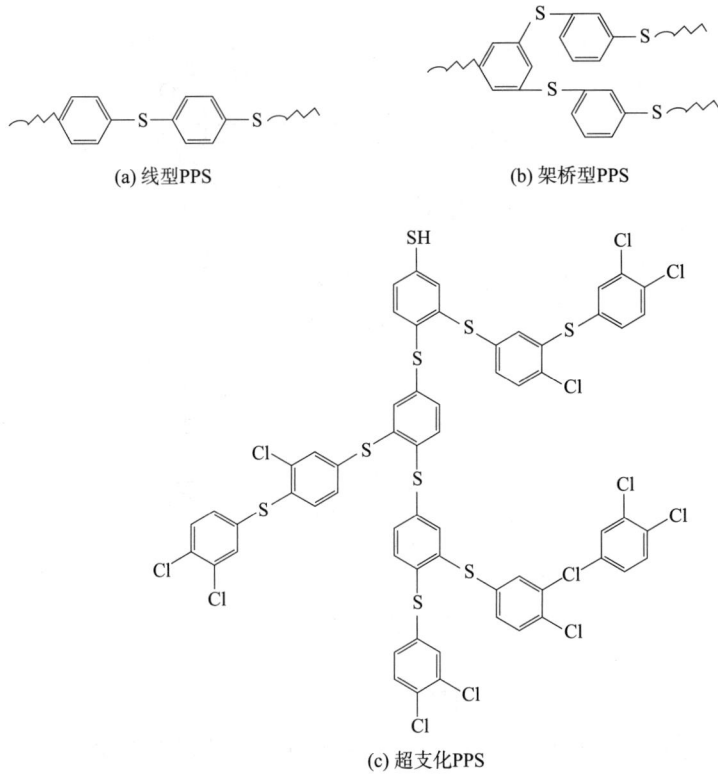

(a) 线型PPS

(b) 架桥型PPS

(c) 超支化PPS

图 7-17　各种分子结构的 PPS

性。在 160℃ 高压釜中汽蒸 160h，强度保持率>90%。可在 200～240℃ 空气中连续使用，200℃ 下连续使用 2000h 强度保持率 90%，5000h 为 70%，8000h 接近 60%。在 400℃ 以下的空气或氮气中较稳定，基本无重量损失。700℃ 时在空气中完全降解。

（三）耐化学性

PPS 纤维分子链含有硫醚基，结构对称且无极性，耐化学腐蚀性能优异，仅次于 PTFE。它耐非氧化性酸和热碱液，稀 H_2SO_4 和 NaOH 对其无影响。然而，浓 H_2SO_4 和浓 HNO_3 等强氧化剂会使其剧烈降解。PPS 纤维耐有机酸、酯、醇、酮、烃类、氯代烃和芳香烃等试剂，但在 250℃ 时，可溶于联苯、联苯醚及其卤代物，且对甲苯和氧化类溶剂抵抗性较弱（表 7-4）。

表 7-4　PPS 纤维主要耐化学品性能

化合物	温度/℃	暴露 7d 后强度保持率/%
48%硫酸	93	100
10%盐酸	93	100
浓盐酸	60	95
浓磷酸	93	100
醋酸	93	100

续表

化合物	温度/℃	暴露 7d 后强度保持率/%
甲酸	93	100
30%氢氧化钠	93	100
10%硝酸	93	75
浓硝酸	93	0
5%次氯酸钠	93	20
浓硫酸	93	10
溴	93	0
丙酮	沸点	100
四氯化碳	沸点	100
氯仿	沸点	100
二氯乙烯	沸点	100
甲苯	93	75~90
二甲苯	沸点	100

（四）阻燃性

PPS 纤维的极限氧指数 34%~35%，着火点 590℃，属于不燃纤维。虽能燃烧，但离开火焰即熄，无滴落物，发烟率低，无须阻燃剂即可达 UL-94V-0 标准。

五、聚苯硫醚纤维的非织造应用实例

1. 工业过滤材料

PPS 纤维是一种高性能耐高温过滤材料，广泛应用于工业、农业和环保领域。其可在 190℃下连续使用，具有耐溶剂腐蚀、尺寸稳定性高、绝缘性能优良、吸湿率低、来源广泛且价格较低的特点。PPS 纤维可用于气体除尘、印染废水过滤、烧碱废液过滤等，对粒径大于 5μm 的尘埃过滤效率达 100%，对 0.5~5μm 尘埃过滤效率超过 90%。此外，PPS 纤维还可通过熔喷技术制备超细纤维，并与短纤维复合形成梯度结构，用于高温环境，对微尺度固体颗粒物的过滤效率超过 99%。但是在含有强氧化性药剂，如硝酸（HNO_3）、高锰酸钾（K_2MnO_4）或高温烟气中，氧气含量高于 15% 时，PPS 纤维会受到持续氧化，应用受限。

2. 阻燃材料

PPS 纤维因其阻燃性、耐高温性和热稳定性，被广泛用于阻燃材料制备。伍梦云采用非织造湿法成网技术，以 PPS 熔喷超细纤维浆粕为黏结剂，制备芳纶 1414/PPS 复合非织造材料。该材料具有高力学强度、硬挺度、疏水性和高阻燃性，且工艺简化、成本降低。PPS 提高了芳纶的成碳率，复合材料残炭量随 PPS 含量增加而升高。此外，复合材料的色差与抗张强度、拉伸断裂率、撕裂强度保留率相关，可预测老化规律。在 230℃ 热氧老化 720h 后，其抗张强度保留率为 60.68%，拉伸断裂率保留率为 43.65%，撕裂强度保留率为 1.46%。

3. 导热材料

刘曼等采用 PPS 熔喷非织造材料为原料，接着将炭黑颗粒填充至 PPS 熔喷非织造材料孔隙并通过 PE 蜡粉将炭黑颗粒固化以使其稳固。该复合材料在 300℃环境中无明显形变、拉伸强度显著增加，同时，在炭黑颗粒不发生脱落的情况下，炭黑填充的 PPS 熔喷非织造材料具有优异的导热性能。

4. 吸油材料

熊思维等通过 PPS 树脂颗粒改性，利用熔喷非织造技术制备出平均直径约 2μm 的 PPS 超细纤维熔喷非织造材料，并采用热轧加固技术使其具备优异的力学性能（拉伸强度达 29.4MPa），同时保持良好的韧性和透气性。该 PPS 超细纤维毡结构紧密，呈特殊网状结构，对食用油、原油、机油、柴油的饱和吸附量分别为 45g/g、38g/g、39g/g、30g/g，是商业聚丙烯（PP）非织造布吸油材料的 2～4 倍。即使多次重复使用，PPS 超细纤维毡的吸油量仍高于 PP 非织造材料。

5. 膜分离材料

静电纺丝法是制备高比表面积、高孔隙率膜的理想工艺。寇晓慧通过该法制备了 PPS 非织造纳米纤维膜，其在重力条件下对三种油水乳液的最大通量可达 $1707L/(m^2 \cdot h)$，分离效率超 98%，且在有机溶液中稳定性良好。此外，研究人员制备了 PPS/二氧化钛（TiO_2）复合纤维膜，加入 TiO_2 纳米粒子后，膜孔径从 0.73μm 增大到 1.08μm，水接触角从 145.0°增加到 150.2°。在油水分离实验中，PPS/TiO_2 复合纤维膜对三种油包水混合液的最大通量为 $3807L/(m^2 \cdot h)$，分离精度超 98%，具有良好的循环性能和油下抗污染性能。在光催化降解实验中，该复合纤维膜 5h 内可降解 75%的亚甲基蓝染料，同时表现出优异的抗紫外线性能。

第五节　聚酰亚胺纤维

一、聚酰亚胺纤维概述

聚酰亚胺（polyimide，PI）是一类以酰亚胺环为特征结构的聚合物，其中以苯环直接与酰亚胺环相连的聚合物最为重要。聚酰亚胺纤维（PI 纤维）是一种高性能有机合成纤维，具有卓越的综合性能。它能够在−200～400℃的温度范围内长期使用，表现出优异的耐高低温性能。此外，PI 纤维还具备高强度和高模量，其强度最高可达 5.8GPa，模量最高可达 280GPa。它还具有自熄性能，离开火源后火焰会迅速熄灭，极限氧指数高，阻燃性能出色。聚酰亚胺纤维还具有良好的电绝缘性能、耐化学腐蚀性和耐辐射性能。

1968 年，杜邦发表了第一个聚酰亚胺纤维专利，采用两步湿法纺丝工艺，但纤维纺制较困难且性能并不突出。1984 年，奥地利兰精公司（现赢创工业）实现了 P84 耐热纤维的工业化生产，该纤维具有不规则叶片状截面，比普通圆形截面增加 80%的表面积，广泛应用于高温过滤和消防服等领域。

中国聚酰亚胺纤维的研发始于 20 世纪 60 年代，由上海合成纤维研究所等单位开展小批量生产。21 世纪后，随着高性能纤维需求增加，国内高校和企业纷纷投入研发。2010 年，长春应化所联合长春高琦公司实现耐热型 PI 纤维的规模化生产。2013 年，北京化工大学与江苏先诺新材料合作，建成年产 30t 的高性能 PI 纤维生产线，纤维拉伸强度高于 3.5GPa，模量高于 150GPa。2017 年，四川大学联合科聚新材料研发出高强度 PI 纤维。近年来，随着技术成熟，PI 纤维在高温过滤、防护服、电缆绝缘等领域应用不断扩大。图 7-18 所示为 PI 纤维及其针刺高温过滤材料。

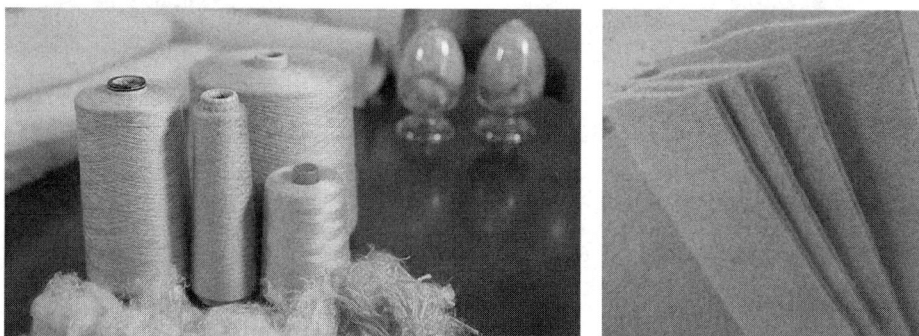

图 7-18　PI 纤维及其针刺高温过滤材料

二、聚酰亚胺纤维结构与性能

（一）纤维结构

PI 分子链中含芳酰亚胺等基团，其化学结构通式如图 7-19 所示。

聚酰亚胺纤维的分子主链中有酰亚胺环、芳香环等，分子链间刚性大，酰亚胺环中的碳和氧双键相连，与芳香环产生共轭效应，导致主链键能和分子间氢键作用力较大。

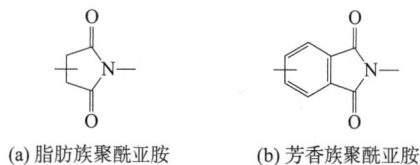

(a) 脂肪族聚酰亚胺　　(b) 芳香族聚酰亚胺

图 7-19　PI 的化学结构通式

采用不同工艺技术制备的聚酰亚胺纤维具有各异的形态结构。如图 7-20 所示，干法纺丝过程中没有凝固浴，制得的 PI 纤维呈圆形，表面光滑无沟槽，内部无空洞，且无皮芯现象，结构更为致密均匀。湿法纺丝则使 PI 纤维结构同样密实均匀，截面呈腰圆形。值得注意的是，凝固浴的溶剂选择和温度对湿法纺丝至关重要，不同凝固浴的性能差异会显著影响纤维的最终性能。

（二）纤维性能

1. 耐高低温性能

PI 纤维具有优异的耐高低温性能，可在 -200~300℃ 温度范围内长期使用，短期使用温度可达 400℃ 以上。其玻璃化温度为 243℃，熔融温度超 300℃，负载热变形温度达 260℃，分解温度超 500℃，联苯型 PI 分解温度可达 600℃，是热稳定性极佳的聚合物材料。

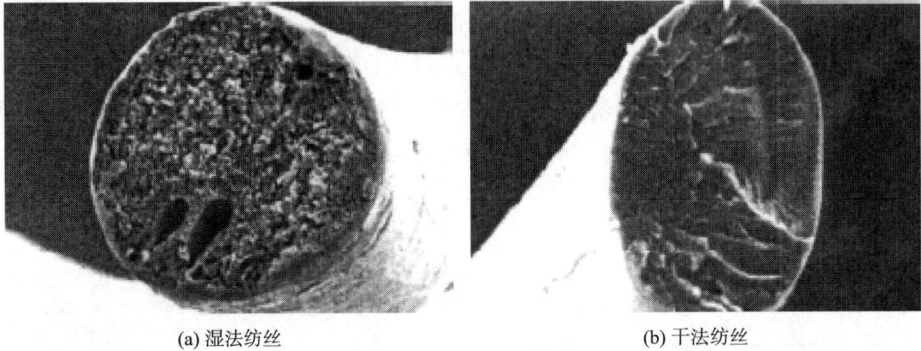

(a) 湿法纺丝　　　　　　　　　　　　(b) 干法纺丝

图 7-20　不同纺丝路线制备的聚酰亚胺纤维断面形态

2. 高强度和高模量

PI 纤维拉伸强度最高可达 5.8~6.3GPa，模量可达 280~340GPa，是制造高强度、高模量复合材料的理想选择。

3. 阻燃性能

PI 纤维具有优异的阻燃性能，极限氧指数（LOI）通常在 35% 以上。P84 纤维的极限氧指数为 38%，而一些经过特殊改性的 PI 纤维，如含双苯并咪唑单元的聚酰亚胺纤维（PBI-PI），其极限氧指数可达到 54%。

PI 纤维具有自熄性，离开火源后火焰迅速熄灭，且不易复燃。其极限氧指数高，燃烧时发烟率低，残碳率高，可有效阻止火势蔓延。

4. 耐辐射性能

PI 纤维在高能辐射环境下性能稳定，即使被 1×10^{10} rad 电子剂量照射后，强度仍能保持 90%，适用于核能和空间环境。

5. 高绝缘性能

PI 纤维的介电常数低（约 3.4），介电损耗低（约 10^{-3}），体积电阻率高（$10^{17}\Omega \cdot cm$），在宽广的温度和频率范围内保持稳定。

6. 耐化学腐蚀性

PI 纤维具有优异的耐酸性能，但其耐碱性能差，在碱性环境中容易发生水解，这与其分子结构含酰亚胺环结构有关。

7. 低吸水性和尺寸稳定性

PI 纤维的吸水性低，在潮湿环境中仍能保持良好性能，尺寸稳定性好，不易因温度、湿度变化而变形。

三、聚酰亚胺纤维制备方法

（一）PI 合成工艺

聚酰胺酸的干法纺丝是制备聚酰亚胺（PI）纤维的有效途径。该工艺首先制备聚酰胺酸纺丝液，然后通过喷丝孔纺丝成形，得到前驱体纤维，最后通过环化处理转化为 PI 纤维。干法纺丝的优点在于不需要凝固浴，纤维成型效率高且环保，但其纺丝过程及后处理可能影响终端纤维性能。在 PI 纤维发展的初期，许多企业采用干法纺丝技术，其中 Lenzing 公司生产的 P84 纤维就是这一技术的典型代表。

（二）干法纺丝

聚酰胺酸的干法纺丝是制备 PI 纤维较有效的途径，在该工艺中，先制备获得聚酰胺酸纺丝液，接着纺丝液流经喷丝孔，纺丝成形后得到前驱体纤维，再通过环化处理将其转化为 PI 纤维。PI 纤维干法纺丝工艺的优点是没有凝固浴，纤维成型效率高且较为环保，缺点是纺丝过程及后处理对终端纤维性能存在影响。在 PI 纤维发展初期，大部分企业采用干法纺丝技术来制备 PI 纤维，其中，Lenzing 公司投产的 P84 纤维就是采用干法纺丝技术的典型代表。

（三）湿法纺丝

湿法纺丝成型工艺中，纺丝液经喷丝孔流出进入凝固浴，溶质凝固成纤并析出溶剂，在卷绕辊的牵伸作用下连续成纤，纤维亚胺化后，在 290℃ 环境中进行热牵伸使分子链高度取向，制备获得连续 PI 纤维。湿法纺丝存在工艺流程长、配套设备较多、占地空间大、纺丝速度受限制、成本较高等缺点。现阶段产业化技术，由于生产技术成熟度有限，国内企业普遍采用湿法纺丝工艺制备 PI 纤维。

（四）干—湿法纺丝

基于干法纺丝和湿法纺丝的特点，干—湿法纺丝技术应运而生，其突出的优点是能有效调控纤维的结构成型及工艺。美国 NASA 公司通过干—湿法纺丝技术，筛选适当的溶剂及凝固浴，制备获得了 BTDA 和 ODA 共聚的 PI 纤维。

（五）熔融纺丝

大多数聚酰亚胺是不熔融的，且具有极高的熔点，而有机高分子在 400℃ 的高温下会发生分解或交联，过高的成型温度对纺丝设备的损害非常大，导致采用常规的熔融纺丝方法制备聚酰亚胺纤维非常困难。常用的解决方法是在聚酰亚胺主链上引入柔性基团聚酯、聚醚或脂肪链，主链结构引入大侧基增加分子链的柔顺性以降低其熔点，使之在纺丝设备可接受的温度下具有足够低的熔体黏度，进而可熔融纺丝，但这样往往会使纤维丧失了聚酰亚胺特有的耐热稳定性和耐高温性质。

（六）静电纺丝

静电纺丝制备 PI 纳米纤维膜通常采用两步法：首先将聚酰胺酸溶液利用静电纺丝技术得到聚酰胺酸纤维膜，然后采用热转化或化学转化将纤维亚胺化，脱水环化生成聚酰亚胺纤维膜。纺丝液在高压电场作用下进行纺丝，纺程较短，一般为 10~50cm 不等。

四、聚酰亚胺纤维的非织造应用实例

1. 防护材料

P84 纤维的非织造布可用于消防员防护服、隔热内衬等，提供卓越的防火、隔热性能。翟倩等通过混合聚酰亚胺纤维和黏胶纤维，采用非织造加工技术（针刺和热黏合）制备获得双层梯度结构的针刺非织造材料，该复合材料具有优异的透气性能（透气率达924mm/s）、单向导湿性能（能力指数为263.3）、热防护性能（热防护系数为26.65cal/m²），兼具优异的定向导水能力和热防护特性，可适用于隔热服、消防服等特种热防护领域。

2. 高温过滤材料

PI 是一种具有较高热稳定性和耐腐蚀性的聚合物，以其为原料制备的 PI 纤维被广泛应用于高温烟气除尘等领域。赢创 P84 聚酰亚胺纤维具有独特的多叶形横截面，比表面积高，是纺织纤维中最高的。其多叶型结构可在纤维周边形成"低速区"，为粉尘提供滞留空间，使其在过滤过程中被分离。与普通圆形纤维相比，P84 纤维的"低速区"范围更大，粉尘滞留不会阻碍气流，不影响过滤残留压差。因此，P84 纤维制成的滤袋比圆形纤维滤袋多出80%的比表面积，实现更高的表面过滤效果（图 7-21）。

图 7-21　P84 纤维截面形态及过滤袋

申莹等采用可溶型 PI 纤维（P84）为原料，通过静电纺丝与三维网络重构法并结合自组装表面修饰技术，构建了三维多级结构微/纳米纤维气凝胶过滤与分离材料。将制备获得的 PI 纳米纤维与 PI 微米纤维制成的针刺非织造材料复合制成 PI 纳米纤维膜复合滤料，该复合滤料对 1.0μm 以下颗粒的过滤效率提升显著（约70.3%）。同时，以 PI 纳米纤维为原料，采用三维网络重构法，并利用溶剂熏蒸加固技术，制备出具有"类蜂窝"状多级孔结构的 PI 纳米纤维气凝胶。该气凝胶具有超低密度（1.0mg/cm³）和较高的孔隙率（99.93%），进一步提高 PI 复合过滤材料的过滤性能。

3. 隔膜材料

PI 纳米纤维非织造材料可用于动力锂离子电池隔膜和超级电容器隔膜，能大幅度提高锂离子电池整体性能，具有安全性好、充放电时间短、提高循环效能高、使用寿命长等多项技术优势。该材料将电池循环寿命提高到 3000 次以上，充电时间缩短到 20min 以下，功率密度提高 30%以上。PI 纳米纤维非织造材料不仅能解决新能源汽车动力电池目前存在的技术难题，也将推动新能源汽车行业等战略性新兴产业快速发展。

4. 功能性织物

PI 纤维制成航空航天行业的轻质电缆护套及耐高温特种编织电缆、战机用电缆护套，可以大大减轻装备自身重量。目前俄罗斯国内使用的苏 27、苏 30、苏 35 等战机上配备的电缆都是聚 PI 纤维编织电缆。PI 纤维也是先进复合材料的增强剂，用于航空、航天器、火箭等的轻质电缆护套、高温绝缘电器、发动机喷管及耐高温特种编织电缆等的制造，还可用于制作新一代战斗机壳体、大口径展开式卫星天线张力索、空间飞行器囊体材料的增强编织材料等。

第六节 玻璃纤维

一、玻璃纤维的概述

玻璃纤维是由硅酸盐玻璃熔融后拉制而成的纤维，主要成分包括二氧化硅、氧化铝、氧化钙和氧化镁。因其高强度、轻质、耐腐蚀、耐高温及良好的绝缘性，玻璃纤维广泛应用于建筑、航空航天、汽车、电子电气和运动器材等领域。高性能玻璃纤维制品为定长纤维的非织造产品，形态包括毡、板、管、绳和粒状棉等（图 7-22）。这些制品具有优异的隔热、隔音和过滤性能，适用于蓄电池隔板、保温纸和过滤纸等。玻璃纤维的不燃性、耐高温性、高拉伸强度及良好化学稳定性，使其在石油、化工、建筑、环保、航空和国防等领域得到广泛应用。

图 7-22 玻璃短纤维和毡

玻璃纤维发展历程可以追溯到 20 世纪 30 年代，最早由美国的化学家发现并应用于工业。20 世纪 50 年代，玻璃纤维开始在航空航天、建筑和汽车等领域得到广泛应用。在国内，玻璃纤维的生产始于 20 世纪 60 年代，经过多年的发展，技术逐渐成熟。20 世纪 80 年代，随着改革开放的推进，国内企业开始引进先进的生产设备和技术，玻璃纤维的产量和质量显著提升。进入 21 世纪后，国内市场需求不断增长，推动了玻璃纤维产业的快速发展。

目前，中国已成为全球最大的玻璃纤维生产国和消费国，产品广泛应用于建筑、交通、电子等多个领域。国际上，欧美等发达国家在玻璃纤维的研发和应用方面仍处于领先地位，持续推动新材料的创新与发展。整体来看，玻璃纤维行业正朝着高性能、环保和多功能化的方向发展。

二、玻璃纤维的结构与性能

（一）玻璃纤维结构

玻璃纤维是一种无定形的无机材料，主要成分为氧化硅及其他少量氧化物组成。主体分子结构为氧化物构成的网络，嵌入了少量钠、钾、钙、镁等金属氧化物中的金属离子。这些金属离子的存在调控了玻璃的微观结构和宏观性能，从而制备出具有特殊性能的玻璃纤维。硅酸钠玻璃纤维分子结构网络如图 7-23 所示。

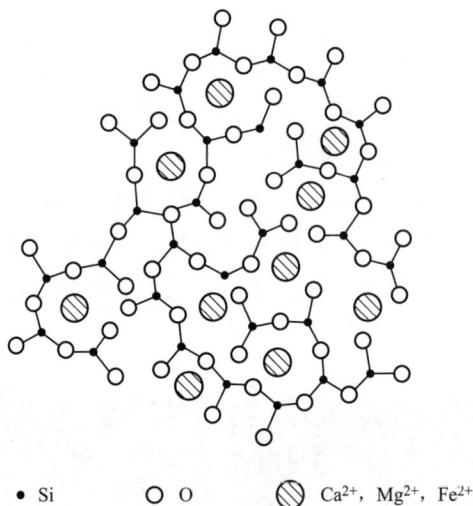

● Si　　○ O　　⊘ Ca^{2+}, Mg^{2+}, Fe^{2+}

图 7-23　硅酸钠玻璃纤维分子结构网络

玻璃纤维可以根据不同的分类标准进行划分，主要包括以下几种类型。

1. 按玻璃原料成分分类

（1）E-玻璃纤维。又称无碱玻璃纤维，R_2O 含量小于 0.5 或 0.7，是一种铝硼硅酸盐。化学稳定性、电绝缘性、强度都很好，主要用于电绝缘材料、玻璃钢增强材料、轮胎帘子线，以及对耐酸有特殊要求的场合。目前，用于制备玻璃纤维的原料主要为无碱玻璃，其具有良好的绝缘性和力学性能，制品主要为绝缘玻璃纤维和高强度玻璃纤维。然而，无碱玻璃纤维对无机酸的耐受性能较差，不适用于酸性环境。

（2）C-玻璃纤维。又称为中碱玻璃纤维。它是指化学组成中金属氧化物含量为 8%~12% 的钠钙硅酸盐体系的玻璃纤维，其特点是耐酸性好，机械强度为无碱玻璃纤维的 75% 左右，主要用于乳胶布及窗纱的基材，也可用作酸性过滤布和对电性能、强度要求不很严格的增强材料。由于中碱玻璃纤维成本比 E-玻璃纤维低，故用途较广。

（3）A-玻璃纤维。又称为高碱玻璃，是指化学组成中金属氧化物含量为14%~17%的钠钙玻璃体系的玻璃纤维，这种玻璃纤维含碱量高，故机械强度较差，耐水性差，耐酸性好。其原料来源方便，还可利用平板、瓶罐等碎玻璃制成，成本低廉，可作蓄电瓶隔离片、管道包扎布、沥青油毡基布等。

2. 按性能分类

（1）高强玻璃纤维。即具有高强度高模量的玻璃纤维，该纤维抗拉强度可达2800MPa，比无碱玻璃纤维高出25%，弹性模量达86000MPa，高于E-玻璃纤维的弹性模量。虽然高强玻璃纤维力学性能优异，但该纤维产量较低，主要用于军工、航空航天及运动器械等领域，其他领域的应用量较少。

（2）AR玻璃纤维。又称为耐碱玻璃纤维，即此类纤维耐碱腐蚀性能优异，同时具有极高的弹性模量。此外，该纤维兼具抗冲击、抗拉伸、不燃、耐温湿变化能力强等性能，具有可塑性加工性能，纤维成型工艺难度较低，可用于增强混凝土的肋筋材料。

（3）E-CR玻璃纤维。是一种无硼无碱的玻璃材料，该材料耐水性能为碱玻璃纤维的7~8倍，耐酸腐蚀性能优于中碱玻璃。E-CR玻璃可用于制备耐酸耐水性能优异的玻璃纤维，其制品主要用作地下管道机贮罐的表层防护材料。

（4）D-玻璃纤维。也称低介电玻璃纤维，在高频电场中表现出良好的电绝缘特性，适合用于高频电子设备。

3. 按形态和长度分类

（1）连续玻璃纤维。它是指熔融玻璃液从漏板小孔流出后，由外力拉引成无限长的无机纤维。一般单丝直径为3~9μm的细纤维，可供纺织加工成玻璃纱、布、带等；单丝直径为10~19μm的纤维可制成无纺或少纺制品，如无捻粗纱、布、薄毡等；还有大部分连续纤维用来增强聚合物复合材料。由于连续纤维基本都要经过纺织加工，所以又称纺织玻璃纤维。

（2）定长玻璃纤维。一般为300~500mm，用高压空气或蒸汽将玻璃流股吹拉，或用滚筒法拉成长短不均的玻璃纤维，俗称长棉。可做成毛纱并加工成毛纱织物，也可做成薄毡，用作防水材料、过滤材料及隔热材料等。

（3）玻璃棉。絮状细纤维，常用于保温和吸音材料。长度在150mm左右或者更短，形态蓬松，类似棉絮，也称短棉。可用离心力或气流喷吹制得玻璃棉。纤维直径小于3mm的称超细棉，3~6mm的称细棉，可制成棉毡、板、纸等制品，是高效能的保温材料。

（二）玻璃纤维性能

1. 密度

玻璃纤维的密度为2.4~2.7g/cm³。

2. 力学性能

在标准状态下玻璃纤维的抗拉强度是6.3~6.9g/旦，比钢丝等高3倍以上。在湿润状态下的抗拉强度为5.4~5.8g/旦。玻璃纤维硬度比锦纶要高15倍，然而，这种极高的硬度与其自身的脆性紧密结合，导致其具有较低的抗弯曲性能。

3. 热学性能

玻璃纤维的熔点为 680℃，沸点为 1000℃，适用于制成绝热防火材料。同时玻璃纤维因外界温度变化而产生的形变较小，具有优异的尺寸稳定性。

4. 吸湿性能

玻璃纤维在电气工业中有广泛应用，因此纤维中如果含有很多水分会对其性能产生不利影响。玻璃纤维的吸水作用比天然纤维和人造纤维小得多，因为单根玻璃纤维不是孔质材料，吸水能力很差，即使涂抹了浸润剂或涂料之后，也只能从潮湿空气中吸收少量水分。

5. 化学稳定性

玻璃纤维除了与氢氟酸和热磷酸发生作用外，不受油类、大部分酸类和腐蚀性蒸气的影响。不过，弱碱的热溶液与强碱的冷溶液对玻璃纤维都会有腐蚀作用。玻璃纤维不溶于有机溶剂，对霉、蛀虫、细菌和腐烂的抵抗力很强。但是，玻璃纤维在自然条件下，经过阳光、风、雨和水汽或其他气体的长期作用，会发生老化现象，强度也会逐渐丧失或产生其他的物理化学变化。

6. 其他性能

玻璃纤维自身不燃、导热系数低，可用于管道或容器的隔热材料。同时玻璃纤维还具有高比电阻和低介电常数性能，可用于绝缘材料，取决于其成分中的碱性氧化物含量。

三、玻璃纤维的制备方法

1. 拉丝法

拉丝法主要用于制备玻璃连续长丝，工艺流程如下：将硅砂、石英、硼酸、黏土等原料按一定比例混合后送入高温炉，经高温熔融形成玻璃熔体。熔体从喷丝孔流出，依靠卷绕辊牵引形成连续纤维。在卷绕前，增设热牵伸工艺，利用天然气火焰喷吹使纤维处于热塑性状态，经牵伸辊抽长拉细，形成细度低且连续的纤维（图7-24）。拉丝法工艺类似于化学纤维的熔融纺丝，高温熔炉温度一般为 1100~1300℃，具体温度因玻璃成分而异。

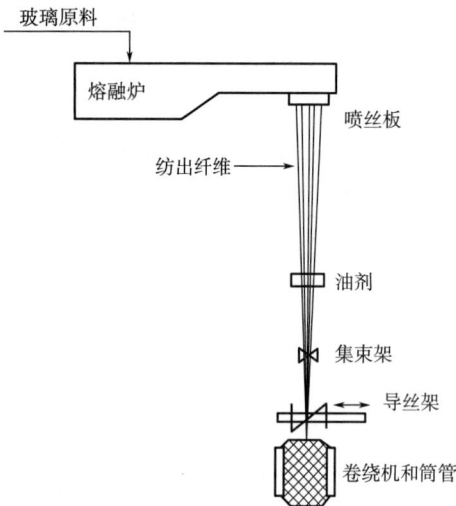

图 7-24　连续玻璃纤维成型工艺示意图

2. 离心法

离心法主要用于生产短切纤维或棉状纤维。玻璃熔体从熔炉中流出后，通过高速离心装置甩出细丝。离心法可快速形成大量短纤维，适合生产非连续纤维制品，如玻璃棉、毡等。

3. 喷吹法

通过喷嘴将玻璃熔体喷出，利用高速气流将熔体拉伸成纤维。喷吹法生产的纤维直径较细，适合制造超细玻璃纤维，常用于保温、过滤等高性能材料。

四、玻璃纤维的非织造应用实例

1. 过滤材料

玻璃纤维是一种性能优异的无机非金属材料，具有绝缘性强、抗腐蚀性好、机械强度高的优点，但性脆、耐磨性差。其滤料主要有机织布和针刺毡两大类，能耐大部分酸，但不耐氢氟酸和高温下的碱性腐蚀。玻璃纤维的耐磨性和耐折性较差，使用中需频繁清灰，影响寿命。为解决这些问题，国内外开发了玻璃纤维与其他耐高温纤维（如间位芳纶、PI 纤维）复合的针刺滤料，显著提升了过滤性能，但成本略有增加。超细玻璃纤维（直径<3.5μm）具有优异的耐高温和耐化学腐蚀性能，是一种高性能过滤材料。赵振兴等将超细玻璃纤维与间位芳纶纤维、PI 纤维混合，通过非织造技术制备出复合滤料。该滤料在 200℃ 下可长时间工作，瞬时高温处理后断裂强力保持率 >90%，透气性能（4363mm/s）和透湿通量 $[30425g/(m^2·d)]$ 良好。

2. 吸声和隔热材料

玻璃纤维棉毡中，纤维之间的立体交叉状态使玻璃纤维棉毡中的孔隙将空气分割成多个细小的单胞。由于空气和玻璃纤维导热系数低，同时玻璃纤维棉毡的层状结构限制了空气的流动和扩散，使玻璃纤维棉毡具有良好的吸音和隔热效果，可广泛应用于建筑声学、交通运输和航空航天等领域。当玻璃纤维直径在 2μm 以下时，玻璃纤维棉毡具有更低的导热系数，同时具有质量轻、厚度薄的优点。

3. 建筑材料

玻璃纤维薄毡具有尺寸稳定、抗撕强度高、不吸湿、不支持霉菌生长等许多优点，在建设材料领域有广泛用途，如屋面增强材料、天花板贴面、弹性地面材料及拼装地毯等。玻璃纤维薄毡可用于防水卷材的增强层，提高防水性能。玻璃纤维薄毡贴面的石膏板具有防潮、防霉、耐腐蚀等优点，适用于潮湿环境。

4. 增强复合材料

玻璃纤维增强复合材料（glass fiber reinforced polymer，GFRP）是一种具有高强度、轻质、耐腐蚀和抗疲劳等特点的轻质高强材料，是"二战"期间为了提高飞机的性能和安全性而研制出的新型材料。随着科学技术的进步，在建筑、化工、电子、体育器材和海洋工程等领域中对轻质高强材料的需求日益增加，因此，GRFP 在这些领域中也得到了广泛应用。GFRP 通常由三部分构成：玻璃纤维、树脂基质和界面剂。树脂基质是 GFRP 的胶黏剂。常用的树脂基质包括聚酯树脂、环氧树脂、酚醛树脂等。树脂基质具有良好的黏结性、耐化学腐蚀性和抗冲击性能，可以固定和保护玻璃纤维，并传递载荷。GFRP 具有高强度、轻质、耐腐蚀、良好的绝缘性能和耐热性等优点。这些性能使其成为建筑、航空航天、汽车、电力和化工等行业中广泛应用的材料。

5. 土工材料

玻璃纤维毡具有高抗拉强度、耐腐蚀、耐高温和良好的尺寸稳定性，这些特性使其在土工工程中表现出色。它常用于道路和桥梁工程中，作为增强材料铺设在路基或桥面下，能够有效分散荷载，增强土体稳定性，减少裂缝和沉降。例如，在高速公路和铁路建设中，玻璃纤维毡可用于软土地基处理，通过其高强度和低延伸率特性，提高路基的整体强度和耐久性。

此外，玻璃纤维毡还被广泛应用于防水和防腐工程中。其耐腐蚀性和良好的防水性能使其成为理想的防水卷材基材，可用于建筑屋顶、地下室以及水利工程中的防水处理。在堤坝和边坡防护工程中，玻璃纤维毡能够增强土体的抗剪强度，防止滑坡和坍塌。玻璃纤维毡的施工方便，可通过切割、黏合等方式适应复杂的工程形状和结构，进一步拓展了其在土工领域的应用范围。

第七节　陶瓷纤维

一、陶瓷纤维概述

陶瓷纤维是一种高性能的无机纤维材料，具有优异的耐高温、隔热、耐腐蚀和低导热性能。它主要由氧化铝、二氧化硅、碳化硅等陶瓷成分制成，通过溶胶-凝胶法、熔融喷吹、离心甩丝等工艺生产。陶瓷纤维的种类繁多，包括氧化铝纤维、硅酸铝纤维、碳化硅纤维、莫来石纤维等，每种纤维根据其成分和制备工艺的不同，展现出独特的性能特点。陶瓷纤维的主要特性包括高熔点、低热导率、低热容量和良好的化学稳定性。它在高温下能保持稳定的物理性能，导热系数低，隔热效果显著，是理想的高温隔热材料。此外，陶瓷纤维还具有良好的抗热震性和机械强度，能够在极端环境下长期使用。

陶瓷纤维广泛应用于航空航天、冶金、化工、建筑等领域。在航空航天中，它用于发动机隔热罩、高温部件的增强材料；在冶金领域，用于高温炉衬、隔热板；在建筑中，用于防火门、隔热墙。此外，陶瓷纤维还可制成毡、毯、板等多种形式，满足不同场景的需求。随着技术的进步，陶瓷纤维的性能不断提升，应用范围也在不断扩大。它作为一种重要的战略性新兴材料，为现代工业的发展提供了重要的技术支持。

二、陶瓷纤维的性能

（一）碳化硅纤维

碳化硅纤维（SiC 纤维）是一种以碳和硅为主要成分的高性能陶瓷纤维，具有优异的耐高温、抗氧化、耐腐蚀、高比强度和高比模量等性能。其最高使用温度可达 1200~1900℃，在高温环境下仍能保持良好的力学性能。碳化硅纤维的拉伸强度范围为 1960~4410MPa，拉伸模量为 176.4~294GPa，且在高温下强度保持率超过 80%。图 7-25 所示为 SiC 纤维表观形态。

碳化硅纤维还具有低热膨胀系数、良好的电热性能和优异的化学稳定性，能够在酸碱等腐蚀性环境中长期使用。其独特的性能使其在航空航天、能源、化工等领域具有广泛的应用前景。例如，碳化硅纤维可用于制造航空发动机热端部件、高温热电设备、化工管道及储

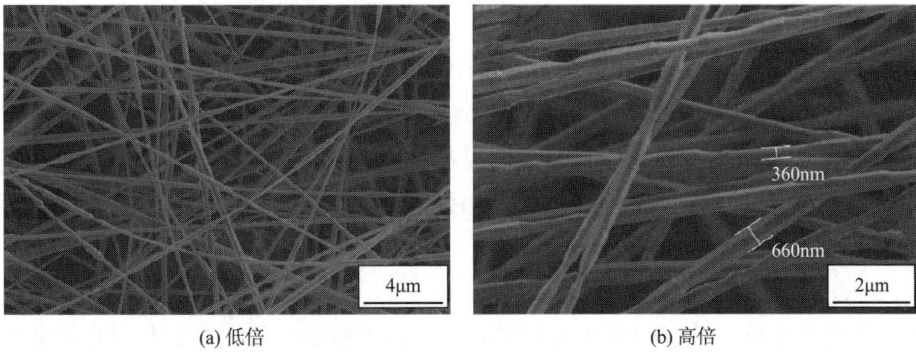

| (a) 低倍 | (b) 高倍 |

图 7-25 SiC 纤维表观形态

罐等。

碳化硅纤维分为晶须和连续纤维两种形态。晶须是一种单晶，直径为 $0.1 \sim 2\mu m$，长度为 $20 \sim 300\mu m$，外观呈粉末状；连续纤维则是通过在芯丝上包覆一层碳化硅材料来制备，或通过纺丝工艺直接制成碳化硅连续纤维。

（二）氮化硼纤维

氮化硼纤维是一种以氮化硼（BN）为主要成分的高性能无机纤维，具有耐高温、耐化学腐蚀、低密度、高强度、高模量、自润滑、低介电损耗和良好的透波性能等多种优良特性。其制备方法主要包括无机先驱体转化法和有机先驱体转化法。无机先驱体转化法以氧化硼为原料，经熔融纺丝制成氧化硼纤维，再在高温氨气中转化为氮化硼纤维。有机先驱体转化法则以硼−氮聚合物为原料，经过纺丝和高温氮化处理制得。

氮化硼纤维在惰性气氛中可使用到 2000℃ 以上，最高可达 2800℃，在空气中氧化温度为 850℃。它具有优异的抗氧化性能，表面形成的氧化硼保护层可防止深度氧化。此外，它还具有良好的化学稳定性，能耐受多种酸碱侵蚀。

氮化硼纤维的应用广泛，尤其在航空航天、核工业、电子等领域。它可用于制造高温透波材料、天线罩、天线窗等，还可作为陶瓷基、金属基和树脂基复合材料的增强材料。此外，氮化硼纤维毡和布可用于高温热电池隔膜材料。随着技术进步和成本降低，氮化硼纤维在民用领域的应用前景也日益广阔。

（三）氧化铝纤维

氧化铝（Al_2O_3）纤维的制备方法包括溶胶—凝胶法、预聚合法、熔融法等，其中，目前采用最多的方法是溶胶—凝胶法，该方法采用铝醇盐或无机盐为原料，将其与有机酸催化剂混合再溶解于醇/水溶液，再经聚合反应得到溶胶，接着将该溶胶进行纺丝加工而制备获得连续 Al_2O_3 纤维。

Al_2O_3 陶瓷纤维具有机械强度高、弹性模量大、热导率小、绝缘性好、抗化学侵蚀能力强等优点，是一种综合性能优异的工程材料，在航空航天、核工业等领域具有重要作用。Al_2O_3 纤维具有较高的熔点，在温度为 1650℃ 的环境中能够保持较好的尺寸稳定性，同时还具有优异的抗冲击性能、可绕性等特点。此外，Al_2O_3 纤维具有极低的热传导率，被认为是极好的高温隔热纤维。

Al_2O_3 基陶瓷纤维拉伸强度最高可达 3.5GPa，模量最高达 420GPa，该纤维材料可用作聚合物、金属和陶瓷增强体。其中，用作金属增强体能够使基材质量减少 10%~30%，基材耐磨性能提高 5~10 倍，基材的高温强度提高 100%；用作陶瓷基复合材料可使基材减重 10%~30%，韧性提高 2~3 倍；用作聚合物增强材料可使复合材料具有透波性、无色性等特点。

（四）硅酸盐陶瓷纤维

硅酸盐陶瓷纤维是一种以硅酸盐为主要成分的高温耐火纤维，具有优异的耐高温、耐腐蚀、低热导率和良好的化学稳定性。它主要由氧化铝和二氧化硅组成，有时还含有少量的氧化铁、二氧化钛、氧化钙等物质。这种纤维形状和颜色类似棉花，是一种非晶态陶瓷纤维，根据组成和含量的不同，可分为标准硅酸铝纤维、高纯硅酸铝纤维（莫来石纤维）、高纯含铝硅酸铝纤维和高纯含锆硅酸铝纤维。

硅酸盐陶瓷纤维的生产通常采用高温熔融法，即将原料在电阻炉内熔融后，通过离心甩丝或气流喷吹等工艺制成纤维。其制品具有优良的绝热特性，可在 800℃ 以上使用，同时具备良好的耐酸碱腐蚀性、电绝缘性和吸音性。由于其气孔率高、气孔孔径大，硅酸盐陶瓷纤维还具有较小的体积密度和显著的节能效果。

三、陶瓷纤维的制备方法

（一）化学沉积法（chemical vapor deposition，CVD）

该方法早期被用于制备涂层和薄膜，工艺原理：混合气体在较高温度下发生化学反应并在基体表面沉积形成涂层和薄膜，反应装置一般包括先驱体、反应室、气体处理装置和抽真空装置。根据热源不同又可以分为 HCVD（heated CVD）、PACVD（plasma-asisted CVD）和 LCVD（laser CVD），采用不同成型技术可制备获得从零维到三维陶瓷材料。

采用 CVD 技术制备获得的陶瓷纤维是一种有芯线的粗纤维，纤维类型主要有硼纤维和碳化硅纤维。对于硼纤维，现阶段采用的工艺是将直径为 12.5μm 的钨丝两端接通电源并将其加热至 1000℃，通入三氯化硼和氢气的混合气体以使硼纤维在钨丝表面析出。对于碳化硅纤维，成型工艺为将甲基氯硅烷和氢气混合气体通入温度为 1200℃、直径为 12μm 的钨丝以析出碳化硅而制备获得。其中，碳化硅以 β 碳化硅结构在与钨丝表面平行面上优先生成。

（二）前驱体法

前驱体法可用于制备 BN、SiC、Si_3N_4 等陶瓷纤维，根据前驱体材料不同，可分为无机前驱体法和有机前驱体法。对于 BN 纤维，其采用无机前驱体技术成型工艺：采用硼酸为原料制备获得 B_2O_3 前驱体纤维，再将该纤维在高温气体环境下转化为 BN 纤维，其中高温气体环境可以为 NH_3（大于 1000℃）或 N_2（小于 2000℃）。若采用有机前驱体法制备，则该聚合物需在特殊气氛保护下进行纺丝，再经过高温氮化处理获得 BN 纤维。

采用前驱体法制备获得的陶瓷纤维，其技术特点包括：①纤维纯度可控；②纤维形态多样化（无定形、结晶态，并可控制晶粒尺寸）；③连续制备直径<30μm的纤维；④纤维可织造性能优异；⑤可制备亚稳态组分纤维；⑥可通过前驱体分子设计而制备获得不同元素的功能性陶瓷纤维。

随着科学研究和制备技术的发展，多种新型陶瓷纤维不断出现，产生各种相对应的成型方法，如喷吹法、静电纺丝法、溶胶—凝胶法等，制备技术的发展进一步提高陶瓷纤维的性能和拓宽应用领域。

四、陶瓷纤维的非织造应用实例

1. 过滤材料

陶瓷纤维膜是陶瓷纤维经高温烧结加工制备获得多孔过滤材料，该材料具有透气性、耐化学腐蚀、抗氧化、耐高温等优异性能，适用于工业化过滤材料。相较于其他高性能纤维，陶瓷纤维耐受温度超过1200℃，耐瞬时温度超过1700℃，远高于高聚物功能性纤维。采用陶瓷纤维制成的非织造材料可用于高温烟尘过滤、有机废水液体过滤、食品过滤、血液透析、血液过滤等领域。

纤维缠绕技术是采用连续陶瓷长纤维（如碳化硅纤维）为主体材料，通过技术缠绕制备获得密度低、透气性好、断裂韧性高的陶瓷纤维过滤材料。20世纪90年代，美国3M公司联合纤维缠绕工艺和化学气相沉积技术制备获得陶瓷纤维复合膜，该材料先将碳化硅连续长丝包绕形成过滤器支撑基体纤维层，接着在支撑层表面沉积1~2μm碳化硅颗粒层进而制备陶瓷纤维复合膜，该过滤膜透气阻力低，能够在温度为1000℃的环境中连续工作。

2. 车用材料

陶瓷纤维在车用材料中的应用主要体现在其优异的耐高温、隔热、隔音和防火性能。在传统汽车中，陶瓷纤维常用于发动机排气系统的隔热和隔音，如排气管的绝缘材料，可有效防止热量散失并保护周围组件免受高温损害。此外，陶瓷纤维还用于发动机部件的隔热，减少热量对周围部件的影响，从而提高发动机效率并降低能耗。

在新能源汽车领域，陶瓷纤维的应用更为广泛。例如，陶瓷纤维纸或陶瓷纤维毡与气凝胶复合后，可用于动力电池组的隔热阻燃，满足新能源汽车对电池安全性的高要求。这种复合材料能够承受高达1000℃的温度，为电池系统提供定制化的隔热解决方案。

此外，陶瓷纤维还用于汽车的防火材料，如防火门和防火帘，提供必要的安全保障。在高温环境下，陶瓷纤维还可作为密封材料，确保发动机、排气系统及其他高温部件的密封性。

程隆棣等采用湿法非织造成型技术，将陶瓷纤维与涤纶纤维、芳纶纤维以质量比分别为80%、15%和5%均匀混合以制备陶瓷纤维基湿法非织造复合材料，该复合材料能够承受200℃以上的温度，且其耐磨损性能满足国家和日本车用刹车片标准要求。

3. 电池隔膜材料

BN纤维隔膜具有耐化学腐蚀、电解液吸附能力强、电学性能优异等特点，适用于长寿命、高比能电池隔膜材料和热电池隔膜材料，在电动汽车、航空航天系统、导弹系统等军事领域具有广泛应用。采用BN平纹织物为载体，向其内部嵌入复合纳米MgO颗粒以制备BN基材的复合隔膜。该复合隔膜具有优异的热稳定性能，在温度为 700℃ 的环境中质量保持率>99%，达到高温熔融盐电池的使用性能要求。

4. 轻质隔热材料

Al$_2$O$_3$ 纤维具有热传导率极低、抗热震性能优异、耐高温等特点，适用于轻质隔热材料。其中，该纤维的导热系数约为传统耐火材料的 10%，广泛应用于机械、化工等高温工业的热工设备中。德国奥格斯堡的 MT 航空航天公司研发不同隔热体系的材料结构，其中采用 Nextel-312 浸渍织物作为中温（1000℃）隔热材料，采用 Nextel-440 织物作为高温（1600℃）隔热材料。

美国 ILC Dover 公司研发一种火星登陆用充气式气球伞，该伞结构包括 25 层隔热材料，其最外层就是 3M 公司的 Nextel-312 纤维织物层，能够承受的温度高达 1150℃。

第八节　金属纤维

一、金属纤维概述

金属纤维属于一种新型功能性材料，既具备金属材料高抗拉强度、高延伸率、导电性能、耐高温、耐腐蚀、高弹性模量的特性，又具备非金属材料的可纺织、柔韧性特点，在众多领域具有广泛应用，尤其是在高温气体净化、过滤、金属纤维织物、微波防静电、军事作战、导电塑料、纤维增强材料等方面有着不可替代的作用。

纺织用金属纤维一般采用集束拉拔技术制备获得的不同直径的金属长纤维，接着对连续长丝进行不同的深加工，包括牵伸、混纺、编织、针织、针刺等加工处理。现阶段，应用范围比较广的纤维主要有不锈钢纤维、银纤维、铜纤维、铝纤维等。在纺织领域，不锈钢纤维［图 7-26(a)］、铁铬铝纤维［图 7-26(b)］、镍纤维［图 7-26(c)］等纤维具有广泛应用，主要根据不同的应用场合进行选取。

(a) 不锈钢纤维　　　　　　　　(b) 铁铬铝纤维毡　　　　　　　　(c) 镍纤维毡

图 7-26　不同金属纤维

二、金属纤维的种类及性能

(一) 金属纤维的种类

目前，金属纤维可分为三类：金属箔与有机纤维复合丝、金属化纤维、纯金属纤维。

1. 金属箔与有机纤维复合丝

金属箔与有机纤维复合丝具有代表性的是铝涤复合丝，其中金属铝具有良好的导热性、导电性和抗氧化性（表面形成 Al_2O_3 保护膜），其体积质量较小（为 $2.70g/cm^3$），并且有良好的延展性等特点。

2. 金属化纤维

金属化纤维是指在有机纤维表面镀上一层镍、铜等金属，并用丙烯酸类树脂作为保护膜的纤维。这种结构使金属化纤维具备导电性能，广泛应用于抗静电织物和导电织物的制作。

3. 纯金属纤维

纯金属纤维是指全部采用金属材料制成的纤维，如采用铅、铜、铝、不锈钢等材料制成的纤维，是当前金属纤维应用开发的基础。

(二) 金属纤维性能

1. 不锈钢纤维

不锈钢纤维是用不锈钢丝拉伸而成的纤维，是世界开发最快、应用最广的金属纤维。不锈钢纤维拉拔丝是长丝束，每束含数千根至数万根不锈钢纤维。不锈钢纤维的柔韧性好，直径 8m 的不锈钢纤维的柔韧性与直径 13m 的麻纤维相当，且有良好的力学性能和耐腐蚀性，完全耐硝酸、磷酸、碱和有机化学溶剂的腐蚀；耐热性好，在氧气气氛中，600℃高温下可连续使用，是性能良好的耐高温材料。由不锈钢纤维织成的织物，其电阻随温度的提高而降低，具有很好的纺织应用性能。

2. 铁铬铝合金纤维

铁铬铝合金是一种重要的电热合金，由于成分中存在大量的 Cr、Al，在高温时，合金表面会形成致密的氧化膜，延长合金材料的使用寿命。将铁铬铝合金材料制备成微米级的金属纤维及其制品，可以广泛应用到高温气体过滤、汽车尾气净化、燃烧器和燃气密封等方面。

三、金属纤维的制备方法

根据不同的纤维特性和应用领域，金属纤维生产方法主要有单丝拉拔法、集束拉拔法、熔抽法、切削法、化学还原热分解法等。

单丝拉拔法适用于高精度网筛生产 10μm 以上的纤维丝，产品丝直径均匀，圆心度好，表面光洁，但生产成本高，周期长，设备昂贵。

集束拉拔法能够用于生产丝径为 1~20μm 的极细金属纤维丝，如 316L、铁铬铝。集束拉拔法能对多根金属纤维丝母材进行拉拔，生产效率高，且单根断丝，不影响整体的拉拔，丝径均匀，强度高。与单丝拉拔相比，集束拉拔的纤维丝整体圆整度不及单丝拉拔。拉拔法生产的不锈钢纤维抗拉强度很高，可达 2000MPa，但延伸率低。拉拔法也不适于脆性材料（如铸铁等）的加工，且由于其产品表面光滑，与基体结合强度不高。

熔抽法适用于熔点较低的金属（如铝、锌），生产的纤维丝径在 $25\sim250\mu m$，具有能连续生产、生产成本较低等特点。熔抽法加工的钢纤维与基体有较好的结合强度，常用于增强混凝土等，但工艺和技术要求高，加工设备较复杂，纤维丝圆整度不佳，截面异形抗拉强度低，一般只有 380MPa。

切削法适用于不同材质的金属，如铁、铜、铝、不锈钢等。切削法按切削方式不同又可分为铣削法、刮削法、剪切法、车削法。铣削法是用螺旋齿圆柱铣刀铣削低碳钢钢板；刮削法利用具有一定形状的刮刀刮削钢丝形成连续的金属纤维；剪切法是利用动剪刀片和静剪刀片剪切薄钢板而得到异型钢纤维；车削法包括卷材车削法、旋转车削法、振动车削法等，其中以振动车削法为代表。切削法产品丝径大于 $20\mu m$，长 $0.5\sim20mm$，其设备简单，生产成本低，应用范围广。但存在金属纤维丝连续性差、丝径不均匀且强度低等缺点，这些缺点限制了其仅能应用于要求较低的领域。

化学还原热分解法适用于铁、镍、镍铁合金材质，产品丝径大于 $1.5\mu m$，材质圆整，可量产，然而设备相对较复杂，生产成本高。

对其他类纤维表面进行金属化能得到金属化纤维，在保持纤维原有优异性能的同时，赋予其优异的导电、导热、电磁屏蔽等特殊功能。这种产品也属于金属纤维，其制备方法有电镀、化学镀、磁控溅射、化学气相沉积等。

电镀是将直流电通入含有预镀金属盐的电解质溶液中，以表面预处理的纤维为阴极，通过镀液与电极界面的电化学作用，使镀液中预镀金属的阳离子在基体表面还原沉积形成目标镀层。为改善纤维在镀液中的润湿性及纤维与镀层的结合强度，纤维表面需要进行预处理。

化学镀是在无电流通过的情况下，金属离子在还原剂作用下通过可控制氧化还原反应，在具有催化表面（催化剂一般为钯、银等贵金属离子）的镀件上还原成金属镀层，也称自催化镀或无电镀。通常化学镀也要对纤维进行表面预处理，增加纤维表面羧基和羰基的含量以提高纤维润湿性和纤维与金属离子的结合力。

磁控溅射是通过高压电离氩气，氩离子轰击靶材使其表面原子溅射出来沉积在纤维表面。磁控溅射所制得的样品膜基结合力强、薄膜性能优良、纯度较高、膜厚可控且无污染，但也存在靶材利用率低，膜基黏结性与成膜均匀性需要进一步提高等问题。

化学气相沉积是利用气态物质通过化学反应在基体表面上形成固态薄膜的过程，装置简单、灵活性较大，在低温和减压条件下可以从挥发性金属有机前驱体中沉积高熔点化合物。

四、金属纤维的非织造应用实例

（一）过滤材料

金属纤维网的加工方法包括湿网法、梳理成网法、气流成网法。近年来，湿网法和梳理成网法形成的金属纤维网已不能满足生产效率和产品性能的高要求，而气流成网法作为一种新型高效铺制金属纤网的非织造铺制技术，制得的纤网，纤维成三维杂乱分布，纵横向强力差异小，基本呈各向同性特点，具有环保、高效、成网孔隙率高等优点。李新星等采用 8～22μm 不同直径的 316L 不锈钢纤维作为原材料，采用三段牵伸结合气流成网技术，形成不锈钢纤维毡，然后经复合、烧结、压延制备出了均匀性良好的不锈钢纤维多孔材料，其孔隙率为 81.1%，过滤精度为 5.75μm，均优于市场同类材料。同时发现，烧结过程中采用氮气作为保护气体，在钼炉膛中进行烧结所得的不锈钢纤维多孔材料具有更优异的耐腐蚀性。

将铝纤维制成圆盘状、筒状或丝网状的高渗透率的过滤器，这些过滤器可用来过滤气体或流体。它们可以提高粉末过滤元件的效率，在相同的压力降下，可以大幅度提高空气流通量，同时材料的强度也有所提高。铝纤维作为过滤器材料不仅能耐气流冲刷，还能承受高温、高速气流及腐蚀性烟雾，能除去气流污物，如煤烟。

（二）电磁屏蔽材料

电磁波吸收材料可减少目标的电磁信号特征，降低可探测性，广泛应用于隐身伪装、电磁防护和信息防泄漏等领域。柔性吸波材料克服了传统材料的厚度大、密度高、功能单一等问题，可用于电磁防护服和抗干扰篷盖等。陈妞妞等通过调控金属纤维含量和针刺工艺，制备了多种金属纤维非织造电磁屏蔽材料。例如，针刺密度为 500 针/cm^2、不锈钢纤维含量为 30% 的材料在 12～18GHz 频段反射率低于 -10dB，14～18GHz 频段反射率低于 -20dB。

（三）吸声材料

金属纤维多孔材料具有强度高、耐高温、抗氧化、纤维之间缠结力强及性能稳定等优点，是一种新型的高效多孔吸声材料，在腐蚀和氧化等恶劣环境中，也可呈现良好的吸声性能，是航空发动机吸声衬垫的理想候选材料。利皮茨（Lippitz）等研究金属纤维毡作为喷气发动机消声器的适用性，有效地解决了高热、腐蚀性攻击及高疲劳负荷下传统吸收器无法使用的问题。

（四）导电织物

在纺织品中注入金属纤维，由于金属纤维的导电性，静电荷的逸散能力强，不易产生静电，产生的静电也比较容易散逸，避免静电的积累。金属纤维不依赖于环境湿度，在相对湿度 30% 或更低湿度下仍能表现出优良的导电性能。

思考题

1. 芳纶 1414 和芳纶 1313 的结构差异如何影响它们的性能？请简要分析二者在力学性能、热学性能和化学性能等方面的差异。

2. PAN 基碳纤维的制备过程中，预氧化和碳化阶段分别起什么作用？

3. 活性碳纤维在水处理领域的优势是什么？举例说明其应用实例。

4. 聚四氟乙烯（PTFE）具有优异的耐化学腐蚀性和热稳定性，讨论 PTFE 在工业应用中，特别是烟尘净化滤袋中的优势。

第七章思考题
参考答案

5. PTFE 纤维的分子结构与其优异的性能密切相关，请解释 PTFE 的分子链结构如何影响其物理和化学特性，特别是在耐高温和抗腐蚀方面的表现。

6. 聚苯硫醚纤维的性能特点如何影响其在高温过滤材料中的应用？

7. 聚酰亚胺（PI）纤维具有优异的耐热性能和强度，但也面临着加工困难的问题。请简述目前为改善 PI 纤维加工性能而采取的主要研究方向或技术措施。

8. 聚酰亚胺纤维被广泛应用于不同领域，例如防护材料、过滤材料和电池隔膜等。请选择其中一个应用领域，讨论 PI 纤维在该领域中的优势及其可能的改进空间。

9. 玻璃纤维的主要成分是什么？这些成分如何影响其性能？

10. 拉丝法与离心法制备玻璃纤维有何异同？不同工艺适合生产哪些类型的玻璃纤维制品？

11. 为什么陶瓷纤维的分类方式多样化？不同分类方式对实际应用的意义是什么？

12. 前驱体法制备陶瓷纤维技术有哪些核心特点？其优劣势如何体现？

13. 金属纤维的制备方法有哪些？不同方法如何影响纤维性能和成本？

14. 金属纤维网在过滤材料中的优势表现在哪里？如何通过技术改进提高其性能？

参考文献

[1] 崔淑玲. 高技术纤维 [M]. 北京：中国纺织出版社，2016.

[2] 赫尔. 高性能纤维 [M]. 马渝茳，译. 北京：中国纺织出版社，2004.

[3] 陈旻. 芳纶纤维聚合生产技术发展现状 [J]. 浙江化工，2021，52（12）：14-18.

[4] 燕芮，刘嘉炜，张旭东，等. 对位芳纶纳米纤维/熔喷非织造复合过滤材料的制备及性能研究 [J]. 产业用纺织品，2021，39（4）：20-24，44.

[5] 王璐，丁笑君，夏馨，等. SiO₂ 气凝胶/芳纶非织造布复合织物的防护功能 [J]. 纺织学报，2019，40（10）：79-84.

[6] Tung S O, Ho S S, Yang M, et al. A dendrite-suppressing composite ion conductor from aramid nanofibres [J]. Nature Communications, 2015, 6：6152.

[7] Yang B, Zhang M Y, Lu Z Q, et al. Toward improved performances of para-aramid (PPTA) paper-based nanomaterials via aramid nanofibers (ANFs) and ANFs-film [J]. Composites Part B：Engineering, 2018, 154：166-174.

[8] 黎小平，张小平，王红伟. 碳纤维的发展及其应用现状 [J]. 高科技纤维与应用，2005（5）：28-34，44.

[9] Rose P G, 李仍元. 碳纤维：现代工艺技术水平 [J]. 新型碳材料，1993，2：10-36.

[10] Bohn C R, Schaefgen J R, Statton W O. Laterally ordered polymers：Polyacrylonitrile and poly (vinyl trifluoroacetate) [J]. Journal of Polymer Science, 1961, 55 (162)：531-549.

[11] Perepelkin K E. Carbon fibres with specific physical and physicochemical properties based on hydrated cellulose and polyacrylonitrile precursors [J]. Fibre Chemistry, 2002, 34 (4)：271-280.

[12] 梁腾隆. PAN 预氧化纤维毡/SiO₂ 气凝胶复合材料的制备及隔热性能研究 [D]. 天津：天津工业大学，2017.

［13］温娇，丁志荣，欧卫国，等 . 雷达吸波功能纤维及纺织品的研究进展［J］. 南通大学学报（自然科学版），2014，13（3）：43-48.

［14］梁乾伟，胡承志，李永峰，等 . ACF 电吸附去除饮用水中的硝酸盐［J］. 环境工程学报，2016，10（7）：3510-3514.

［15］Lee K J, Shiratori N, Lee G H, et al. Activated carbon nanofiber produced from electrospun polyacrylonitrile nanofiber as a highly efficient formaldehyde adsorbent［J］. Carbon, 2010, 48（15）：4248-4255.

［16］赵逸飞 . 聚四氟乙烯基微波复合材料及滤波器的研究［D］. 武汉：华中科技大学，2020.

［17］Tabor B J, Magre E P, Boon J. The crystal structure of poly-p-phenylene sulphide［J］. European Polymer Journal, 1971, 7（8）：1127-1128.

［18］Jikei M, Hu Z, Kakimoto M, et al. Synthesis of hyperbranched poly（phenylene sulfide）via a poly（sulfonium cation）precursor［J］. Macromolecules, 1996, 29（3）：1062-1064.

［19］范作泽 . 聚苯硫醚超细纤维的制备及其力学性能研究［D］. 青岛：青岛大学，2020.

［20］田菁 . 高性能聚苯硫醚（PPS）纤维的制备与改性［D］. 上海：东华大学，2006.

［21］肖为维，徐僖 . 聚苯硫醚纤维研究［J］. 高分子材料科学与工程，1993（2）：103-108.

［22］胡宝继，刘凡，邵伟力，等 . 聚苯硫醚熔喷可纺性的研究［J］. 上海纺织科技，2019，47（8）：29-31.

［23］刘曼，余严，熊思维，等 . 聚苯硫醚超细纤维导热复合材料的制备及其性能［J］. 武汉大学学报（理学版），2018，64（5）：399-406.

［24］熊思维 . 聚苯硫醚熔喷超细纤维的制备及其吸油性能研究［D］. 武汉：武汉纺织大学，2018.

［25］寇晓慧 . 静电纺丝法制备聚苯硫醚纳米纤维膜及分离应用研究［D］. 天津：天津工业大学，2021.

［26］伍梦云 . 对位芳纶/聚苯硫醚复合纸热氧老化及阻燃特性研究［D］. 武汉：武汉纺织大学，2023.

［27］吕佳滨，王锐 . 聚酰亚胺纤维结构、性能及其应用［J］. 高科技纤维与应用，2016，41（5）：23-26.

［28］Cheng SZD, Wu Z, Mark E, et al. A high-performance aromatic polyimide fiber：1. Structure, properties and mechanical-history dependence［J］. Polymer, 1991, 32（10）：1803-1810.

［29］Eashoo M, Shen D, Wu Z, et al. High-performance aromatic polyimide fiber：2. Thermal mechanical and dynamic properties［J］. Polymer, 1993, 34（15）：3209-3215.

［30］Li W H, Wu Z Q, Jiang H, et al. High-performance aromatic polyimide fibres, Part V Compressive properties of BPDA-DMB fibre［J］. Journal of Materials Science, 1996, 31：4423-4431.

［31］常晶菁 . 聚酰亚胺纤维的结构调控与性能研究［D］. 北京：北京化工大学，2016.

［32］Dong J, Yin C, Lin J, et al. Evolution of the microstructure and morphology of polyimide fibers during heat-drawing process［J］. RSC Advances, 2014, 4：44666-44673.

［33］Niu H, Qi S, Han E, et al. Fabrication of high-performance copolyimide fibers from 3, 3′, 4, 4′-biphenyltetracarboxylic dianhydride, p-phenylenediamine and 2-（4-aminophenyl）-6-amino-4（3H）-quinazolinone［J］. Materials Letters, 2012, 89：63-65.

［34］翟倩，张恒，丁佳伟，等 . 定向导水用聚酰亚胺/黏胶针刺非织造材料的梯度结构设计［J］. 工程塑料应用，2022，50（12）：20-26，42.

［35］申莹 . 聚酰亚胺微纳米纤维气凝胶过滤与分离材料的结构与性能研究［D］. 无锡：江南大学，2021.

［36］赵振兴 . 超细玻璃纤维针刺复合滤料的耐高温性能研究［D］. 青岛：青岛大学，2014.

［37］赵大方，王海哲，李效东 . 先驱体转化法制备 SiC 纤维的研究进展［J］. 无机材料学报，2009，24（6）：1097-1104.

[38] 程隆棣. 陶瓷纤维湿法非织造流浆中的分散性能研究 [D]. 上海：东华大学, 2002.

[39] 李倩, 魏赛男, 姚继明. 含金属纤维纺织品的开发与应用 [J]. 轻纺工业与技术, 2014, 43 (1)：73-75.

[40] 李新星, 王兴, 王红侠, 等. 高过滤精度316L不锈钢纤维多孔材料的制备及耐腐蚀性能研究 [J]. 热加工工艺, 2022, 51 (10)：34-38, 44.

[41] 陈妞妞. 各向同性柔性吸波织物的研发 [D]. 河北：河北科技大学, 2019.

[42] Lippitz N, Rösler J, Hinze B. Potential of metal fibre felts as passive absorbers in absorption silencers [J]. Metals, 2013, 3 (1)：150-158.

第八章 非织造用功能纤维

第八章 PPT

思维导图

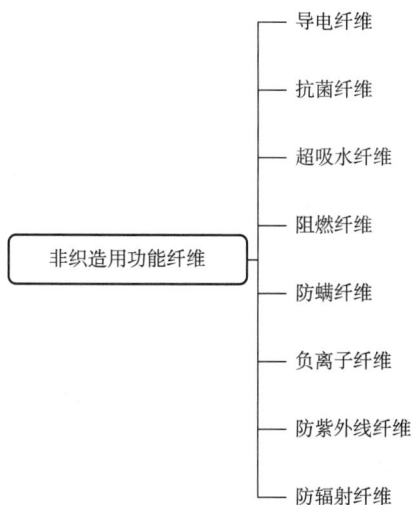

非织造用功能纤维
- 导电纤维
- 抗菌纤维
- 超吸水纤维
- 阻燃纤维
- 防螨纤维
- 负离子纤维
- 防紫外线纤维
- 防辐射纤维

知识点

1. 导电纤维的分类及制备方法。

2. 常见抗菌剂种类及其抗菌机理。

3. 超吸水纤维的种类及其在非织造材料中的应用。

4. 阻燃纤维的阻燃机理。

5. 功能纤维在非织造新材料开发、纤维产业高质量发展中的作用与前景。

课程思政目标

1. 培养学生的科学素养和爱国情怀。

2. 培养学生的创新意识和开拓精神。

3. 培养学生的钻研精神和工匠精神。

　　功能纤维一般指在纤维基本的力学性能外，还具有某些特殊功能的纤维材料，如导电与抗静电、阻燃、抗菌、超吸附、芳香、负离子、防辐射、离子交换等。随着社会经济的不断发展，新型功能纤维的研发与应用越发普遍，其功能也越来越多元化，种类越来越丰富，价值也变得更高。由于具有不同的特殊功能，在服装、家纺、医疗卫生、能源环境、国防军工、安全防护、交通运输等许多领域广泛应用。功能纤维的应用也为各种功能性非织造材料的开发提供了原料基础，进一步拓宽了非织造材料的应用领域。

第一节 导电纤维

常规化学纤维的电阻率高达 $10^{14}\Omega \cdot cm$ 以上，且吸湿性较差，在加工和使用过程中，易产生静电，因静电造成的故障和灾害也时有发生。因此，提高纤维及纺织品的抗静电性能及抗静电性能的耐久性已引起人们的普遍重视。一般将在标准状态下（环境温度20℃，相对湿度65%），电阻率（即体积比电阻）小于 $10^{7}\Omega \cdot cm$ 的纤维称为导电纤维。导电纤维是功能性纤维的重要品种之一，在日常生活、工业生产及国防军工等领域应用广泛，可用于电子信号传导、防止静电的产生及电磁波干扰等。近年来，导电纤维的品种不断丰富，应用领域进一步拓宽，在电子纺织品、智能可穿戴、医疗保健、新型电池及超级电容等新型元器件等方面都取得了迅速发展。

一、导电纤维的分类

根据基体材料的不同，导电纤维一般可分为有机导电纤维、无机导电纤维以及金属导电纤维三大类。

（一）有机导电纤维

有机导电纤维是指以有机材料作为纤维基体材料的一类导电纤维，包括本征导电聚合物纤维，以及通过共混或复合导电物质与普通成纤聚合物或有机纤维制得的导电纤维等种类。从结构上而言，可分为导电成分均一型、导电成分被覆型和导电成分复合型。

本征导电聚合物纤维主要由本征导电聚合物经纺丝制成，无须复杂的导电物质掺杂，而本征导电高分子多为共轭体系高分子，是指由共轭双键结构的小分子发生聚合反应所制备的聚合物。聚乙炔（PPV）是最早被系统研究的导电聚合物，随后，聚吡咯（PPy）、聚噻吩（PTh）、聚苯胺（PANI）等导电高分子及其衍生物逐渐获得关注。聚吡咯是一种杂环共轭型导电聚合物，具有共轭链氧化、对应阴离子掺杂结构，电导率可达 $10^{2} \sim 10^{3}S/cm$，拉伸强度可达 50~100MPa，且具有良好的生物相容性、快速可逆的氧化还原反应及高能量负载等优点，是一类优良的导电材料。聚噻吩也是一种常见的导电聚合物，其制备过程简单、稳定性和电化学性能优良，且环境稳定性更好，不会降解为有害物质，更为安全环保，因而受到研究者的关注。聚苯胺具有合成方法简单、化学稳定性和热稳定性好、电导率高、电化学性能好等特点，在抗静电、电磁屏蔽、传感器件等领域应用广泛，聚苯胺纤维也是研究最多的一类本征导电聚合物纤维。

虽然这些导电聚合物可以直接纺丝制成导电纤维，但由于这类共轭体系高分子的分子链刚性较大，不溶且不熔，直接纺丝难度较大，如研究最为广泛的聚苯胺导电纤维，其制备方法需将聚苯胺溶于 N-甲基吡咯烷酮（NMP）、二甲基丙烯脲（DMPU）、浓硫酸等溶剂中，所制纺丝液进行直接纺丝，但纺丝条件苛刻，还涉及溶剂回收、环境保护等问题，影响规模化推广应用，后虽通过掺杂修饰及采用聚苯胺衍生物等方法进行改进，但产业化难度依然较大。

此外，有些聚合物中氧原子易与水发生反应，有些聚合物单体毒性较大，合成过程复杂，这些都大大增加了成形加工的难度与成本。为了解决上述问题，可通过将导电物质与聚合物共混或复合纺丝成形、原位聚合等技术用于制备复合型有机导电纤维。而近年来，随着纳米科技及静电纺丝技术的发展，为本征型导电纤维的直接纺丝制备提供了新的方法。

（二）无机导电纤维

无机导电纤维以碳基导电纤维为主，如导电碳纤维。导电碳纤维是一种高导电性材料，其综合性能优异，具有很多其他材料无可比拟的优点，除具有高导电性能外，其还具有耐腐蚀、耐磨、耐高温、强度高、质轻等特点，应用非常广泛。但碳纤维价格较高，且纤维本身呈黑色，难以进行色彩再加工，因此在大规模纺织服装中的应用受到限制。

随着纳米技术的发展，纳米碳材料凭借其良好的力学性能、电学性能及生物相容性，成为柔性导电纤维领域最受欢迎的材料之一，其中最具代表性的为碳纳米管和石墨烯。碳纳米管（CNT）是单层或多层石墨片以 sp^2 杂化围绕中心轴按一定的螺旋角卷曲而成的无缝圆柱管体，具有良好的电化学性能和优异的稳定性；石墨烯是由碳原子以 sp^2 杂化轨道组成的六角型晶格状二维纳米材料，拥有良好的生物相容性、导电性、出色的力学性能和热传导性能。此外，过渡金属碳化物/氮化物（Mxene）作为一种新兴二维功能性材料在许多领域得到关注，其具有二维层状结构，由过渡金属碳化物、氮化物或碳氮化物构成，独特的层状结构赋予其优异的导电性、热稳定性和良好的生物相容性，如 $Ti_3C_2T_x$ 作为目前研究最广泛的 Mxene 材料之一，表面带有—O、—OH、—F 等官能团，具有极佳的导电性和力学性能，目前作为电极材料普遍应用于导电纤维的制备与研究中。通过涂覆、共混、复合、掺杂等方法将这些导电材料与纤维结合，可用于制备导电纤维材料。

（三）金属导电纤维

金属导电纤维是指以金属材料制成的具有导电性能的纤维，常见的包括铜纤维、银纤维、铝纤维和金纤维等，通过一根金属丝经模具的反复拉伸而成。金属导电纤维具有优异的导电性，其电阻率可达 $10^{-4} \sim 10^{-5} \Omega \cdot cm$，且耐热性和力学性能佳，可通过与其他纤维混纺等方式赋予混纺纱线或织物抗静电、抗电磁辐射和抗菌性能，但也存在抱合力差、织物手感较差等缺陷。

二、导电纤维的制备方法

导电纤维的制备方法中最常用的为纺丝法和纤维表面处理法，此外也有拉伸法和碳化法等可用于制备导电纤维。

纺丝法是制备导电纤维的重要方法之一，除将导电聚合物直接纺丝成形制备导电纤维外，更为常见的是采用共混或复合纺丝技术将导电物质如金属氧化物、有机物等与成纤聚合物经纺丝制得导电纤维。共混法是指将导电材料与成纤聚合物进行共混，制成复合导电材料或导电母粒，之后再与成纤聚合物共混或直接纺丝形成的导电纤维。早期的导电材料多为导电炭黑，后来碳纳米管、石墨烯等也逐渐获得应用，不仅可降低添加量，而且导电性能和纤维力学性能均更好。共混纺丝技术工艺相对简单、成本较低，但仍存在导电性能和纤维力学性能难以统一的问题，为克服这一缺陷，可采用双组分复合纺丝技术纺制导电纤维，常见的复合纤维结构有皮芯型、海岛型、并列型等，制成的导电纤维呈轴向连续分布，相较于共混纺丝法而言更加有利于电荷的逸散，因此具有更稳定、出色的导电性。同时，因导电填料被包裹在纤维内部，纤维的耐磨性、耐腐蚀性将得到进一步提升。因此，由复合纺丝技术生产的导电纤维综合性能相对较好，是目前市场上产业化导电纤维的主要生产方式。

表面处理法是指将基质纤维通过涂覆、镀层、共聚接枝等技术处理后，在其表面形成导电物质沉积或形成能够用于导电薄膜制备复合型导电纤维的方法。与纺丝制备法相比，表面处理法具有更好的导电性，但稳定性与持久性较差。涂覆法通常是将导电材料与黏合剂混合后，利用浸涂、喷涂、沉积等方法在纤维表面包覆导电物质以获得导电性。通常用于涂覆的基体纤维材料以涤纶、锦纶为主，而导电材料则以碳系导电材料为主。涂覆法工艺简易、成本低廉、生产效率高，适合大批量生产，但在后期加工和实际使用过程中易受外力摩擦使得表面的导电层脱落，导电性能下降。镀层法是通过电镀、化学镀、磁控溅射等方法在纤维表面形成导电层的方法。较之涂覆法，镀层法成本偏高，但可精确控制镀层膜的厚度，且纤维表面的导电材料纯度相对较高，覆盖较为紧密，连续性好，制得的复合导电纤维电阻率更低，几乎接近于纯导电材料或导电线，且电阻波动很小，更加稳定耐用。有研究者采用高温无钯活性镍源和化学镀的方法制备涤纶镀镍非织造布，具有较好的抗电磁辐射性能。镀层法的主要限制因素在于其工艺成本较高、能耗偏大、废料处理难等，在实际生产时，常需配合后加工整理工艺，规模化生产效益较低。共聚接枝法是指在大分子链上通过结合支链或功能性侧基后得到改性纤维的方法，利用此法可制备出具有附加性能的纤维。此外，还有研究者将聚丙烯非织造布置于多壁碳纳米管溶液中进行超声修饰，制得导电性能优良的导电非织造布。

拉伸法是制备金属导电纤维的主要方法，可分为单丝拉伸法和集束拉伸法，即将金属线反复通过模具进行拉伸，制成直径为 $4 \sim 35 \mu m$ 的纤维。类似的方法还有切割法，即将金属直接切削成纤维状的细丝，纤维直径为 $15 \sim 300 \mu m$。此外，金属导电纤维的制备方法还有结晶析出法，该方法得到的纤维最小直径可达 $15 \sim 300 \mu m$，用于抗静电地毯、工装布料及非织造布的生产。

采用碳化工艺制备导电纤维也是一种较常见的制备导电纤维的方法。普通纤维经过碳化后，其导电性能可大幅提高。以碳纤维为例，其导电、导热性能优异，在产业用纺织品中应用广泛。

三、导电纤维的应用实例

导电纤维广泛应用于抗静电纺织品、屏蔽电磁波纺织品、智能纺织品和防侦察伪装材料等领域。采用导电纤维纺织品融合信息技术与纺织技术制成的智能纺织品等产品的应用性能不断提高。

1. 抗静电纺织品

将导电纤维与其他纤维进行混纺，或者按照一定的排列规律采用嵌织法和导电格子交织的方式引入导电纱，可得到耐久性好的抗静电织物。这种方式依靠导电纤维间相互发生电晕现象产生放电，从而防止静电在织物中堆积，通过向大气释放静电的方式达到抗静电的目的。

2. 抗辐射及电磁屏蔽纺织品

"电磁污染"是一种由电磁辐射引起的有害人体健康的现象，即当电磁辐射能量超过人类或周围环境所能承受的极限时，就会对人类或环境造成伤害和污染，进而影响人类及环境动植物的健康。通过特定的工艺在普通纤维中按一定比例加入导电纤维可制备具有电磁屏蔽功能的纺织品。当电磁波辐射到纺织品表面时，其中均匀分布的导电纤维作为导电介质可将电磁波转化或传递出去，从而实现屏蔽。利用导电纤维对电磁波的屏蔽性，还可将其用于制作精密电子元件、高频焊接机等电磁波屏蔽罩，制作有特殊要求的房屋的墙壁、天花板等吸收无线电波的贴墙布等。例如，日本应用表面敷铜的导电纤维混纺或制成非织造布，现已大量用于电磁波屏蔽和吸收材料，轮船的电磁波吸收罩等。

3. 可穿戴智能纺织品

作为智能纺织品的研发核心，柔性复合导电纤维凭借其质轻、舒适、易于加工等特点在智能可穿戴领域拥有巨大优势，目前主要应用于柔性应变传感器、柔性超级电容器、柔性纳米发电机等领域。

柔性传感器是附着于人体皮肤或组织上的监测装置，可连续监测人体或环境释放的生理、物理化学信号，并将其转换为电信号，其结构形式灵活多样，具有良好的柔韧性与延展性，是目前柔性可穿戴设备发展最成熟的技术之一。其中纤维基柔性传感器可利用编织、针织、刺绣等纺织技术将导电纤维直接构建为柔性电子元件，有效改善了传统柔性电子器材与纺织品之间的集成与连接缺陷，为高性能智能化柔性电子设备的研制提供了新思路。

超级电容器的原理是通过高表面积的电极材料和薄介质实现比传统电容器更高的电容。与传统平面型超级电容器不同，纤维状柔性超级电容器具备独特的一维结构，具有良好的灵活性，与人体贴合度更高，可满足可穿戴设备微型化、集成化、柔性化的要求。

纳米发电机是一种新型自供电装置，目前已开发出压电式、摩擦式、热电式、静电式以及混合式等多种形式的纳米发电机，图8-1为基于不同发电原理的纤维基纳米发电机示意

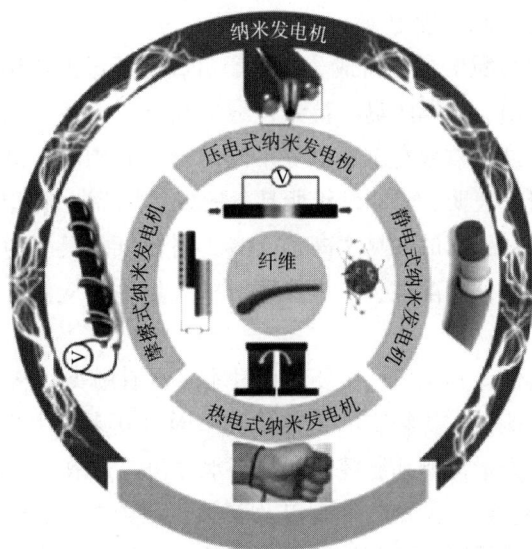

图8-1　基于不同发电原理的纤维基纳米发电机示意图

图。压电式纳米发电机与摩擦式纳米发电机具有输出电压高、体积小、成本低且环境友好的优势，是目前较为成熟的技术。

第二节　抗菌纤维

纤维属于多孔性材料，比表面积大，细菌等有害微生物易在纤维上附着、生长、繁殖。随着健康理念的深入人心和生活水平的提高，抗菌纤维及抗菌纺织品被越来越多的人所关注。抗菌纤维是指采用物理或化学方法将具有抑制细菌生长的抗菌剂引入纤维表面及内部而成的纤维，具有杀灭微生物或者抑制微生物繁殖生长能力的纤维，具有抗菌、防霉、防臭等功能，不仅可避免纤维被微生物污染、损坏，还可防止疾病传播，保证人们的生命安全与健康，改善生活环境。

一、抗菌纤维的分类

抗菌纤维品种繁多，通常可以分为两大类：一类是本身具有抗菌性的天然纤维，称为天然抗菌纤维；另一类是通过物理添加或化学反应的方法将抗菌剂引入纤维中获得具有抗菌性的纤维，一般称为改性抗菌纤维或人工抗菌纤维，依据添加抗菌剂成分的不同，又分为有机系抗菌纤维和无机系抗菌纤维。

（一）天然抗菌纤维

天然抗菌纤维也称本征抗菌纤维，是指纤维本身具有抗菌作用的纤维材料，一般是由于其自身结构具备或含有天然抗菌物质，从而对细菌有很好的抑制和杀灭作用，如竹纤维、麻纤维等。同时，也有人将本身具有抗菌性的纤维原料制成的纤维（如壳聚糖纤维、甲壳素纤维、海藻纤维等）也划分在此类别中。

竹子本身含有名为"竹醌"的独特成分，竹醌可破坏纤维的细胞壁，抑制细菌生长，使竹纤维具备天然的抑菌抗菌、防螨防臭、抗紫外线等功能。需注意的是，竹纤维按照加工方式有竹原纤维、竹黏胶纤维、竹莱赛尔纤维等不同品种，其中竹原纤维属于天然纤维，其他两种则属于化学纤维。研究表明，竹原纤维所具备的天然抗菌性能超越人工添加的化学物质，抗菌、杀菌效果较好，其对酸臭的除臭率高达93%，对氨气除臭率为70%左右，但竹原纤维较粗硬、难处理、成本较高，目前很少作为抗菌纤维大量生产应用，市场所见到的竹纤维产品大多为竹浆纤维产品。

麻纤维具有天然抗菌性，其抗菌性主要来自其本身含有酚类、麻甾醇、鞣质等抗菌物质，能破坏细胞膜的结构和功能，干扰细胞的正常代谢，同时其多为中空结构，富含氧气，抑制厌氧菌生长，且表面存在大量沟槽和缝隙，有利于水分快速扩散，从而破坏细菌的繁殖环境。

甲壳素广泛存在于虾、蟹、昆虫的外壳以及藻类、菌类的细胞壁中，是一种极为丰富的天然高分子聚合物，甲壳素经脱乙酰基处理得到壳聚糖。以甲壳素或壳聚糖为原料通过纺丝制备得到的甲壳素纤维及壳聚糖纤维具有天然抗菌、抗菌谱广、杀灭率高等优点。

（二）有机系抗菌纤维

有机系抗菌纤维常用的抗菌剂种类有季铵盐类、苯酚类、脲类、胍类、杂环类、有机金属化合物等类别。有机系抗菌剂的优点是杀菌力强、即效好、种类多、价格低廉，缺点是毒性大、耐热性较差（<200℃），难以与纤维熔纺，易迁移，可能产生微生物耐药性等。

（三）无机系抗菌纤维

无机系抗菌纤维常用的无机抗菌剂种类有光催化类（TiO_2、ZrO_2 等）、含金属离子类（Ag、Cu、Zn 等）、金属氧化物（Ag_2O、CuO、ZnO 等），以及天然矿石、贝壳类、稀土激活材料、活性炭等。无机抗菌剂具有化学稳定性高、抗菌广谱、耐洗性能好、抗菌效果持久、使用过程中细菌不易产生抗药性、对人体健康危害较小等优点，是抗菌剂研究的重点，但其有添加量较大、成本较高、易变色等缺点，且对一些真菌、霉菌的效果较弱。

二、常用抗菌剂及其抗菌机理

据提取物来源不同以及加工方式等不同，抗菌剂分为以天然物质作为主要抗菌成分的天然抗菌剂、以不同分子量的有机分子作为抗菌成分的有机抗菌剂和以金属离子等物质作为抗菌成分的无机抗菌剂，其主要特点见表8-1。

表8-1 抗菌材料分类及其特点

类别	天然抗菌剂	有机抗菌剂	无机抗菌剂
常见材料	壳聚糖、抗菌肽、甲壳质、植物精油等	季铵盐类、多酚类、吡啶类、有机酸类、醇类等	银、铜、锌等金属离子、金属氧化物、纳米级金属材料等
抗菌机理	微生物的抑制作用，细胞通透性的改变，缓释杀菌物质。致使细菌蛋白质变性，能量合成困难，影响细胞代谢	静电吸附，协同作用杀菌。破坏细菌生物膜的合成过程，影响细菌新陈代谢及生长发育	接触杀菌，活性氧杀菌，金属与细菌细胞中巯基等反应，损害细菌正常新陈代谢
特点	绿色、安全、环保，广谱抗菌，良好的生物相容性	抗菌效果强，价格低廉，抗菌及时性	化学性质稳定，应用安全，抗菌功效持续性好

（一）天然抗菌剂

天然抗菌剂是从自然界生物体中，不经过人工合成而是通过提取、分离和纯化等一系列操作获得的具有抗菌活性的材料。天然抗菌剂具有绿色环保、资源丰富、生物相容性好等特点，但其提取工艺复杂，提取物稳定性差，耐热性较差，在一定程度上限制了其应用。根据提取物来源不同，又可以将天然抗菌剂细分为三大类。

1. 植物源抗菌剂的抗菌机理

植物源抗菌剂来源于自然界中的植物体，其种类繁多，结构多样，作用机理也趋于多样化。抗菌机理主要有：

（1）缓释作用；

（2）影响致病菌细胞膜的渗透性，如木犀草素可影响病原菌细胞膜的渗透性，并阻碍金黄色葡萄球菌某些蛋白质的正常合成，使细胞中蛋白质含量减少，从而起到一定的抑菌作用；

（3）破坏或降解病原菌细胞膜、细胞壁，使细胞内容物泄漏。但每一种作用机制并不都是独立进行，可能会相互影响，因此，研究各个机制之间的协同作用显得尤为重要。

2. 动物源抗菌剂抗菌机理

动物源抗菌剂一部分来源于动物的甲壳，常见的有壳聚糖，一部分来自动物体内，如多肽、氨基酸等。其抗菌机理主要有：

（1）破坏细胞膜的完整性。当壳聚糖纳米颗粒悬浮液不断与细菌细胞产生相互作用后，随着作用时间的延长，菌体细胞膜逐渐脱落，细胞内容物流出，从而杀灭细菌。

（2）由于受到静电库仑力的作用，病原菌的细胞壁遭到破坏。

（3）抗菌材料与细菌之间产生活性氧机制。

（4）破坏细胞中的 DNA、RNA 等与细菌生长繁殖有关的物质，使细胞的正常生理活动受到影响。

3. 微生物源抗菌材料抗菌机理

微生物源抗菌材料主要是通过提取微生物体内的某些抗菌物质而制备的抗菌材料。微生物源抗菌材料既可以与细菌细胞膜、细胞壁中的某些成分发生反应，使其正常生理活动受到影响，达到抗菌效果；也可以改变细胞膜内外的浓度差，使细菌细胞膜的通透性远离正常水平，细菌因缺乏营养物质且能量合成受阻，生长繁殖较为困难。

（二）有机抗菌剂

关于有机抗菌材料的作用机理，人们提出了很多假设，一般被广泛认可的作用机理可归纳为以下三种：

（1）作用于细胞蛋白质或其他生物活性物质，影响细胞的正常生理活动；

（2）作用于细胞内的遗传物质 DNA 或 RNA；

（3）作用于细胞膜、细胞壁等生物膜系统，影响细胞的通透性。

有机抗菌剂研究最多的是季铵盐类化合物。季铵盐带有正电荷，可与带负电荷的细菌结合，影响细胞膜的正常生理活动，从而抑制细菌的生长和繁殖。早期就有使用季铵盐环氧三甲基氯化铵接枝纤维素纤维，得到对铜绿假单胞菌、鼠伤寒沙门菌等具有良好抑菌活性的改性棉纤维的报道。

（三）无机抗菌剂

无机抗菌剂作为一种新兴的抗菌材料，主要是利用金属离子或其氧化物自身对细菌的阻隔作用起到杀菌的效果。无机抗菌材料克服了热稳定性较差等缺点，具有抗菌范围广、抗菌功效持续性好等特点，广泛应用于涂料、橡胶、塑料等领域。无机抗菌材料的抗菌机理主要有：

（1）破坏细胞膜的完整性，影响生物膜系统的正常功能；

（2）金属离子进入细胞内部，与细胞内部物质产生化学作用；

（3）活性氧机制引发氧化应激反应，破坏细胞结构。

（四）新型抗菌材料

近年来，一些新型抗菌材料也逐渐得到关注。人们对石墨烯的抗菌性能及抗菌机理进行了许多研究。随着研究的不断深入，人们提出了石墨烯材料几种主要的抗菌机理：

（1）接触切割作用。石墨烯材料锋利的边缘结构，使其成为一种"纳米刀"材料，与细菌细胞膜等结构接触时，易造成细胞膜结构发生物理损伤，导致细菌细胞内营养成分流失，细菌因此失活。

（2）捕获作用。石墨烯材料可以作为一种"包装"材料，将细菌包裹起来，细菌因被包裹而与外部环境分隔开来，菌体因缺失营养物质，其增殖能力减弱。

（3）抽取磷脂双分子层。石墨烯纳米片可以穿透菌体的细胞膜、细胞壁等结构，并抽取细胞膜中的磷脂双分子层，细菌的膜结构遭到降解，菌体细胞膜完整性的破坏降低了细菌的生存繁殖能力。

（4）氧化应激作用。石墨烯材料在与细菌相互接触过程中，伴随有活性氧产生，引发氧化应激反应，破坏了细菌线粒体的正常功能。

（5）分子水平上特定生物分子的释放。

金属有机框架（metal-organic frameworks，MOFs）材料在抗菌纤维领域也拥有广阔的应用前景，它是一种多孔晶体材料，由有机配体与金属离子结合而成，其抗菌性来源于两方面：一是 MOFs 中的金属节点释放的金属离子；二是有机配体（咪唑盐、卟啉衍生物等）的抗菌性。

三、抗菌纤维的制备方法

将抗菌剂通过适当方法添加至纤维表面或内部，即可实现其抗菌功能。采用共混纺丝、静电纺丝、原位聚合、复合纺丝等方法可将抗菌剂添加到纤维表面及内部；通过接枝改性、后整理等可将抗菌剂添加到纤维表面，制得抗菌纤维。

共混纺丝法制备抗菌纤维，是将纤维基体和抗菌剂充分混合后，通过熔融纺丝或湿法纺丝等方法制备纤维的纺丝工艺。该方法要求抗菌剂具备较好的分散性，且与化纤材料间有良好的相容性，以保证共混体系的可纺性，同时要考虑抗菌剂的添加量对纤维力学性能、手感等的影响。

复合纺丝制备抗菌纤维，是指将两种不同的聚合物分别通过两套螺杆系统制备复合纤维，可制备皮芯型、海岛型、橘瓣型、并列型等多种截面的纤维。其中，制备抗菌皮芯复合纤维，只需在皮层添加少量有机抗菌剂，即可兼顾纤维的力学性能和抗菌效果。但复合纺丝存在技术难度较大、设备要求高、生产成本高的短板，过高的纺丝温度可能使有机抗菌剂发生热降解。

静电纺丝法制备有机抗菌纤维，要求有机抗菌剂的分散性好。静电纺丝法的成本低廉、操作简单、纤维直径较小，已在组织工程、生物传感器、药物缓释、防护服、电池隔膜材料等前沿领域得到广泛研究。

原位聚合法制备抗菌纤维，是将成纤聚合物、抗菌剂单体、催化剂等均匀混合，通过聚合反应将抗菌剂与基体进行聚合，然后借助熔融纺丝、湿法纺丝等途径制备而得。该方法多用于制备 N-卤胺类有机抗菌纤维，可较好地实现抗菌剂在体系中的均匀分散，但可能降低熔体的可纺性和纤维的力学性能。

接枝改性法制备抗菌纤维，是指将抗菌剂直接接枝到纤维大分子链上，或诱导抗菌剂单体在纤维表面生长，使其均匀分布在纤维表面。该方法制备的纤维具有抗菌效果好、抗菌性能稳定、耐水洗等优点，但适用的抗菌剂种类较少、接枝反应条件严格、生产成本较高。

后整理制备抗菌纤维，是指以浸渍法、浸轧法或涂覆法等对纤维表面进行处理，再经过烘干或烘焙等工序，使抗菌剂直接整理在纤维表面的方法，具有工艺流程短、操作简便、抗菌效果好等优点，且可供选择的抗菌剂和纤维种类比较广泛，是目前制备抗菌纤维及纺织品的常用方法之一。但是，这种方法中抗菌剂只是直接吸附或固化在纤维表面，与纤维结合牢度相对较低，因此在多次洗涤或长期使用后易发生抗菌剂剥落和流失，造成抗菌效果显著下降。此外，剥落和流失的抗菌剂在自然环境中有可能诱导细菌变异，提升细菌耐药性，同时易产生环境污染。且该方法处理后，会在一定程度上出现纤维或织物的力学性能、服用性能下降等问题。因此，后整理法制备抗菌纤维及其制品多用于一次性用品。

四、抗菌纤维的应用实例

抗菌纺织品已广泛应用于内衣、睡衣、运动衣、袜子、鞋垫及医药、食品、服务等行业的工作服装、军用服装、家纺等产品。在非织造材料领域，抗菌纤维可用于如下非织造产品的制备。

1. 医疗、卫生用非织造材料

包括手术衣、防护服、消毒包布、口罩、婴儿尿布、民用抹布、擦拭布、湿面巾、魔术毛巾、柔巾卷、美容用品、卫生巾、卫生护垫、失禁垫及一次性卫生用布等。

2. 家庭装饰用非织造材料

如贴墙布、台布、床单、床罩、地毯等。

3. 服装用非织造材料

包括衬里、黏合衬、絮片、定型棉、各种合成革底布等。

第三节　超吸水纤维

超吸水纤维（super absorbent fiber, SAF）是具有能够吸收自身重量几十倍至上百倍水分的功能纤维，是继超吸水树脂（SAP）之后而发展起来的一种新型功能材料。与 SAP 相比，SAF 不仅具有优异的吸水、保水溶胀等特性，而且因纤维的物理形态和尺寸的特殊性，SAF 具有吸水速度更快、手感柔软、易于混纺或加工成非织造布、材料易定型不迁移、可循环使用等特性。

一、超吸水纤维的种类

依据超吸水纤维原料来源不同，可分为纤维素类、聚丙烯酸类、聚丙烯腈类、聚乙烯醇类、海藻酸类等。

（一）纤维素类 SAF

纤维素来源广泛、种类繁多、成本低廉、可再生，且其结构中含有大量的羟基，本身具备良好的吸湿性，吸水性强，吸水速度快。目前，纤维素类 SAF 的制备方法主要有两种。一是物理改性方法，通过改变纤维的结构如充气、中空等增加其内外的表面积，提高吸水率；二是化学改性方法，将羧基引入纤维素大分子链，进行羧甲基化。

（二）聚丙烯酸类 SAF

以丙烯酸等不饱和脂肪酸或丙烯酸与丙烯酰胺为主要原料，并在其中添加可改善原料可纺性的聚合物和交联剂，制成纺丝液，纺制的纤维经交联后即为超吸水纤维。该类超吸水纤维具有吸水速率快、吸水倍率高、生产工艺简单、产品质量稳定、使用周期长等特点。如日本钟纺公司生产的聚丙烯酸基 SAF 是将含羧基、羟基、酰胺基的乙烯基单体与丙烯酸进行共聚，然后纺丝成形，所得纤维具有优良的吸水、吸盐水性能，且纤维基本不着色，其结构如图 8-2 所示。

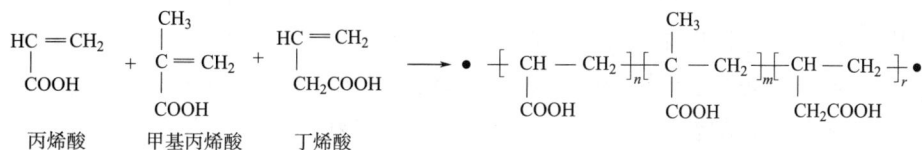

图 8-2　聚丙烯酸类 SAF 结构

（三）聚丙烯腈类 SAF

经交联处理的聚丙烯腈（PAN）纤维表层水解后，可得到皮芯型 PAN 基超吸水纤维。如日本东洋纺公司将 PAN 纤维表 30% 的—CN 水解、交联后制成一种具有皮芯结构的超吸水纤维 Lanseal-F，其吸水倍率可达 $150g/g$，吸盐水倍率可达 $50g/g$。聚丙烯腈类 SAF 结构如图 8-3 所示。

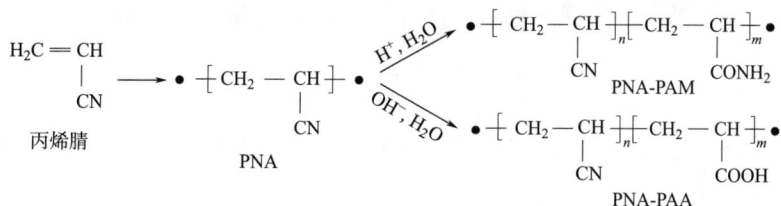

图 8-3　聚丙烯腈类 SAF 结构

（四）聚乙烯醇类 SAF

聚乙烯醇含有大量的亲水基团—OH，具有水溶性，不能吸收大量的水分，但其经羧基改性后可得到吸水率较高的水不溶性聚乙烯醇纤维。如聚乙烯醇纤维经接枝共聚丙烯酸后可得到吸水倍率较高的 SAF，如图 8-4 所示。

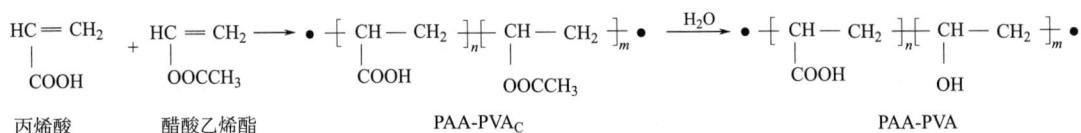

图 8-4　聚乙烯醇类 SAF 结构

（五）海藻酸类 SAF

海藻酸是从褐藻类植物中提取的一种天然的多糖类大分子聚合物，是一种无毒无害、可生物降解的绿色材料。海藻酸类纤维的主要原料为海藻酸盐，其通过湿法纺丝工艺制备，海藻酸盐具有很强的亲水性，因此海藻酸类纤维的吸水性也较强。

二、超吸水纤维的吸水机理

纤维的吸水性主要取决于纤维大分子链上亲水基团如—OH、—COOH、—NH$_2$、—CONH$_2$、—COONa 等的数量和种类，通过这些亲水基团与水分子缔合形成氢键，使水分子存留在纤维中，类似于化学吸附作用。一般来说，纤维大分子中亲水基团越多、亲水性越强，则吸水能力越强，交联密度越高，则吸水能力越弱。此外，依靠纤维内部微孔、缝隙和纤维之间的毛细孔隙等微孔结构，可通过毛细管效应吸收和传递水分，这属于物理吸附作用。

纤维中除亲水基团直接吸收水分外，由于已被吸附的水分子也是极性的，它可以通过氢键再与其他水分子相互作用，形成水分子的多层吸附，称为间接吸附水分子，如图 8-5 所示。

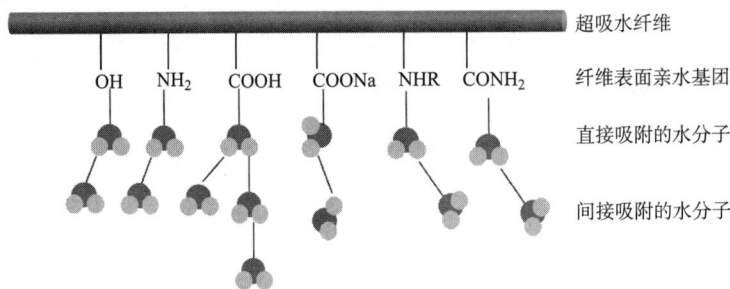

图 8-5　SAF 对水分子的直接与间接吸附

三、超吸水纤维的应用实例

在非织造材料领域中，超吸水纤维既可单独制成非织造材料，也可与其他纤维材料复合制成非织造复合材料，因其优异的吸水和保水性，应用广泛。

1. 医疗卫生领域

超吸水纤维非织造材料可用作手术垫、手术衣、手术棉、医用敷料、降温贴等产品，能够迅速吸收血液和组织液，保持医疗环境干爽、洁净，特别是其制成的医用敷料可用于需有效截留高渗出液的伤口。此外，超吸水纤维用于病床被褥还可以避免褥疮的产生，用超吸水纤维制备的止血栓已大量应用于临床医疗。在卫生产品中，超吸水纤维可作为婴儿尿布、卫生巾、成人失禁垫等产品的吸水芯层，吸液速率快，吸水保水率高，可使生理卫生用品做得比含超吸水粉末的制品更薄、更柔软，无粒状泄漏物，能预防或减轻湿疹等皮肤病，同时由于吸水纤维分布均匀且不易移动，故不会出现断层或起坨的问题，舒适性较好。

2. 油水分离领域

超吸水纤维的强吸水性在油水分离领域有很好的应用。超吸水纤维可作为主要成分被制成各种过滤用非织造材料，用以去除燃料、柴油或润滑油中的水杂质，或将水杂质含量降到非常低的水平。另外，将超吸水纤维与亲油材料复合制成既亲油又易脱油的材料，用于海面、船舶等的油水分离与回收。

3. 农林、园艺领域

超吸水材料在农业及园艺方面具有潜在的应用前景。如日本用超吸水纤维与其他合成纤维制成非织造带材，用于盆景、苗木用保水材料，可使土壤水分不易流失，而且缓慢释放。原来需每天浇水，用该产品后可减少浇水次数 1/3~2/3。大大节约了人工，减轻了劳动强度。同时超吸水产品吸水时产生膨润，放湿时发生收缩，使土壤透气性增加，有改良土壤的作用。超吸水纤维非织造材料还可用作植物根系包裹物，保证移栽时植物的水分需求，提高其成活率。

4. 建筑防结露、阻火领域

超吸水纤维用于混凝土的模型框架，不仅可防止老化，还可循环多次使用。超吸水纤维具有吸湿放湿性，用于包装袋、墙纸、天花板及集装箱内，可防止内部环境过湿而结露，使物质不发霉，不变质。吸收大量水而成为凝胶状的超吸水纤维因受热失水而吸收大量热，从而可达到降温阻火、冷却的目的，用于制作防火材料，如它与易燃纤维混纺，能改善其阻燃性，可制造消防服装。

5. 电池隔膜、电缆阻水领域

超吸水纤维织物浸渍碱性电解质后，可制成耐用型碱性电池。丙烯酸共聚超吸水纤维具有极强的吸水锁水能力，是电池隔膜的理想材料之一。由超吸水纤维制成的电缆具有高防水性，水分进入电缆后，高吸水纤维通过吸收水分迅速膨胀形成水凝胶，阻止水分进一步侵入。

6. 其他领域

在食品包装领域，超吸水纤维可制成蔬菜、水果、肉类等生鲜产品的包装袋，防止食品失水和液体渗漏。在离子交换材料领域，超吸水纤维可有效去除水中的金属离子，交换速度快且再生时间短。在服饰领域，超吸水纤维制成的织物可吸收人体排出的汗液，实现干爽舒适的穿着效果。

第四节　阻燃纤维

阻燃纤维一般是指具有遇火不燃烧或不完全燃烧，接触明火时不产生或只产生细火焰，与火源分离后迅速熄灭特性的纤维材料。常规纤维的易燃性使其在使用过程中可能引发火灾，造成人员伤亡和财产损失。因此，阻燃纤维的使用逐渐成为保障纺织品使用安全的有效策略之一。

一、阻燃纤维的分类

阻燃纤维一般可分为本征阻燃纤维与改性阻燃纤维两大类。

（一）本征阻燃纤维

本征阻燃纤维是指无须添加任何阻燃剂，本身就具有优异阻燃性的一类纤维材料，也是目前阻燃纤维领域的主要研究方向之一。本征阻燃纤维依据结构成分的不同，分为无机阻燃纤维、有机阻燃纤维和金属阻燃纤维。无机阻燃纤维主要包括陶瓷纤维、玄武岩纤维、石英纤维、玻璃纤维等；有机阻燃纤维常见的有酚醛纤维、芳纶纤维、聚酰亚胺纤维、聚苯硫醚纤维、聚四氟乙烯纤维、聚对亚苯基苯并二噁唑纤维、聚苯并咪唑纤维等；金属阻燃纤维有不锈钢纤维、合金纤维、银纤维等。

本征阻燃纤维由于分子结构中已有的阻燃基团而获得固有的结构阻燃性，具有使用过程中无析出、燃烧无熔滴、无烟无毒、极限氧指数（LOI）高、绿色无污染等优点，但此类纤维一般生产条件较为苛刻，价格较高，应用受到一定限制。

（二）改性阻燃纤维

改性阻燃纤维是指通过各种物理方式或用化学方法直接将化学阻燃剂成分添加到纤维或纺织品中，赋予其阻燃功能。通常采用的方法有共混法、共聚法、皮芯复合纺丝法、接枝共聚法、阻燃剂吸收法、纤维表面卤化法和后整理法等。改性阻燃纤维应用较广的有阻燃黏胶纤维、腈氯纶纤维、阻燃涤纶纤维、阻燃丙纶纤维、阻燃锦纶纤维和阻燃维纶纤维等。

改性阻燃纤维生产工艺相对简单，易推广应用，但其采用的阻燃剂生产复杂，并且使用中可能存在阻燃剂迁移、脱落和析出等问题，且在燃烧时会产生高温、有毒烟雾等，这些会加重火灾带来的危害，同时废弃后的阻燃剂会在生物体中产生累积，从而对生态环境、人类健康产生持久危害。因此，开发高效、无毒、无烟的绿色环保阻燃纤维是当今阻燃纤维最主要的发展方向之一。

二、阻燃纤维的阻燃机理

发生燃烧一般需要具备可燃物、热源和氧气三个条件，要达到阻燃的目的，须切断三个燃烧条件之间的循环。目前公认的阻燃机理一般包括如下六个方面。

（一）覆盖机理

当纤维处于高温环境时，阻燃纤维中的阻燃剂在纤维表面形成熔融层状薄膜或泡沫覆盖层，发挥隔绝空气、隔热作用，降低可燃性气体的释放量，进而阻止纺织物持续燃烧。阻燃剂在纤维表面形成隔离层的方式有两种：①阻燃剂受热产生的降解产物促进织物纤维表面脱水炭化，形成稳定性较好的炭化层或交联状固体物质，不仅可以阻止纤维中的聚合物进一步裂解，还可以防止热分解产物进入空气中继续参与燃烧，磷系阻燃剂通过这一机理对含氧聚合物进行阻燃；②阻燃剂（如卤化磷类和硼系阻燃剂）在高温燃烧环境中分解成不易挥发的薄膜包覆在纤维表面，发挥隔离膜的作用，进而阻止火势蔓延。

（二）吸热机理

燃烧反应会在短时间内出现温度骤然升高、热量释放的现象，如果在燃烧过程中迅速转移或吸收部分热量，则可以降低火焰温度，在一定程度上抑制燃烧。纤维燃烧时温度较高，部分阻燃剂会在高温下发生吸热分解反应（如相变、脱水、脱卤化氢等），吸收燃烧过程中的部分热量，进而降低燃烧温度及纤维表面温度，减少可燃性气体释放，抑制聚合物发生热裂解。无机类阻燃剂一般为吸热阻燃方式，如氢氧化镁、氢氧化铝等。

（三）不燃性气体窒息机理

阻燃剂在高温下受热分解出不燃性气体，稀释纤维聚合物燃烧后释放的可燃性气体浓度，使可燃性气体浓度低于产生火焰的浓度，同时稀释纤维燃烧范围内的氧浓度，生成的不燃性气体和热对流也会分散一部分热量，抑制或阻止燃烧的继续进行，发挥阻燃作用。

（四）熔滴机理

纤维受热燃烧时，阻燃剂作用于纤维表面，使纤维聚合物发生分解反应，逐渐扩大着火点和熔点之间的温度差，熔融的热塑性纤维会收缩形成熔滴滴落并带走一部分热量，抑制燃烧过程，使火焰熄灭。

（五）提高纤维热裂解温度

将芳环或芳杂环引入纤维聚合物大分子结构中，使分子链间的作用力、交联程度和大分子链间的密集度增大，提高纤维材料的炭化程度以及耐热性，进而发挥阻燃作用。

（六）自由基控制机理

由燃烧链反应理论可知，自由基是维持燃烧的基础。气相燃烧区中，阻燃剂能够捕捉燃烧反应中的自由基，抑制火焰继续蔓延，进而降低燃烧反应的速率，直至火焰熄灭。含卤阻燃剂的蒸发温度接近纤维聚合物的分解温度，当纤维受热燃烧分解时，阻燃剂也会随之挥发，热分解产物与含卤阻燃剂均处于气相燃烧区，阻燃剂中的卤素可以捕捉维持燃烧反应的自由基，降低燃烧区域的火焰密度，最终抑制或者阻止纤维继续燃烧。

三、阻燃剂

阻燃剂可抑制或停止材料的燃烧过程，其作用是打破自我维持的聚合物燃烧循环，减少燃烧速度或者使火焰熄灭。

阻燃剂按使用方法的不同，有反应型阻燃剂和添加型阻燃剂两大类。反应型阻燃剂是指分子内具有可反应官能团，能够在聚合物合成过程中参与反应，并结合到聚合物分子中的阻燃剂。其优点是稳定性好、阻燃作用持久、毒性小、对塑料性能影响较小，可以认为是一类理想的阻燃剂。缺点是应用不方便，品种较少，目前使用量仅占阻燃剂的10%～20%，多用于热固性材料。添加型阻燃剂是在纤维加工前掺入聚合物中，并以物理状态分散在混合料中的阻燃剂。其特点是使用方便、适用性强，目前其使用量占整个阻燃剂80%～90%。缺点是在改进阻燃性的同时，可能降低纤维本身固有的某些性能，如加工性和力学性能等。添加型阻燃剂常用于热塑性材料中。

按阻燃剂所含元素不同，可分为卤系阻燃剂、磷系阻燃剂、氮系阻燃剂、无机阻燃剂等。

（一）卤系阻燃剂

卤系阻燃剂受热时分解生成卤化氢（HX），HX会与聚合物材料燃烧生成活性游离基 HO· 反应，达到降低 HO· 浓度的目的，最终可减慢或结束燃烧过程中的链式反应，达到阻燃效果。在卤素中，氯类阻燃剂因其很难生成游离氯，其应用远不如溴系阻燃剂，此外，氯化物在受热分解后的毒性和腐蚀性较强，对人体危害较大，在实际应用中已很少使用。卤系阻燃剂曾是有机阻燃剂的重要品种，是最早使用的一类阻燃剂。由于其价格低廉、稳定性好、添加量少、与合成树脂材料的相容性好，而且能保持阻燃剂制品原有的理化性能，曾大量使用。但由于卤系阻燃剂的热分解产物中含有大量的卤酸，且烟量大，不利于环保，已逐渐被其他无卤阻燃材料取代。

（二）磷系阻燃剂

出于生态考虑，磷阻燃剂被用作无卤阻燃剂。磷系阻燃剂包括无机磷系阻燃剂和有机磷系阻燃剂。无机阻燃剂主要包括：红磷、聚磷酸铵（APP）、磷酸铵盐、磷酸盐及聚磷酸盐等；有机磷系阻燃剂主要包括：磷酸酯、磷杂菲（DOPO）、磷腈化合物、有机次膦酸以及有机次膦酸盐等。含磷阻燃剂在聚合物材料的固相中有效发挥作用。首先，磷酸阻燃剂通过热分解转化为相关酸，进一步转化为多元酸，酸对热解聚合物进行酯化和脱水，最终与炭形成碳质层，可保护聚合物材料在高温下免受氧气和辐射热的影响。

（三）氮系阻燃剂

从生态学角度而言，氮阻燃剂非常安全和有效，其毒性低，能有效抑制火灾烟气的散发，并且易于回收利用，即使在高温下，也保持很高的稳定性。氮系阻燃剂主要为三聚氰胺和三聚氰胺化合物。气相和凝聚相在氮系阻燃剂的阻燃机理中占据很重要的位置。在气相中，可通过释放稳定的氮基分子来抵抗火灾蔓延，在凝聚相下，可形成复杂的氮化合物，氮化合物能够生成炭，以保护聚合物材料，阻止其在火灾下的分解。含氮阻燃剂的材料可以释放氮混合气体，削弱气相，从而抑制燃烧过程。此外，氮/磷为最常用的协同阻燃体系。

（四）无机阻燃剂

无机阻燃剂是耐高温溶液加入超微无机金属氧化物精细加工而组成。无机阻燃剂主要是将具有本质阻燃性的无机元素以单质或化合物的形式添加到被阻燃的基材中，以物理分散状态与高聚物充分混合，在气相或凝聚相通过化学或物理变化起到阻燃作用。常见的无机阻燃剂有三氧化二锑、氢氧化铝、氢氧化镁等。三氧化二锑属于添加型阻燃剂，常与其他阻燃剂、消烟剂并用，各组分间可产生协同效应，燃烧初期首先熔融，在材料表面形成保护膜隔绝空气，通过内部吸热反应，降低燃烧温度。在高温状态下三氧化二锑被气化，稀释了空气中氧浓度，从而起到阻燃作用。氢氧化铝是无机氢氧化物中应用最多的阻燃剂。氢氧化镁是一种热稳定性更好的无机阻燃剂，超过300℃仍然稳定，广泛用于高温加工，在聚合物体系中起到阻燃、消烟的作用，与氢氧化铝复合使用，互为补充，其阻燃效果比单独使用更好。

四、阻燃纤维的应用实例

1. 家用领域

家用领域中阻燃纤维主要用在床饰制品、床罩制品、窗帘制品、装饰台布、毯类装饰材料中。

2. 安全防护领域

特定场景中使用的安全防护服装也需使用阻燃纤维材料。如救火队员、炼钢工人、电焊工、化工厂工人、炼油厂工人以及油田钻井工人等穿着的工装等均对服装阻燃性有明确要求。

3. 军事领域

军用领域不仅包括作训服、工作服、耐温工作服、防爆服、防寒服等通用与特殊功能的军用服装，还包括一些用于制作特种装具产品、军事设施和武器装备，如单兵防护装备、卫生急救用品、枪械用纺织品以及帐篷、伪装网、缆绳、拦截网及飞机盖布等集体防护装备。随着科技进步与军队现代化建设的加快，结合军警工作人员特殊的工作环境，阻燃材料在军用纺织品领域的应用越发广泛。

4. 交通工具领域

阻燃纤维及非织造产品在交通工具内饰材料中广泛使用，如汽车内部的装饰材料大多为纺织类材料，包括座椅套、坐垫、安全带、头枕等，这些材料与驾驶员和乘客关系密切。因此，这类汽车内饰类纺织材料需要具有一定的阻燃性能，可以延缓事故汽车火焰蔓延的速度，能给驾驶员和乘客争取更多的逃生时间。

5. 建筑领域

在建筑领域中，阻燃纤维主要用于建筑保温材料、高层和地下建筑物等的室内装饰织物等。

阻燃纤维在纺织市场具有很大的发展潜力。目前多数阻燃纤维不能满足除阻燃以外的其他特殊要求，如防污性、抗菌、抗静电性等，因此，开发多功能阻燃剂或阻燃材料已成为研究热点。此外，随着人们环保意识的逐渐增强，开发高效、无毒、无烟的绿色环保阻燃纤维是当今阻燃纤维最主要的发展方向。

第五节　防螨纤维

一、防螨纤维概述

螨虫是一类体型微小的生物，其体长通常在 0.1~0.5mm，常隐藏于床品、衣物和地毯等日常用品中，须借助显微镜方能观察其形态。这些微生物传播病毒和细菌，引发多种健康问题，如支气管哮喘、鼻炎、皮肤炎和毛囊炎。温暖潮湿的室内环境为它们提供了繁殖的理想条件。随着生活水平的提高，人们对居家环境的重视日益增加。防螨纤维和纺织品以及家具产品能有效抑制螨虫的生长，预防与尘螨相关的疾病，显著改善生活质量。因此，防螨纤维和纺织品的需求不断扩大，它们的研发与应用愈加受到重视。

二、防螨方式

纤维及纺织品的防螨方式有天然纤维防螨、物理法防螨及化学法防螨三种。

（一）天然纤维防螨

天然纤维防螨技术利用竹原纤维、竹浆纤维以及木棉纤维中特有的防螨成分，旨在杀灭和抑制螨虫的生长。木棉纤维因其优良的防螨效果、高中空率、纤维结构的两端封闭以及良好的保暖性而备受研究和关注，具有广阔的应用前景。相比之下，棉纤维、毛纤维等大规模使用的天然纤维本身并不具备防螨的特性。

（二）物理法防螨

物理法防螨是一种通过物理手段来预防和控制螨虫的方法，主要包括以下几种技术。

1. 高温处理或辐射杀灭螨虫

物理法防螨通常利用高温处理或辐射技术来消灭螨虫。高温处理包括将床上用品、衣物等暴露在高温环境中，通过烘烤或蒸汽处理，高温能有效地杀死螨虫及其卵，从而防止其繁殖。此外，还可以利用日晒来干燥纤维或织物，削弱螨虫的生存条件，从而达到控制螨虫数量的目的。电磁波和红外线等辐射技术也被用于在特定条件下破坏螨虫的生活环境，进而消除它们。但是，高温处理和辐射技术可能不适用于所有类型的物品。例如，某些纤维或织物可能无法承受高温或辐射，这就限制了这些方法的应用范围。此外，若处理不当或设备不到位，可能导致螨虫未能完全消灭，从而降低防螨效果。

2. 物理阻隔法

在纺织品领域一般是使用高密高支的纺织品阻止螨虫的通过。有研究表明，当纺织品的缝隙孔径在 $53\mu m$ 即可阻挡螨虫通过，在 $10\mu m$ 以下即可防止螨虫排泄物通过。物理防螨可以避免或者较少使用化学试剂，产品更加安全可靠。近年来，一些具有超细纤维结构的非织造技术及产品因其纤维纤细、结构致密，具备天然的防螨特性而得到越来越多的应用。其中代表性的产品为闪蒸非织造布与聚酯/聚酰胺双组分纺粘水刺非织造布。闪蒸法非织造布是将聚乙烯溶解于二氯甲烷溶剂中，配制成一定浓度的溶液，并以二氧化碳在高压下饱和处理，将由此形成的纺丝液以极高的速度由喷丝孔挤出，在丝束喷出后溶剂迅速蒸发，丝条得以固化、牵伸形成超细纤维，并经静电分丝、热轧加固而制成的非织造布，代表性产品为杜邦公司的 Tyvek。闪蒸非织造布的纤维直径一般在 $0.1\sim10\mu m$，具有高强度、抗撕裂、耐穿刺、透气拒水、阻挡微小粒子等特性。

另一种方法是双组分纺粘水刺非织造加工技术。该类产品最早由德国科德宝公司商业化生产，产品为 Evolon，现在国内也有多条生产线可生产此类产品。该技术以聚酯和聚酰胺6

为原料，经熔融并用复合纺丝技术得到橘瓣型双组分纤维，经铺网形成纤网，再由高压水刺将两种聚合物组分裂离，得到的超细纤维非织造布。双组分纺粘水刺非织造布纤维直径为0.05~0.2dtex，构成对过敏颗粒的真正的物理屏障，同时它还具有强度高、透气性好、悬垂性好等优点，其纤维结构如图8-6所示。

(a) 裂离前　　　　　　　　　　(b) 裂离后

图8-6　双组分纺粘水刺非织造布纤维结构

（三）化学法防螨

化学法防螨利用化学方法来杀死或驱避螨虫，主要使用化学防螨剂，包括杀螨剂和驱螨剂。常见的化学防螨剂有芳香族羧酸酯系、液氮、单宁酸、冰片衍生物、脱氢醋酸、N,N-二乙基间甲苯酰胺、二苯醚系、酞酰亚胺系、拟除虫菊酯类等。这些化学剂通过破坏螨虫的神经功能、表皮、生长、发育和繁殖来实现杀灭螨虫的目的。

然而，化学试剂的使用可能会导致残留物，引起新的健康问题，因此需进行更深入的研究和评估。近年来，人们越来越关注天然植物类药物提取物的防螨效果。例如艾草、小茴香、山苍子、黄柏等中草药提取物，这些植物提取物不仅具有较好的抗菌防螨效果，还可以通过共混、复合纺丝、接枝共聚、表面整理等技术添加到纤维或纺织品中，以实现良好的防螨效果。此外，这些中草药提取物通常还具有杀菌等附加特性，可以与其他芳香剂联合使用，生产出具有复合功能的纤维和产品。

三、防螨纤维的制备

防螨纤维及纺织品的制备通常采用以下四种方法。

（一）复合纺丝法

将防螨整理剂添加到成纤聚合物中，然后经过纺丝工艺制成防螨纤维。这种方法能够在纤维内部添加防螨成分，提高了耐洗涤性能和持久性。国内吴娇利用水溶解制备的植物中药山苍子和小茴香提取物溶液，以及由百里香精油制备的微胶囊与黏胶纤维纺丝液进行共混，通过湿法纺丝制备抗菌防螨防霉功能改性黏胶纤维。吕存东将具有抗菌防螨功能的艾蒿和苦楝提取物以及活性白土微粉加入黏胶纺丝液中共混，利用湿法纺丝工艺，制备抗菌防螨消臭黏胶纤维。黄惠标将具有抗菌防螨功效的植物提取物水溶液和可吸附甲醛的天然活性白土微粉与黏胶纺丝液共混纺丝，成功制备出具有抗菌防螨及消除甲醛功能的黏胶纤维。郑晓颐采用油酸对纳米球形铜抗菌剂进行包覆处理，并与聚酰胺 6 基体共混挤出造粒制得抗菌防螨 PA6 切片，再经熔融单组分纺丝和熔融复合纺丝制得铜改性抗菌防螨 PA6 纤维。

（二）后整理法

使用防螨整理剂对织物进行后整理加工，使得织物表面附着防螨剂，达到防螨的效果。这种方法简单易行，适用于化学纤维和天然纤维。使用后整理方法生产防螨织物具有易于实现、工序简单、应用范围广的特点，既能用于化学纤维还能用于天然纤维。然而这种防螨产品只是将防螨剂附着在织物的表面，耐洗涤性能差，经多次洗涤后效果会大大降低，而且会影响织物的舒适性。目前的研究热点集中在加强纺织品与防螨剂的结合力、提高产品的舒适性和耐久性上。科研人员将防螨剂涂覆在凝胶状腈纶上，也将其涂覆在未牵伸的涤纶表面，然后再进行牵伸等后整理，使防螨整理剂能更深入纤维表层，从而提高防螨整理的耐久性。

（三）混纺纱线法

天然纤维如棉纤维、麻纤维不需纺丝，难以应用复合纺丝法进行功能处理。目前，除了后整理方法外，可采用混纺法将防螨功能纤维与天然纤维混合，制备防螨纱线用于织造。相比于单纯的后整理方法，混纺法可以在纤维内部引入防螨功能，从而提高了织物的持久性和耐洗性。这种方法不仅能够保持天然纤维的优良特性，还能够增加织物的附加值，满足消费者对健康和舒适的需求。因此，混纺法为防螨织物的生产提供了一种有效而可行的选择。

（四）高密度材料

通过制备高密度的非织造材料来达到防螨效果，这种方法不能驱避或杀灭螨虫，仅仅靠高密度来防止螨虫的侵入，起到隔离螨虫的效果。国外的美国杜邦公司的"特卫强"、日本东丽公司的"克利尼克"、钟纺公司的"克斯莫"和"基拉托"、日本帝人公司开发的超细纤维高密度织物"microgart"以及德国科德宝公司的"Evolon"防螨面料就是采用高密度材料制备而成。

四、防螨纤维的应用实例

（1）家庭、宾馆、酒店等场所的床上用品，以及窗帘、墙布、桌布、地毯、室内装饰纺织品和各类布艺家具。

（2）儿童服用产品、儿童纸尿裤、玩具等，可降低儿童哮喘患病率，起到预防保护的作用。

（3）家居服、内衣等，特别是对螨虫比较敏感、容易过敏的和有过敏史的人穿着。

第六节　负离子纤维

空气中的负离子被誉为"健康元素"或"空气维生素"，对人的呼吸系统有很大益处，能大大提高血液的携氧能力，使人感觉神清气爽。随着"大健康"理念的深入人心，负离子纤维及纺织品成为功能纤维领域研究热点之一。据报道，纺织品中的负离子能够直接作用于人体的中枢神经与血液循环，具有增强机体免疫力、舒缓身心疲劳、调节空气、抑菌杀菌等功效，具有一定的保健、预防、治疗和康复的功效。

一、负离子产生的机理

自然产生的负离子主要是由宇宙射线、阳光紫外线、岩石土壤中的放射性元素放出的射线激发，及雷电电击、风暴、瀑布、海浪的冲击摩擦等作用使得大气中气体分子的外层电子摆脱原子核的束缚逃逸，这些电子由于自由程极短，很快附着在某些气体或者原子上，成为空气负离子。而且，雨水的分解、植物的光合作用所产生的新鲜空气也含有负离子。人工产生负离子最常见的方法是使用高压静电场或者高频电场，用放射线、水的撞击或者摩擦作用等方法使得空气电离。

一些天然无机矿物与人造纳米材料能够通过特定的放电或电荷转移手段，在材料附近的空间内持续地产大量负离子。常见的负离子发生材料有含放射性元素的天然矿石、电气石、奇才石、蛋白石等晶体材料，还有海底沉积物、珊瑚化石、海藻碳以及上述材料的复合物等。这些天然材料种类繁多，在自然界中含量低、分布窄，而人造纳米材料在一定程度上弥补了该缺点，使得这种负离子功能材料能够得到巨大的推广与普及。负离子功能材料按组成可分为电气石类、金属氧化物及盐类、含放射性元素材料类和高分子材料类。相对来说，负离子功能材料具有在无源状态下永久性释放负离子、发射远红外线、抑菌和抗菌作用以及降解有毒气体等独有特点与技术优势。

二、负离子的功效

（一）环保作用

负离子的环保作用主要表现在降解有机污染物和降霾除尘两方面。

1. 降解有机污染物

有机污染物是指由于人类活动或自然过程引起，进入空气中并呈现出足够的浓度、持续足够的时间，因而对正常生产生活造成影响的有机物总称。常见有机污染物有醛、苯及苯同系物与衍生物、四氯化碳、酯类等芳香族和脂肪族有机物等。负离子能有效降解有机污染物。当负离子或者基于负离子的反应物与有机污染物接触时，二者发生剧烈的氧化还原反应，不仅达到了有效的降解效果，同时反应效率高且无二次污染物产生，更重要的是，净化后的空气充满负离子，进一步改善了空气质量。

2. 降霾除尘

雾霾现象现已成为关系发展与民生最为紧迫的问题。这些固体颗粒物一般指悬浮于大气中的固体或胶体体系，具有一定的化学活性，参与各类化学反应，是大气中重要的组成部分，主要化学成分为硫酸盐、硝酸盐、氨、氢离子、水、碳基化合物、有机物等。当负离子产生后会向外扩散并与固体颗粒碰撞，为颗粒所吸附，导致固体颗粒带负电，此时固体颗粒会向零电位的墙壁或者地面移动并沉积，后续的颗粒由于黏附力与之前的颗粒黏附在一起形成灰层，最终达到净化空气的目的。同时，负离子能有效吸收和消除苯、甲醛、氨等刺激性气体。

（二）保健作用

空气中的负离子被誉为"健康元素"，对人体有很多益处。随着"大健康"理念的深入人心，负离子纤维及纺织品成为功能纤维领域研究热点之一。对人体的益处主要表现在以下几个方面。

1. 改善呼吸空气质量，预防呼吸系统疾病

人体穿有负离子服饰时，负离子会随着人体的呼吸进入人的呼吸道内，可加速呼吸道上皮纤毛运动，腺体分泌能力提高、平滑肌兴奋性提高，能大大提高血液的携氧能力，使人感觉神清气爽，对人的呼吸系统有很大益处。另外，吸入相当量的空气负离子，还能驱除哮喘病，肺气肿。

2. 改善神经系统

人体通过呼吸将空气负离子送进肺泡时，经血液循环把所带电荷送到全身组织细胞中，能刺激神经系统产生良好效应，提高注意力，提高睡眠质量，使人精力充沛。

3. 提高免疫力

负离子能够直接和间接地降低血糖及肌肉中的乳酸含量，提高网状内皮层系统的功能，促进体内维生素的合成和储存，提高基础代谢，促进蛋白质代谢，并加强免疫系统功能。

（三）杀菌作用

负离子杀灭微生物技术作为一种新型绿色的杀菌技术目前正得到越来越多的关注。负离子具有很强的反应活性，能够有效破坏微生物的细胞壁和细胞膜，并进一步破坏细胞质，最终导致微生物细胞结构解体死亡。负离子由于其所具有的高浓度与高反应活性的特点使得该杀菌过程能够有效地进行，从源头上解决了微生物造成的不良后果，保障了环境和人体的健康。关于负离子杀菌的研究先前已有报道，此前有多个实验室证明了负离子对于有害微生物的杀灭效应以及对于人体的有益效果。

三、负离子纤维的制备

负离子纤维作为一种功能性纤维，能够释放负离子，类似于自然环境中瀑布或森林中的空气离子化现象。这种纤维的特性是通过在纤维的生产过程中添加特定的材料或涂层来实现的。负离子纤维的制造方法主要包括共聚法、共混纺丝以及表面改性法。

1. 共聚法

共聚法是在成纤聚合物的聚合过程中添加负离子功能粒子，负离子添加剂在切片中分散均匀，切片可纺性良好，负离子释放能力稳定，但工艺复杂、生产成本高，应用仍较少。有报道利用共聚法制备的负离子功能聚酯纤维，静态负离子释放量为 23 个/cm^3。

2. 共混纺丝法

共混纺丝法是指在纺丝前，将负离子功能性母粒与聚酯切片共混均匀，再进行熔融纺丝制得负离子纤维。与共聚法相比，共混法中负离子功能粒子添加更加灵活，但负离子添加剂分散性较差，如以电气石为负离子发生材料制备负离子聚酯母粒，再与聚酯切片共混制得负离子功能聚酯纤维，负离子释放率可达 2000 个/cm³。

3. 表面改性

表面改性是利用一些技术如表面处理技术和树脂整理技术将含有电气石等能激发空气负离子的无机物颗粒附着在纤维的表面上。日本就将由珊瑚化石的粉碎物、糖类、酸性水溶液再加上规定的菌类，在较高温度下长时间发酵得到的矿物质原液涂在纤维表面。矿物原液含有树脂黏合剂成分，得到了超耐久的负离子纤维。

4. 后整理法

后整理法是利用含有负离子释放材料的处理液对织物进行浸渍、浸轧或涂覆处理，使负离子释放材料通过物理吸附热固化或化学反应固着于织物表面，从而赋予纺织品负离子释放功能。与共聚法和共混纺丝法相比，后整理法可以对包括天然纤维在内的多种类型纤维进行改性，工艺简单，但纤维产生负离子的耐久性较差。如今已有基于后整理法制备负离子功能聚酯纤维织物、棉纤维织物的报道。

四、负离子纤维的应用实例

随着对负离子释放材料的不断开发，负离子纤维纺织品制备工艺在不断完善，负离子纤维的应用领域也在不断拓展，广泛应用在衣物及家用纺织品、室内装饰物、医用非织造布、过滤材料等领域。

1. 家居与服装领域

以负离子纤维为原料，可以制成内衣内裤、西装套装、春夏时装、秋冬防寒保暖服装等衣物，以及床垫、被套等等家居用品。中国科学院研制出具有自发热功能以及负离子释放功能的"丝普纶负离子特种功能纤维"，被暖冬宝、南极人等品牌率先使用在保暖内衣上，其释放的远红外负离子有效提高了产品的保暖性及保健性能。东丽纺织公司利用古代矿物沉积物，通过特殊方法施加在纺织品上，得到一种新型后整理技术"Aquaheal"，该产品在服用过程中经过不断地摩擦和震动能够产生具有良好水洗耐久性的负离子释放功能。上海石化公司开发出了负离子释放效果良好的"奇异纤维"，可应用于床上用品和服饰面料。日本大和纺织公司将具有负离子释放功能和远红外发射功能的陶瓷粉与树脂混合，通过浸轧焙烘的方式对纺织品进行后整理，该技术现已申请专利，并被广泛应用于家用纺织品和服用纺织品。

2. 健康保健领域

负离子产生的功能对人体健康、预防疾病、治疗疾病等方面有很大作用。以人体保健为目标的负离子纺织品面对的是一个最为广泛的消费人群。这类产品可以是家庭或医院床上系列用品，例如床单、被套、床垫、蚊帐、睡衣等，也可以是针对运动员制作的运动套装，还可以是为某些特殊人群制作的各种护具、眼罩以及口罩等。例如在负离子材料中添加远红外放射物质能够同时释放负离子和红外线，可以促进血液循环，其制成的床单、被套、床垫、蚊帐等家居面料可提高人的睡眠质量以达到保健效果。

3. 过滤材料领域

在水质过滤方面，负离子纺织品释放出的负离子一方面能够杀死水中细菌，另一方面能够与水中的重金属离子结合成沉淀，从而达到净化水质的目的。因此，负离子纺织品可作为水体过滤材料，如采用负离子涤纶纺织品制备饮水机的过滤芯。同时负离子纺织品能够增加水中的含氧量，用作植物用水过滤材料时，可以提高植物的成活率，缩短植物的成熟期。在空气净化方面，负离子纺织品主要应用于办公场所、影院、交通工具内等密闭空间，包括室内纺织装饰面料、窗帘、地毯、沙发及座椅面料等，净化密闭空间内的空气。在家庭房屋装修之后，也可通过使用负离子纺织品释放出来的负离子去吸附装修材料留下来的甲醛与挥发性有机物质，达到净化空气、保障人体健康的目的。

4. 汽车内饰领域

在汽车行业，负离子纤维可以用于座椅、地毯和其他内饰材料，以提高车内空气质量。

另外，负离子也可以用于农业生产，如温室的覆盖材料；包装材料，如食品和其他产品的包装；建筑和装饰材料，如壁纸、天花板材料、地板材料等等。

因此，负离子纤维作为一种新型的功能性材料已在多个领域展现出独特的价值和应用潜力。随着全球对环境保护和健康生活的高度关注，负离子纤维的市场需求将持续增长。在未来可通过优化工艺技术、产品多样化、跨领域融合来促进负离子纤维技术的发展，开发更多种类的负离子纤维产品。

第七节　防紫外线纤维

紫外线是一种波长短于可见光波长的电磁波，太阳光中紫外线光谱约占6%。紫外线依据波长不同分为UV-A（320~400nm）、UV-B（290~320nm）及UV-C（200~290nm）。适量的紫外线辐射能促进体内维生素D合成，抑制佝偻病，消毒杀菌，但过量辐射紫外线对人体危害极大。UV-A能量较小，占紫外线的95%~98%，能使皮肤松弛，加速老化；UV-B能量大，会引起晒伤、免疫抑制，同时增加患皮肤肿瘤和致癌的危险；UV-C能量最大，可引起基因突变和肿瘤，但几乎被臭氧层全部吸收。近年来，防紫外线纤维在功能性纤维材料的开发中获得了很多应用。

基于光学原理，光线照射物体，通常主要表现为光线透过、反射和吸收，而紫外线的防护就是基于对紫外光的吸收和屏蔽，减少透过率。防紫外线纤维是指对紫外线有较强的吸收和反射性能的纤维。不同纤维或纺织品的色彩对紫外线的透过率也不相同，从化纤角度考虑，短纤维优于长丝，细纤维比粗纤维好，扁平、异形纤维优于圆形纤维。防紫外线纤维与纺织品可将大部分的紫外线借助屏蔽剂反射和吸收剂吸收转换，以热能或低辐射能量形式释放。

一、防紫外线整理机理

光学原理指出，当光线照射物体时，一部分反射，一部分被吸收，余下的透过物体。在此过程中，透过率、反射率和吸收率总和为100%。抗紫外线加工利用紫外线屏蔽剂对织物进行处理，使大部分紫外线被反射或选择性吸收，从而阻断紫外线。因此纺织品对紫外线的防护机理分为反射和吸收两种。

有机紫外线屏蔽剂通过发色基团（如 C＝N、N＝N、N＝O、C＝O 等）和助色基团（如—NH、—OH、—SO_3H、—COOH 等）吸收紫外线能量，将其转化成低能或热能释放。这些分子吸收紫外线后，可能发生光物理或光化学反应，产生电子迁移，从基态 S_0 激发至最低激发单线态 S_1 或更高单线态 S_2。被激发的分子可发射荧光回到基态，或通过内部转变到三线态 T_1，然后释放磷光回到基态，或将能量以热能形式传递给其他分子。

无机紫外线屏蔽剂主要是利用某些无机物质对入射光具有良好的折射、反射、散射性能来达到防护紫外线的目的，与有机紫外线屏蔽剂相比，整个过程无能量的转换发生。纳米微粒防紫外线整理剂，由于小尺寸效应，使其微粒的尺寸与紫外线的波长相当，吸收紫外线的能力增强。另外，由于其粒度小，透明度高，对织物的外观影响较小；而且其比表面积大，表面能高，易与材料结合。与同样剂量的其他有机紫外线吸收剂相比，在紫外区的吸收峰更高，对长波紫外线和中波紫外线都有屏蔽作用，而不像有机紫外线吸收剂那样，一般只单一地对长波紫外线或中波紫外线有吸收作用。

二、防紫外线整理剂的分类

紫外线整理剂通过对紫外线反射或折射，达到防紫外线的目的，常用的紫外线整理剂分为有机和无机两大类。

（一）无机类防紫外线整理剂

无机紫外线屏蔽剂主要利用某些无机物质的折射、反射、散射性能来有效防护紫外线。常见的无机紫外线整理剂包括 TiO_2、ZnO、高岭土、滑石粉、碳酸钙等陶瓷和金属氧化物及其盐类。这些材料具有无毒、无味、无刺激性、热稳定性好、不分解、不挥发以及优异的紫外线屏蔽性能。在 310~370nm 波长区域，ZnO 和氧化亚铅表现出最佳的紫外线屏蔽效果，而 TiO_2 和高岭土也具有一定的紫外线防护能力。此外，SiO_2 对 400nm 以下波长的紫外线具有高达95%的反射率。

虽然炭黑作为紫外线散射剂有效，但它同时会阻挡可见光，因此通常只在需要遮光的涂层中使用。近年来，石墨烯在防紫外线纤维中的应用逐渐增加。石墨烯的独特结构使其能够有效吸收 200~400nm 范围的全波段紫外线，并将其转化为热能释放，仅需少量添加即可获得优异的紫外线屏蔽效果。

（二）有机类防紫外线整理剂

有机紫外线吸收剂指能吸收特定波长紫外线的有机化合物，多为含有发色团和助色团的芳香族衍生物，能够发生光物理、光化学作用，且能强烈地选择性吸收高能紫外线，并将其转化而以无害的其他能量形式释放，如苯酮类化合物、水杨酸酯类、苯并三唑类、对甲氧基肉桂酸酯类、甲烷衍生物等。理想的有机类紫外线吸收剂大多具有共轭结构和氢键，吸收紫外线后能转化成热能、荧光、磷光，同时产生氢键成互变异构，如图8-7所示。

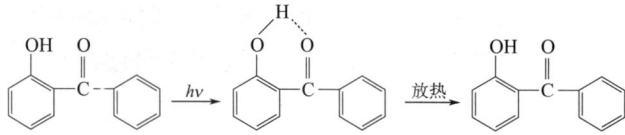

图8-7 作用机理

常见的有机类防紫外线整理剂有以下几类。

1. 苯酮类化合物

包括2,4-二羟基二苯甲酮、2-羟基-4-正辛氧基二苯甲酮、2-羟基-5-氯二苯甲酮等，适用于纤维素、聚酯、聚酰胺、聚丙烯等纤维材料。这些化合物能有效吸收280~400nm波长的紫外线，对280nm以下的紫外线吸收较少，有时会出现泛黄现象，且价格较高，因此应用相对较少。

2. 水杨酸酯类

这类紫外线屏蔽剂主要吸收大量的UV-B波段紫外线，对UV-A波段的吸收相对较少，且其吸收波长主要集中在短波长一侧，因此在应用上较为有限。这些化合物初始时对紫外线的吸收能力较低且吸收范围窄（小于340nm），但随着紫外线照射时间的增加，其吸收能力逐渐增强，直至达到最大吸收量。这种现象是由于分子在紫外线照射下发生重排，形成了强化紫外线吸收作用的二苯甲结构。

3. 苯并三唑类

这类化合物对紫外线的吸收范围广泛，能有效吸收300~400nm波长的紫外光线，因此具有优良的紫外线屏蔽效果。与此同时，它们几乎不吸收400nm以上的可见光，因此制品不会因此而泛色。这类化合物目前在应用中较为广泛，但它们缺乏反应性基团，因此其化学活性较低，需要通过吸附到纤维表面来实现紫外线吸收和屏蔽效果。

4. 肉桂酸酯类

这类紫外线吸收剂在280~310nm波段的紫外线吸收率极高，其分子结构中通常含有不饱和的共轭体系，这种体系中的电子转移导致其主要的吸收波长约在305nm附近。例如，日本资生堂将肉桂酸单体连接到多糖分子上，以提升其安全性和水溶性。这种改进后的化合物在230nm和310nm处展现出显著的高吸收峰。

三、防紫外线纤维制备方法

防紫外线纤维常用的制备方法有共混纺丝法、共聚纺丝法、复合纺丝法及后整理植入法等。目前已有较多关于通过各种紫外线屏蔽剂与不同成纤聚合物配合使用，或通过涂层、浸轧等方法制备各种防紫外线纤维及纺织品的报道，如防紫外线棉纤维、黏胶纤维、聚酰胺纤维及织物等。

（一）共聚法

共聚法是选择一种合适的紫外线吸收剂，与成纤高聚物的单体一起共聚制得防紫外线共聚物，然后纺成防紫外线纤维。例如，以芳香族二羧酸（如TPA、PA等）和EG为原料，在原料中或二羧酸的乙二酯中添加质量分数为 0.04%~10%、可耐 250℃高温的二苯甲酮类化合物（如 4,4-二羟基二苯甲酮等），用常规的直接酯化或酯交换后缩聚的方法制得防紫外线良好的线型聚酯，再通过常规的熔融纺丝法纺制成纤维。这种纤维具有良好的防紫外线性能，能有效吸收波长为 280~340nm 的紫外线。

（二）共混纺丝法

共混纺丝法是一种制备防紫外线纤维的有效方法，它通过将紫外线散射剂或吸收剂的粉体与聚合物进行混合。这种方法可以在聚合物聚合过程中直接添加散射剂或吸收剂粉体，或者先将它们与聚合物混合后再进行纺丝。另外，也可以先制成防紫外线的母粒，再进行纺丝操作。共混纺丝方法可以分为直接共混纺丝和切片共混纺丝两种方式。

在直接共混纺丝中，防紫外线整理剂可以直接添加到纺丝流体（如熔体或溶液）或聚合物中。在进行熔融纺丝时，需要考虑整理剂的耐热性，通常无机类防紫外线整理剂具有较好的耐热性，而有机类则稍逊。另一种方法是切片共混纺丝，要求先将防紫外线整理剂制成母粒，然后与切片共混后再进行纺丝。这种方法制成的防紫外线纤维具有持久的防紫外线功能、良好的耐洗性、柔软的手感以及易于染色的特点。

（三）复合纺丝法

复合纺丝法制备的复合纤维通常具有皮芯结构，其中芯层含有抗紫外线整理剂，而皮层则采用常规聚合物材料。这种结构使得抗紫外线整理剂能够集中分布在纤维的核心部分。相比共混法，复合纺丝法可以显著减少抗紫外线整理剂的使用量。可乐丽公司生产的"埃斯莫"长纤，其皮层采用普通聚酯，而芯层则采用含有陶瓷微粉的聚酯。这种设计不仅保证了纤维的抗紫外线性能，还有助于提升纤维的耐用性和整体品质。

（四）后整理法

后整理法是一种通过将抗紫外线整理剂植入纤维中来增强其抗紫外线性能的工艺。常见的方法包括浸渍法、染色同浴法、轧烘焙法、印花法和吸尽法等。这些方法中，抗紫外线整理剂可以通过物理吸附或化学反应与纤维结合，确保其在洗涤过程中的耐久性。为进一步提高耐久性，微胶囊技术也被应用，微胶囊中的有机紫外线吸收剂能够有效防止整理剂的散失。后整理植入法主要适用于天然纤维，如棉纤维。

相比之下，纺丝法在生产抗紫外线纤维时具有显著优势。这种方法能够将抗紫外线整理剂均匀地分布在整个纤维结构中，确保其抗紫外线性能持久且稳定。在使用纺丝法时，需要确保整理剂不会在生产过程中分解或挥发，同时还需确保其对人体无害，并且不会对纤维的强度、透明度、染色性能等产生负面影响。

四、防紫外线纤维的应用实例

1. 服装领域

早在 20 世纪 90 年代，国外就开始对防紫外线纺织品的研究开发。澳大利亚、新西兰、日本等发达国家都对防紫外线纺织品进行了大量的研究和开发。其中，日本取得了令人瞩目的成就。虽然国内对防紫外线纺织品这方面的研究比较少，但是最近几年，国内的防紫外线纺织品研制开发得到了迅速的发展。目前，东部沿海地区的许多公司已开发出具有优异防紫外线功能的纤维和织物。

防紫外线涤纶纤维非常适用于生产各类机织、针织服饰面料，可纯纺或交织生产，主要用于加工夏季服装面料及太阳帽、凉伞、夏季女式长筒袜等，织造性能良好，织物风格独特、手感舒适。抗紫外线涤纶织物具有较强的紫外屏蔽率（可达98%），且产品无毒、无味、功能性持久、对皮肤无刺激。

2. 农业领域

防紫外线纤维可用于制造农业覆盖膜或遮阳网。这些材料能够有效屏蔽紫外线，减少紫外线对农作物的伤害，同时允许可见光透过，为作物生长提供适宜的光照条件。例如，一些研究开发的纤维素基薄膜，通过表面改性具有良好的抗紫外线性能，可屏蔽约95%的紫外线，同时允许近80%的可见光透过。

防紫外线纤维可用于温室大棚的覆盖材料，延长其使用寿命并保护内部作物。紫外线会加速传统塑料薄膜的老化，而防紫外线纤维材料能够有效延缓这种老化过程，同时减少紫外线对作物的直接照射。

防紫外线非织造材料在农作物容器苗中的应用不仅可以有效保护植物免受紫外线伤害，还能提高材料的耐久性和使用寿命，促进植物生长，同时符合环保和可持续发展的要求。防紫外线非织造材料还可以与其他功能集成，如保温、保湿、透气等。

3. 汽车内饰领域

在光、热、水汽的作用下，汽车内饰所使用的各种高分子材料（PP、PVC、聚乳酸、聚氨酯等）都会老化，可能发生变色褪色、失去光泽、强度降低等问题。老化不可抗拒只能减缓，可以通过改进高分子材料、添加抗氧化剂等方式去改善，用防紫外线纤维制作的汽车内装饰布可减轻褪色，延长因紫外线照射而引起老化的时间。在非织造材料领域，有研究者将竹纤维与黏胶纤维、聚酯纤维、棉纤维等混合，制备针刺非织造布，研究其防紫外线性能。也有采用多层结构设计，在中间层应用防紫外线纤维，制备具有防紫外线功能的非织造布的报道。

第八节　防辐射纤维

我们生活的环境中充满着各种各样的辐射，从宇宙中的高能射线、核电站的核燃料到大理石地砖，从医院的X光机到阳光里的紫外线，从手机、微波炉、高压线到电视台、广播台的信号塔，辐射无处不在。不过绝大部分辐射都是宇宙中正常的物理现象，而且辐射量极为微弱，在生活中不会对人体造成任何影响和伤害。对人类生存和繁衍造成重大影响的射线大致可分为粒子射线（如中子射线、质子射线等）和电磁射线（如无线电波、γ射线、X射线等）。防辐射纤维是指能够吸收或消散辐射能，从而对人体起防护作用的纤维材料，比较常见的为防电磁辐射纤维、防γ射线辐射纤维、防X射线辐射纤维及防中子辐射纤维等。

一些高性能纤维本身具备较好的耐辐射性能，典型的为聚酰亚胺纤维。聚酰亚胺由于其芳香环的碳氧双键形式的分子结构决定了其耐辐射、耐热、分子链不易断裂等一系列优良性能，在受到高能辐射后不产生辐射交联和化学降解反应，且仍可保持力学性能，被称为耐辐射纤维。而通过将特定的改性化合物或单质添加在纤维中，制成的具有防辐射性能的纤维称为复合型防辐射纤维。

一、辐射的危害

（一）中子射线

中子虽不带电荷，但具有很强的穿透力，在空气和其他物质中，可以传播更远的距离，对人体产生的危害比相同剂量的 X 射线、γ射线更为严重。人体受中子辐射后，肠胃和雄性性腺会严重损伤，诱导肿瘤的生物效应高，并易导致早期死亡，同时受损伤的机体易感染且程度重，所致眼晶体混浊的相对生物效应为γ或 X 射线的 2~14 倍。造成造血器官衰竭，消化系统损伤，中枢神经损伤。还可以造成恶性肿瘤、白血病、白内障等。中子辐射还会产生遗传效应，影响受辐射者后代发育。

（二）无线电波

近年来，无线电波广泛用于生活、医学、通信、军工等领域，几乎涉及人类生活的方方面面。无线电波虽然应用范围广，但是若长期接触它，可能会诱发白血病、不孕症等疾病，除此之外，还会出现视力下降的问题。

（三）γ射线

γ射线，是原子核能级跃迁退激时释放出的射线，是波长短于 0.1Å 的电磁波（1Å = 10^{-10}m），能量高于 124keV，频率超过 30EHz（$3×10^{19}$Hz），可穿透厚度达 300mm 的钢板。γ射线有很强的穿透力，工业中可用来探伤或流水线的自动控制。γ射线对细胞有杀伤力，医疗上用来治疗肿瘤。另外，γ射线的间接电离作用是比较均匀的，对人体来说很容易引起内部病症和伤害眼睛。

（四）X射线

X 射线的频率范围是 30PHz~300EHz，对应波长为 0.01~10nm，能量为 100eV~10MeV。X 射线具有穿透性，但人体组织间有密度和厚度的差异，当 X 射线透过人体不同组织时，被吸收的程度不同，经过显像处理后即可得到不同的影像，因此 X 射线应用于医疗方面较多。因此，介入放射治疗的医务工作者穿上 X 射线防护服可以减少 X 射线对身体重要组织器官（如性腺、乳腺、骨髓等）产生的伤害。由于 X 射线的频率和能量仅次于γ射线，所以防护γ射线的材料也可以用于 X 射线的防护。

二、辐射屏蔽原理

（一）中子射线屏蔽原理

中子为中性不带电粒子，它不可直接电离，而是通过中子射线与原子核发生碰撞产生相互作用衍生带电的次级射线引发电离作用。中子以吸收和散射两种方式与原子核发生相互作用，其中通过辐射俘获、核裂变放出带电粒子对中子进行吸收，通过弹性散射和非弹性散射对中子射线进行慢化。辐射俘获又称中子活化，是指一个或多个中子撞击原子核发生核反应形成质量数更大复核的过程，此时形成的复核因捕获了中子而处于激发态，高出的能量以俘获 γ 射线的形式释放使复核回归基态达到射线屏蔽效果。核裂变又称核分裂，当中子撞击质量大的原子核时会产生分裂形成两个或者更多的质量小的原子核。放出带电粒子反应是指中子与物质相互作用被其吸收形成复核，该复核由于吸收能量而处于激发态，高出的能量会释放 α、β 带电粒子使原子核回到基态的过程。

弹性散射是指中子与物质的原子核相互作用发生弹性碰撞，导致中子一部分能量转移至原子核从而能量降低发生偏移，而获得能量的原子核向反方向偏移形成可电离和激发的反冲核以降低中子能量的过程。非弹性散射与弹性散射均遵循能量守恒定律（动能恒定），但非弹性散射不伴随反冲核的形成，原子核受中子射线撞击后形成复核，处于激发态的复核通过释放 γ 射线回到基态，损失能量的中子射线继续重复上述过程。

（二）电磁射线屏蔽机理

在辐射源与人体之间设置足够厚的屏蔽物（屏蔽材料），便可降低辐射水平，使人们在工作或生活中所受到的剂量降低至最高允许剂量以下，确保人身安全，达到防护目的。电磁射线的屏蔽机理涉及多个方面。屏蔽材料对外部和内部电磁波干扰具有吸收能量、反射能量和抵消能量的作用。在高频情况下，采用低电阻率金属材料形成的涡流抵消作用可以减弱干扰。而在低频情况下，则需要使用高导磁率材料限制磁力线扩散。有时候，为了同时具有对高频和低频电磁场的良好屏蔽效果，会采用多层屏蔽材料结构。屏蔽物质通过吸收耗散、光电效应、康普顿效应和电子对效应来衰减射线强度。光电效应是光子与原子核外电子碰撞释放能量的过程。康普顿效应则是光子与屏蔽材料发生非弹性碰撞，导致光子散射和能量损失的过程。电子对效应发生在光子能量较高时，光子与屏蔽材料相互作用形成电子对的过程。具体包括以下三个方面的作用机理。

1. 涡流损耗

当电磁场频率较高时，金属材料中会产生涡流，这种涡流形成了对外来电磁波的抵消作用，从而达到屏蔽的效果。涡流的产生是由于高频电磁场通过导体时，会在导体内部产生感应电流，这些感应电流形成环状流动，使能量转化为热能，从而吸收了一部分电磁波的能量。因此，对于高频电磁场的屏蔽，利用金属材料的涡流损耗是一种有效的手段。

2. 磁性屏蔽

当电磁场频率较低时，利用高导磁率的材料可以将磁力线限制在屏蔽材料内部，防止其扩散到屏蔽的空间。这种磁性屏蔽的原理是通过改变磁场线的传播路径，从而使得外部的电磁波无法轻易穿透屏蔽材料。对于低频电磁场的屏蔽，采用高导磁率材料是一种有效的策略。

3. 辐射屏蔽

除了涡流损耗和磁性屏蔽外，辐射屏蔽也是一种重要的屏蔽机制。辐射屏蔽的原理是通过吸收耗散发生光电效应、康普顿效应以及电子对效应来衰减射线的能量。具体来说，光电效应是指当射线与物质发生碰撞时，能量转移到原子的外层电子上，导致电子从原子中释放出来的过程。通过增强光电效应，可以提高射线的屏蔽效果。康普顿效应是指射线与物质发生非弹性碰撞，使得射线的能量转移给物质中的电子，从而导致射线的能量损失和散射。这种效应也是辐射屏蔽的重要机制之一。电子对效应是指当光子的能量较高时，光子与物质相互作用形成具有正、负两个电子的电子对，最终导致光子的散射和能量损失。电子对效应也是辐射屏蔽的重要组成部分。

三、防辐射纤维材料

（一）防中子射线辐射纤维材料

在中子辐射防护中，根据中子能量的不同特性，可以分为慢中子、中能中子和快中子三类。慢中子的能量通常小于 1eV（一般为 0.025eV），也被称为热中子；中能中子的能量范围为 5~100keV；而快中子的能量则介于 0.1~500MeV 之间。不同能量的中子对防护材料的要求和作用机制各有不同。

防中子辐射材料通常由特种合成纤维制成，其主要作用是减速快速中子并吸收慢速热中子。这些纤维必须能够经受高能辐射而不丧失力学和电气性能，同时具备良好的耐高温和抗燃性能。中子射线的特性决定了其在空气和其他介质中传播的距离较远，其辐射对生物组织的损伤程度相比同剂量的 X 射线更为严重。

为了有效屏蔽中子辐射，防护材料需要有效地减缓快速中子并吸收慢速热中子。一般而言，传统的防护服只能有效防护中、低能中子射线，而高能中子的防护则需要更复杂和特殊的材料设计。

国外自 20 世纪 70 年代起就开始了对纤维状防中子辐射材料的研究。例如，日本的东丽公司开发了一种复合纤维，通过复合纺丝法制备，将中子吸收物质与高聚物混合后，形成具有皮芯结构的纤维。这种材料经过湿热或干热拉伸工艺，可以显著提高其强度和耐用性，从而提高防护效果。日本专利还报道了另一种纤维状中子防护物的制取方法。含有中子吸收物质的高聚物溶液在高压下喷射纺制纤维，提高了防中子辐射纤维的热中子屏蔽率。这种方法制得的纤维由于中子吸收物质暴露在纤维表面，因而在洗涤、受摩擦时极易损失，使中子吸收性能降低。国内采用硼化合物、重金属化合物与聚丙烯等共混后熔纺制成的皮芯型防中子、防 X 射线纤维，其碳化硼含量高达 35%，纤维强度可达 23~27cN/tex，断裂伸长率达 20%~40%，可加工成针织物、机织物和非织造布，用在原子能反应堆周围，可使中子辐射防护屏蔽率达到 44% 以上。有人还采用聚丙烯与不同重量的碳化硼微粉为原料，研究通过熔融共混纺丝工艺研制防中子辐射纤维及织物的可行性，并对共混体系的流变性能及影响流变性能的因素进行了讨论。经测试，用该复合纤维制成的非织造布对热中子具有较强的屏蔽作用，对中能中子也有一定的屏蔽作用。这类材料适合用于防护衣具、门窗帘和遮盖包装等。

（二）防电磁辐射纤维材料

电磁辐射通过磁场影响人体内部组织的微磁场平衡，进而影响人们身体健康。常见的防电磁辐射纤维及纺织品多采用喷涂、镀层或混纺等技术将金属纤维与常规聚合物纤维复合而制成，用于加工电磁屏蔽功能织物及服装，具有防微波辐射性能好、质轻、柔韧性好、耐环境性能好、耐洗涤等优点。国内外防电磁辐射纤维材料主要有以下几类。

1. 金属纤维

金属纤维因其出色的导电性、耐热性和耐化学腐蚀性，以及接近一般纤维的柔软性和纤细度，广受关注和应用。早期，美国 Brunswick 公司推出的不锈钢纤维 Brunsmet 标志着防电磁辐射纤维的开端。随后，基于腈纶、黏胶纤维和沥青的碳纤维相继问世。20 世纪 60 年代以来，有机导电纤维不断发展，利用炭黑或金属化合物通过涂覆、共混或复合纺丝制备出优质导电纤维。20 世纪 80 年代，杜邦、孟山都和东丽等公司推出了 Antron Ⅲ、锦纶 6 "Ulton" 和海岛型导电腈纶 "SA-7"（LUANA）等复合导电纤维。进入 90 年代，随着聚苯胺、聚噻吩等高分子导电聚合物的问世，人们对利用这些材料制备导电纤维的兴趣日益增强。

不锈钢纤维在可纺性、使用性和经济性方面表现优越，尤其在防静电和 10MHz～10GHz 频率范围内的电磁辐射防护中具有显著应用。例如，Holatary 公司利用 Nomax Ⅲ 与不锈钢纤维混纺生产的射频防护服，其屏蔽效能可达 60dB，适用于从事电磁波作业或受电磁波影响的人员，如心脏起搏器患者。研究表明，金属纤维混纺纱织制的平纹机织物比斜纹机织物具有更好的防微波辐射效果，且屏蔽效能随金属纤维含量增加而提高，但超过一定比例后效果反而减弱。这些发现对于优化防电磁辐射混纺织物的设计和性能具有指导意义。

2. 金属镀和涂覆金属盐纤维

采用金属络合物、金属氧化物等处理聚合物纤维，将金属覆盖在合成纤维上，沉积 0.02～2.50μm 的金属层，使纤维比电阻降到 $10^{-2}～10^{-4}\Omega\cdot cm$。

在 20 世纪 70 年代初，首次出现了镀银织物，它具有优秀的保护效果、轻薄便捷的特性，广受欢迎。随后，国内外相继成功研制出化学镀铜或镍织物，取代了镀银织物，性能相似而价格更为经济实惠。为了改善纤维表面金属层的耐磨性和防脱落性能，帝人公司在聚酯聚合过程中添加了 2%～16% 的有机磺酸化合物和 0.5%～5% 的微孔成孔剂。通过这一过程，纺制出中空结构的改性聚酯纤维，然后采用碱减量处理方法去除大部分微孔成孔剂。接着，在纤维表面进行化学沉积金属层，得到了具有微孔结构的金属纤维。最后，对纤维进行聚氨酯树脂处理，以提升金属层的附着耐久性。

金属络合物处理法利用聚丙烯腈纤维上的氰基和铜盐，通过还原剂、硫化剂等进行处理，形成金属化合物。主要生成的是银、铜、锡等金属的硫化物和碘化物，这些导电体表现出 P 型半导体性质。20 世纪 80 年代初，日本首先研制出含有 CuS 的导电腈纶。方法包括将纤维浸渍在二价铜溶液中，利用有机或无机含硫还原剂将其还原为一价铜离子，然后与氰基发生强烈的配合反应，在纤维表面形成 CuS 导电通道。此技术随后被日本三菱人造丝公司推广到聚酯纤维上。在国内，采用腈氯纶作为基材，先用硫酸铜溶液处理，然后利用含硫还原剂制备导电纤维。此外，国内还开发出含 CuS 和 CuI 的导电腈纶，扩展了导电纤维的应用领域和材料选择。

3. 多离子纤维

多离子纤维织物的特征：织物的纤维中含有质量分数（以纤维质量为 1 计）为 0.2%～5% 的银离子、1.4%～29% 的铜离子、0.2%～3% 的镍离子、0.4%～8% 的铁离子。多离子织物具有柔软舒适、色泽均匀、除臭、抗菌性强、耐洗等优点，由其制作的防护服不仅具有可靠的安全防护性，同时具有优良的服用性。

4. 纳米吸波材料

将纳米材料应用于电磁屏蔽纤维是一种先进的技术，可以显著提高纤维的电磁屏蔽性能。纳米材料通常具有优异的电磁波吸收能力和导电性，使其成为理想的电磁屏蔽材料。纳米吸波材料是将纳米级的导电纤维或者纳米粉体织入织物或对织物进行涂层整理制得。常见的纳米材料包括碳纳米管、石墨烯、金属氧化物等，它们具有高比表面积和优异的电磁特性，能够有效地吸收和散射电磁波。该类织物利用纳米吸波剂对入射到织物表面的电磁波进行能量吸收、衰减，再将电磁能量转换为热能而消耗掉或电磁波因干扰而消失，达到防电磁辐射的目的。纳米材料以其独特的吸波机制在电磁防护领域显示出巨大的优势，此类产品质量轻、厚度薄、吸波的频带宽、吸收能力强，可避免环境的二次污染。

（三）防 X 射线辐射纤维材料

最早用于 X 射线屏蔽的是铅板、铁板等金属材料，后来又开发出了含铅的玻璃、有机玻璃及橡胶等制品，但这些材料制成的防护用品透气性差，笨重，而且其中含有毒性的铅及其氧化物，使用这类防护材料会产生环境污染。通过在化学纤维中添加适量的氧化铅、硫酸钡制成的防 X 射线纤维，加工成纺织品后对低能 X 射线有一定的屏蔽效果，主要优点是比铅衣轻便柔软，但是依然含有毒性。新型的防 X 射线纤维则是将固体 X 射线屏蔽剂加入聚丙烯中复合加工而成。以聚丙烯为基础材料而制备的防 X 射线纤维，可做成具有射线防护功能的非织造布，能较好地屏蔽中、低能的 X 射线。当非织造布的定重大于 $600g/m^2$ 时，用其做成的防护服可屏蔽达 70% 以上的中、低能 X 射线。

（四）防 γ 射线辐射纤维材料

传统的 γ 射线辐射屏蔽材料主要是铅和混凝土。含铅材料具有较高的密度和原子序数，价格低廉，且耐磨性和耐腐蚀性好，易于加工成各种形状，如板材、管材、块材等。研究发现如 Bi_2O_3 等含 Bi 材料也可代替含铅材料屏蔽 γ 射线辐射。为了更好地屏蔽 γ 射线，研究人员对传统防辐射材料铅进行改性，如制成 $PbWO_4$ 晶体，并用沉淀法进行了 Ce、Eu 稀土元素掺杂 $PbWO_4$ 晶体，形成 $PbWO_4$ 纤维，表现出良好的防 γ 射线性能。此外，钨酸铋（Bi_2WO_6）的密度高、原子序数大，对 γ 射线衰减能力强，是一种很有前途的辐射屏蔽材料。

四、防辐射纤维的应用实例

在非织造材料领域，也可通过适当的加工方法将防电磁辐射纤维制备成非织造布，应用于医疗保健、航空航天、国防军事、工业检测及电子设备等领域。

1. 防电磁辐射针刺非织造材料

研究者选用银纤维和添加了纳米银粒子的纳米银纤维进行混合，用非织造针刺工艺制成防辐射非织造布片，再用两层轻薄面料将非织造布片夹在中间，通过绗缝将其缝合成单层状面料。缝合线既保护了防辐射非织造布片，也可形成装饰性图案，由此形成的防辐射面料因为有缝合线的保护，不仅提高了织物的耐洗性，且洗涤后不会减弱其防辐射效果。也有研究者将碳纤维、不锈钢纤维与涤纶纤维混合，经针刺制得防电磁辐射非织造布，再经涂层整理进一步提升其防电磁辐射性能，所得非织造布在频率为 2450~2650MHz 时，电磁屏蔽性能最大达到 36.3dB。防辐射涂层整理主要是在材料的表面涂覆导电材料，使其具有防护微波辐射的功能。

成网过程中将普通纤维与金属纤维（不锈钢纤维）混合，再经过针刺加固成非织造材料，不锈钢纤维导电性好，耐热性好，耐腐蚀。用不锈钢纤维制成的非织造布的屏蔽性能与环境温度和湿度无关，防护作用可靠，也可用于高温、高湿、强静电等特殊的环境。将具有电磁屏蔽功能的无机粒子或粉末与普通纤维切片共混后进行纺丝，可以制成性能优良的导电性纤维，或者铁电性纤维。这种纤维不失原有的强度、延伸性、耐洗性和耐磨性，该法成本低，寿命长，可靠性高。但是，是在高频电场的情况下，屏蔽性能会下降。这种方法制成的非织造布具有持久的抗辐射性能，是实验室抗辐射服和手机防辐射贴等防辐射产品的首选方法。

2. 中子辐射防护材料

传统用来吸收热中子的元素有硼、锂、镉和稀土等元素，其中钆元素具有最高的热中子俘获截面，且含钆聚合物是一种理想的中子屏蔽材料。日本将锂和硼的化合物粉末与聚乙烯树脂共聚后，采用非织造加工工艺——熔融皮芯复合纺丝工艺研制了防中子辐射材料，具有较好的防护中子辐射效果，可加工成机织物和非织造布用于医院放疗室内医生与病人的防护。有研究者采用熔融纺丝制备了含碳硼烷的共聚酯纤维，所制备的含碳纤维具有轻质性能、独特的热性能和优良的中子屏蔽性能。

3. X 射线防护非织造材料

研究者在聚丙烯腈或黏胶纤维纺丝原液中加入硫酸钡浆料，采用湿法纺丝工艺制得防 X 射线聚丙烯腈纤维和防 X 射线黏胶纤维。此外，还有以自身不具有射线吸收能力的聚丙烯熔喷非织造布为骨架材料，以纳米稀土混合物为射线吸收剂，采用层间复合法制备对 X 射线具有良好防护效果复合材料的报道。当用于 X 射线防护的非织造布的平方米重量在 $600g/m^2$ 以上时，非织造布对中、低能量 X 射线的屏蔽率可达到 70% 以上。若要进一步提高防护服的屏蔽率，则可以很方便地调节织物的重量或增加它的层数。

当前，纤维新材料规模不断扩大、技术不断突破，为我国民生改善、经济发展和国家安全提供了强有力的支撑，但国内先进功能非织造材料的制备、成形和加工整体技术与发达国家仍存在一定差距，先进功能非织造材料的种类和品质也仍需进一步提升。党的二十大报告明确指出，要加快实施创新驱动发展战略，坚持面向世界科技前沿、面向经济主战场、面向国家重大需求、面向人民生命健康，加快实现高水平科技自立自强。因此，功能非织造材料应瞄准世界纤维科技前沿、强化基础研究、突破关键共性技术与绿色制造技术，重点从化纤新材料、新品种、生态染整新技术、产业用纺织品新技术、绿色制造、智能制造等方面加强战略布局与顶层设计，推动功能非织造材料创新发展。

思考题

1. 什么是功能纤维？其具有什么特点？
2. 导电纤维可分为哪些种类？各有何特点？
3. 常见的抗菌剂有哪些？其抗菌机理是什么？
4. 阻燃机理包括哪些？
5. 超吸水纤维非织造材料可用于哪些领域？
6. 防螨纤维的制备方法有哪些？
7. 负离子纤维的主要应用领域有哪些？
8. 防紫外线纤维在农业领域有哪些应用？
9. 设计一种防电磁针刺非织造材料。
10. 试举例说明功能纤维可用于开发哪些新型非织造材料。

第八章思考题
参考答案

参考文献

[1] 朱平. 功能纤维及功能纺织品 [M]. 北京：中国纺织出版社，2006.

[2] 商成杰. 功能纺织品 [M]. 北京：中国纺织出版社，2006.

[3] 沈兰萍，杨建忠. 功能纺织品设计与生产 [M]. 上海：东华大学出版社，2021.

[4] 周仪，张仁乐，吴德雯，等. 有机导电纤维的研究进展 [J]. 合成纤维工业，2022，45（4）：51-57.

[5] LIU G，CHEN X，LIU J. Fabrication of PEDOT：PSS/rGO fibers with high flexibility and electrochemical performance for super capacitors [J]. Electrochimica Acta，2021，365：137363.

[6] 王秋萍，张瑞萍，李成红，等. 导电涤纶非织造布的制备及其性能 [J]. 纺织学报，2020，41（10）：116-120.

[7] 石素宁，韩任旺，罗飞，等. 熔喷聚丙烯导电非织造布的制备及性能研究 [J]. 化工新型材料，2020，48（4）：168-171.

[8] HUANG L，LIN S，XU Z，et al. Fiber-based energy conversion devices for human-body energy harvesting [J]. J. Advanced Material，2020，32（5）：1902034.

[9] 陈美梅，郭荣辉. 抗菌材料的研究进展 [J]. 纺织科学与工程学报，2019，36（1）：153-157.

[10] Lifeng Qi，Zirong Xu，Xia Jiang，et al. Preparation and antibacterial activity of chitosan nanoparticles [J]. Carbohydrate Research，2004，339（16）：2693-2700.

[11] Ladhari N，Baouab M H V，Abdelbasset Ben Dekhil，et al. Antibacterial activity of quaternary ammonium salt grafted cotton [J]. Journal of the Textile Institute，2007，98（3）：209-218.

[12] 李强林，黄方千，蒋学军，等. 超吸水纤维的研究进展及其应用 [J]. 成都纺织高等专科学校学报，2017，34（1）：195-200.

[13] 刘湖滨. 纺织用品中阻燃纤维的阻燃机理及应用 [J]. 印染助剂，2020，37（9）：6-10.

[14] 张振方，李会改，万明，等. 纺织品防螨研究进展 [J]. 合成纤维，2015，44（3）：38-41.

[15] 侯晓欣. 植物中药抗菌防霉防螨黏胶纤维的制备及性能研究 [D]. 青岛：青岛大学，2018.

[16] 杨述斌，刘敏，曹学，等.负离子功能纺织品的研究及应用 [J].纺织科技进展，2020，8：1-3.

[17] 张璐，刘茜，吴湘济.理疗保健功能纺织品的研究与开发现状 [J].产业用纺织品，2020，38（8）：
1-6.

[18] 张凯军，李青山，罗金琼.负离子功能聚酯短纤维的制备及表征 [J].功能材料，2017，9（48）：
184-188.

[19] 周秀会，曹晓英.防紫外织物新进展 [J].国外纺织技术，2000，2：30-33.

[20] 陈华燕，李珺，罗浩之，等.负载纳米二氧化钛防紫外棉织物的研发 [J].针织工业，2022，1：
49-51.

[21] 冯俊丹，崔振华，程德亮，等.纳米氧化锌对黏胶织物的抗菌防紫外整理研究 [J].针织工业，2020，
11：24-28.

[22] 涂传先，沈百勋，邓世伟，等.一种采用防紫外线纤维的非织造布：中国，ZL201920256527.9 [P].
2020-01-10.

[23] 裘康，郭秉臣.防辐射非织造布 [J].北京纺织，2005（4）：15-17.

[24] 付晓娟.电磁屏蔽非织造布的研究与开发 [D].西安：西安工程大学，2015.

[25] WU Y，HU J，FENG C，et al. Carborane- containing copolyester fibers with unique neutron shielding proper-
ties [J]. Materials & Design，2019（172）：107772.

[26] 邓浩，王建坤.电磁辐射及防电磁辐射纺织品的发展现状 [J].染整技术，2015，37（10）：4-8.

[27] 李卫斌，赵晓明.防辐射纤维的研究进展 [J].成都纺织高等专科学校学报，2016，33（3）：187-
191.

[28] 施楣梧，周洪华.防辐射纤维及其纺织品研究 [J].纺织导报，2013（5）：90-93.

第九章　非织造用生物质资源纤维

第九章 PPT

思维导图

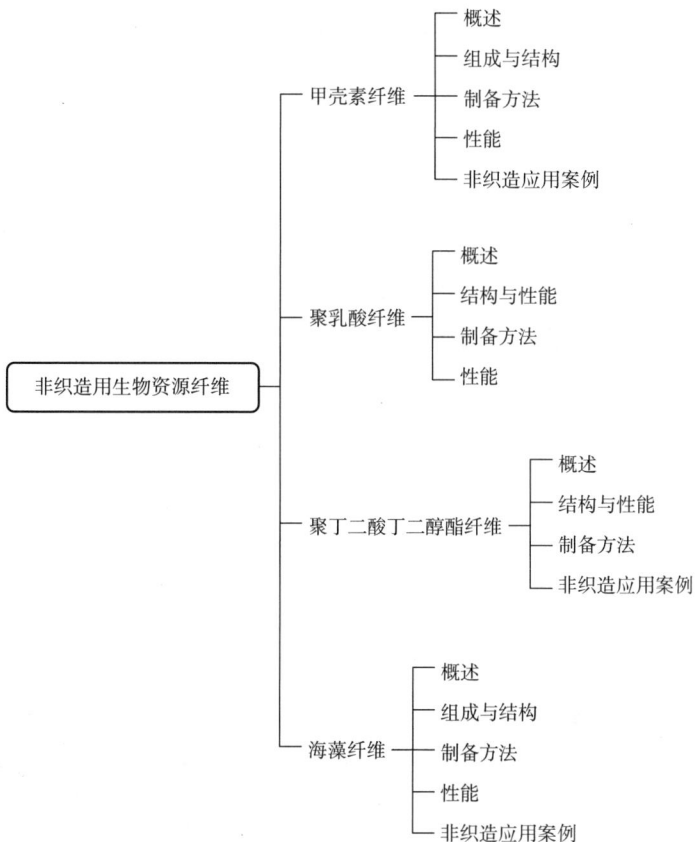

知识点

1. 非织造用生物质资源纤维的种类。

2. 各类非织造用生物质资源纤维的化学组成与结构。

3. 各类非织造用生物质资源纤维的制备方法及性能。

4. 各类非织造用生物质资源纤维的非织造应用实例。

课程思政目标

1. 培养学生的科学素养和爱国情怀。

2. 培养学生的环保意识和可持续发展理念。

3. 培养学生的工匠精神。

4. 培养学生的创新和开拓精神。

第一节　甲壳素纤维

一、甲壳素纤维概述

甲壳素（chitin）又名甲壳质、几丁质，因富含于甲壳纲昆虫和水产动物的甲壳中而得名，也存在于菌类、藻类等细胞壁中。甲壳素纤维是从虾、蟹等海洋生物甲壳中提取甲壳素，通过纺丝方法制成的新型生物质纤维（图9-1）。甲壳素纤维具有优异的抗菌性、生物降解性和生物相容性，手感柔软、服用性优良，在卫生保健应用领域有广阔发展前景。

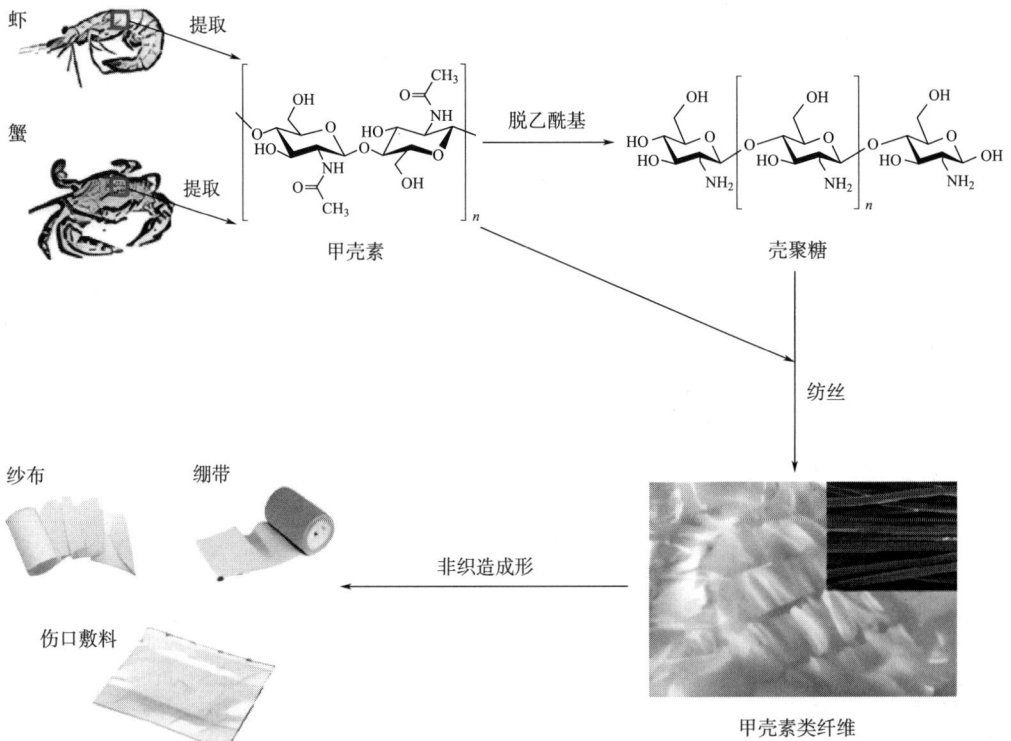

图9-1　甲壳素纤维原料与非织造产品

甲壳素自1811年被发现以来，大量科学家开发研究了甲壳素的提取、分离、纯化及其衍生物制备方法，但甲壳素纤维的研究工作发展较为缓慢。直到20世纪70年代发现了甲壳素和壳聚糖的一些特性后，人们才又开始了甲壳素纤维的少量研究。这时，又尝试着采用一些新溶剂，特别是利用DMAC-LiCl溶剂体系，来生产甲壳素纤维。虽然壳聚糖具有易溶性，但其纤维的发展却比甲壳素纤维要晚得多。

20世纪90年代初期，日本最先利用甲壳素纤维的特性，制成与棉混纺的抗菌防臭类内衣和裤袜，深受广大消费者的青睐。1993年，East&Qin发现，甲壳素纤维可以通过先纺出壳聚糖纤维再经乙酰化而得。这是因为壳聚糖容易溶解在2%乙酸中，而且纤维易被乙酰酐乙酰化，该路线提供了生产甲壳素和壳聚糖纤维的一种较经济的方案。他们还发现，乙酰化过程受处理条件如反应时间、温度和酐与纤维重量的比值等影响。当壳聚糖纤维失去螯合能力时，乙酰化纤维就有了较高的干、湿强度。

与国外相比，我国开发研制甲壳素纺织品的工作起步较晚。中国在1952年才开展甲壳素试验，最初将壳聚糖作为涂料印花成膜剂，后又用作无甲醛织物的整理剂和黏合剂。而利用壳聚糖的优良生物医学特性，将其作为医用材料进行研究则是从20世纪90年代初开始的。由于甲壳素纤维具有抗菌止痒、可生物降解和不污染环境等优点，广泛应用在儿童内衣、妇女保健内衣、手术缝合线（可吸收性）、止血纱布绷带等领域，是21世纪重点开发的绿色保健纤维。1991年东华大学成功研制甲壳素医用缝合线，接着又研制成功甲壳胺医用敷料（人造皮肤），并已申请专利。1999～2000年，东华大学研制开发了甲壳素系列混纺纱线和织物并制成各种保健内衣、裤袜和婴儿用品。2000年在山东潍坊，世界第一家量产纯甲壳素纤维的韩国独资企业投入生产。除上海外，北京、江苏、浙江等省市的有关厂家也开发了甲壳素保健内衣或床上用品，并已推向市场。

近几十年来，甲壳素在临床医学、医药生物材料和组织工程材料方面显示出了多方面的作用，甚至取得了许多意想不到的效果。壳聚糖能被人体吸收利用，与人体的组织器官及细胞有良好的生物相容性，无毒，具有生物降解性，降解过程中产生的壳聚糖在体内不积累，几乎无免疫原性，同时具有多种生物活性。

二、甲壳素的组成与结构

甲壳素是自然界中唯一带正电荷的天然高分子聚合物，属于直链氨基多糖，学名为$(1,4)$-2-乙酰氨基-2-脱氧-β-D-葡萄糖，分子式为$(C_8H_{13}NO_5)_n$，单体之间以β-1,4糖苷键连接，分子量一般在10^6左右，理论含氮量6.9%。壳聚糖是甲壳素大分子脱乙酰基的产物，故又称脱乙酰甲壳素、可溶性甲壳素、甲壳胺。它的化学名称是$(1,4)$-2-氨基-2-脱氧-β-D-葡聚糖，理论含氮量8.7%，而且壳聚糖成品的含氨量仅在7%左右，说明壳聚糖分子中尚有一部分乙酰基未脱除。壳聚糖的脱乙酰度一般可用甲壳素分子中脱除乙酰基的链节数占总链节数的百分数来表示。凡是脱乙酰度在50%以上时即称壳聚糖。正是由于壳聚糖大分子中大量氨基的存在，才使壳聚糖的溶解性能大为改善，化学性质也较活泼。

甲壳素、壳聚糖与纤维素有相似的结构，它们可以看作是纤维素大分子中2位碳上的羟基（—OH）被乙酰氨基（—NHCOCH$_3$）或氨基（—NH$_2$）取代后的产物，它们的化学结构式如图9-2所示。

甲壳素的结晶结构可以分为α、β和γ三种。其中，α-甲壳素中的高分子链以一正一反的形式排列，而β甲壳素中的高分子链都排列在同一个方向，γ甲壳素中的高分子链以两个正方向和一个反方向的形式排列。

甲壳素纤维形态结构：一般的甲壳素纤维表面平直，略微弯曲，形态均匀，断面粗细均匀，形状有圆形、多角形。

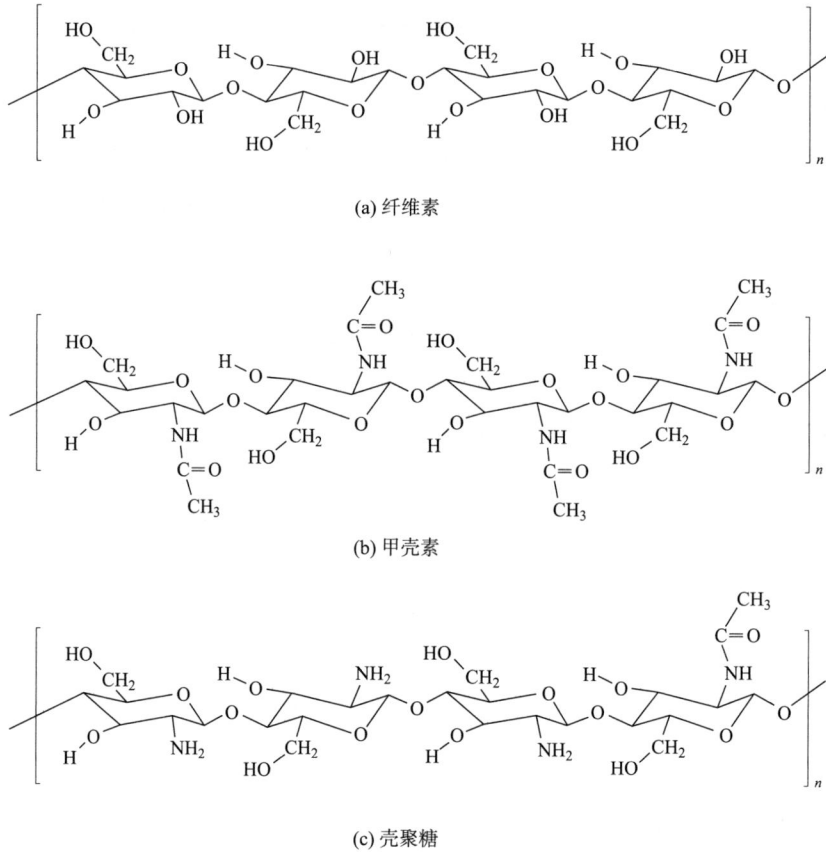

(a) 纤维素

(b) 甲壳素

(c) 壳聚糖

图9-2　纤维素、甲壳素和壳聚糖的化学结构式

三、甲壳素纤维的制备方法

由于甲壳素和壳聚糖的热分解温度高于其熔融温度，所以其无法实现熔融纺丝。因此，目前制备甲壳素和壳聚糖纤维主要采用的是湿法纺丝或者静电纺丝等方法。之后将制备好的纤维通过非织造方法进行加工，最终制得甲壳素和壳聚糖非织造布。

（一）湿法纺丝

目前，普遍采用湿法纺丝纺制甲壳素纤维（图9-3）。首先，将甲壳素溶解在合适的溶剂中，配制成一定浓度、一定黏度、性能稳定的纺丝原液，纺丝原液经过滤脱泡后，在一定压力下通过喷丝头的小孔喷入凝固浴槽中，呈细流状的原液在凝固浴中形成固态纤维，再经拉伸、洗涤、干燥等后处理即可。湿法纺丝过程中，影响甲壳素纤维性能的因素如下所述。

1. 分子量的影响

分子量大小及其分子量分布会影响到纺丝液的黏度和纺丝液的质量分数，决定了纤维的可纺性和制备效率。一般情况下，分子量越大，其溶解度越低；分子量分布区间越窄，其纺丝液越稳定。使用低分子量甲壳素的纺丝液黏度较低，有利于高浓度溶液纺丝。但低分子量

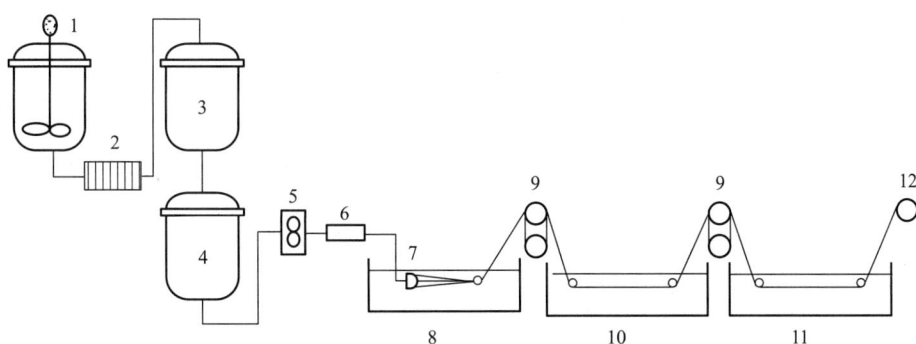

图 9-3　湿法纺丝示意图

1—溶解釜　2—过滤器　3—缓冲桶　4—原液桶　5—计量泵　6—过滤器
7—喷丝头　8—凝固浴　9—拉伸辊　10—拉伸浴　11—水洗浴　12—卷绕辊

的甲壳素会降低甲壳素纤维的缠结密度和分子链取向。低分子量甲壳素含量过高时，纤维的韧性和断裂应力同时下降，对纤维的生产有不利影响。因此，通常选用合适分子量大小、窄分子量分布的甲壳素原料进行纺丝。

2. 纺丝溶剂的影响

溶剂对甲壳素和壳聚糖的溶解度较高时，它们之间存在强相互作用，凝固浴中的凝固剂难以扩散到形成纤维的中心区域中使纤维固化速率降低，同时分子量发生膨胀增强了分子间的相互作用，导致形成孔隙率较高的松散纤维。

3. 凝固浴的影响

凝固浴的组成、浓度和温度也是湿法纺丝过程中的重要工艺参数，对湿法纺丝最终制备的纤维性能有显著影响。当溶剂与非溶剂之间有较强的亲和力，扩散趋势较强时，它们的混溶性高，交换速率高。因此，凝固浴中的凝固速率较高以及溶剂与非溶剂之间的亲和力强，两者是湿法纺丝中纤维形成大孔隙的一个重要原因。

4. 温度的影响

当生产温度升高，溶液的黏度降低，非溶剂更易渗透到甲壳素和壳聚糖中，形成纤维时发生相分离，在纤维表面出现大孔隙，纤维的力学性能降低。因此纤维的温度与孔隙率通常是负相关的。

5. 拉伸的影响

在湿法纺丝中拉伸过程可以显著增强纤维的力学性能。初生纤维经过拉伸浴的拉伸后，不仅能减少甚至消除纤维中存在的微孔、缝隙等缺陷，使纤维趋向致密化；而且能有效地提高纤维中大分子间排列的规整程度，使已固化的纤维中大分子的取向度进一步提高，从而使纤维的抗张强度有所增加。

（二）干法纺丝

甲壳素纤维的干法纺丝工艺是以易挥发物质作为溶剂，如六氟异丙醇。近年来的研究表明，二丁酰甲壳素在易挥发有机溶剂丙酮中具有较好的溶解性能，因此其成形工艺可采用干法纺丝。

（三）静电纺丝

静电纺丝是一种对高分子溶液或熔体施加高电压而进行纺丝的方法。用静电纺丝法能制得直径为50~500nm的纤维，并可直接制造纳米纤维非织造材料。它使用电场从甲壳素溶液中产生纳米纤维。甲壳素溶液在强电场作用下的液体会形成泰勒锥，泰勒锥的尖端会延伸形成均匀细长的甲壳素纳米纤维。

影响静电纺丝过程的因素包括溶液性质、工艺条件和环境参数。装药密度、喷嘴到收集器的距离、初始射流/孔半径、弛豫时间和黏度这5个参数对射流半径的影响最大。不同浓度的甲壳素溶液对静电纺甲壳素纳米纤维的形貌有不同的影响。甲壳素在大多数溶剂体系中的溶解度很差，甲壳素不溶于水、酸性和碱性溶液以及有机溶剂，只能溶解于特定的溶剂中，这是由分子间和分子内氢键组成的复杂网络引起的。

（四）发酵法

甲壳素广泛存在于真菌类生物的细胞壁中，在合适的发酵条件下，一些丝状真菌在生长繁殖后可以直接产生甲壳素含量很高的纤维状产品，经过简单的处理可以加工成纸、非织造布等产品。这种发酵工艺与传统的湿法纺丝相比，工艺流程短，可能成为生产甲壳素纤维的一种新方法。

四、甲壳素纤维的性能

甲壳素和它的衍生物壳聚糖，具有一定的流延性及成丝性，都是很好的成纤材料，选择适当的纺丝条件，通过常规的湿纺工艺可制成具有较高强度和伸长率的甲壳素纤维。在壳聚糖大分子结构中由于含有大量的氨基，其溶解性能和生物活性高。

1. 力学性能

甲壳素纤维的密度约为 $1.37 \text{g}/\text{cm}^3$，纤度 1.67~1.44dtex。表9-1引出了甲壳素纤维的力学性能。从表9-1可以看出，甲壳素纤维的力学性能比较差，拉伸强力比较低，纤维脆性大，纤维之间抱合力差，可纺性差，纯纺比较困难。目前甲壳素纤维强度尚低于棉纤维，我国早期研制甲壳素纤维的强度仅为1.05~1.80cN/dtex，现可以达到3cN/dtex以上。绝大多数纤维随回潮率的增加而强力下降，甲壳素纤维的湿强也是明显低于干态时的强度。

表9-1　甲壳素纤维的力学性能

项目	干态	湿态
断裂强力 F/cN	3.43	2.68
断裂伸长率 $\varepsilon/\%$	8.56	6.45
断裂强度 $P/(\text{cN}/\text{dtex})$	3.48	2.8
断裂功 W/J	20.92×10^{-3}	15.37×10^{-3}
初始模量 $E/(\text{N}/\text{mm}^2)$	125.14	172.93

2. 卷曲性能

甲壳素纤维的卷曲性较差，卷曲弹性回复率为51.33%。该纤维可与棉和黏胶等纤维混纺（表9-2）。

表9-2　甲壳素纤维的卷曲性能

性能名称	性能指标	所用标准
卷曲率/%	1.33	
残留卷曲率/%	0.70	GB/T 14338—2022
卷曲弹性回复率/%	51.33	

3. 摩擦性能

表9-3为绞盘法在转速30r/min和预加张力100mg的条件下，甲壳素纤维与纤维、纤维与金属辊、纤维与橡皮辊间的动、静摩擦系数。

表9-3　甲壳素纤维的摩擦性能

项目名称	静摩擦系数	动摩擦系数
纤维与纤维	1.511	0.642
纤维与金属辊	0.271	0.248
纤维与橡皮辊	0.718	0.422

4. 吸湿保湿功能

由于甲壳素纤维在其大分子链上存在大量的羟基（—OH）和氨基（—NH_2）等亲水性基团，其纤维具有优良的吸湿和保湿功能，甲壳素纤维的平衡回潮率一般在12%～16%之间，保湿能力比纯棉制品高出7倍，在不同的成形条件下，其保水值均在130%左右。也因为甲壳素纤维的吸湿性良好，具有优良的染色性能，在纺织过程中可用直接、活性、还原、碱性及硫化等多种染料进行染色，且色泽鲜艳。

5. 电学性能

甲壳素纤维含有大量羟基，具有很高的亲水性，其吸湿性与黏胶纤维基本相似。甲壳素纤维的质量比电阻值较低，远低于$10^9\Omega\cdot g/cm^2$，明显低于涤纶纤维，因此甲壳素纤维在加工中不易产生静电（表9-4）。

表9-4　甲壳素纤维的回潮率和质量比电阻

纤维种类	质量比电阻/（$\Omega\cdot g/cm^2$）
甲壳素	$10^6\sim10^7$
棉花	$10^6\sim10^7$
黏胶	$10^7\sim10^8$
涤纶	$10^{13}\sim10^{14}$
羊毛	$10^8\sim10^9$

6. 热收缩性

甲壳素纤维的干热收缩率和湿热收缩率较小，与竹纤维和大豆蛋白纤维相近。因此，制成的甲壳素纤维纺织品在干热和湿热的染整加工过程中以及使用过程中都表现出良好的尺寸稳定性。甲壳素纤维的热收缩率与加工中的拉伸程度密切相关，拉伸程度越小，热收缩率也越低。此外，热收缩率受热处理条件的影响较大：温度越高，热收缩率越大；在相同温度下，湿热处理的收缩率通常高于干热处理的收缩率。

甲壳素纤维具有优异的耐热性能，其热分解温度约为228℃，这种高热稳定性有利于进行各种后整理加工（表9-5）。

表9-5　甲壳素纤维的热收缩性能

纤维种类	甲壳素纤维	涤纶	大豆纤维	竹纤维
干热收缩率/%	2.1	14	2.3	0.8
沸水收缩率/%	2.3	6.8	2.36	1.8

7. 可生物降解

由于制造甲壳素纤维的原料一般采用虾、蟹类水产品的废弃物，一方面可减少这类废弃物对环境的污染，另一方面甲壳素纤维的废弃物又可生物降解，不会污染周边环境，所以甲壳素纤维又被称为绿色纤维。

8. 抗菌性

甲壳素纤维是自然界唯一带正电荷的动物纤维，其正电荷能与细菌和真菌发生静电相互作用，改变其细胞渗透性。因此，可能导致细胞内容物由于渗透压失衡而泄漏，最终使细菌和真菌死亡，从而起到抗菌杀菌的作用。甲壳素纤维对危害人体健康的大肠杆菌、金黄色葡萄球菌、白色念珠菌、绿脓菌、肺炎杆菌、白绒菌等具有较强的抑制作用。它能减少细菌代谢产物对皮肤的刺激，有助于防止皮肤瘙痒，同时具备防止老化、调节生理机能、抗菌防臭、促进伤口愈合等功能。此外，甲壳素纤维的抗菌性能不会因水洗而减弱，保持长久有效。

9. 生物相容性

甲壳素的大分子结构与人体内的氨基葡萄糖的构成相同，而且具有类似于人体骨胶原组织结构，这种双重结构赋予了它们极好的生物医学特性：即它对人体无毒无刺激，可被人体内的溶菌酶分解而吸收，与人体组织有良好的生物相容性，具有抗菌、消炎、止血、镇痛、促进伤口愈合等功能。因此，甲壳素和壳聚糖是理想的医用高分子材料，广泛用于制造特殊的医用产品。国外，尤其是日本和美国已用它来制造人造皮肤、可吸收缝合线、血液透析膜和药物缓释剂以及各种医用敷料等。在国内，也有很多应用于婴幼儿服装的制作，因其能够抗菌杀菌、保护婴幼儿皮肤，对于出现的湿疹和红肿等问题的治疗都有显著的效果。

10. 保健性能

甲壳素纤维接触皮肤时，能通过毛孔吸附耦合体内的阴离子（如胆固醇、农药残留、化学色素、重金属离子等），将有害物质吸出体外，从而达到排毒的效果。甲壳素纤维可吸附氯离子，氯离子是导致高血压病变的主要因素，因此甲壳素纤维可预防高血压，还可降低体内胆固醇含量，去除多余脂肪，起到一定减肥效果。此外，有大量文献证明甲壳素能与人体皮肤中分泌出的溶菌酶相互反应，其产物葡萄糖胺被皮肤吸收后能激活单核巨噬细胞和淋巴球细胞（NK）活性功能，可以提高皮肤的免疫力，预防皮肤癌的发生。

五、甲壳素纤维的非织造应用实例

（一）食品工业

用甲壳素水刺非织造布制成的食品保鲜盖布，具有良好的杀菌、防腐、保鲜功能，甲壳质水刺非织造布制作的包装袋具有透气、防止霉变等功效。Zhang 等制备了一种用于改进抗菌和食品包装的二硫化钼量子点（MoS$_2$QDs）/甲壳素纳米纤维复合材料。MoS$_2$QDs 通过水热反应均匀地键合在部分去乙酰化的甲壳素纳米纤维上。其具有接近中性条件的抗菌活性，抑菌率>90%，该复合薄膜可用于肉类保鲜，延缓变质。

（二）医疗卫生

1. 人造皮肤

甲壳质水刺非织造布具有隔绝外界空气、抑制细菌、避免交叉感染、控制体液流失量、刺激皮肤细胞等功能。甲壳质本身化学结构与肝素相似，生物相容性和生物活性优异，对人体不会引起异常免疫、排异和过敏反应，是制作人造皮肤的理想材料。临床应用证实，使用甲壳质水刺非织造材料人造皮肤的创面，可缩短其愈合时间；应用简单、方便，对创面黏附牢固，使用时无须多次换药，减轻病人痛苦，简化治疗过程，节约医疗费用。尤其适用于治疗大面积创伤、烧伤、烫伤和人工植皮。

2. 骨组织、神经组织修复

研究表明，脱乙酰甲壳素能促进骨源细胞的分化，并能促进骨骼的形成，可促进再生轴突数目的恢复以及横断面髓鞘面积的增加。有研究采用湿法纺丝法制备了负载有含万古霉素（VAN）抗生素和 ZIF8 纳米晶体的 ZIF8/VAN 的壳聚糖三维生物相容性支架。实验结果表明，VAN 在壳聚糖支架上具有 pH 值可控的释放特性。VAN 在 pH = 5.4 和 pH = 7.4 的条件下，8h 内分别释放了 70% 和 55%。ZIF8/VAN 壳聚糖支架对金黄色葡萄球菌显示出了强大的抗菌作用，与单独的壳聚糖支架相比具有更高的活性，并显示出了较高的增殖能力和成骨活性。

3. 医用敷料

用甲壳质水刺非织造布作医用敷料、创可贴等创面保护覆盖材料具有许多优点：能吸附创面挤出的血清蛋白质，刺激机体细胞生长，具有止血、镇痛、促进伤口愈合的功能；在伤口处产生亲水凝胶物质，防止细菌通过，具有抑菌、消炎和防止感染等功效；高强力和良好的吸湿透气性能，能吸收污血和渗出液，保持创面干燥，为伤口愈合提供良好的环境。其柔韧性、吸水性和透气性在各种敷料材料中具有优势，十分适合于裸露、需要保护的创面。近年来，各项研究已经表明基于壳聚糖的止血敷料可用来控制严重外伤所致的侵袭性出血。甲壳素敷料用于通过首先封闭受伤部位，接着促进局部血凝固来控制严重的出血性流血。

（三）美容面膜

甲壳素水刺非织造布由于其优异的亲肤性和亲水性，可用于开发美容面膜等护理产品。

此外，由于甲壳素上大量的活性基团，可与一些活性物质如玻尿酸等形成分子间作用力，利于将其固定在甲壳素非织造布上，从而具有优异的保温、供氧、活化细胞等功能，对皮肤起到滋润、营养、保健等作用。

第二节　聚乳酸纤维

一、聚乳酸纤维概述

合成纤维在近几十年快速发展，已成为日常生活和工农业生产中不可或缺的原材料。然而，大多数合成纤维的原料来源于石油和煤炭等不可再生资源，使用后难以降解，长期存在于环境中，造成污染。因此，可降解且原料可再生的"绿色纤维"材料成为全球研究的热点。聚乳酸（PLA）纤维是最具发展前景的"绿色纤维"之一。

聚乳酸可以通过乳酸的环化二聚或直接聚合制得，而乳酸可由淀粉发酵获得。淀粉来源广泛，如红薯、玉米等可再生植物。聚乳酸纤维的生产过程能耗低、污染少，且在土壤或水中能够被微生物自然降解为二氧化碳和水，这两者又可以通过光合作用转化为乳酸的原料。此外，聚乳酸纤维与其他有机废弃物一起埋入土壤，可作为堆肥，展现出良好的环保效果。

1780年，瑞士化学家Scheele首先在发酵的牛乳中成功析出乳酸，1881年后，美国开始乳酸的商品化制造。1932年，杜邦（Du Pont）公司的著名高分子化学家Carothers在真空条件下加热乳酸得到了低分子量的聚乳酸。1948年美国弗吉尼亚—卡罗来纳化工公司利用玉米残渣提取玉米醇溶蛋白质，生产出Vicara纤维。1962年美国Cyanamid公司用聚乳酸制成了可生物吸收的医用缝合线。1991年美国卡吉尔（Cargill）公司以玉米为原料发酵生产乳酸，然后在真空条件下采用溶剂脱水技术，生产高分子量PLA。2001年11月，美国陶氏化学（Dow Chemical）与Cargill合作成立的Cargill Dow Polymers（简称CDP）公司，投资3亿美元，采用两步法聚合技术，在美国内布拉斯加州Blair投产兴建了一套14万t/a的PLA生产装置，这是目前世界上最大的聚乳酸生产工厂。2005年CDP公司更名为Nature Works公司，2008年末Nature Works公司开发出PLA树脂Ingeo™的新技术成为全球PLA生产的引领者。

日本在聚乳酸产业中拥有最多的专利。其中，1989年日本钟纺公司与岛津公司合作开发PLA纤维，原料采用岛津制作所和CDP公司的产品，1994年开发出商标名为"Lactron"的纤维，1998年又开发出用此纤维制造的系列服饰产品。此外，三井化学公司曾以玉米、甜菜、马铃薯等为原料经过固相缩聚直接合成了PLA低聚物，并在惰性气体中制得分子量较高的PLA，其商品名为Lacea™。

在国内，PLA的发展起步较晚，处于初级发展阶段，中国从2000年左右开始研究PLA生产工艺。中国科学研究院长春应化所研究团队与国内化纤行业颇具实力的常熟市长江化纤有限公司合作，从2006年起组织开展了连续聚合熔体直纺聚乳酸纤维工艺与技术的研究，并于2006年11月首次在模型装置上纺成聚乳酸长丝。2011年，中国科学研究院长春应化所承担的国家"863"计划课题——一步法聚乳酸纺丝工艺与技术通过科技部的验收。上海同杰良生物材料有限公司成功开发出具有我国自主知识产权的技术：一步法直接缩聚制备聚乳酸。该技术的优点是缩短了工艺流程、简化了生产工艺。2014年同杰良公司在马鞍山建成了年产万吨级PLA生产线和千吨级纺丝生产线，已经开发出注塑级、片材级、薄膜级和纤维级PLA切片，并生产出PLA短纤维和卫生材料制品。

由于PLA既有化学纤维的物理特性和天然纤维完全生物降解的环保特性，又具有广阔的下游产业链，自20世纪末问世以来迅速成为国际关注的热点研发方向。

二、聚乳酸纤维的组成与结构

PLA纤维和涤纶同属聚酯类，但涤纶是芳香族聚酯化合物，而PLA纤维是脂肪族聚酯化合物。PLA纤维的化学结构并不复杂，其主要原材料为乳酸，由于乳酸分子中存在手性碳原子，有D型和L型之分，所以PLA的种类因立体结构不同而有多种。在生产二聚丙交酯时，能形成三种不同形式，即D型、L型和DL型的PLA，如聚右旋乳酸（PDLA）、聚左旋乳酸（PLLA）和聚外消旋乳酸（PDLLA）。采用特定的工艺方法，可以控制这些异构体的比例。它们不同比例的混合物具有不同的物理性能，经研究发现聚合物的结晶度和熔点随着其中PLLA的比例提高而提高，因此控制反应条件可以控制PLA的结构比例，进而达到调节其结晶度和熔点的目的。由淀粉发酵得到的乳酸含有99.5%的PLLA，而且它是结晶体，可用来生产纤维等制品，因此人们对聚乳酸纤维的研究主要集中于PLLA。

PLA纤维是全芯层结构的，横切面近似圆形，表面光滑有光泽，并有一定透明度。PLA的化学结构为单个的乳酸分子中有一个羧基和一个羟基，若多个乳酸分子在一起，则其中一个PLA分子的—OH与另一个PLA分子的—COOH脱水缩合，然后依次脱水缩合使分子之间产生拉力形成了PLA聚合物。Vicara纤维的横断面呈圆形，纵断面则为半透明的圆柱状。PLA纤维化学结构式如图9-4所示。

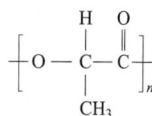

图9-4 聚乳酸纤维
化学结构式

三、聚乳酸纤维的制备方法

（一）PLA制备

PLA的合成方法较多，主要有乳酸直接聚合法（一步法）、丙交酯开环聚合法（二步法）、乳酸固相聚合法。

1. 直接聚合法

乳酸分子同时具有羟基和羧基，直接聚合法是酯化脱水缩合聚合反应（图9-5）。由于酯化反应是可逆反应，水从反应体系中除去，反应才能继续向聚酯生成方向进行。该法是制备PLA最早也是最简单的方法，技术关键是反应中产生的水较难完全除去。直接聚合法在体系中存在着游离酸、水、聚酯及丙交酯的平衡，不易得到分子量高的聚合物，得到的PLA分子量一般较低，其数均分子量一般小于5000，分子量分布约为2。这样的PLA很难满足加工高分子材料的需要，且聚合反应需在高于180℃的条件下进行，该条件下得到的聚合物极易氧化着色，这给聚合、加工带来了不便。但此法生产工艺流程短、成本低。

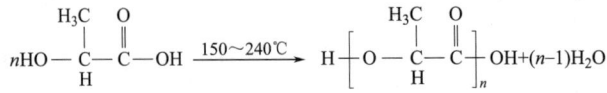

$$nHO-\overset{\overset{\displaystyle H_3C}{|}}{\underset{\underset{\displaystyle H}{|}}{C}}-\overset{\overset{\displaystyle O}{\|}}{C}-OH \xrightarrow{150\sim240℃} H-\left[O-\overset{\overset{\displaystyle H_3C}{|}}{\underset{\underset{\displaystyle H}{|}}{C}}-\overset{\overset{\displaystyle O}{\|}}{C}\right]_n OH+(n-1)H_2O$$

图 9-5　PLA 直接聚合法反应式

直接聚合法目前还可分为直接熔融聚合法、熔融固相聚合法、溶液缩聚法、溶剂回流脱水聚合法、微波辅助聚合法及扩链聚合法。直接熔融聚合是将乳酸单体在 Sn(Oct)₂ 作用下直接脱水缩聚成 PLA，该反应是可逆反应，过程中由于分子长链及单体低聚物的存在会发生酸解、醇解、水解及成环反应，副产物较多。水在黏性熔融副产物中无法排出，使反应反向进行，无法得到纯的高分子量的 PLA，不能用于塑料及纤维的加工应用。熔融固相聚合即在直接熔融聚合的基础上进行固相聚合，固相聚合温度高于预聚物玻璃化温度而低于它的熔点，可以使低分子量 PLA 非结晶区的官能团末端基、小分子单体及催化剂相互碰撞使聚合反应继续，让大分子链继续增长而得到高分子量的 PLA。溶液缩聚法同样是可逆反应导致 PLA 聚合度不高，因此产生了溶剂回流脱水聚合法。即在一定条件下以乳酸为单体，与不参与化学反应但能溶解反应聚合物且能和水形成共沸的惰性有机溶剂在溶液中进行共沸回流聚合，从而生成高分子量 PLA。该方法能促使反应正向进行，但存在大量溶剂回收难的问题，因此该方法难以实现工业化。微波辅助聚合法是采用微波加热的方式使材料内部产生热量从而达到乳酸单体反应聚合的目的，该法速度快、效率高、升温迅速、易操作。扩链法是一种化学合成的方法，针对低分子量 PLA 可以加入能与其端基反应且具有较高活性的扩链剂使大分子连接在一起，从而增大聚合物分子量。

2. 开环聚合法

早在 20 世纪中叶，美国杜邦公司就采用开环聚合法得到高分子量的 PLA。德国 Boehringer Ingelheim 公司也用这种方法生产聚乳酸系列产品，商标注册名为 Resomer。生产聚乳酸的生产工序为：第一步将乳酸脱水环化制成丙交酯；第二步将丙交酯开环聚合制得 PLA。丙交酯的开环聚合法可以得到分子量较高的聚合物。目前，丙交酯的开环聚合法已成为聚乳酸合成工艺的主流。其工业化生产 PLA 的工艺流程为：玉米等→葡萄糖→发酵→乳酸→预聚体→粗丙交酯→蒸馏→高纯丙交酯→聚合→聚合物→聚合物改性→聚乳酸树脂。

开环聚合法的优点是：可得到高分子量的 PLA，可以使用纯度不高的乳酸为原料，甚至可用下脚料、废料，这是因为挥发性的丙交酯可与非挥发性杂质（蛋白质、多糖）分离。缺点是：一是丙交酯必须提纯才能聚合得到高分子量的产品。提纯的方法有两种：一种是重结晶法，该法手续繁琐且溶剂消耗大；另一种是减压蒸馏法，此法设备投资大且技术要求高。二是生产工艺流程较长，生产成本较高，工艺较复杂，且在生产中需消耗大量试剂。对于两步法生产技术而言，乳酸的环化和提纯是制备丙交酯的技术难点，也是制备聚乳酸的关键所在。PLA 开环聚合法反应式如图 9-6 所示。

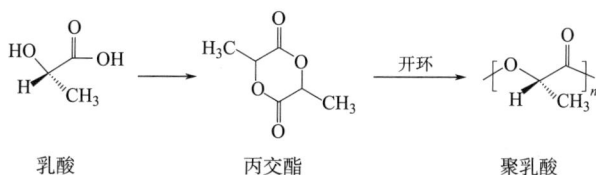

图9-6 PLA开环聚合法反应式

（二）PLA 纤维制备

1. 熔融纺丝

PLA 熔融纺丝的生产工艺与 PET 类似，即高速纺丝一步法和纺丝—拉伸二步法，它们对工艺的要求相对简单（图9-7）。首先，从理论上讲，PLA 是热塑性树脂，采用熔融纺丝是最理想的纤维成型方式。熔融纺丝工艺技术比较成熟、环境污染小、生产成本低，更有利于自动化、柔性化生产，是目前 PLA 纤维的主要成型方法。但是熔融纺丝易造成 PLA 的水解和热降解，因此纺丝前必须严格控制树脂的含水量，以保证纺丝的工艺稳定性和纤维最终的质量。其次，PLA 切片遇热容易降解，因此应严格控制纺丝温度及熔体停留时间。PLA 易于结晶，适宜高速纺丝，可用接近于涤纶的较高速度纺丝，并拉伸 2~4 倍，经过热定型、切断后，得到 PLA 短纤维。一步法能缩短工艺路线，降低生产成本。二步法产品有优越的耐热性和耐气候性。目前，利用熔融纺丝法生产 PLA 纤维的工艺和设备正在不断改进和完善，已成为 PLA 纺丝加工的主流。

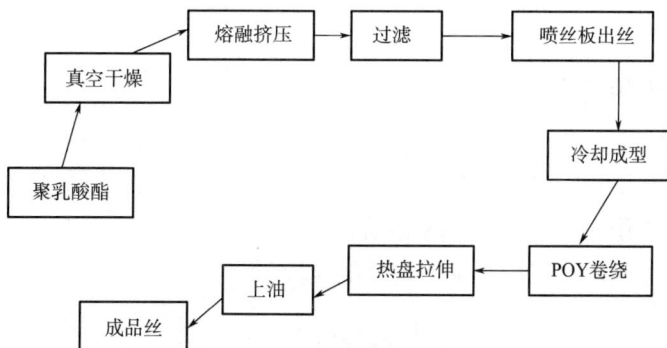

图9-7 聚乳酸熔融纺丝流程

分子量为 $(0.5~3.5) \times 10^5$ 的 PLLA 可通过熔融纺丝成形。但是，PLLA 在热加工过程中需要克服自身降解的问题。PLLA 在活泼和潮湿的环境中会因酯键断裂发生水解反应而降解，同时这种降解对温度很敏感，在熔融纺丝中，即使含水量极少，PLLA 也会发生热降解。研究表明，PLLA 的降解会随着加工温度的上升而加剧，聚合物的熔体黏度下降，影响纺丝正常进行，所以 PLLA 熔融纺丝温度通常仅高出其熔点 30~40℃。为提高其热稳定性，在熔融纺丝前，对 PLLA 末端的—OH 基团在 60℃下用醋酸酐和吡啶进行乙酰化，然后再进行纺丝。

由于端基封闭，PLLA 的热稳定性有较大的提高，热降解基本消除，保证了纤维的质量。PL-LA 纤维还有其独特的拉伸特性，卷绕速度越高，初生纤维的强度和模量就越大，而断裂伸长就越小。较低的卷绕速度下生产的纤维几乎是无定形的，高速卷绕所得纤维的结晶度较高。

2. 溶液纺丝

将 PLLA 溶于二氯甲烷、三氯甲烷、甲苯等溶剂中后，配制成浓溶液，定量从喷丝孔挤出，溶液细流固化成纤维，而后经过拉伸定型等，这种方法即为溶液纺丝。溶液纺丝又分为干法和湿法两种，其成丝过程的环境若为气体，则为干法纺丝，纤维成形经过凝固浴的则是湿法纺丝。溶液纺丝制备的纤维比熔融纺纤维的力学性能好，原因主要有两方面：一是因为聚合物大分子链在溶液中的缠结更少，初生纤维的取向更高和后续拉伸性能更好；二是因为溶液纺丝的纺丝温度较低，热降解较熔融纺丝少。针对分子量不同的 PLA 而言，选用的溶剂则不同，二氯甲烷和三氯甲烷适用于分子量低一些的 PLA 纺丝过程；而甲苯是分子量高一些的 PLA 的良溶剂。但溶液纺丝的工艺较为复杂，溶剂难以回收，纺丝环境恶劣，且溶剂有毒需经特殊处理，增加了 PLA 纤维的生产成本。到目前为止，采用溶液纺丝制备 PLA 纤维还停留在实验室阶段，尚未见商业化生产报道。

3. 静电纺丝

静电纺丝法是一种可制备超细纤维的聚合物喷射静电拉伸纺丝法，主要是在静电场中，使带电荷的高分子溶液或熔体流动并固化，可形成纳米级或亚微米级（5～1000nm）的超细纤维，通过改变电压和溶液浓度可获得不同尺寸的纤维。近年来采用静电纺丝法制备 PLLA 纤维受到了人们广泛关注。目前采用静电纺丝法制备 PLLA 超细纤维还有一些问题亟待解决，如对电动力与聚合物流体的关系不明确，得到的产量很低，纤维的力学强度不够等。

四、聚乳酸纤维的性能

（一）力学性能

力学性能介于涤纶和锦纶纤维之间，强度与涤纶相接近，弹性回复率高，定形性能和抗皱性能较好，宜作服用面料。有较好的卷曲性和卷曲持久性，收缩率可以控制，强度高达 6.23cN/dtex。表 9-6 列出了三种纤维物理性能比较。

表 9-6　三种纤维物理性能比较

项目	PLA 纤维	聚酯纤维	尼龙 6
密度/（g/cm³）	1.27	1.38	1.14
熔点/℃	175	260	215
玻璃化温度/℃	57	70	40
标准状态吸湿率/%	0.5	0.4	4.5
燃烧热/（kJ/g）	18.84	23.03	30.98
断裂强度/（cN/dtex）	4.0～4.9	4.0～4.9	4.0～5.3
伸长度/%	30	30	40

项目	PLA 纤维	聚酯纤维	尼龙 6
弹性模量/（kg/mm^2）	400~600	1200	300
染料种类	分散染料	分散染料	酸性染料
染色温度/℃	100	130	100

（二）吸湿快干和保暖性能

PLA 纤维能根据不同季节发挥不同的功能。冬天穿用保温性比棉及聚酯纤维高 20% 以上；夏天穿用 PLA 纤维织物，透湿性、水扩散性优异，吸汗快干，可通过蒸发迅速带走体热，证明了 PLA 纤维织物具有良好的吸湿排汗能力。

（三）抑菌性能

PLA 纤维具有天然抑菌性能，这是由于 PLA 纤维的特性，本身不用加工就能在纤维表面形成自然、平稳的抗菌环境，金黄色葡萄球菌等难以繁殖。PLA 纤维表面为弱酸性，其 pH 值在 6.0~6.5，而健康人体的皮肤亦呈弱酸性，因此 PLA 纤维与弱酸性的皮肤相容性好。人在运动时，体内的糖变成能量，并在体内（肌肉）形成了乳酸。像这种身体本身接受乳酸，表明以乳酸为原料的 PLA 纤维是安全的材料，而且 PLA 纤维汗衫已经由日本产业皮肤卫生协会的皮肤贴布实验，确认其有安全性。

（四）燃烧性能

PLA 纤维与其他常用纤维的燃烧性能见表 9-7。PLA 纤维在燃烧过程中，只有轻微的烟雾释出，发烟量很小，烟气中不存在有害气体；对于 Lactron 纤维来说，燃烧放热量小，燃烧热是聚乙烯、聚丙烯的 1/3 左右。虽然它不是阻燃纤维，但与涤纶等相比，自熄时间短，火灾危险性小。它的极限氧指数是常用纤维中最高的，已接近于国家标准对阻燃纤维极限氧指数 28%~30% 的要求。

表 9-7　PLA 纤维的燃烧性能

指标	聚乳酸纤维	聚酯纤维	棉
极限氧指数/%	24~26	20~22	16~17
发烟量/（m^3/kg）	53	379	62
燃烧生热/（MJ/kg）	22	38	17
自熄时间/min	2.28	6.20	4.50

（五）染色性能

PLA 纤维易染色，可用分散染料在常温下染色，在所有湿处理阶段，pH 值应控制在 4~7，以减少水解，同时染色温度尽可能低，确保染品的良好匀染性和渗透性。分散染料的吸收和扩散性能具有低饱和上染率和高扩散系数的特性。而在染色牢度方面，耐光色牢度是一个关键性因素，要选用中等能量的 Dispersol 和 Palanil 染料。PLA 纤维染色的各种条件对重现性影响的分析表明：对于浅色，浴比是影响上染率的重要因素；对于深色，染色温度和热固色条件对染色结果影响较大。PLA 纤维染品的耐洗色牢度和染料移染速率良好，色牢度高于 3 级。

（六）生物降解性能

PLA 纤维具有良好的生物降解性，在堆肥化或自然环境下，最终降解成 CO_2 和 H_2O。降解机理是首先在一定的温湿度和 pH 值条件下，遇水降解，然后微生物加速降解。降解方法有堆肥法、活性污泥降解、土地埋入降解和海水浸渍降解。堆肥条件的温度为 60℃，相对湿度为 90%，其降解的主要机理是水解，通过温度来催化，然后由细菌对残留碎屑进行蚕食。活性污泥降解是通过大量细菌使纤维急速分解，一般只需数月即可使制品丧失强力。一般认为 PLA 的降解分两步进行：首先高分子量的 PLA 水解断裂成低分子量低聚物，酸、碱或高温、高湿环境可以加速水解过程；然后低分子量的低聚物进一步被微生物侵蚀，分解成为 H_2O、CO_2 和一些腐殖质。

五、聚乳酸纤维的非织造应用实例

1. 传统家用非织造产品

作为一种重要的可生物降解、生物相容的热塑性聚酯材料，聚乳酸具有良好的回弹性和抑菌抗螨性能，可以制成十分柔软蓬松的纺织品，如床上用品，也可以直接采用聚乳酸纤维作填料，如枕芯、被芯等。除此之外，聚乳酸纤维还具有耐紫外线、燃烧热低、发烟量少、稳定性好的特点，特别适合做室内悬挂物、室内装饰品、地毯等产品。这些产品不仅具有传统纺织品的功能，而且在废弃后能够自然降解，减少对环境的负担。此外，聚乳酸的发展符合当前我国推动的"双碳"目标，即碳达峰和碳中和。在这一战略指导下，聚乳酸作为生物可降解材料的重要组成部分，其在家用纺织品市场的发展速度加快，成为未来绿色环保材料的重要发展方向。图 9-8 所示为聚乳酸纤维和聚乳酸被。

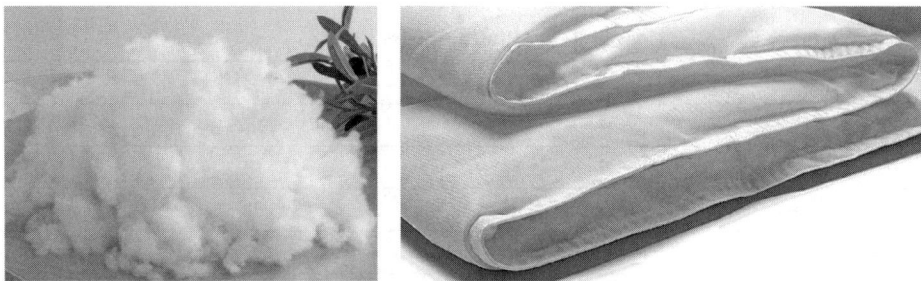

图 9-8　聚乳酸纤维和聚乳酸被

2. 医疗卫生材料

由于 PLA 拥有良好的生物相容性、低毒性和生物可降解性，其自身的弱酸性也使纤维表面形成天然和平稳的抗菌环境，抑制金黄色葡萄球菌的繁殖。同时，PLA 的降解产物乳酸为人体中葡萄糖的代谢产物，易于吸收。这些特性使 PLA 纤维适宜在医疗方面使用。目前，

PLA 纤维非织造材料应用在绷带、辅料等一次性产品，PLA 材料具有较强的抗张强度，能有效地控制聚合物的降解速度，随着伤口的愈合，材料可自动缓慢降解。

在女性卫生用品、成人失禁用品中，聚乳酸展现出生物相容性、抑菌性和优良的吸收干燥性。它对敏感肌肤友好，减少过敏和刺激，同时具有抑菌作用，维护个人卫生。其快速吸收液体的能力有助于保持干燥，减少皮肤问题，提高失禁人群的生活质量。通过热风穿透和热轧加固等加工方法，聚乳酸非织造布具有强力、不易掉纤维和完全可降解等优点，成为理想材料。

3. 农业领域

聚乳酸在农业领域的应用优势主要体现在其生物降解性和环境友好性上。相比传统塑料地膜，聚乳酸地膜在使用后能够在自然条件下被微生物分解，减少了对土壤的污染和"白色污染"问题，有利于保护农业生态环境。同时，聚乳酸地膜具有良好的保温保湿性能，能够促进作物生长，提高产量和品质，且其应用过程中可以减少劳动力成本，提高农业生产的可持续性和经济效益。

4. 食品包装材料

聚乳酸作为一种生物可降解材料，在食品包装领域的应用也日益广泛，它具有良好的生物相容性、透明性和加工性能，能够满足食品安全需求，延长食品的保鲜周期，同时减少难降解塑料垃圾的产生。

第三节 聚丁二酸丁二醇酯纤维

一、聚丁二酸丁二醇酯纤维概述

聚丁二酸丁二醇酯（PBS）是一种由丁二醇和丁二酸合成的线性脂肪族聚酯，属于新型生物可降解的化学高分子材料，在细菌或酶的催化作用下，最终可以被降解为二氧化碳和水等无毒无害的物质，具有良好的生物相容性和生物可吸收性。其原料丁二醇和丁二酸通常由纤维素、葡萄糖、乳糖等自然界可再生的农作物产物经生物发酵制得，从而实现来自自然并回归自然的绿色循环。PBS 降解的中间产物是生命体内三羧酸循环的重要中间物，最终产物为 CO_2 和 H_2O。PBS 早在 1931 年就被合成出来，但当时分子量只有 5000 左右，不具备实用价值。到 20 世纪 90 年代，随着工艺条件的改善以及人们对脂肪族生物降解材料的研究逐渐深入，满足实际应用要求的高分子量的 PBS 才被成功开发。日本昭和公司利用多异氰酸酯作为扩链剂，再与缩聚得到的较低分子量 PBS 进行反应，得到了分子量为 $2×10^5$ 的 PBS，产品命名为 Bionole，这是世界上首个商业化的 PBS 树脂。日本三菱化工公司与 Ajinomoto 公司合作开发从植物淀粉制备丁二酸技术并成功合成了 PBS，另外还有韩国的 S. K. Chemical 和 Ire Chemical 等均可生产 PBS，商品名分别为 GS pla，Skygreen 和 En Pol。

2002 年日本催化剂公司建成了 1 套 PBS 生产装置，其产品主要用于生产薄膜，还将碳酸盐引入 PBS 树脂中，制备了耐水型 PBS 产品，美国伊士曼公司的 PBS 及其共聚物生产能力为

15kt/a，德国巴斯夫的生产能力为14kt/a，主要用于吹塑薄膜。中国的PBS产业化起步较晚，但发展速度较快。目前中国科学院理化技术研究所与杭州鑫富药业公司联合建成了13kt/a的生产装置，计划建设20kt/a的生产规模，其中约有50%以上产量出口欧洲；清华大学与安庆和兴化工有限公司合作开发建设了10kt/a的PBS生产装置，已投入运行，可以生产挤出、注射、吹塑级PBS树脂；2012年山东汇盈新材料科技有限公司建成5kt/a的PBS生产装置，并开始工业化生产。2013年6月该公司采用中国科学院一步法聚合专利技术建设成20kt/a的PBS装置，并正式投产。

二、聚丁二酸丁二醇酯纤维的结构与性能

PBS是由1,4-丁二酸和1,4-丁二醇经缩聚而得到，其分子链主要由易降解的酯键（—COO—）和柔性的脂肪烃基（—CH$_2$—CH$_2$—、—CH$_2$—CH$_2$—CH$_2$—CH$_2$—）组成，化学结构如图9-9所示。PBS具有良好的生物相容性和生物降解性，呈乳白色，无嗅无味，密度是1.26g/cm^3，玻璃化温度为-32℃，熔点约为114℃。通过调控分子量以及分子量分布，可使结晶度可控制在25%～45%，热分解温度在350～400℃。PBS的力学性能较好，力学强度与LDPE、PP接近，具有结构材料应有的基本特性，其耐热性能好，热变形温度接近100℃，加工性能好，可在现有塑料加工通用设备上进行各类加工成型。表9-8列出了三种聚合物基本物理性能的比较。

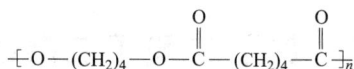

$$\begin{matrix} & & & O & & & O \\ & & & \| & & & \| \\ \!\!\!\!-\!\!\!O-(CH_2)_4-O-C-(CH_2)_4-C\!\!-\!\!\}_n \end{matrix}$$

图9-9　聚丁二酸丁二醇酯的化学结构式

表9-8　三种聚合物基本物理性能比较

聚合物名称	PBS	LDPE	HDPE	PP
密度/（g/cm^3）	1.26	0.92	0.95	0.90
结晶度/%	30～45	40	70	45
熔点 T_m/℃	114	110	129	163
玻璃化温度 T_g/℃	-32	-120	-120	-5
结晶化温度 T_c/℃	75	95	115	-5
分子量 M_n/（×10^4）	5～30	8～20	>100	6～30
分子量分布 M_w/M_n	1.2～2.4	10	7	6
燃烧热/（J/g）	23.575	—	>45.980	—

PBS短纤维和长丝的纵向表面均有一定的小颗粒状物，同时，少量的长丝纤维纵向会出现明显的细度不匀现象，短纤维和长丝纵向均有不连续的条纹存在，纤维的横截面为实心圆形。

PBS是由结晶区和无定形区组成的双相结构物质，PBS纤维的结晶度为58.56%，PBS长

丝纤维的晶体结晶更为完善，且排列较为规整，因此，PBS 长丝的结晶度比短纤维略高。PBS 短纤维的取向度比长丝明显偏低，PBS 长丝的晶区纤维轴向取向较好，取向度达 92%，但 PBS 短纤的取向度较低，大约只有 34%。

（一）力学性能

PBS 长丝和短纤的初始模量较低，其断裂强度分别为 2.46cN/dtex 和 2.69cN/dtex，断裂强度高于棉、黏胶纤维和羊毛，远低于锦纶 6。PBS 长丝的初始模量较低归因于纤维内大分子键角和键长在外力作用下发生改变，但分子链和链段还没有发生运动。当 PBS 长丝进行定伸长循环拉伸时，首先产生急回弹性形变，随后产生缓回弹性形变和部分塑性形变。且长丝定伸长 10%，循环拉伸 10 次后的残余塑性变形量很小，其弹性恢复率高达 96.72%；定伸长 20% 和 30% 时，PBS 长丝循环拉伸 10 次弹性恢复率可达 74.94% 和 60.09%。

总体来说，PBS 纤维的断裂伸长率较高，初始模量较涤纶纤维低很多，弹性回复率明显优于涤纶纤维，表明 PBS 纤维产品手感比较柔软，且延伸性能良好。

（二）热性能

PBS 纤维的玻璃化温度在 $-30℃$ 左右，结晶温度在 $70\sim80℃$，热变形温度接近 $100℃$，在沸水中纤维会发生严重的收缩现象，熔点为 $114℃$ 左右，燃烧性能与聚乳酸纤维相近，热裂解温度较高，大约在 $340℃$ 开始发生热降解，因此，PBS 纤维对温度较敏感。

（三）化学稳定性

在 $90℃$ 下用浓度为 40% 的硫酸处理 PBS 纤维 30min 后，PBS 纤维完全溶解。在弱碱性条件下（碳酸钠水溶液）其稳定性较好，形貌和力学性能没有明显变化。但在 $90℃$ 下用 5g/L 氢氧化钠处理 PBS 纤维 60min 后，其断裂强度下降了 58%；在相同处理时间下，当氢氧化钠浓度升高到 20g/L 时，PBS 纤维被水解成短絮状。

（四）染色性能

PBS 纤维的大分子链与涤纶、聚乳酸纤维的分子链结构一样，只含有酯基这一个可染性基团，可以采用分散染料对 PBS 纤维进行染色。

（五）可生物降解性

PBS 纤维降解的主要方式是酯键水解，水解生成了低分子量水溶性物质，且水解所产生的酸性基团可自动催化该水解反应。开始时酯键水解较慢，随后逐步加快，水解从聚合物表面逐渐进入聚合体内部，从无定形区扩散到晶区。PBS 纤维及其织物的废弃物可采用填埋法，以达到自然降解的目的。其中在花园土壤中，真菌对 PBS 起着主要的降解作用；而腐殖土中，放线菌对 PBS 起着主要的降解作用。

三、聚丁二酸丁二醇酯纤维的制备方法

PBS 纤维由合成的 PBS 经熔融纺丝制备而成。PBS 合成方法有生物发酵法和化学合成法两种，化学合成法又分为直接酯化法、酯交换法和扩链法。

（一）生物发酵法

PBS 是由丁二酸和丁二醇两种单体聚合而成，但目前全球丁二酸的产量还不能完全满足

PBS 产业化的需求，如果 PBS 实现大规模生产和应用，对丁二酸的原料来源将提出很大挑战，尤其现在所用的丁二酸主要通过石油路线生产，不但消耗日益枯竭的石油资源，造成严重三废污染，而且其价格随着油价上涨而不断上涨。因此原料来自石油基的 PBS 并不符合绿色环保塑料的要求，而通过生物质发酵生产丁二酸，丁二酸进一步转化为丁二醇，再合成PBS，可得到真正环保价廉的生物质基 PBS，是未来 PBS 发展的新方向。虽然生物发酵法绿色环保，但是生物发酵成本高、周期长、无法大批量生产，因此大多数都采用化学合成法。生物质基 PBS 的生产流程如图 9-10 所示。

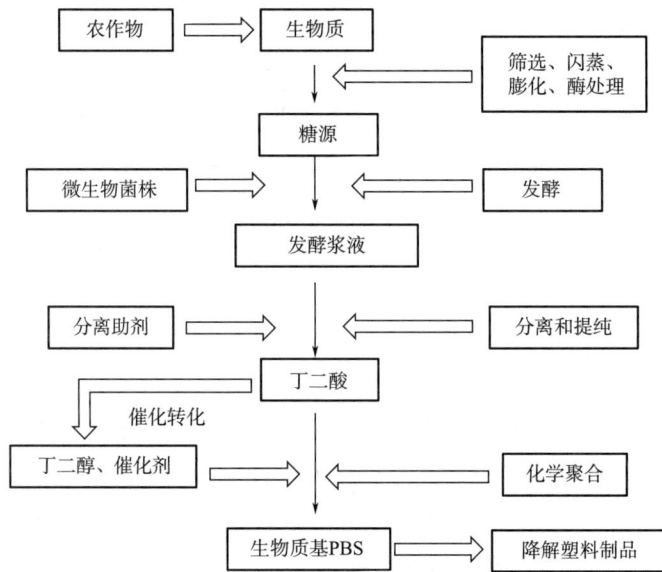

图 9-10　生物质基 PBS 的生产流程

（二）化学合成法

1. 直接酯化法

首先是 1,4-丁二酸和过量的 1,4-丁二醇在一定温度下进行酯化反应，得到端羟基的预聚物。酯化完成后，预聚物在催化剂和高温高真空条件下脱除二元醇进行缩聚反应。直接酯化法制备 PBS 如图 9-11 所示。直接酯化法还可分为熔融缩聚法、溶液缩聚法和熔融溶液相结合法。

熔融缩聚法是首先将 1,4-丁二酸和 1,4-丁二醇在一定的温度下进行酯化反应，然后提高反应的温度和真空度，进一步进行缩聚。其优点是工艺简单，反应时间较短，生成聚酯分子量较高；缺点是需要高温高真空的条件，在聚合阶段后期往往会发生一些副反应，从而影响产品的综合性能。溶液缩聚法与熔融缩聚法不同的是，在其预缩聚时通过一定的溶剂来带走反应过程中生成的水。其缩聚温度虽然不高，但反应时间比较长，不容易得到相对分子量较高的产物。熔融溶液相结合法结合了熔融缩聚法和溶液缩聚法两者的优点，通过溶液法用甲苯作溶剂在 140℃反应 1h 完成酯化，然后通过熔融法在 230℃高真空下反应 3h 完成缩聚。熔

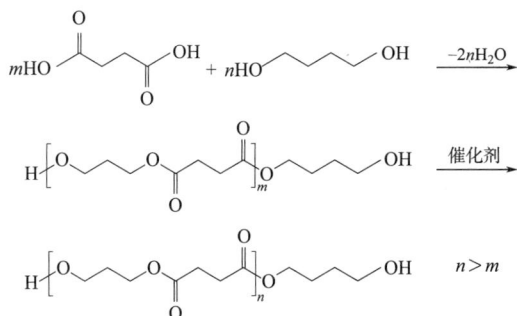

图 9-11　直接酯化法制备 PBS

融溶液相结合法可以在较短的时间内合成高分子量的 PBS，也能用于以二元酸、二元醇为原料的其他质量脂肪族聚酯合成。

2. 酯交换法

酯交换法的原理是在高温、高真空以及催化剂的作用下，使等量的二元醇和二元酸二甲酯进行酯交换，完成聚合反应，从而得到 PBS。由于酯交换法中未使用溶剂，而且参加反应的二元醇可通过水溶剂或加热等简单操作除去，最终得到的 PBS 杂质含量较低。酯交换法示意如图 9-12 所示。与直接酯化法相比，酯交换法在酯化阶段生成的是甲醇，甲醇沸点比水低，更容易在酯化时脱除，有利于酯交换反应正向进行。缺点是丁二酸二甲酯原料的成本较高，且反应过程中生成的甲醇具有一定毒性。一般这种方法得到的 PBS 的分子量不高，所以应用并不广泛。

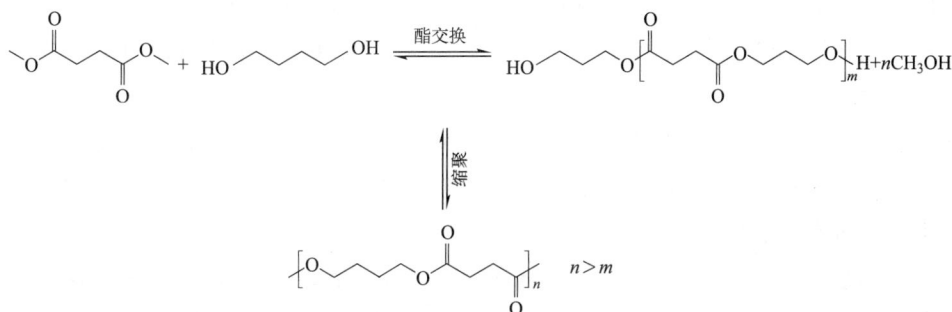

图 9-12　酯交换法制备 PBS

3. 扩链法

直接酯化法和酯交换法都是可逆反应，反应后期需要不断脱除小分子才能使反应不断往正方向进行，并且反应后期在高温条件下容易发生热降解、热氧化等副反应。而扩链剂法通过加入扩链剂可以短时间得到高分子量的产物，其优点是反应条件温和，不需要高温高真空，副反应少。其缺点是扩链剂往往具有毒性，对环境的影响较大。扩链法是指在反应中加入扩链剂与 PBS 的端羟基发生反应，达到聚合物扩链效果，从而提高产物的分子量。常用的扩链剂主要为环氧类、异氰酸类、酸酐类和噁唑啉类。图 9-13 所示为扩链法制备 PBS 的反应式。

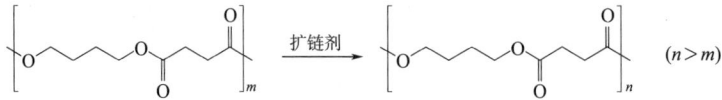

图 9-13　扩链法制备 PBS

四、聚丁二酸丁二醇酯纤维的非织造应用实例

作为可生物降解材料中备受关注的材料之一，PBS 的用途十分广泛，目前对 PBS 非织造材料主要有以下应用领域。

1. 包装领域

如食品包装袋、购物袋、垃圾袋、各类电子器件及家电的缓冲泡沫包装材料等。日本昭和公司研发的 PBS 聚酯产品（Bionole）主要应用在成型各种包装瓶和薄膜等；德国 APACK 公司把 PBS 类可降解的聚酯产品应用在了食品包装及餐具上；国内也有一些公司用 PBS 树脂成型加工一次性包装用品及食品袋等，随着我们国家对环保越来越重视，对一次性包装用品要求越来越严格，目前我们国内大部分一次性餐盒都是使用 PBS 材料制造的。

2. 日用品领域

如塑料卡片、一次性餐饮用具、化妆品瓶及药品瓶等各类瓶子、室内装饰物、婴儿尿布、纺织纤维等。日本的 Unitika 公司以 PBS 为原材料，制备出高抗张强度的复合纤维；Eun Hwan Jeong 等用电纺的方法，从 PBS 的溶液中提取 PBS 纤维，纤维的直径为 125~315nm。

3. 农用领域

如农用薄膜、可生物降解地膜、植被绿化网、移植用的一次性塑料器皿、化肥及农药的缓释材料等。由于 PBS 结晶度较高，脆性较大，在应用到薄膜方面时一般需要进行增韧改性。

4. 生物医用高分子材料领域

在生物医药方面，PBS 具有优异的力学性能、生物相容性和可生物降解性能，因此近年来 PBS 在组织工程、药物缓释载体和医用塑料等领域已经得到了广泛研究。而且通过研究表明 PBS 植入人体后，能够很好地适应人体内环境，并且经过一段时间后还可以完全被人体吸收或者分解，因此还可以被用作吸收性手术缝合线、药物控制释放载体、人造骨钉等可植入人体内部的材料。

5. 其他领域

PBS 纤维可以用于制造土工布，用于土壤保护、土壤固结和土壤增强等方面。由于其生物降解性，可以减少对环境的影响，符合可持续发展的要求。还可以与其他纤维或树脂进行复合，用于制造各种非织造产品，例如汽车内饰、家具材料等。

PBS 因综合性能良好而迅速发展，目前随着发酵法大量生产丁二酸的商业化，随着可生物降解塑料在市场上的需求量日益增加，在党的二十大文件中对绿色可持续发展的支持及不断出台的新能源及环保政策的驱使下，PBS 的生产规模将会进一步扩大。目前 PBS 的合成及成型加工工艺研究十分活跃，随着工艺条件的改进和成熟，PBS 的质量将稳步提高，价格也将会逐渐降低，应用范围及市场需求不断扩大，PBS 将具有更加广阔的发展前景。

第四节　海藻纤维

一、海藻纤维概述

海洋中存在几万种海藻，按颜色可分为红藻、褐藻、绿藻和蓝藻四大类。海藻纤维的原料主要来自海带、巨藻、墨角藻、昆布和马尾藻等褐藻类所提取的海藻多糖，在褐藻的细胞壁中以金属盐类形式存在。海藻纤维是一种新型的绿色环保纤维，具有阻燃、防辐射、抗菌除臭、生物降解等多种功能（图9-14）。

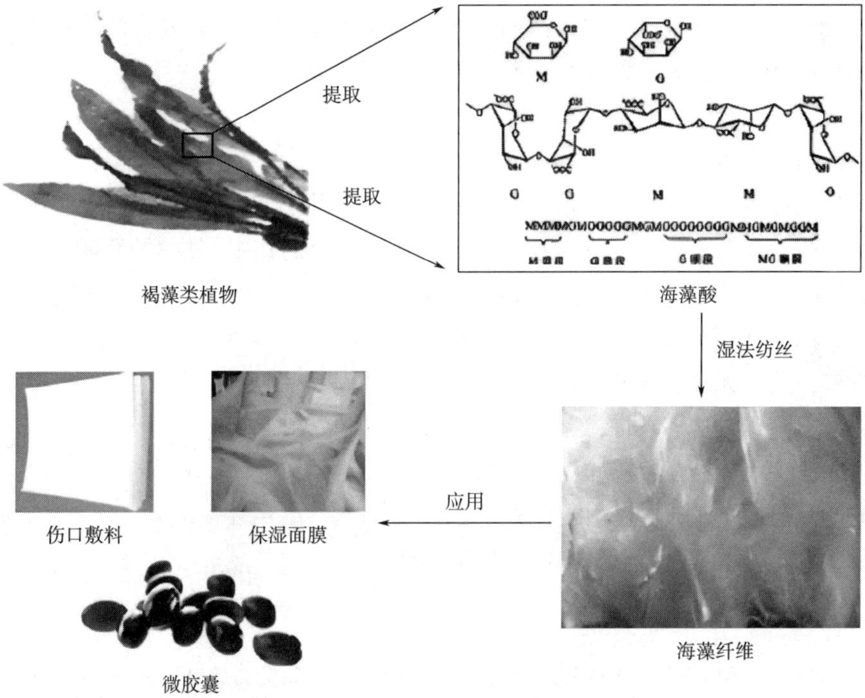

图 9-14　海藻纤维制备及非织造应用

英国化学家斯坦福（E. C. C. Stanford）早在 1881 年从褐藻类海藻植物狭叶海带中提取出的一种凝胶状物质，他把用稀碱溶液提取出的物质命名为 Algin，加酸后生成的凝胶 Algini-cacid，即海藻酸。1883 年，人们就发现海藻材料的结构致密性及粘连性，有关专利也研究了将海藻酸钠转变成海藻酸钙得到海藻纤维，再将纤维加工成非织造布，最后切割成所需尺寸，并包装和消毒。2002 年德国 Zimme 公司推出 Seacen 活性纤维，该纤维是利用海藻内含有的糖类、蛋白质（氨基酸）、脂肪、纤维素（维生素等成分）和丰富矿物质（钙、镁等）等优点开发出的纤维，这种纤维的织物可以用在衬衣、家用纺织品、床垫等，对皮肤有自然美容的效果。日本 Forest 公司开发出一种海藻纤维，这种纤维主要从海藻胶粉中提炼制取，它由海藻酸钠水溶液以 $CaCl_2$ 作为凝固浴，经湿法纺丝，并以甲醇替换水而制得。

在 1981 年，甘景镐等采用含 5% 海藻酸钠的纺丝液，通过湿法纺丝生产海藻酸钙纤维，在 60℃、2000Pa 压力下，进行干燥，得到的纤维强度为 $0.44 \sim 1.76$cN/dtex。孙玉山等在 1990 年通过优化湿法纺丝工艺，在气体介质中拉伸后得到的纤维强度达到 2.67cN/dtex。2001 年，武汉大学的张俐娜等公开了一种羧甲基壳聚糖和海藻酸钠共混膜或纤维及其用途和制备方法的专利。将羧甲基壳聚糖和海藻酸钠的水溶液经 $CaCl_2$ 水溶液凝固，随后在 HCl 水溶液中再生，经过干燥处理，最终得到的功能膜和纤维不仅具有良好的渗透蒸发分离效果和离子吸附功能，还展现出良好的力学性能和抗水性。2007 年，青岛大学夏延致等公开了一种具有较好强度、弹性和生物相容性的海藻酸盐/聚乙烯醇复合纤维制备方法的专利。方法是将一定含量的海藻酸钠溶液与一定聚合度和质量分数的聚乙烯醇溶液在 $30 \sim 100$℃ 条件下搅拌混合、过滤、脱泡制成纺丝液，通过湿法纺丝制得海藻酸盐/聚乙烯醇复合纤维材料。纤维的强力高达 4.675cN/dtex，比海藻纤维平均断裂强力提高了 100%。

二、海藻纤维的组成及结构

海藻纤维又称海藻酸纤维、碱溶纤维、藻蛋白酸纤维，其原料来自天然海藻中所提取的海藻酸。海藻酸为多糖类大分子聚合物，由 1,4 苷键结合的 β-D-甘露糖醛酸（M 单元）和 α-L-古罗糖醛酸（G 单元）两种组分构成。M 和 G 是一对异构体，如图 9-15 所示。其为白色至浅黄色纤维状或颗粒状粉末，几乎无臭、无味，可溶于水形成黏稠糊状胶体溶液，不溶于乙醇、乙醚或氯仿等。不同海藻中提取的海藻酸盐会有不同的 M 和 G 的含量，导致了对应的海藻酸产品在物理性能上面的差异。表 9-9 列出了不同海藻种类中甘露糖醛酸（M）和古罗糖醛酸（G）的百分含量以及 M/G 的比例。

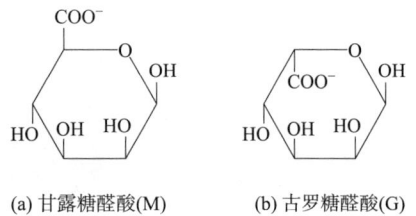

(a) 甘露糖醛酸(M) (b) 古罗糖醛酸(G)

图 9-15 海藻酸的 M、G 单元

表 9-9 不同海藻种类中甘露糖醛酸和古罗糖醛酸的百分含量以及 M/G 的比例

海藻种类	甘露糖醛酸/%	古罗糖醛酸/%	M/G
海带	69.3	30.7	2.26
巨藻	61	39	1.56
泡叶藻	60	40	1.5

续表

海藻种类	甘露糖醛酸/%	古罗糖醛酸/%	M/G
掌状海带	59	41	1.43
北方海带叶	56	44	1.28
北方海带茎	30	70	0.43

由于海藻酸盐中包括两种不同的单体酸，所以我们可以把它看成是 β-D-甘露糖醛酸（M）和 α-L-古罗糖醛酸（G）的嵌段共聚物，这种结构可以有三种不同的连接方式（G—G，M—M，M—G），图 9-16 为海藻酸的结构式。另外，除了 G 和 M 的含量外，三种嵌段的相对比例也关系着海藻酸盐共聚物的物理性能。比如，在其他条件一样的情况下，海藻酸盐与钙离子形成蛋盒结构并成为凝胶是由海藻酸盐聚合物中的 G—G 嵌段决定的，所以当 G—G 片段在聚合物中的含量越高时，聚合物的凝胶强度和力学强度就越好。表 9-10 列出了三种嵌段结构在不同海藻中的含量。

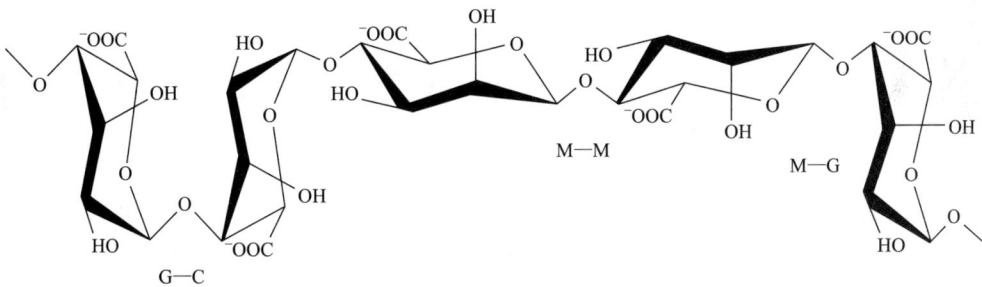

图 9-16　海藻酸结构式

表 9-10　三种嵌段结构在不同海藻中的含量（%）

海带种类	M—M 嵌段	G—G 嵌段	M—G/G—M 嵌段
海带	36.0	14.0	50.0
巨藻	40.6	17.7	41.7
泡叶藻	38.4	20.7	41
掌状海带	49.0	25.0	26.0
北方海带叶	43.0	31.0	26.0
北方海带茎	15.0	60.0	25.0

海藻酸盐中的糖醛酸的组成决定了海藻酸产品的性能，同时也决定了其在工业生产中的利用率，所以定量测算糖醛酸的相对比例就显得格外重要。测试海藻酸样品中糖醛酸比例关系（包括 M—M、G—G 和 M—G/G—M 的含量）的方法也在不断地进步，尤其是精确测量 G、M、M—M、G—G 和 M—G/G—M 的含量可以通过 H NMR 和 C NMR 技术。

三、海藻纤维的制备方法

海藻纤维的制备主要是通过湿法纺丝技术，纺丝流程如图9-17所示。在湿法纺丝过程中，首先将海藻酸钠粉末溶于水中形成海藻酸钠水溶液，即纺丝液。然后，对其脱泡6h后，通过湿法纺丝设备将纺丝液喷射进凝固浴中。海藻酸钠分子可以和很多单价和二价的金属离子反应形成蛋盒结构，钙离子是最常用的二价阳离子，这是由于它的成本比较低，可用性高并且无毒，所以常用的凝固浴为氯化钙溶液。纺丝液进入凝固浴之后，凝固浴中的钙离子扩散到纤维内部形成溶胀的纤维状凝胶，即初生纤维。初生纤维经过后面的牵伸、洗涤、热处理之后得到成型的海藻纤维。湿法纺丝工艺流程如下：

海藻酸盐→溶解→过滤→脱泡→纺丝→拉伸→洗涤→干燥→卷绕。

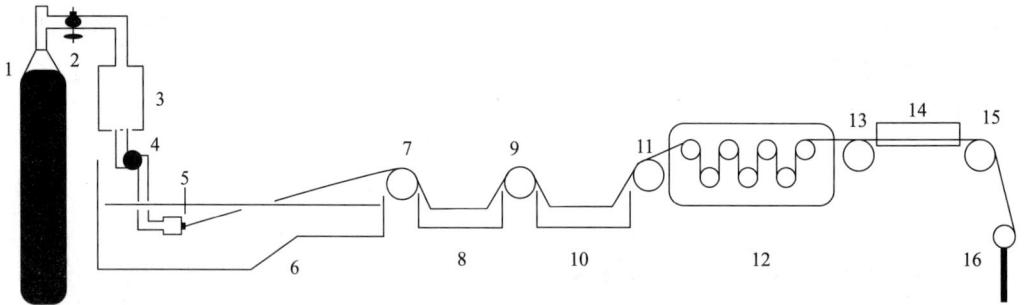

图9-17　海藻纤维湿法纺丝流程

1—液氮气压　2—压力调节器　3—储料罐　4—计量泵　5—喷丝头　6，8，10—水槽

7，9，11，13，15—导丝盘　12—七辊电机　14—牵伸热箱　16—卷绕辊

在整个湿法纺丝过程中影响海藻纤维产品结构和性能的因素很多，比如海藻酸盐的分子结构和分子量，凝固浴的组成、温度、pH，纺丝速度等。其中纺丝液的性质对生产效率和产品质量都有着极其重要的影响。下面是纺丝液对海藻纤维产品主要的影响因素。

（一）海藻酸钠的分子量

理论上，分子量越高，制得的纤维强度也就越好。在纺丝液的制备过程中要注意随着分子量的提高，溶液黏度也会快速提高，这也直接影响了海藻酸钠的浓度。海藻酸钠的分子量可通过控制提取条件来控制，一般1%的海藻酸钠溶液的黏度可以控制在$10\sim1000\text{mPa·s}$，聚合度在$100\sim1000$个单元。为使海藻酸钠溶液可以成纤，溶液的黏度一般控制在$10000\sim20000\text{mPa·s}$，既可以用低分子量的高浓度溶液，也可以用高分子量的低浓度溶液。实际生产中，为兼顾生产效率和产品质量，原材料的黏度一般控制为浓度为1%时黏度为$40\sim100\text{mPa·s}$。

（二）纺丝液浓度

纺丝液的黏度会随纺丝液的浓度急剧增加，这也就意味着越高的纺丝液浓度会有更好的生产效率和产品质量。但是，高浓度的纺丝液会增加湿法纺丝过程中脱泡的难度，这也限制了纺丝液浓度的提高。

（三）纺丝液温度

随着温度的上升，纺丝液的黏度会下降，这也为加快溶质溶解提供了帮助。然而，如果纺丝液温度一直控制在 50℃ 以上几个小时，解聚反应可能发生，从而影响海藻酸钠分子量和特性黏度。

（四）纺丝液的 pH

当 pH 在 5~11 时，pH 对海藻酸钠溶液的黏度是没有影响的；当 pH 小于 5 时，—COO— 离子开始质子化，形成—COOH，由于静电排斥作用的减弱，使得分子之间容易形成氢键，从而提高纺丝液的黏度；当 pH 在 3~4 之间时，就会形成凝胶；在 pH 大于 11 时，会发生解聚反应，黏度下降。在实际湿法纺丝过程中，海藻酸钠一般溶于去离子水中，pH 在 7 左右。

四、海藻纤维的性能

海藻纤维外观洁白如玉，表面光滑，光泽柔和，手感柔软，具有良好的悬垂性。海藻纤维大分子存在亲水基团，具有极佳吸湿保湿能力。纤维中存在大量的微孔，具有良好的吸水性和保水性，其吸水性可达到自身重量的 20 倍。回潮率高于棉，舒适性更佳，可与羊绒和丝绸媲美，改善服装的穿着舒适性。

1. 力学性能

制备海藻纤维的原料海藻酸盐因来源不同，其单体 G 与 M 的相对比例、排列顺序有较大区别，从而影响纤维的力学性能。它的干强为 2.2g/dtex，湿强为 0.29g/dtex，在标准状况下为 1.4g/dtex；它的干伸长为 10%，湿伸长为 26%，在标准状况下为 14%，其物理性能随含湿大小变化较大。由于海藻纤维中钙含量较高，因而密度较大，约为 1.75g/cm³。与其他纤维相比，其强伸度近似于黏胶纤维（表 9-11），缺点是强力低，特别是湿强很低，伸长不理想，脆性大。

表 9-11　海藻纤维与部分常见纤维的力学性能对比

项目	海藻纤维	黏胶纤维	聚酯纤维	棉纤维
密度/(g/cm³)	1.75	1.5	1.38	1.54
断裂强度/(cN/dtex)	1.4~2.2	2.2~2.7	4.2~5.7	2.6~4.3
伸长度/%	10~14	16~22	36~50	7~12

2. 高吸湿性

海藻纤维的舒适度接近羊绒，可媲美高档长绒棉纤维，有着极好的手感和穿着舒适性。

海藻纤维大分子结构中含有大量的羟基和羧基，能够吸收空气中的水分，而且海藻纤维内无定形区较大，膨润性好，所以海藻纤维具有很强的吸湿性，回潮率为 15%~18%，海藻纤维的吸湿性能比棉纤维和甲壳素纤维好。海藻纤维同时具有优异的吸液性能，最多可以吸收近 20 倍的液体，尤其对生理盐水和 A 溶液（模拟人体伤口渗出液的组成）的吸湿能力特别强，特别适宜作伤口敷料（表 9-12）。原因是生理盐水和伤口渗出物中的大量 Na⁺ 能与海藻纤维内的 Ca²⁺ 进行离子交换，使纤维变为部分海藻酸钠，提高了水合能力；同时使海藻纤

维中被 Ca^{2+} 封闭的羧基（蛋盒结构的存在）释放出来，增加了纤维的吸湿基团，两者作用的结果是显著提高了吸湿性。所以海藻纤维可广泛应用于创伤被覆材料。

表 9-12　海藻纤维、棉纤维和甲壳素纤维的吸液性能（吸液量，g 水/g 纤维）

样品	生理盐水	A 溶液	蒸馏水
海藻纤维	17.10	13.01	0.48
棉纤维	0.05	0.15	0.21
甲壳素纤维	0.32	0.20	0.24

3. 生物降解性

生物可降解性是指材料在自然界微生物如细菌、霉菌和藻类的作用下，可完全分解为低分子化合物的性能。海藻纤维的原料海藻酸是从海藻植物中提取的天然多糖，具有良好的生物相容性、可降解性，在一定的时间内能被微生物降解成二氧化碳和水，因此海藻纤维是一种良好的环境友好材料。用这些纤维制成的纺织品使用以后，其废弃物能被微生物降解，不会污染环境。

4. 阻燃性

海藻纤维是一种阻燃纤维，离开火焰即会熄灭。由于其自身的—COO—以及含有的 Ca^{2+}，使得海藻纤维自身具有阻燃性。其阻燃机理是：首先由于纤维中—COO—的存在，海藻纤维受热分解时能释放出大量的水和 CO_2（脱羧作用），水的汽化吸收大量的热量，降低了纤维表面的温度，同时生成的 CO_2 和水蒸气可以将纤维分解出的可燃性气体的浓度冲淡，从而达到阻燃的效果。其次燃烧过程中羧基又可与羟基反应，脱水形成内交酯，改变其裂解方式，减少可燃性气体的产生，提高炭化程度。最后 Ca^{2+} 对海藻纤维也具有阻燃作用，由于 Ca^{2+} 的交联作用增强了纤维大分子间的作用力，降低了燃烧过程中纤维大分子的断裂速率，促进了内交酯的生成，阻碍了纤维的燃烧。同时热分解过程中，Ca^{2+} 可以生成 $CaCO_3$ 覆盖在纤维表面，除了阻止可燃性气体的释放和氧气向纤维内部的扩散外，$CaCO_3$ 分解时还可吸收部分热量降低纤维温度，同时产生 CO_2，这些都有利于阻碍纤维的燃烧。

5. 海藻纤维的防辐射性

由于海藻酸钠在水溶液中存在着—COO—，—OH 基团，能与多价金属离子形成配位化合物，因此，在制备海藻纤维的纺丝过程中改变凝固浴中金属离子如 Ba^{2+}、Zn^{2+}、Al^{3+}、Cu^{2+}、Pb^{2+}、Hg^{2+}、Ni^{2+}、Ag^+ 等的种类，就可以使 G 结构螯合多价金属离子，形成稳定的络合物，并且使海藻纤维具有大量的金属离子形成导电链，制成多离子电磁屏蔽织物，起电磁屏蔽和抗静电的作用，比如制造防紫外线和抗静电织物。

6. 高透氧性

海藻纤维在吸湿后会形成亲水性凝胶，与亲水基团结合的"自由水"成为氧气传递的通道，氧气经吸附—扩散—解吸过程，从外界环境进入伤口组织内；而纤维的高 G 段是纤维的大分子骨架连接点，水凝胶的硬性部分（氧气可通过的微孔）避免了伤口的缺氧状况，促使伤口愈合。

7. 凝胶阻塞性

海藻纤维吸收渗出液后膨化形成柔软的凝胶，大量的渗出液滞留在凝胶纤维中，而单纤维膨化会减少纤维间的细孔使流体的散布停止，因此海藻酸盐绷带的"凝胶阻塞性"，可加速血液凝固和结痂速率。同时对新生的娇嫩组织有保护作用，可防止在去除纱布时造成二次创伤。

五、海藻纤维的非织造应用实例

海藻纤维以其优异的高吸湿性、成胶性、阻燃性、生物降解性、防辐射等性能已在医疗卫生、保健、环保等行业广泛应用。

（一）医疗卫生用品

1. 医用敷料

利用海藻纤维与人体生物相容性、高吸湿性及降解性，海藻纤维在医疗领域主要用来制备非织造布创伤被覆材料。1980 年以来，海藻酸盐纤维纱布得到广泛应用，许多临床研究已证明了这种纱布的优越性能。

天然纱布能快速吸收伤口表面的大量伤口渗出液，生产工艺相对简单；但它通透性太高，空气中的微生物容易穿透，导致交叉感染的可能性较高，并且很有可能黏附在伤口表面，更换的时候可能造成二次损伤。海藻纤维非织造被覆材料在与伤口体液接触后，一方面由于海藻纤维的高吸湿性，它可以吸收近 20 倍于自己体积的液体，能吸除伤口过多的渗出物，帮助伤口凝血。另一方面它具有成胶性，海藻纤维中的 Ca^{2+} 会与渗出物中的 Na^+ 发生交换，产生的海藻酸钠与 Ca^{2+} 络合形成离子交联水凝胶，由于凝胶具有高透氧性，可使氧气通过、阻止细菌感染，进而促进伤口的愈合。目前海藻纤维在医用纱布、绷带和创伤敷料等非织造领域已实现产业化。

2. 卫生产品

海藻纤维作为卫生巾和尿布的主要材料，能够提供良好的吸湿性和透气性，保持干爽舒适。同时，海藻纤维的抗菌性和防臭性能够有效减少细菌滋生和异味产生，提高使用者的生活质量。除了卫生巾、尿布和医用敷料外，海藻纤维还可以用于制作其他卫生产品，如湿巾、擦手纸等。这些产品具有环保、健康、舒适等优点，符合现代人的生活方式和消费观念。

（二）保健型非织造材料的开发

1. 远红外和负离子功能防护品

通过在纤维纺丝过程中加入各种具有保健功能的添加剂或织物后整理可获得各类保健性纺织品。例如将远红外粉末直接加入海藻纤维的纺丝液，制备出具有远红外放射功能的海藻纤维，并利用它制成内衣，使其促进身体血液循环。

2. 抗菌防臭材料

非织造产品的抗菌防臭功能主要是通过加入抗菌剂来实现，可以利用抗菌金属离子（如银离子）或天然抗菌剂（如壳聚糖、芦荟等）来制备抗菌海藻纤维。例如德国 Alceru-Schwarza 公司新开发一种具有抗菌功能的 Lyocell 海藻酸纤维即能抑制大多数种类的细菌；

YiMin Qin 将银离子加入海藻酸的纺丝液中，制得高吸湿抗菌海藻纤维；国内青岛大学制备了一种壳聚糖接枝海藻纤维也具有良好的吸湿性和抗菌性。

3. 防辐射材料

在制备海藻纤维的纺丝过程中改变凝固浴中金属离子的种类，使海藻纤维吸附大量的金属离子，可以很好地屏蔽电磁波，起到防辐射的作用。据报道秘鲁纺织业利用秘鲁海域中盛产的杉藻，研制出海藻纤维服装，包括帽子、夹克、上衣、内衣和泳装等，能够有效防止紫外线的伤害，从而预防严重的眼部疾病和皮肤癌等皮肤疾病。据称这种海藻纤维能够抵御99.7%的紫外线侵袭。

4. 美容护肤材料

意大利 Zegna Baruffa Lane Borgosesia 纺丝公司推出一种名为 Thalassa 的长丝，丝中含有海藻成分，用这种纤维制成的面料和服装比一般纤维制成的面料和服装更能保持和提高人体表面温度。这种含海藻成分的面料穿着后可让人的大脑松弛，也可提高穿着者的注意力与记忆力，还具有抗过敏、减轻疲劳及改善失眠状况的优势。

海藻纤维面膜是利用海藻提取物制成的护肤产品，具有多种护肤和美容功效。它富含海洋矿物质、维生素和氨基酸等天然成分，能够深层滋润皮肤，改善干燥和粗糙现象。海藻中的多酚类化合物和抗氧化物质有助于抵抗自由基的损害，延缓皮肤衰老过程。此外，海藻纤维还具有舒缓和修复肌肤的作用，能够缓解环境污染、紫外线等因素对皮肤的影响。

思考题

1. 湿法纺丝制备甲壳素纤维的影响因素有哪些？
2. 为什么甲壳素纤维具有天然抗菌性？
3. 目前聚乳酸的制备方法主要包含哪几种？
4. 简述酯交换法制备 PBS 纤维的过程。
5. 海藻纤维的吸湿性如何？并解释其原因。
6. 为什么海藻纤维具有阻燃性？
7. 列举聚乳酸纤维在非织造领域的应用实例。
8. 海藻纤维用作医用辅料，与天然纱布相比有哪些优点？

第九章思考题
参考答案

参考文献

[1] CRINI G. Historical review on chitin and chitosan biopolymers [J]. Environmental Chemistry Letters, 2019, 17 (4)：1623-1643.

[2] 刘婉. 甲壳素纤维及其应用 [J]. 纺织科技进展，2015 (3)：4-7.

[3] AGBOH O C, QIN Y. Chitin and Chitosan Fibers [J]. Polymers for Advanced Technologies, 1997, 8 (6)：355-365.

[4] 程泰．纳米甲壳素的制备及其干法纺丝研究 [D]．上海：东华大学，2023．

[5] 刘彦，隋淑英，陈国华，等．对甲壳素及其纤维性质的深入探究 [J]．山东纺织科技，2004（5）：4-6．

[6] 翁毅．甲壳素纤维结构与性能研究 [J]．现代纺织技术，2011，19（6）：7-10．

[7] KARAKECILI A, TOPUZ B, KORPAYEV S, et al. Metal-organic frameworks for on-demand pH controlled delivery of vancomycin from chitosan scaffolds [J]. Mater Sci Eng C Mater Biol Appl, 2019, 105: 110098.

[8] ZHONG Z, HUANG Y, HU Q, et al. Elucidation of molecular pathways responsible for the accelerated wound healing induced by a novel fibrous chitin dressing [J]. Biomater Sci, 2019, 7 (12): 5247-5257.

[9] 肖燃．甲壳素/金属纳米催化剂的构建及其应用性能研究 [D]．贵阳：贵州师范大学，2022．

[10] 黄海涛，于涛，郭翰祥，等．生物质基分离膜材料及其研究进展 [J]．化学与粘合，2017，39（5）：365-370，378．

[11] 孙秀珍．甲壳素膜材料与超滤膜 [J]．水处理技术，1989（2）：60．

[12] 张旺玺，张慧勤，潘玮．聚乳酸的合成及应用 [J]．合成技术及应用，2005（2）：35-38．

[13] 沈晓伟．聚乳酸熔体的可纺性及其纤维结构性能研究 [D]．苏州：苏州大学，2008．

[14] 白琼琼，文美莲，李增俊，等．聚乳酸纤维的国内外研发现状及发展方向 [J]．毛纺科技，2017，45（2）：64-68．

[15] 徐超武．聚乳酸纤维的加工和结构性能分析 [J]．江苏纺织，2005（11）：38-41．

[16] 赵博．聚乳酸纤维的特性及开发应用展望 [J]．国外丝绸，2005（3）：28-29，35．

[17] 张旺玺，张慧勤，潘玮，等．聚乳酸纤维的合成加工与应用 [J]．中原工学院学报，2005（3）：1-4．

[18] 宇恒星．聚乳酸聚合及降解的动力学研究 [D]．上海：东华大学，2002．

[19] 赵崇峰，封瑞江．四种乳酸聚合方法的比较 [J]．合成纤维，2005（4）：12-14．

[20] 何依谣．聚乳酸/纳米纤维素可降解食品包装薄膜的研究及其在西兰花保鲜中的应用 [D]．杭州：浙江大学，2018．

[21] 孟龙，魏彩虹，张力，等．聚乳酸纤维的研究进展 [J]．化工新型材料，2008（4）：10-11．

[22] 曾丽萍，孟金明，徐世娟，等．聚乳酸纳米抗菌复合膜对冷却猪肉保鲜效果的研究 [J]．包装工程 [J]．2018，39（21）：96-101．

[23] 邵敬党．聚乳酸（PLA）纤维的研究与开发利用 [J]．毛纺科技，2005，（5）：29-32．

[24] 张妮，李琦，侯振安，等．聚乳酸生物降解地膜对土壤温度及棉花产量的影响 [J]．农业资源与环境学报，2016，33（2）：114-119．

[25] 王斌，许斌．聚丁二酸丁二醇酯（PBS）的现状及进展 [J]．化工设计，2014，24（3）：3-7，22．

[26] 魏萌萌，苏艳敏，虎晓东，等．可生物降解聚丁二酸丁二醇酯的研究进展 [J]．橡塑资源利用，2018（4）：1-9．

[27] 陈美玉，谷丰，陈晗飞．生物基 PBS 纤维结构及力学性能 [J]．纺织高校基础科学学报，2019，32（1）：1-6．

[28] 李立新．聚丁二酸丁二醇酯（PBS）纤维及其织物的染色性能研究 [D]．杭州：浙江理工大学，2021．

[29] 肖峰，王庭慰，丁培，等．影响聚丁二酸丁二醇酯降解性能的因素 [J]．高分子材料科学与工程，2011，27（7）：54-57．

[30] 毛鑫．可生物降解聚丁二酸丁二醇酯共聚物的合成、降解性能研究 [D]．兰州：兰州理工大学，2022．

[31] 吕学东，罗发亮，林海涛，等．聚丁二酸丁二醇酯的合成工艺及气体阻隔性最新进展 [J]．化工进展，2023，42（5）：2546-2554．

[32] 张世平，宫铭，党媛，等．聚丁二酸丁二醇酯的研究进展［J］．高分子通报，2011（3）：86-93.

[33] 高维松．聚丁二酸丁二醇酯（PBS）制备技术及应用前景分析［J］．中国高新技术企业，2015（15）：48-50.

[34] 高利斌．全生物降解聚丁二酸丁二醇酯（PBS）的加工改性研究［D］．北京：北京工商大学，2006.

[35] 阳知乾，刘建忠，吕进，等．POM/PBS 共混纤维的结构与性能研究［J］．合成纤维工业，2017，40（6）：17-21，7.

[36] 吴红艳，陈振宏，吕悦慈．静电纺 PBS/熔喷复合滤材的制备及性能表征［J］．纺织导报，2017（9）：70-73.

[37] HUANG Z，QIAN L，YIN Q，et al. Biodegradability studies of poly（butylene succinate）composites filled with sugarcane rind fiber［J］．Polymer Testing，2018，66：319-326.

[38] 张敏，强琪，李莉，等．不同植物纤维/PBS 复合材料的性能差异比较［J］．高分子材料科学与工程，2013，29（3）：69-73.

[39] 王群旺，熊杰，张红萍，等．静电纺 PBS 超细纤维膜的形貌与力学性能［J］．纺织学报，2010，31（10）：6-9.

[40] 郑宁来．国外海藻纤维的研制发展情况［J］．合成纤维，2014，43（8）：56.

[41] 李广鲁．海藻纤维的制备与应用［J］．西部皮革，2020，42（15）：136.

[42] 马超．功能性海藻纤维的制备及其应用研究［D］．杭州：浙江理工大学，2016.

[43] 胡炳辉．海藻纤维性能研究及海藻纤维水刺面膜基布的制备和性能研究［D］．天津：天津工业大学，2016.

[44] 宁霞，王洪，张鑫，等．海藻纤维定性定量分析方法研究［J］．中国纤检，2012（5）：64-66.

[45] 刘艳君，万方，林浩．海藻纤维性能研究［J］．棉纺织技术，2013，41（7）：1-4.

[46] 房乾，王荣武，吴海波．海藻纤维针刺复合医用敷料吸湿透气性能的研究［J］．产业用纺织品，2015，33（2）：24-28.